半导体照明技术技能人才培养系列丛书·本科

半导体照明概论

主　编　柴广跃

副主编　邹念育　付贤松

参　编　于晶杰　田劲东　彭冬生　戚运东
　　　　王军喜　张　宁　刘国祥　苗振林

U0282729

Publishing House of Electronics Industry

北京·BEIJING

内 容 简 介

本书以半导体发光为主轴，将半导体照明相关知识全面整合，为读者提供了全面的基础原理与应用介绍，内容集学术性与应用性为一体。读者只要具备大学物理、高等数学的基础知识就可阅读本教材。全书共分为8章，第1章简述了电光源与照明的发展及半导体照明行业的概貌，第2章结合半导体照明技术介绍了光度学与色度学的基础知识，第3章介绍了半导体照明光源的物理基础，第4章介绍了发光二极管原理、主要性能及白光源的实现，第5章介绍了半导体照明光源的材料与器件，第6章介绍了半导体照明灯具、评价与设计技术，第7章简要介绍了有机发光二极管（OLED）的知识，第8章简要介绍了半导体照明技术的发展与展望。

本书知识全面，论述深入浅出，注重理论与实践相结合，可作为高等院校相关专业本科高年级学生和研究生的教材和参考书，也可作为半导体照明行业从业人员的培训参考资料及相关工程技术人员的参考资料。

图书在版编目（CIP）数据

半导体照明概论 / 柴广跃主编 . —北京：电子工业出版社，2016.5

ISBN 978-7-121-28759-6

Ⅰ. ①半…　Ⅱ. ①柴…　Ⅲ. ①半导体发光灯—照明技术—高等学校—教材　Ⅳ. ①TM923.34

中国版本图书馆 CIP 数据核字（2016）第 096439 号

策划编辑：竺南直

责任编辑：桑　昀

印　　刷：北京七彩京通数码快印有限公司

装　　订：北京七彩京通数码快印有限公司

出版发行：电子工业出版社

　　　　　北京市海淀区万寿路 173 信箱　　邮编　100036

开　　本：787×1 092　1/16　印张：20.5　字数：524.8 千字

版　　次：2016 年 5 月第 1 版

印　　次：2024 年 8 月第 5 次印刷

定　　价：49.50 元

凡所购买电子工业出版社图书有缺损问题，请向购买书店调换。若书店售缺，请与本社发行部联系，联系及邮购电话：（010）88254888，88258888。

质量投诉请发邮件至 zlts@phei.com.cn，盗版侵权举报请发邮件至 dbqq@phei.com.cn。

本书咨询联系方式：davidzhu@phei.com.cn。

丛 书 前 言

半导体照明（Semiconductor Lighting）是全球公认和竞相发展的最具市场前景的战略性新兴产业之一，在照明领域已确立了主导地位，对我国推动节能减排、调整产业结构具有重大意义。半导体照明产业是一个学科跨度大、技术和应用更新快的行业。"十三五"期间，我国半导体照明产业人力资源需求总量将随着产业的高速增长而大幅增加。作为新兴的产业，与其他发达国家相比，我国半导体照明产业在研发能力、生产管理水平及人才培训等方面仍存在较大差距。

"十八大"强调，要造就规模宏大、素质优良的人才队伍，进入人才强国和人力资源强国行列。人才是产业发展的第一推动力，人力资源的质量与水平是一个产业综合实力与竞争力的体现。院校是人才培养的源头，大力推行校企合作、工学结合、顶岗实习的人才培养模式，创新职业教育人才培养体制，根据产业需求优化专业结构，促进职业教育与产业的开放衔接，加强行业指导能力，发挥行业在建立健全行业人才需求预测机制、行业人才规格标准和行业职业教育专业设置改革机制等方面的指导作用，构建半导体照明产业现代职业教育体系是半导体照明产业人才培养的重中之重。

国家半导体照明工程研发及产业联盟（以下简称"联盟"）6年来一直在积极探索开展多种形式行业人力资源开发工作，服务产业的发展。在人才培训方面，联盟承担了人社部CETTIC职业培训项目（LED系列）组织管理工作。在人才培养方面，联盟与相关院校、行业协会、企业共建了15个人才培养基地，帮助院校构建半导体照明专业人才培养方案，在人社部的指导与支持下出版了《半导体照明产业技能人才开发指南》；在人才输送方面，联盟组织半导体照明行业专场招聘会，积极推进校企合作"订单人才培养"项目；在人才评价、鉴定方面，联盟在人社部、科技部的指导下，组织开展半导体照明行业专业技术人员岗位能力认证工作，规范、提升行业从业人员能力、素质。2013年7月，联盟成立了人力资源工作委员会，委员会将整合产业、院校、专家资源，助力产业人才发展。

高质量的教材是人才培养的重要保障。鉴于联盟现有的人才工作基础及目前院校半导体照明专业人才培养滞后于产业发展的现状，在人社部及教育部等部门的指导下，2013年联盟牵头组织半导体照明领域的专家、学者以及企业界的技术人才共同编写《半导体照明技术技能人才培养系列丛书》（以下简称《丛书》），旨在提升院校人才培养质量，提升行业从业人员及拟从事该行业人员的能力与素质，致力于推进我国半导体照明产业的发展。

《丛书》按照半导体照明知识结构体系，根据半导体照明技术工艺特点，采用项目式体例编写。《丛书》分为中职、高职、本科部分，共 12 册。中职系列以半导体照明关键岗位工艺操作为主，高职系列侧重于半导体照明关键岗位技术知识与操作工艺并重，本科系列以半导体器件、集成电路的工作原理、制作工艺技术及照明应用技术为主，满足半导体照明相关中、高职院校人才培养及企业生产一线技术人员及初学者学习、充电的需要及适用于大学本科。同时，也可作为微电子相关专业学生的教科书。

《半导体照明技术技能人才培养系列丛书》

中职系列

《LED 封装与测试技术》　　　雷利宁　主编

《LED 应用技术》　　　　　　杜志忠　主编

《LED 智能照明控制应用》　　王　巍　主编

《LED 灯具设计与组装》　　　林燕丹　主编

高职系列

《LED 驱动与智能控制》　　　孟治国　主编

《LED 封装技术》　　　　　　梁　伟　主编

《电气照明技术》　　　　　　王海波　主编

《LED 测试技术》　　　　　　姚善良　主编

《LED 照明设计》　　　　　　林燕丹　主编

本科系列

《半导体照明概论》　　　　　柴广跃　主编

《LED 器件与工艺技术》　　　郭伟玲　主编

《LED 照明应用技术》　　　　文尚胜　主编

《丛书》中各分册分别由主编统稿，由方志烈、周春生、李小红等专家进行了审稿。《丛书》的编写得到了有关专家的大力支持和帮助，在此一并感谢。

国际半导体照明联盟　　　　　秘书长
国家半导体照明工程研发及产业联盟　秘书长　　　吴玲

序 一

半导体照明是目前已知最高光效的人工光源。它是用第三代宽禁带半导体材料制作的光源和显示器件，具有耗电少、寿命长、无汞污染、色彩丰富、可调控性强等特点，不仅可以替代白炽灯、荧光灯在照明领域的应用，还可广泛应用于显示、指示、背光、交通、医疗、通信、农业等领域。

国家半导体照明工程自 2003 年启动以来，经历了从无到有，从小、弱、散、乱到联合发展的历程。"十二五"期间，半导体照明产业作为我国重点发展的战略性新兴产业重点领域之一，已经形成了较为完整的产业链，产业规模从 90 亿元跃升至 2576 亿元，年均增长接近 40%，企业超过 5000 家，从业人员 100 多万；拥有了自主知识产权的 Si 衬底 LED 外延芯片生产技术，掌握了具有国际领先水平的深紫外 LED 器件核心技术，更重要的是在大规模应用方面走到了世界前列，我国已成为全球半导体照明产业发展中心之一。预计 2020 年半导体照明应用市场占有率将达到 70%，我国产业规模将达到 10000 亿元。

"国以才立，政以才治，业以才兴"。"十八大"强调，要造就规模宏大、素质优良的人才队伍，进入人才强国和人力资源强国行列。人才是产业发展的关键要素之一，半导体照明产业是一个学科跨度大、技术和应用更新快的行业。"十三五"期间，我国半导体照明产业人力资源需求总量将随着产业的高速成长而大幅增加，能否形成以人才发展推动产业发展、以产业发展带动人才发展的良好格局将直接决定我国半导体照明产业的持续发展。依托国家重大人才培养计划，重大科研和重大工程项目、重点学科和重点科研基地培养具有创新精神的科技领军人才，积极推进创新团队建设，培养出一大批德才兼备、国际一流的学者和产业科技创新领军人才。积极引进海外高层次人才，吸引出国留学人员回国创业。统筹各类创新人才发展，完善人才激励制度，深入实施重大人才工程和政策，培养造就世界水平的科学家、科技领军人才、卓越工程师和高水平创新团队，加强科研生产一线高层次专业技术人才和高技能人才培养等工作。构建半导体照明产业现代职业教育体系、培养半导体照明产业急需的技能型人才就显得尤为重要。

　　"工欲善其事，必先利其器"，高质量的教材是培养高质量人才的基本保证，也是构建半导体照明产业现代职业教育体系的重要组成部分。国家半导体照明工程研发及产业联盟在半导体照明产业人才发展方面做了很多工作。我很欣喜地看到，联盟在现有工作基础上，在人社部及教育部等部门的指导下，积极牵头组织半导体照明领域的专家、学者以及企业界的技术人才共同编写了《半导体照明技术技能人才培养培训系列丛书》（以下简称《丛书》），希望《丛书》能够得到读者的厚爱。

　　《丛书》是适时代所需，顺时势所趋。在此感谢各位主编及编写团队为提升半导体照明产业人才培养工作倾力尽心的付出，相信通过我们共同的努力，半导体照明产业的明天会更美好。

曹健林

中华人民共和国科学技术部

序　二

近年来，在积极参与国际产业分工和国际竞争的背景下，我国半导体照明产业步入了一个大发展的新时期。作为战略性新兴产业，半导体照明产业的发展，对于我国转变经济发展方式、提升传统产业质量、促进节能减排、实现社会经济可持续和促进就业发展起着越来越重要的作用。

人才蔚起，国运方兴。党的"十八大"报告指出，要加快确立人才优先发展战略布局，造就规模宏大、素质优良的人才队伍，推动我国由人才大国迈向人才强国。作为新兴的职业领域，半导体照明产业技术创新驱动性强、国际化程度高、资本知识密集等特点决定了人才资源是产业发展的关键资源之一。

没有一流的人才，就没有一流的产品，也不会有一流的企业，更谈不上有一流的产业。半导体照明产业要想体现行业竞争优势，提升并保持产业、企业竞争力，就必须以人才工作为先导，积极做好人才开发工作。

今年5月，国务院下发了《关于加快发展现代职业教育的决定》，《决定》指出，行业组织要履行好发布行业人才需求、推进校企合作、参与指导教育教学、开展质量评价等职责，建立行业人力资源需求预测和就业状况定期发布制度，对行业组织在人才培养中的地位和作用进行了明确。2012年以来，国家半导体照明工程研发及产业联盟充分发挥行业影响力和组织优势、专家优势，积极参加人力资源和社会保障部部级课题《我国技能储备机制的建立与运作研究》的研究工作，与人社部职业技能鉴定中心联合组成课题组对半导体照明产业的技能人才需求规模、需求规格做了详细的研究，提出了半导体照明研发设计类人才专业能力体系、半导体照明产品应用制造类人才职业技能体系，组织出版了《半导体照明产业技能人才开发指南》，为针对性开展半导体照明产业人才培养工作打下了坚实的基础。同时，《半导体照明行业专项职业能力考核规范》的提出，为产业技能人才的培养评价提出了有先导性、针对性的实践框架，初步解决了对技能人才能力评价标准缺乏的现实问题。

在上述工作基础上，国家半导体照明工程研发及产业联盟组织行业专家、学者，龙头企业负责人共同编写《半导体照明技术技能人才培养培训系列丛书》（以下简称《丛书》）。

系列教材以课题研究为理论支撑，贯彻产教融合、校企合作的要求，立足现实、兼顾发展，协调推进产业人力资源开发与技术进步，是专业设置与产业需求对接、课程内容与职业标准对接、教学过程与生产过程对接的有益尝试，可作为中职、高职、应用型本科专业教学教材，也可作为行业职业培训教材。

我相信《丛书》的出版发行，将有力促进我国半导体照明产业产、学、研的紧密互动，为院校人才培养和企业在职人员培训提供有力的支撑，进一步加快产业技能型人才培养步伐。同时，也为以高层次创新型人才、急需紧缺专门人才为重点，完善半导体照明产业人才发展与培养模式提供有益探索。

中 国 就 业 培 训 技 术 指 导 中 心　　副主任　　艾一平
人力资源和社会保障部职业技能鉴定中心　　副主任

前　言

作为我国七大战略性新兴产业，半导体照明是一个学科跨度大、技术和应用更新快的行业，具有提升传统产业、促进节能减排、转变经济发展方式的优势。当前，行业人才需求量大，人才紧缺的问题日益凸显，现有工作人员还面临技术更新、掌握新工艺的压力。

为保障人才的培养、考核、规范，建立对应的专项能力培养基础、考核机制、考核规范，国家半导体照明工程研发及产业联盟组织龙头企业、行业专家、职业教育和培训工作者进行了企业调查和任务分析，建立了半导体照明专业人员岗位能力素质模型，发布了针对专业工程师的《半导体照明工程师专业能力规范》和针对技能人才的《半导体照明行业专项职业能力考核规范》，并启动了《半导体照明技术技能人才培养系列丛书》出版计划。

本书介绍了半导体发光及半导体白光光源的基本原理与实现、光源与灯具的设计与评价，致力于解决目前国内"光源与照明"本科专业缺乏专业基础教材的问题，同时也可作为相关专业高年级本科生、研究生及半导体照明领域研发人员的参考书。目前，关于半导体照明的参考书籍非常多，但是，缺乏相关的本科教材。本教材与现有相关书籍相比，在侧重于基础知识介绍的同时，也通过实例的分析触发读者创新的灵感。参与编写的人员既有高校教师，也有科研院所的研究人员，更有来自企业的研发人员，从学习、研究、产业的不同角度进行问题梳理，从而帮助读者对半导体照明全产业链所涉及的问题有较为全面的了解。

本书共 8 章，由柴广跃教授和邹念育教授提出了书稿的编写大纲和目录，并对全部书稿进行了审定。

第 1 章由柴广跃教授编写。主要介绍电光源与照明的发展历程、几种典型的传统电光源、照明的经济核算、简要介绍了照明设计标准与照明电器标准、照明的生物安全、绿色照明的概念及半导体照明技术与产业的概貌。

第 2 章由田劲东教授编写。主要介绍光度学与色度学基础知识，内容包括人眼与视觉及视觉函数的概念、辐射度学和光度学基本参量及光视效能与光效的概念、颜色匹配函数概念与实验、色度图与配色、白光光源色参数与颜色的混合与显色性，最后介绍了辐射光源的光色指标。

第 3 章的 3.1～3.4 节由彭冬生副教授编写，3.5～3.8 节由戚运东博士、苗振林高工共同编写。主要介绍半导体照明光源的物理基础，内容包括晶体与晶体的电子结构、半导体能带与载流子、pn 结与单向导电性、载流子的复合，最后介绍了异质结与量子阱的概念与特性。

第 4 章由柴广跃教授和苗振林高工编写，刘国祥高工参加了 4.6 节的编写。主要介绍发光二极管，内容包括 LED 原理与基本结构、双异质结和量子阱结构 LED 及主要性能、白光 LED 光源的实现方法，最后介绍了白光 LED 的特征参数与照明对其的要求。

第 5 章由邹念育教授和于晶杰教授编写。主要介绍半导体照明光源材料与器件，内容包括半导体发光材料体系、主要的外延技术、芯片工艺与典型芯片结构、光萃取原理与技术、LED 用荧光粉，最后介绍了 LED 封装材料与封装技术。

第 6 章由付贤松副教授编写。主要介绍半导体照明灯具及评价与设计技术，内容包括半导体照明灯具及评价、半导体照明灯具的设计及控制技术。

第 7 章由邹念育教授和于晶杰教授编写。主要介绍有机发光二极管（OLED）技术，内容包括有机半导体发光机理、载荷子注入与输运模型、OLED 材料与器件结构、OLED 的制备与封装，最后介绍 OLED 的应用。

第 8 章由王军喜博士和张宁博士编写。主要介绍半导体照明展望技术与市场的展望，内容包括半导体照明的优势、LED 材料/器件/封装的技术进展、半导体照明新的应用技术，最后介绍了半导体照明市场的发展趋势。

附录 A 由邹念育教授和于晶杰教授完成。

本书以半导体发光为主线，将半导体照明相关知识全面整合，为读者提供了全面的基础原理与应用介绍。本书论述深入浅出，注重理论与实践相结合。可作为高等院校相关专业本科高年级学生和研究生的教材和参考书，也可作为半导体照明行业从业人员的培训参考资料及相关工程技术人员的参考资料。

在本书编辑过程中，国家半导体照明工程研发及产业联盟、相关高校、相关网站、行业相关企业给予了大力支持，为本书提供了大量有益的背景资料，深圳大学章锐华硕士生、陈祖军硕士生也为本书的编辑提供了许多帮助，在此一并感谢。还要感谢电子工业出版社的同仁为本书出版所做的大量工作，特别是竺南直策划编辑、桑昀责任编辑以严谨的作风、认真细致的工作态度、良好的合作精神圆满完成编辑工作，使本书得以高质量出版。

限于作者水平有限，难免有不妥和错误之处，恳请读者批评指正。

作 者

2015 年 11 月

目　录

第1章

绪 论

人类应该感谢爱迪生，自从他在 1879 年发明真空碳丝灯泡后，我们才可以随心所欲、随时随地地取用人工光源的光，再也不必遵循沿袭千百年来的"日出而作，日落而息"，晚上再也不必学车胤"囊萤映雪"、再也不必忍受伴随"借光"的烟熏火烤之苦，真正结束了人类的"黑暗"历史。现代电光源已经成为人类生活、工作的必需，不可想象没有电光源照明的世界将会怎么样？今天，电光源照明的普及率已经成为人类文明进步程度的一种标志。

以发光二极管（Light Emitting Diode，LED）为核心的新一代半导体照明（Semiconductor-Lighting，也称为 Solid State Lighting，SSL，即固态照明）是对传统照明体系的一场颠覆，作为一种安全、健康的"绿色光源"，节能环保效果非常明显。拥有无限潜能的半导体照明技术将在人类生活、工作、信息、农业、航空航天等领域发挥重要的作用，其易于数字化的特性也将成为正在走来的智能及物联网时代的技术支撑之一，它将引发人类生产、生活方式的巨大变化，其发展前景毋庸置疑。

半导体照明是用第三代半导体材料制作的光源，具有耗电量少、寿命长、无污染、色彩丰富、耐震动、可控性强等特点，是继白炽灯、荧光灯之后照明光源的又一次革命。以半导体照明技术为主体的产业称为半导体照明产业，包括上游的外延芯片、中游的封装及下游的应用，其关联产业可以扩展到电子通信、光伏、光存储、光显示、消费类电子、汽车、军工、农业、装备制造等领域。

2007 年，美国《自然》杂志发表文章称：照明占全球能源消耗的 8.9%、电力消耗的 19%，对 GDP 的贡献率仅是 0.63%。如果采用半导体照明技术，有望使 2050 年的照明用电量仍维持 2005 年的水平，而对 GDP 的贡献率将上升至 1.63%。世界主要发达国家从战略高度对半导体照明产业进行了布局，大力发展半导体照明技术，构筑专利壁垒，同时发布白炽灯等低效照明光源的禁限令及禁限时间表，极力促成世界照明工业的转型与新兴照明产业的崛起。究其原因，除了经济利益的考量外，社会经济的绿色可持续发展已经成为世界各国的治国之本，正在成为全人类的共识。目前，人类面临的最大挑战是如何控制并逐步减少碳排放引起的全球变暖。为此，联合国气候变化特别谈判通过了《京都议定书》等文件，这是一个具有约束力的世界性协议，由科学方法决定了全球整体的排放目标及各个成员国的减排目标及时间表。我国政府于 2009 年郑重承诺"到 2020 年单位 GDP 的二氧化碳排放比 2005 年下降 40%～45%"，这些约束性指标已经写入我国国民经济和社会发展的中长期目标。半导体照明已经成为完成这一伟大目标的重要手段之一。

1.1　光源与照明的发展历史

　　太阳是人类最重要的自然光源，太阳光从一亿五千万千米外以电磁波的形式辐射至地球，大气层散射掉从 X 射线至宇宙射线的高能粒子，射至地球表面的太阳直射光的光谱分布与 5700K 黑体的光谱分布相近，如图 1-1 所示。除覆盖整个可见光频段（380nm～780nm）外，其高频的紫外部分延伸至 290 nm，低频的红外部分延伸至 3μm 以上，地球表面的太阳辐射能量密度为 86～100mW/cm^2。被大气层尘埃、水蒸气等云层悬浮粒子所散射的部分太阳光构成了天空光。虽然，太阳光会因为阴晴雨雪的变化而出现强弱、明暗的变化，但在照明工程设计中，充分利用太阳光、天空光是创作自然舒适照明环境、节能环保的重要措施。月亮与行星仅反射太阳光，到达地面的月光与星光的光谱分布与 5900K 黑体的几乎一致，但其辐射能量密度远远低于太阳辐射能量密度值，在普通照明领域几乎没有利用价值。

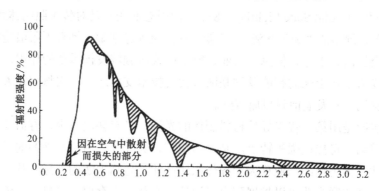

图 1-1　地面处太阳光的光谱曲线（内轮廓线）和 5700K 黑体的光谱分布（外轮廓线）

　　人工光源的发明可追溯到 50 万年以前，人类利用篝火烤熟食品，同时，作为附属功能为人类首次提供了人工照明光源。在动物油脂或矿物油脂中放入纤维，在毛细作用下，油脂上升至火焰中，提升了照明效率，这是 3 万～7 万年前人类的照明光源。化学家拉瓦锡（A. L. Lavaoisier）研究发现空气中的氧气助燃，据此，阿格兰（Ami Agrand）设计了具有同心管中的管状灯芯，制出了在其外安装玻璃罩的油灯，由于改善了火焰燃烧的空气供应，光强提高了 10 倍，获得了一项英国专利（1874 年 1425 号），这可能是人类历史上第一个关于人工光源的专利。19 世纪，经过人们对其大量的改进，1850 年出现的油灯成为当时应用最为广泛的照明光源，至今仍在没有电力供应的地区使用，如图 1-2 所示。

（a）移动挂式　　（b）固定式

图 1-2　油灯照片

油脂类光源的效率低下、污染环境，最重要的是使用极其不方便。为解决上述问题，一批发明家对照明光源进行了不懈的探索。爱迪生（Thomas Alva Edison）是白炽灯最成功的发明家，使用碳作为灯丝（1879 年，美国专利 223898 号），并成立了爱迪生电灯公司（今天世界闻名的美国通用电气（GE）公司前身）。1903 年，A. just 和 F. Hanaman 用钨丝替代碳丝完成了现代白炽灯的基本形式（1903 年，德国专利 154262 号）。休伊特（Peter Cooper Hewitt）发明了汞蒸气灯，1938 年，通用电气公司和西屋电气公司将这种彩色和白色荧光灯产业化，经过持续改进，1948 年起使用合成的无机材料替代矿物质作为荧光粉。

1962 年，Holonyak 和 Bevacqua 在《应用物理杂志》上发表了采用 GaAsP/GaAs 材料制作的红光 LED。此后，为提高发光效率（简称为光效），科学家们相继使用 GaP、AlGaAsP 研究了红、橘、黄波段的 LED。1986 年后，赤崎勇（Isamu Akasaki）、天野浩（Hiroshi Amano）等科学家开始了 GaN 材料的研究，中村修二（Shuji Nakamura）于 1995 年研制出了基于 InGaN 材料的高亮度蓝光与绿光 LED，并在 1996 年提出利用波长为 460～470nm 的 InGaN 蓝光 LED 激发铈离子黄色荧光粉合成产生白光的专利。1999 年 10 月，哈慈（R. Haitz）等发表文章称半导体发光二极管将在照明领域引发一场革命，提出固态照明的概念，并预计 2020 年左右半导体照明光源的光效将达到 200 lm/W，远远超过现有传统电光源的水平，引发了新一代电光源研究的热潮。

1.2　典型电光源

按照发光原理电光源可以分为三类，即热辐射光源、气体放电光源和电致发光光源。热辐射光源是指通过加热提高物体温度使之辐射可见光的光源，如白炽灯。气体放电光源是指通过加电激励相关气体原子电离跃迁至高能态使之产生光辐射的光源，如高压钠灯。电致发光光源是指通过施加正向电压激励固体原子的电子从基态能级跃迁至激发态高能级并辐射复合产生光辐射的光源，如 LED。其分类如图 1-3 所示。

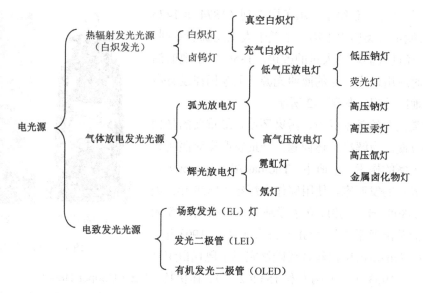

图 1-3　按发光原理的电光源分类

1.2.1　白炽灯与卤钨灯

白炽灯（Incandescent Lamp）的基本结构如图 1-4（a）所示，由灯丝、支架、引线、玻璃壳和灯头组成。灯丝是其发光部件，由钨丝制成，为提高光效将钨丝绕成螺旋状。通常采用钠钙玻璃或硼硅酸盐玻璃制作外壳，内部抽真空，以减少钨丝的氧化损失。当给灯丝施加市电后，灯丝电阻的焦耳热加热灯丝直至发光。由于钨的熔点较低（3683K），与直射太阳光相比，白炽灯发光的色温约为 2800K，明显偏黄，色温温暖。光谱分布接近同色温的黑体辐射，显色指数接近太阳光。显色指数是指被测光源照明色样的心理及物理色与参考光源（如太阳）照明同一色样的心理及物理的色符合程度的度量表示，主要由被测光源的光谱分布与参考光源的光谱分布的组成差异决定。

白炽灯为电阻性负载，功率因数高，使用简单的可控硅即可调光，无电磁辐射和谐波干扰。此外，结构简单、使用方便、价格低廉、安全可靠。上述特点使得白炽灯在过去的一百多年中一直在照明领域中充当重要角色。

但是，白炽灯也有两个致命缺点：其一为光效低，仅为 8～21.5 lm/W，其发光部分的能量不到输入总电能的 10%；其二为寿命短，仅为 1000 小时左右，这是由于灯丝在通电后的热蒸发及启动时低的冷电阻造成的瞬时大电流冲击引起的。而且，热蒸发的钨原子在玻璃壳内壁淀积成黑斑，进一步降低了光效。

为克服灯丝的热蒸发，在玻璃壳内充入少量的卤素元素，如碘、溴等。加电工作后，玻璃壳内壁淀积的钨原子与卤素元素反应成为挥发性的卤钨化合物，当其运动到灯丝附近时又被热分解成为钨和卤素元素，钨重新淀积到灯丝，如此循环反复从而延长了灯丝寿命，并消除了灯壳发黑现象。这就是 1959 年发明的归属于充气白炽灯中的第一种卤钨灯——碘钨灯。与白炽灯相比，碘钨灯的光效可到 15～35 lm/W，寿命超过 2000 小时，色温范围为

2800K～3200K，比白炽灯的色调更冷些。按照使用电压的高低可分为市电类与低压类，常用的卤钨灯外形与结构见图1-4（b）。

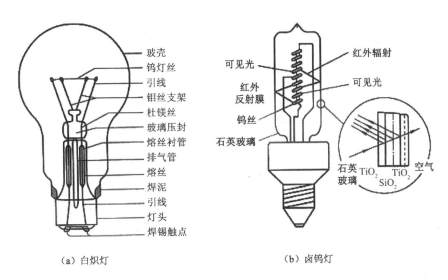

（a）白炽灯　　　　　　　　　　　　　（b）卤钨灯

图1-4　白炽灯与卤钨灯的基本结构

卤钨灯也有其局限性，比如：通过电压调光时，调低电压会降低玻璃壳内壁温度，减小了钨原子与卤素元素的反应概率，使得卤钨循环无法进行。此时，卤钨灯又变成了白炽灯。同时，由于它的玻璃壳体积小，钨淀积造成的发黑现象更为严重。因此，调光会大大降低卤素灯的寿命。

1.2.2　荧光灯、节能灯和无极灯

荧光灯也叫日光灯，它的工作原理如图1-5所示。通常为长玻璃管型结构，灯的两端各有一对电极，灯内充有低压汞蒸气和少量惰性气体，玻璃管内壁涂覆紫外激发荧光粉。荧光灯必须与镇流器配合才能正常工作，加市电后镇流器的高压输入至电极使其产生热电子发射，之后降压至市电维持发射。热电子碰撞汞原子使其发生电离并跃迁至激发态高能级，在其跃迁至低能态能级的同时发射253.7nm的紫外光。该光子激发卤磷酸盐荧光粉产生红、蓝光并在灯管内混光合成为白光。通过调整荧光粉组分，这类荧光灯的色温在2500～7500K内可调，显色指数可达60。目前，采用红绿蓝三基色的稀土荧光粉，通过调整荧光粉组分，可以制成各种色温的高光效荧光灯，显色指数高达80。由于输入电能的60%可以转化为紫外光能量，40W荧光灯的发光效率可达100 lm/W以上，寿命达到8000～10000小时。日光灯尺寸和功率已经标准化（IEC81—1984），按照直径可分为T5、T6、T8、T12，如最常用的T8表示该类荧光灯灯管直径为8×（1/8）英寸（1/8英寸=3.175mm）=1英寸（2.54cm）。

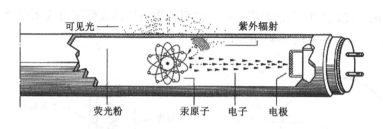

图 1-5　荧光灯的工作原理示意图

普通的荧光灯尺寸很大，如 40W T8 灯管的长度达 1.2m，在实际的照明使用中受到限制。为解决此问题，开发出了紧凑型荧光灯——节能灯。该类灯管的直径多为 φ12mm，也有 φ9mm 和 φ7mm 的管径。多将灯管弯成 U 形，也有环形结构，这样即可增加发光的长度，又减小了体积，整灯光效可达 60～70lm/W。

影响荧光灯、节能灯寿命的主要原因是热电子发射引起的电极劣化及相伴而来的光通量衰减。近年，人们开发出一种不使用电极的荧光灯——无极荧光灯，也称为电磁感应荧光灯。它由高频发生器或微波发生器、功率耦合线圈和玻璃灯管构成，灯管内充入惰性气体及低压汞蒸气，管壁涂敷高效三色荧光粉。当加电工作后，电磁波或微波感应灯管内汞蒸气使之电离，汞蒸气受激放电，辐射出 253.7nm 的紫外光激发荧光粉产生红绿蓝光，并在灯管内合成白光。无极荧光灯具有高效、高亮度、无频闪（工作频率 MHz 以上，人眼无法响应）、体积小、寿命长等优点。

目前，荧光灯是工业化国家中最主要的人工电照明，在工业、商业建筑、学校、医院、办公场所和家居中占有统治地位。但是，这类气体放电灯也有先天的弱点，如：灯管内含汞，一只节能灯汞含量约为几毫克，如不处理直接埋入地下，1mg 的汞将污染 350 吨左右地下水；灯管为内含污染物的玻璃，不容易回收处理。此外，荧光灯和节能灯存在与市电同频的频闪，长时间使用会造成人眼视觉疲劳。典型节能灯的照片如图 1-6 所示。

图 1-6　典型节能灯的照片

1.2.3　高压钠灯

典型的高压钠灯的结构如图 1-7 所示。核心器件是放电管，它采用耐高温、耐高压、耐钠离子腐蚀的半透明多晶氧化铝陶瓷管，内充钠、汞、氙气态混合物。电极采用涂覆在螺旋钨丝外部的锆酸钡作为电子发射材料。由于细长型的放电管的启动需要高电压，高压钠灯需要配置高压启动器，启动后由镇流器维持正常的放电。高压放电激发放电管内的高压（约为 7000Pa）钠原子蒸气离化后，使得原低压钠离子的单色双 D 光谱发射转化为"宽化的自反转 D 线"（约为 570nm），由此，高压钠灯的显色指数较低压钠灯大为提高。常用的高压钠灯的功率为 50～1000W，发光效率 60～130 lm/W，功率越高，发光效率也越高，寿命约为 24 000 小时，显色指数为 20～25。多用于道路、广场或港口的照明，也可用于对照度要求高但对照明质量无要求的高大厂房内部的照明。

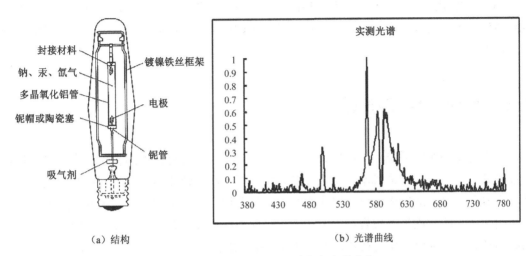

（a）结构　　　　　　　　　　　　　　　　（b）光谱曲线

图 1-7　典型高压钠灯的结构与光谱曲线

影响高压钠灯寿命的主要因素是钠原子渗漏，它将造成放电电压的持续升高。最终，镇流器的电压不足以维持放电电弧而造成高压钠灯的寿命终结。

1.2.4　半导体照明光源

半导体照明光源的核心是发光二极管芯片，它利用半导体 pn 结作为发光材料，正向偏压下的扩散电流通过 pn 结，在耗尽区两侧产生的过剩电子和空穴发生辐射复合辐射出光子，其辐射波长与电子、空穴在导带与价带的能级差相关，反比于半导体材料的禁带宽度。照明用 LED 可以直接辐射出红、黄、蓝、绿、青、橙、紫的光，通过多色光的混色发射白光，也可以使用辐射蓝光的 LED 激发黄色荧光粉产生白光，或者采用辐射紫外光的 LED 激发红绿蓝荧光粉产生白光。将芯片安装在管壳内制出白光 LED 器件，若干个白光 LED 器件经过串并联电气连接和相应的光学、热学、结构、电路设计即可制造出半导体照明光源和应用灯具。

与传统电光源相比，半导体照明光源具有如下优点。

（1）节能：目前商品化白光 LED 器件的光效已经超过 160 lm/W，用其制作的 LED 日光灯管的光效也达到 130 lm/W，大幅优于目前用量最大的节能灯的光效。

（2）环保：半导体照明光源及应用灯具产品中不含有汞等有害元素，光源废弃物可以回收。

（3）安全：LED 工作电压低、固态、无紫外和红外辐射、无闪烁。

（4）寿命长：半导体光源属于固态光源，不存在灯丝烧蚀引起的故障机寿命终结问题，设计制作合理的半导体照明光源其使用寿命可达 10 万小时, 比传统光源寿命长 10 倍以上。

（5）变幻多: LED 光源可利用红、绿、蓝三基色原理, 在计算机技术控制三种颜色任意混合, 具有 256 级灰度、可产生 16777216 种颜色, 形成不同光色的组合和亮度的组合, 实现丰富多彩的动态变化效果及各种图像。

（6）易控制: 与传统单色电光源相比, 半导体光源是低压器件, 通过融合了计算机、网络通信、图像处理、嵌入式控制、混光等技术即可实现在线编程、无限升级, 灵活多变的远程控制。

1.3 照明的经济核算

一个理想的照明系统, 不仅要有良好的照明效果, 还要有合理的初始投资, 更要有合乎投资效益的运行和维护成本。初次设备投资包括光源、镇流器、灯具、控制系统以及安装、投资利息等。运行成本包括照明系统的能耗费用、日常维护费用及维修造成的运行损失费用。较高的初次设备投资可由节约的运行成本而回收。在照明设计时, 应该综合考虑系统功耗、光源寿命、灯具衰减、光源衰减、镇流器衰减、年运行时间等因素。图 1-8（a）所示为以办公室照明为例的影响照明成本的所有因素, 图 1-8（b）所示为照明系统的成本要素构成。由此可见, 必须综合分析各成本要素方可达到最佳的系统成本平衡点。

照明的经济核算包括计算照明的初次设备投资、寿命期内用电费用和维护费用。可以使用照明获得的光的价格来估算, 1Mlm·h 光的价格如式（1.1）所示:

$$C_{1Mlm·h} = 10^{16} \frac{C_L'}{P_L \tau_L \eta_L'} + 10^3 \frac{C_{1Mlm·h}}{\eta_L} \tag{1.1}$$

式中, C_L' 是考虑了镇流器后灯的价格, C_{1klmh} 是每千瓦时的电价, η_L' 是考虑镇流器损失后灯的发光效率, P_L 是灯的额定功率, τ_L 是灯的寿命。由此可知, 式（1.1）右边第一项是获

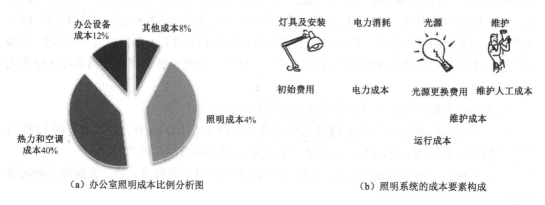

（a）办公室照明成本比例分析图   （b）照明系统的成本要素构成

图 1-8 照明系统成本

得 1Mlm·h 光折合至灯具系统的价格，第二项是获得 1Mlm·h 光所需电费的价格。注意，上式没有包括维护、有害物处理等费用。表 1.1 给出了主要光源技术经济指标。在表中的 1Mlm·h 光的价格计算中，将镇流器的价格按照总价格的 25%计算，其损耗按照灯额定功率的 20%计算。没有考虑启动器的价格。此外，1kW·h 电价按照 0.1 美元，相关灯及镇流器按照出厂价。

表 1.1　主要光源的技术经济指标

光源种类	光效（lm/W）	显色指数（Ra）	色温（K）	平均寿命（h）	1Mlm·h（价格/美元）
白炽灯	15	100	2800	1000	7.4
卤钨灯	25	100	3000	2000	12
普通荧光灯	70	70	全系列	10000	1.2
三基色荧光灯	93	80～98	全系列	12000	1.6
节能灯	60	85	全系列	8000	3.9
金属卤化物灯	75～95	65～92	3000～5600	6000～20000	2.0
高压钠灯	80～120	23/60/85	1950/2200/2500	24000	1.3
低压钠灯	200	−44	1750	28000	1.6
高频无极灯	50～70	85	3000～4000	40000～80000	2.0
LED（2008）	100～161	75～90	2700～7000	50000	
LED（2020）	200	80～100	2700～7000	100000	0.48

由表 1.1 可知，价格最低的是色品质最差的高压钠灯。对于高显色性要求的通用照明光源，荧光灯是最价廉物美的，节能灯的成本是荧光灯的 2.5 倍，白炽灯是"最贵"的光，被广泛应用的原因可能是诱人的色品质和低廉的灯价。表中最后一行为美国能源部制定的"下一代照明计划"（Next-Generation Lighting Initiative，NGLI）目标，全部实现后，半导体照明将无可争辩地成为新一代照明光源。

1.4　照明设计标准简介

保障人眼视觉功能的照明质量是保证人类生理、心理健康，并顺利从事各种经济社会活动不可或缺的条件。照明是一门科学，针对各类应用的照明标准是人类经过长期理论探讨与实践所得出的科学结论，应该成为照明设计的依据。

我国常用的照明设计国家标准包括：GB50034—2013《建筑照明设计标准》、GB/T50033—2013《建筑采光设计标准》。前者是在对我国现有建筑照明情况实测考察的基础上，参照对比国际照明委员会（CIE）和部分先进发达国家的相关标准，对原有标准进行了大幅修正，对居住建筑、公共建筑、工业建筑、公共场所等 13 个常用场所规定了照明设计标准和能耗标准，成为我国照明设计的基本依据与大纲。

表 1.2、表 1.3 和表 1.4 分别列举了居住建筑照明、图书馆建筑照明和办公室建筑照明

的标准，它们是我国不同光气候区域中建筑采光设计应依据的主要标准，当自然光不能够满足要求时，应该用与自然光源光色类似的人造光源补光。此外，我国各主管部门、行业协会、各省市也制定了相关的行业标准与地方标准，如中华人民共和国建设部于 2006 年批准的 CJJ45—2006《城市道路照明设计标准》等，待经过实践检验验证后可以升级为国家标准。

表 1.2 居住建筑照明标准

房间或场所		参考平面及其高度	照度标准值（lx）	Ra
起居室	一般活动	0.75m 水平面	100	80
	书写、阅读	0.75m 水平面	300*	80
卧室	一般活动	0.75m 水平面	75	80
	床头、阅读	0.75m 水平面	150*	80
餐厅		0.75m 水平面	150*	80
厨房	一般活动	0.75m 水平面	100	80
	操作台	台面	150*	80
卫生间		0.75m 水平面	100	80

表 1.3 图书馆建筑照明标准

房间或场所	参考平面及高度	照度标准值（lx）	UGR	Ra
一般阅读室	0.75m 水平面	300	19	80
国家、省市级及其他重要图书馆的阅读室	0.75m 水平面	500	19	80
老年阅读室	0.75m 水平面	500	19	80
珍善本、舆图阅读室	0.75m 水平面	500	19	80
陈列室、目录厅（室）、出纳厅	0.75m 水平面	300	19	80
书库	0.75m 水平面	50	—	80
工作间	0.75m 水平面	300	19	80

表 1.4 办公室建筑照明标准

房间及场所	参考平面及高度	照度标准值（lx）	UGR	Ra
普通办公室	0.75m 水平面	300	19	80
高档办公室	0.75m 水平面	500	19	80
会议室	0.75m 水平面	300	19	80
接待室、前台	0.75m 水平面	300	—	80
营业厅	0.75m 水平面	300	22	80
设计室	实际工作面	500	19	80
文件整理、复印、发行室	0.75m 水平面	300	—	80
资料、档案室	0.75m 水平面	200	—	80

建筑照明设计国家标准或技术规范由建设部标准定额司归口管理，由国家质量技术监督局和建设部联合发布；建筑照明设计方面的行业标准由建设部标准定额研究所归口管理、中国工程建设标准化协会负责归口组织行业标准的制定与修订工作。

照明的国际标准主要由 CIE 颁布，文件包括三部分：技术报告和指南（Technical Reports and Guides）、标准（Standards）、会议论文集（Conference and Symposia Proceedings）。主要出版物包括以下板块：

- 体育照明的技术报告和指南；
- 道路与交通照明的技术报告与指南；
- 室外照明的技术报告、指南和标准；
- 室内照明标准；
- 其他相关标准。

其他标准的主要内容有昼光和人工照明对人体昼夜和季节周期的影响、失能眩光计算、大小及复杂目标的眩光、可见光对人心理和行为的影响。

此外，北美照明学会（IESNA）制定的相关标准也是照明设计最常有的参考。

1.5　照明电器产品标准简介

照明设计的实现是靠电光源产品完成的，我国和世界上主要发达国家均将电光源归类到照明电器产品类。我国照明电器产品相关国家标准的快速发展始于 20 世纪 80 年代初。目前，已经制定出了一套较为完善的标准体系和能效标准，对推动我国照明电器产品质量的提高发挥了巨大的作用。标准体系与国际电工委员会（IEC）TC34 对照明电器标准的分类相对应，如图 1-9 所示。

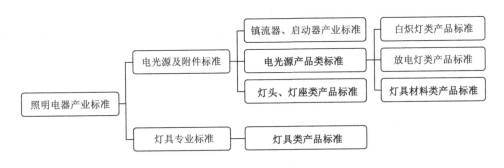

图 1-9　我国照明产品标准体系示意图

1997 年，我国开展了照明产品能效标准的研究，1999 年 11 月发布了我国首个照明产品能效标准 GB17896—1999《管型荧光灯镇流器能效限定值及节能评价值》，已经制定的照明产品能效标准见表 1.5。我国的能效等级均分为 3 级：1 级为国际先进水平；2 级为国内先进的高效产品；3 级为能效限定值，小于此值为淘汰产品，禁止出售。

表 1.5　我国已经制定的照明产品能效标准

序号	标准编号	标准名称	发布日期	实施日期
1	GB 17896—1999	管型荧光灯镇流器能效限定值及节能评价值	1999-11-01	2000-06-01
2	GB 19043—2003	普通照明用双端荧光灯能效限定值及节能评价值	2003-03-17	2003-09-01
3	GB 19044—2003	普通照明用自镇流荧光灯能效限定值及节能评价值	2003-03-17	2003-09-01
4	GB 19415—2003	单端荧光灯能效限定值及节能评价值	2003-11-27	2004-06-01
5	GB 19573—2004	高压钠灯能效限定值及节能评价值	2004-08-17	2005-02-01
6	GB 19574—2004	高压钠灯用镇流器能效限定值及节能评价值	2004-08-17	2005-02-01
7	GB 20053—2006	金属卤化物灯用镇流器能效限定值及节能评价值	2006-01-09	2006-07-01
8	GB 20054—2006	金属卤化物灯能效限定值及节能评价值	2006-01-09	2006-07-01

　　国家标准的起草和审议由全国照明电器标准化技术委员会（SAC/TC224）等机构或协会负责，主管单位为中国国家标准化管理委员会。此外，国家半导体照明工程研发及产业联盟（CSA）"联盟标准化协调推进工作组"、国家工业和信息化部"半导体照明技术标准工作组"也在积极推进半导体照明相关产品的行业标准。

　　按照照明产品标准体系，我国陆续对相关产品制定了国家标准、行业标准。标准中对照明产品的结构、尺寸、安全要求、外壳防护等级、技术要求、能效要求、测试方法等制定了详细的规范，用于指导我国照明产品的设计、生产、检测、销售各个环节。

　　为保证半导体照明产业的健康快速发展，保护消费者利益，国内外已经将半导体照明产品纳入照明电器产品范畴，并针对其特点开始制定半导体照明的标准体系和能效标准。比如，信产部发布了 SJ/T11393—2009《半导体光电器件功率发光二极管空白详细规范》等9 个行业标准文件，CSA 发布了 LB/T-001—2009《整体式 LED 路灯的测量方法推荐性技术规范》等 5 个行业标准文件，SAC/TC224 陆续发布了 GB24906-2010《普通照明用 50V 以上自镇流 LED 灯安全要求》等 10 个国标文件。

　　美国、欧盟、日本等国家和组织都在积极制定相关标准，如：在美国能源部（DOE）和再生能源办公室（EERE）的组织下，美国国家标准组织（ANSI）、北美照明学会（IESNA）以 CIE 技术文件作为参考依据，发布了固态照明的性能和测量标准。美国能源部和美国环保总署（EPA）发布了 LED 照明产品的能源之星性能规范要求（ENERGY STAR Program Requirement for Solid State Lighting Luminaires）。半导体照明光源的性能和测量标准主要包括 IESNARP-16、IESNATM-16-05、IESNALM-79、IESNALM-80、ANSIC78.377A 等。ANSIC78.377A 是不同相关色温下的白光 LED 色度规范，IESNALM-79 是固态照明产品的电性与光度测量方法，IESNALM-80 是 LED 光源的光衰特性（寿命）测试方法。出口至美国的半导体照明产品除要满足强制性的保险商试验所（Underwriter Laboratories Inc.）的认证（简称 UL 认证）外，必须通过能源之星的测试认证。

1.6 　照明的生物安全

　　辐射危害已被世界卫生组织列为继"空气、水、噪声"之外的、人类所面临的第四大环境安全问题。可见光辐射是辐射的一个重要组成部分。照明的生物安全是指人体组织受到可见光辐射的作用后所引起的热损伤和光化学损伤，易伤害的部位是眼睛和皮肤。热损伤是指由人体组织吸收辐射能量后温升引起的伤害；光化学损伤是指由光子与生物组织的细胞作用后引起细胞化学变化所引起的伤害。由于人体不同组织对不同波长光波的吸收率、透射率不同，不同波长的光辐射对人体的皮肤和眼睛的损伤机理与程度不同。国际相关标准组织进行了大量的研究工作，已经取得了许多进展。国际非电离辐射防护委员会（ICNIRP）和 CIE 等组织针对紫外线、可见光及红外辐射，规定了人体的安全有效曝辐射限值；CIE 于 2002 年发布了灯与灯系统的光生物安全标准 CIE S009/E—2002（Photo-biological safety of lamps and lamp systems）；IEC 全文引用了 CIE S009/E—2002 作为国际标准 IEC62471—2006，并建议各国工业界采纳。标准中光辐射对人体伤害的作用内容见表 1.6，危险级别的划分见表 1.7。欧盟已经将 LED 产品的光辐射安全列入了 CE（COMMUNATE EUROPEIA，法文的欧洲共同体，简称 CE）强制性认证范围，要求执行 EN62471—2008 欧盟标准（等同 IEC62471—2006）。我国也开展了光辐射安全的研究工作，于 2004 年完成了"灯与灯系统的光生物安全"草案，经过深入研究，2006 年正式成为国家标准 GB/T 20145—2006，该标准等同于 IEC62471—2006 国际标准。半导体照明光源中过量的紫外光、蓝光分量是引起生物安全的根本因素。

表 1.6 　光辐射对人体伤害的作用内容

伤害类别		伤害内容	波长范围（nm）	标准物理量
伤害源	伤害对象			
1. 远紫外 UV	皮肤与眼睛	皮肤与眼角膜、结膜急性伤害（红斑、紫外性眼炎）	200~400	有效辐射照度
2. 近紫外 UV	眼睛	水晶体的伤害（UV-A 白内障）	315~400	辐射照度
3. 蓝光	视网膜	视网膜的伤害	300~700	有效辐射照度
4. 蓝光 -小光源（$\alpha \leqslant 0.011$）	视网膜	视网膜的伤害	300~700	有效辐射照度
蓝光 -无水晶体的情况	视网膜	视网膜的伤害	300~700	有效辐射照度
蓝光 -小光源、无水晶体的情况	视网膜	视网膜的伤害	300~700	有效辐射照度
5. 灼热	视网膜	视网膜热伤害	380~1400	有效辐射照度
6. 灼热 -弱视觉刺激的情况	视网膜	视网膜热伤害	780~1400	有效辐射照度
7. 红外辐射	眼睛	眼角膜及水晶体的伤害	7800~3000	辐射照度
8. 灼热	皮肤	皮肤的热伤害	380~3000	辐射照度

表 1.7　光源安全标准的危险分组域划分概念

级　别	划 分 概 念
无危险级 （无危险）	原则上，最终结果没有引起任何光生物伤害可能性的光源。具体的必要条件为：如接受 8 小时照射，没有对眼睛或皮肤造成急性伤害，注视 10000 秒（2.8 小时）也不会出现蓝光视网膜伤害的光源，都划分在这一组
一级危害 RG-1 （低危险）	原则上，在日常一般活动条件下的照射范围内，没有产生光生物危害的光源。具体的必要条件为：如受到 10000 秒（2.8 小时）照射，没有对眼睛或皮肤造成急性伤害，注视 100 秒也不会出现蓝光视网膜伤害的光源，都划分在这一组
二级危险 RG-2 （中危险）	原则上，即使没有出现因为高亮度而引起的厌烦感或热的不舒适感，也可能产生伤害的光源，具体的必要条件为：超过 RG-1 水平，如受到 10000 秒的照射，没有对眼睛或皮肤造成急性伤害，注视 0.26 秒也不会出现蓝光视网膜伤害的光源，都划分在这一组
三级危险 RG-3 （高危险）	原则上，即使受到瞬间或非常短时的照射（或注视）也会造成光生物伤害的光源。超过了 RG-2 水平的光源，都划分在这一组

1.7　绿色照明

绿色照明是美国国家环保局于 20 世纪 90 年代初提出的现代照明的概念，包含高效节能、环保、安全、舒适共 4 项指标，内容如下。

① 高效节能：光源与照明系统应满足国家相应的能耗标准，消耗更少的电能就可获得满意的照明需求。

② 环保：分为三个层次。其一为通过高效节能减少电厂的电力生产对大气碳污染物的排放；其二为光源与照明系统本身对环境的友好与无污染；其三是光源与照明系统制造过程应该环保。

③ 安全：分为三个层次。其一为光源与照明系统本身应满足国家相应的产品安规标准；其二为在安装、使用过程不能对人产生机械或电气危害；其三是光源与照明系统不能对人的视觉或身体其他部分产生不适甚至危害。

④ 舒适：是指光照清晰、柔和、无眩光、不产生光污染。

照明技术发展到今天，人们对照明的要求除"借光"识物外，还要综合考虑照明对人类生理、心理及健康的影响，营造舒适和谐的光环境是光源与照明系统的目标。绿色照明是通过科学的照明设计，采用效率高、寿命长、安全可靠、性能稳定的照明电器产品（电光源、附件、灯具、配线器材以及调光控制设备等），在充分利用自然光的基础上，借助电光源改善人类工作、学习、生活的条件和质量，从而创造一个高效、舒适、安全、经济、有益的光环境。

半导体照明的技术特点使之具备了成为绿色照明的潜质，要真正现实绿色照明还需要整个行业在继续提升光效、光品质，特别是在减少直至最终避免最制作过程中对环境的污染、更为舒适的光源设计、应用设计等方面下更大的功夫。

1.8 半导体照明技术与产业

1.8.1 技术特点

LED 是最典型的电致发光光源，是半导体照明的核心。目前，蓝光 LED+黄色荧光粉合成白光光源的发光效率已经超过 300 lm/W（2014 年实验室水平），显色指数达到 90 以上。半导体照明开始渗透通用照明市场。

现代社会对电光源有三个基本要求：①安全标准（强制性）；②满足不同作业和生活需要的性能标准（照明的自然、舒适、变化）；③能效标准（节能环保）。

LED 的技术特点使之特别适合于照明应用，比如：

（1）LED 是芯片尺寸 mm^2 量级、驱动电压仅 2.0～3.5V 的全固态光源，易实现防震、防水设计，无触电危险，容易达到安全标准；

（2）色彩丰富、色域宽、易调光、易调色、响应速度快、易实现智能化与网络化的控制，满足各种需求；

（3）光色品质好、光效高，节能省电；

（4）无毒、无害、可回收利用，绿色环保。

半导体照明技术正处于快速发展时期，就 LED 的发光效率来看，2014 年商用的功率型白光 LED 发光效率已经超过 160 lm/W，每年的光效提升量为 10～20 lm/W，预计 2018 年商用功率型白光 LED 的发光效率将达到 260 lm/W 左右。同时，器件价格不断下降。目前，每千流明的 LED 器件价格为 50～60 元，2018 年将下降到现在的 1/3。世界主要半导体照明企业的功率型白光 LED 技术发展水平见表 1.8。半导体照明技术及其产品正向更高光效、更低成本、更可靠、更多元化的方向发展。此外，半导体照明的应用领域也将不断拓展，未来超越照明的应用将会具有巨大的发展前景。

表 1.8 世界主要半导体照明企业的功率型白光 LED 技术发展水平

企业名称	350mA 下光效（研发水平）	350mA 下光效（产品水平）	时 间
中国内地企业	40～50 lm/W	30～40 lm/W	"十五"末
	120 lm/W	100～110 lm/W	"十一五"末
	150 lm/W	130 lm/W	2013.04
美国 Cree	276 lm/W	130～160 lm/W	2013.04
美国 Lumileds	250 lm/W	130 lm/W	2013.04
德国 Osram	250 lm/W	130 lm/W	2013.04
日本 Nichia	250 lm/W	130～150 lm/W	2013.04
韩国首尔半导体	250 lm/W	120～140 lm/W	2013.04
中国台湾 Epistar	230 lm/W	120～140 lm/W	2013.04

数据来源：国家半导体照明工程研发及产业联盟（2013）。

1.8.2 产业概述

半导体照明是 21 世纪最具发展前景的高新技术领域之一，将促进世界照明工业的转型及新兴照明产业的崛起，成为转变经济发展方式、提升传统产业、促进节能减排、实现社会经济绿色可持续发展的重要手段。许多发达国家从战略高度对半导体照明产业进行了部署，如日本在 1998 年率先实施"21 世纪照明计划"、美国能源部于 2001 年 7 月启动了"下世纪照明创新计划"（Next-Generation Lighting Initiative（NGLI））、欧盟于 2000 年 7 月启动"彩虹计划"、韩国在 2000 年制定了"GaN 半导体开发计划"、中国科技部在 2003 年 6 月启动"国家半导体照明工程"等。各国均将半导体照明产业列为战略性高新技术产业，从国家层面推动其技术研发，出台政策开展半导体照明产业的示范应用与推广，发布白炽灯等低效照明灯具的禁、限令等。此外，半导体照明产业专利、标准、人才的竞争达到白热化程度。

我国政府高度重视半导体照明技术创新与产业发展，出台了一系列相关政策和计划，支持半导体照明产业的发展。半导体照明已成为我国重点发展的战略性新兴产业之一，迎来了新的发展机遇。半导体照明产业的发展也将对我国实现转变经济发展方式、带动传统产业的优化升级、促进节能减排、拉动消费需求具有深远的意义。

半导体照明技术学科跨度大、技术与应用更新快。一般将半导体照明产业链划分为三层：上层的材料与外延芯片、中层的封装、下层的应用。此外，还包括相关配套产业。LED 的应用领域非常广泛，大体区分为液晶显示背光源、通用照明、显示屏、景观照明、信号及指示、汽车照明六大领域。并且，不断有新的应用领域出现。

半导体照明产业是个复杂的系统，从 LED 外延芯片到最终的应用灯具，需要经过材料外延—芯片制作—管芯封装—光源制作—灯具设计与装配的一系列流程，还涉及配套材料、配套电源、工艺设备、检测仪器等产业链环节。一方面，从外延材料至最终的照明应用，产业链中的各个环节均可单独成为产品，并且具有各自的技术壁垒和研发需求；另一方面，终端产品的质量会受到各个环节的影响。例如，LED 芯片是半导体照明的核心，但是，即使 LED 芯片的光效达到 200lm/W，并不等于半导体照明灯具的光效也达到了 200 lm/W。更为重要的是半导体照明产品要获得市场的认同，包括灯具效率、可靠性、使用方便程度、人眼舒适性在内的综合性能相对于传统照明产品必须获得明显的优势。这个优势必须依靠整个产业链的各个环节一同努力方可达到。

2003 年，我国半导体照明相关企业约 500 家，截止到 2010 年年底已经增至 4000 余家。在我国产业链的企业构成中，相关设备、材料、外延及芯片企业较少，但规模较大，60 家左右；封装企业 1500 家左右；应用企业 2500 家左右。企业规模差异较大，既有上市公司，也有许多创业型中小企业。半导体照明产业各环节主要生产企业的分布如表 1.9 所示。2010 年我国半导体照明相关产业的销售收入达到 1200 亿元，比 2009 年增长了 45%。表 1.10 为 2010 年我国半导体照明产品产值及增长率。2012 年，我国国内新增 MOCVD 260 余台，使国内的 MOCVD 总数达到 980 余台，半导体照明产业整体规模到了 1920 亿元，较 2011

年的 1560 亿元增长 23%。其中上游外延芯片、中游封装、下游应用的规模分别为 80 亿元、320 亿元和 1520 亿元，见图 1-10 和图 1-11，LED 产量、芯片产量及芯片增产率见表 1.11。从产品结构来看，SMD LED 封装增长最为明显，占到整个 LED 器件产量的 50% 左右，已经成为 LED 封装的主流产品。我国半导体照明应用领域分布情况见图 1-12。随着各国淘汰白炽灯的计划的实施，半导体照明将实现爆发式增长，预计 2014 年我国半导体照明光源灯具的整体渗透率可达到 20%。

表 1.9　我国半导体照明产业环节主要生产厂商分布

材料体系	上　游		中　游	下　游
	衬底等原材料	外延芯片	封装	应用
InGaAlP	中科晶电：GaAs 中科镓英：GaAs	厦门三安、山东华光、厦门乾照、大连路美 河北立德、南昌欣磊、上海金桥大晨	佛山国星、厦门华联、杭州中宙、宁波升谱、广州鸿利、江苏稳润、深圳量子、杭州创元、河北鑫谷、天津天星、江苏奥雷、深圳普耐、宁波安迪、中山木林森、深圳瑞丰、深圳万润等	广东真明丽、北京利亚德、西安青松、上海三思、惠州德塞、南京汉德森、深圳海洋王、深圳珈伟、厦门通士达、江苏鸿联、深圳帝光、深圳伟志、上海小糸、富阳新颖、西安立明、广州雅江、东莞勤上、宁波燎原、深圳洲明等
	南大光电：MO 源			
GaN	云南蓝晶、重庆中联、哈尔滨奥瑞德	厦门三安、上海蓝光、上海蓝宝、大连路美、杭州仕兰明芯、武汉迪源、武汉华灿、清华同方、南昌晶能、佛山旭瑞、湖南华磊、扬州中科、常州晶元、嘉兴亚威朗、扬州璨扬、江门银宇等		
	南大光电：MO 源			
	大连光明化工、大连科利德：高纯氨			

表 1.10　2010 年我国半导体照明产品产值及增长率

产业链环节		2009 年产值/亿元	年增长率	2010 年产值/亿元
外延芯片		23	117%	50
封装		204	23%	250
应用		600	50%	900
应用领域	通用照明	75	153%	190
	背光应用	60	167%	160
	景观照明	140	50%	210
	显示屏	120	25%	150
	信号及指示	60	8%	65
	汽车照明	12	25%	15
	其他	68	62%	110
合　计		827	45%	1200

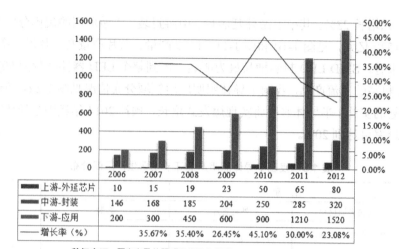

数据来源：国家半导体照明研发及产业联盟（CSA Consulting）。

图 1-10　2010 年我国半导体照明产业各环节产业规模

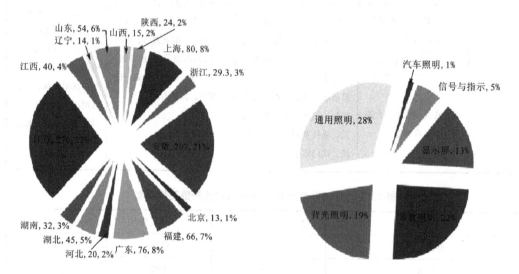

图 1-11　MOCVD 设备的区域分布　　　图 1-12　中国大陆地区半导体照明应用领域分布

表 1.11　2012 年国内 LED 产量、芯片产量及芯片国产率

种　类	LED 产量（亿只）	芯片产量（亿只）	芯片国产率（%）
GaN LED	1540	1150	75%
四元 LED	620	430	69%
其他	250	160	64%
合计	2410	1740	72%

数据来源：国家半导体照明工程研发及产业联盟（CSA Consulting）。

1.8.3　发展与创新

半导体照明作为一个新的技术及产业，不仅涉及基础材料和芯片技术，还涉及光、电、热、化学和装备等领域，是典型的多学科交叉融合的复杂系统工程。此外，它还具有基础研究、应用研究和产业化技术开发同步的特点，在技术发展的同时不断催生出新的应用。创新是半导体照明技术与产业发展的生命力。

由于发展时间的差异，基础性的半导体照明核心发明专利主要集中在日本、美国、德国等国家。这些国家的 Nichia、Lumileds、Osram、ToyodaGosei、Cree 等企业主导了产业链的中上游的大部分核心技术和专利，使之处于产业竞争的有利地位。2002 年前，上述公司均试图独自利用专利获得或保持市场垄断优势，彼此之间发生了一系列的专利诉讼。2002 年后改变策略，以专利交叉许可方式合作，构筑了半导体照明行业的专利壁垒，共同抵御行业的后来者。

自从 2003 年 6 月启动"国家半导体照明工程"计划后，经过多年的努力，我国半导体照明技术已经取得了许多突破性的进展，积累了相当数量的专利，形成了一定的产业规模和完整的产业链。我国是照明工业的生产与消费大国，随着经济发展和人民生活水平的提高以及城市化进程的加快，半导体照明市场前景光明，潜力巨大，面临巨大的发展机遇。一方面，伴随着经济全球化发展与 LED 行业国际分工的形成，我国已经成为全球产业转移的重点地区，世界各国的企业都抓紧在我国进行布局，以掌握市场发展的主动权；另一方面，从专利申请来看，近些年我国 LED 相关领域的专利申请每年以 30%左右的速度增长，远高于国内平均增长水平，也高于全球 LED 专利增长速度，我国已经成为全球 LED 专利申请与布局的热点地区。我国的行业组织正在构建"专利池"，利用我国半导体照明中下游的产业优势和专利积累，抵御或以交叉许可合作的方式突破专利壁垒。

半导体照明技术与产业的发展道路曲折，前途光明，有志者大有可为。

思考题

1. 何为电光源？有哪些种类？各类的特点是什么？
2. 理想照明光源应该具备什么样的特征？
3. 为何说半导体光源具备了绿色照明光源的潜质？
4. 半导体照明的核心价值体现在何处？
5. 半导体照明的产业链如何划分？
6. 使用电光源时在生物安全方面应注意什么问题？
7. 照明设计标准与照明电器产品标准之间的异同与相互关系？
8. 作为行业未来的研究者和参与者，你对半导体照明技术与产业的期待是什么？

参考资料

[1] N J. Holonyak, S.F.Bevagua,"Is the Light-Emitting Diode(LED)an ultimate lamp?", Am.J.Phys. 68.(9)p864, (2000).

[2] A.Zukauskas, M.S Shur, R.Gaska,"Introduction to solid state lighting", [M].NewYork, USA, John Wiley, 2002.

[3] M.R.KRAMES, O.B.Shchekin, R.Mueller-mach, G.O.Muller, L.Zhou, G.Harbers, M.G.Craford. "Status and future of High-Power Light-Emitting Diodes for Sold-State Lighting", [J]. IEEE J. Display Technol.3 (2007)160.

[4] Y.Narukawa, J.Narita, T.Sakamoto, T.Yamada, H.Narimatsu, M.Sano, T.Mukai."Recent progress of hing efficiency white LEDs", [J]. Phys.Status Solida A 204 (2007) 2087.

[5] Shuji Nakamura, Masayuki Senoh, Takashi Mukai, "P-GaN/N-InGaN/N-GaN Double-Heterostructure Blue-Light-Emitting-Diodes", [J]. Jpn.J.Appl.Phys.32(1993)L8.

[6] Nakamura S, Mukai T, Senoh M, Appl Phys Lett, 1994, 64: 1687.

[7] 梁春广, 张冀.GaN——第三代半导体的曙光.半导体学报, 1999 年 02 期.

[8] 张万生, 梁春广.可见光 LED 的进展——发展趋势及蓝色 LED（一）.半导体情报, 1997 年 03 期.

[9] 张万生, 梁春广.可见光 LED 的进展——超高亮度 LED 及应用（二）, 半导体情报, 1997 年 04 期.

[10] 秉时.LED 的新发展及其新应用.红外, 1999 年 01 期.

[11] 阮世昌.白光 LED 简介.国际光电与显示, 2001, 12：194.

[12] 美国国家研究理事会.上海应用物理研究中心, 译.驾驭光—21 世纪光科学与工程.上海科技出版社, 2000. 136.

[13] 吴玲, 中国半导体照明产业发展报告（2005）.机械工业出版社, 2006.

[14] 方志列.白光 LED 引发照明技术革命.中国电子报, 2004.3.19,（10 版）.

[15] 中国就业培训技术指导中心.照明设计师.中国劳动社会出版社, 2009 年 7 月第一版.

[16] 日本 LED 照明推进协会.李农, 等译.LED 照明设计与应用.科学出版社, 2009 年 10 月第一版.

[17] 方志列.半导体照明技术.电子工业出版社, 2009 年 5 月.

[18] 大谷义彦, 夏晨.LED 照明现状与未来展望[J].中国照明电器, 2007（6）：20-24

[19] 白皮书编委会. 2011 年半导体照明产业高校人才白皮书.国家半导体照明工程研发及产业联盟, 2011 年.

[20] 教材编写组.半导体照明应用产品工程师职业资格培训教材.国家半导体照明工程研发及产业联盟, 2012 年.

[21] 罗毅等.广东省 LED 发展产业技术路线图.广东省科技厅、清华大学, 内部资料.

[22] 指南编写组.半导体照明产业技能人才开发指南.中国就业培训技术指导中心、国家半导体照明工程研发及产业联盟, 2013 年, 内部资料.

[23] LED 行业产业链"重要数据"你知多少?. lights.ofweek.com/2014.

[24] 半导体照明产业链市场研究预测报告. www.docin.com/p-698608.

[25] 专家解读 LED"光生物安全"标准. lights.ofweek.com/2012.

[26] 正确理解国际光辐射安全标准，客观评估半导体照明产品. wenku.baidu.com/link?

[27] 照明设计标准. wenku.baidu.com/search?word-照明设计标准.

[28] 照度标准：城市道路照明设计标准. zhidao.baidu.com/link?

[29] 照明电器国家标准大全. www.21dianyuan.com/bbs.

[30] LED 照明电器产品及照明有关标准. wenku.baidu.com/link?

第2章

光度学与色度学基础

2.1 人眼结构与视觉

人的眼睛相当于一个光学仪器，外表大体为球形，它的内部构造如图 2-1 所示，下面分别介绍各部分的构造和作用。

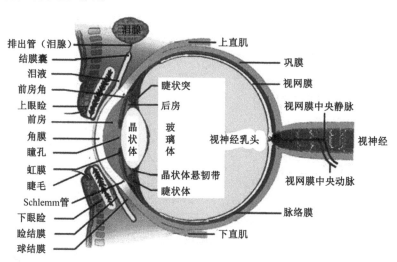

图 2-1 人眼结构示意图

（1）角膜：角膜是由角质构成的透明球面，厚度约为 0.55 毫米，折射率为 1.3771，外界的光线就是首先通过角膜进入眼睛的。

（2）前房：角膜后面的一部分空间称为前房。前房中充满了折射率为 1.3374 的透明液体，称为水状液，前房的深度大约为 3.05 毫米。

（3）晶状体：它是由多层薄膜构成的一个双凸透镜。中间较硬，外层较软，在自然状态下，其前表面的半径为 10.2 毫米，后表面的半径为 6 毫米。各层的折射率不同，中央为 1.42，最外层为 1.373。借助于晶状体周围肌肉的作用，可以使前表面的半径发生变化，以改变眼睛的焦距，使不同距离的物体都能成像在视网膜上。

（4）瞳孔：它在晶状体前，中央是一个圆孔，它能限制进入眼睛的光束口径。随着被观察物体的亮暗程度，它能相应地改变瞳孔直径，以调节进入眼睛的光能量。

（5）玻璃体：晶状体后面的空间称为玻璃体，里面充满着一种与蛋白质类似的透明液体，叫作玻璃液，它的折射率为 1.336。

（6）视网膜：玻璃体的内壁为一层由视神经细胞和神经纤维构成的膜，称为视网膜，它是眼睛的感光部分。

（7）脉络膜：视网膜的外面包围着一层黑色膜，它的作用是吸收透过视网膜的光线。

（8）巩膜：它是一层不透明的白色外皮，将整个眼球包围起来。

（9）黄斑：视网膜上视觉最灵敏的区域。

（10）盲点：神经纤维的出口，由于没有感光细胞，所以不能产生视觉。

来自外界物体的光线，经过角膜以及晶状体折射后，成像在视网膜上，使视神经细胞受到刺激，而产生视觉。视网膜上所成的像是倒像，但我们的感觉仍然是直立的，这是由于神经系统内部作用的结果。

当注视某一物体时，眼睛依靠它外面肌肉的牵动，能自动地使该物体的像落在黄斑上。黄斑和眼睛光学系统像方节点的连线称为视轴。眼睛的视角虽然很大（可达 150°），但只是在视轴周围 6°～8° 的范围内能够清晰识别，其他部分就比较模糊。因此，我们观察周围的景物时，眼睛就自动地在眼窝内不停地转动。

在人眼的组成中，视网膜是一个十分重要的视觉接收器。同时，它也是一个复杂的神经中心。眼睛的感光成分分为视网膜中的柱状细胞和锥状细胞。柱状细胞能感受弱光刺激，但不能分辨颜色；锥状细胞在强光下灵敏，它还有辨别颜色的功能。人眼只对可见光有视觉，而在可见光范围内，人眼对不同频率或波长的灵敏度——视觉感觉强度不同。

2.2　光度学

2.2.1　视觉函数

如果以同样功率的不同波长的辐射通量射入人眼，波长 $\lambda=555\mathrm{nm}$ 的光人眼感觉最亮。人眼在可见光范围内的视觉灵敏度是不均匀的，它随波长而变化。

不同波长的辐射所引起人眼的视觉感觉强度不同，即光谱灵敏度不同。而光谱灵敏度要受到所处环境亮度水平的影响。光亮度在十个 $\mathrm{cd/m^2}$ 以上时，正常人眼的适应状态叫明适应，此时的视觉叫明视觉，1924 年国际照明委员会（CIE）公布了明视觉光谱光效率函

数 $V(\lambda)$。当亮度在百分之几 cd/m^2 以下时，正常人眼的适应状态叫暗视应，相应暗视应的视觉称为暗视觉。1951 年国际照明委员会（CIE）公布了暗视觉的光谱光效率函数 $V'(\lambda)$，人眼对不同波长的光谱光视效率值见表 2.1。

表 2.1 人眼对不同波长的光谱光视效率

波长/)（nm）	$V(\lambda)$	$V'(\lambda)$	波长/（nm）	$V(\lambda)$	$V'(\lambda)$
380	0.00004	0.000589	590	0.7570	0.0655
390	0.00012	0.002029	600	0.6310	0.03315
400	0.0004	0.00929	610	0.5030	0.01593
410	0.0012	0.03484	620	0.3810	0.0074
420	0.0040	0.0966	630	0.2650	0.00334
430	0.0116	0.1998	640	0.1750	0.0015
440	0.023	0.3281	650	0.1070	0.00068
450	0.038	0.4550	660	0.0610	0.000313
460	0.060	0.5670	670	0.0320	0.000148
470	0.091	0.6760	680	0.0170	0.000072
480	0.139	0.793	690	0.0082	0.000035
490	0.208	0.904	700	0.0041	0.000018
500	0.323	0.982	710	0.0021	0.000009
510	0.503	0.997	720	0.00105	0.0000048
520	0.710	0.935	730	0.00052	0.0000026
530	0.862	0.811	740	0.00025	0.0000014
540	0.954	0.650	750	0.00012	0.00000076
550	0.995	0.481	760	0.00006	0.00000043
560	0.995	0.3288	770	0.00003	0.00000024
570	0.952	0.2076	780	0.000015	0.00000014
580	0.870	0.1212			

2.2.2 辐射度学与基本参量

辐射度学是研究电磁辐射能测量的一门科学，辐射度量是用能量单位描述光辐射能的客观物理量，辐射度学的基本概念和定律适用整个电磁波段的辐射测量，其主要研究频率为 $3\times10^{11}\sim3\times10^{16}$Hz 的光辐射，对应于 $0.01\sim1000\mu m$ 的波长，波段范围包括红外、可见光、紫外线，但对于电磁辐射的不同频段，由于其特殊性，又往往有不同的测量手段和方法。其基本物理量介绍如下。

（1）辐射能 U

辐射能是以辐射形式发射或传输的电磁波（主要指紫外、可见光和红外辐射）能量。当辐射能被其他物质吸收时，可以转变为其他形式的能量，如热能、电能等。其表达式为

$$U = h\nu \tag{2.1}$$

其量纲为焦耳（J）。

（2）辐射通量或辐射功率 P

辐射通量 P 又称为辐射功率，是指以辐射形式发射、传播或接收的功率，单位时间内流过的辐射能量。其表达式为

$$P = \frac{\mathrm{d}U}{\mathrm{d}t} \tag{2.2}$$

其量纲为瓦特（W）。

（3）辐射强度 J

点辐射源在给定方向上发射的在单位立体角内的辐射通量。其表达式为

$$J = \frac{\mathrm{d}P}{\mathrm{d}\omega} \tag{2.3}$$

其量纲为瓦特每球面度（W/sr）。

（4）辐射出射度或面辐射度 M

辐射出射度 M 是用来反映物体辐射能力的物理量，辐射体单位面积向半球面空间发射的辐射通量。其表达式为

$$M = \frac{\mathrm{d}P}{\mathrm{d}\sigma} \tag{2.4}$$

其量纲为瓦特每平方米（W/m^2）。

（5）辐射照度 H

在辐射接收面上的辐照度定义为照射在面元上的辐射通量与该面元的面积之比。其表达式为

$$H = \frac{\mathrm{d}P}{\mathrm{d}\sigma} \tag{2.5}$$

其量纲为瓦特每平方米（W/m^2）。

不要把辐照度 H 与辐射出射度 M 混淆起来。虽然两者单位相同，但定义不一样。辐照照度是从物体表面接收辐射通量的角度来定义的，辐射出射度是从面光源表面发射辐射的角度来定义的。

（6）辐射亮度 R

光源在垂直其辐射传输方向上单位表面积单位立体角内发出的辐射通量，辐射源在单位面积某一给定方向上的辐射强度。其表达式为

$$R_{\mathrm{e}} = \frac{\mathrm{d}^2 P}{\cos\theta \mathrm{d}\sigma \mathrm{d}\omega} \tag{2.6}$$

其量纲为瓦特/球面度·平方米（W/sr·m^2）。

2.2.3　光度学与基本参量

光度学是研究光度测量的一门科学，光度量是光辐射能为平均人眼接受所引起的视觉刺激大小的度量，使人眼产生的目视刺激度量是光度学的研究范畴，其研究的波长范围为

380～780nm，即可见光领域，光度学除包括光辐射能的客观度量外，还应考虑人眼视觉的生理和感觉印象等心理因素。其基本物理量介绍如下。

（1）光能 Q

光能就是辐射能落于人眼而引起视觉的这部分能量的大小。其量纲是流明·秒（lm·s）。

（2）光通量 F

单位时间内光源发出可见光的总能量，光通量是说明光源发光能力的基本量。其量纲是流明（lm）。

（3）发光强度 I

光源向一定方向单位立体角内发出的光通量。其表达式为

$$I = \frac{dF}{d\omega} \tag{2.7}$$

其量纲为坎德拉（cd）。

（4）面发光度 L

光源单位发光面积上发出的光通量。其表达式为

$$L = \frac{dF}{d\sigma} \tag{2.8}$$

其量纲为流明每平方米（lm/m²）。

（5）光照度 E

被照明物体的单位面积上接收到的光通量。其表达式为

$$E = \frac{dF}{d\sigma} \tag{2.9}$$

其量纲为勒克斯（lx）。

面发光度和光照度具有相同的数学表达式和量纲。而前者用于发光体，后者用于被照表面。

（6）光亮度 B

在该方向上的单位投影面积上、单位立体角内发出的光通量，也就是该方向上单位投影面积上的发光强度。其表达式为

$$B = \frac{d^2F}{d\sigma \cos\theta d\omega} \tag{2.10}$$

其量纲为坎德拉每平方米（cd/m²）。

与辐射度量体系不同，在光度单位体系中，被选作基本单位的不是光通量，而是发光强度，其单位是坎德拉。坎德拉不仅是光度体系的基本单位，而且也是国际单位制（SI）的七个基本单位之一。

1 坎德拉的最新规定是：光源发出频率为 540×10^{12}Hz 的单色辐射，在给定方向上的辐射强度为 1/683 瓦每球面度时，其发光强度为 1 坎德拉（cd）。

如果发光强度为 1cd 的点光源，在单位立体角内所发射的光通量就定义为 1lm。若此

点光源是各向同性的，则它所发射的总光通量为 4π lm。

如果 1 lm 的光通量均匀分布在 $1m^2$ 的面积上，则光照度为 1 lx。

如果 $1 m^2$ 表面沿法线方向发射 1cd 的光强，则发光亮度就定为 $1 cd/m^2$。

2.2.4　辐射光源的光视效能与光效

光度单位体系是一套反映视觉亮暗特性的光辐射计量单位，在光频区域光度学的物理量可以用与辐射度学的基本物理量对应的来表示，其定义完全一一对应，这两者的桥梁为光视效能。

光视效能描述某一波长的单色光辐射通量可以产生多少相应的单色光通量，可以用同一波长下测得的光通量与辐射通量的比值来表示，其表达式为

$$K_\lambda = \frac{F_\lambda}{P_\lambda} \tag{2.11}$$

通过对标准光度观察者的实验测定，在辐射频率 540×10^{12} Hz（波长 555nm）处，K_λ 有最大值，其数值为 K_m=683 lm/W。

光谱光视效率是 K_λ 用 K_m 归一化的结果，其表达式为

$$V_\lambda = \frac{K_\lambda}{K_m} = \frac{1}{K_m} \frac{F_\lambda}{P_\lambda} \tag{2.12}$$

有了光谱光视效能，我们就可以确定光度量单位与辐射量单位在数值上的关系。按人眼的视觉特性以 $V(\lambda)$ 来评价的辐射通量即为光通量，二者关系可表示为

$$F_\lambda = P_\lambda K_\lambda \tag{2.13}$$

光源的发光效率是一个十分重要的物理量，一个照明电光源，除要求具有较好的显色特性和长寿命以外，还要求其光效高，以达到节约能源的目的。光源发出的光通量与所耗电功率之比，称为光源的发光效率。用 η 表示，其表达式为

$$\eta = \frac{F}{P} \tag{2.14}$$

2.3　色度学

2.3.1　颜色匹配函数与色度图

用颜色混合的方法把两种颜色调节到视觉上相同的过程叫作颜色的匹配。所谓颜色的匹配是两种颜色在视觉上看不出差别。

1. 颜色匹配实验

图2-2为颜色匹配实验，光源 S_1，S_2 和 S_3 分别通过滤色片 F_R（红），F_G（绿）和 F_B（蓝）以及准直透镜 L_1，L_2 和 L_3 形成三色的准直光束投射到以黑屏 BS 分隔的白屏 WS 上部。光

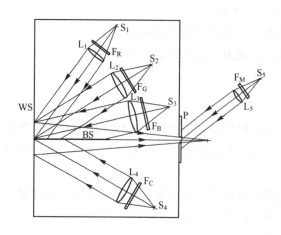

图 2-2　颜色匹配实验原理图

源 S_4 经过滤色片 F_C 和准直镜 L_4 使平行光束投射到白屏 WS 下部。通过小孔光阑 P 可以同时看到由黑屏 BS 分隔开的上、下两部分视场。调节 R，G，B 三种色光的强度，使通过小孔光阑观察到的上、下两部分视场的颜色完全一样，便实现了用 R，G，B 光对色光 C 的匹配。

实验结果证明，红（R），绿（G），蓝（B）三种色光可以对任何颜色实现匹配。

进一步实验证明，能够用来匹配所有各种颜色的三种颜色不仅限于红、绿、蓝一组。只要三种颜色中的每一种颜色不能用其他两种颜色混合产生出来，就可以用来匹配出所有的颜色。这样的三种颜色称为"三原色"。

在颜色匹配实验中，还可以用另一光源 S_s 通过滤色片 F_M 在观察孔周围加上不同照度的白光或彩色背景。实验证明，观察孔周围的背景上的照度和彩色的改变，并不影响对颜色的匹配。

2．颜色方程

颜色匹配可以用数学方程来描述，即

$$R(\mathrm{R}) + G(\mathrm{G}) + B(\mathrm{B}) \equiv (C) \tag{2.15}$$

式中，$R(\mathrm{R})$，$G(\mathrm{G})$，$B(\mathrm{B})$ 分别表示红光（R）、绿光（G）、蓝光（B）的量为 R，G，B；符号"$\equiv$"表示匹配，即颜色完全相同。

根据上述三原色定义可以推知：每一种颜色都对应着给定三原色的一组量值，或者说，每一组三原色的量均代表着一种颜色。颜色匹配实验证明，三原色不是唯一的。色度学就是用一组既定的三原色的量值表示出各种颜色的。通常用红（R）、绿（G）、蓝（B）三种颜色作为三原色。之所以这样选择，是由于红、绿、蓝三种颜色混合可以产生日常生活中绝大多数颜色，也由于这三种颜色恰好与视觉生理学中发现的敏红、敏绿和敏蓝三种感色锥体细胞相对应。

下面介绍一些色度学方面的基本概念。

（1）三刺激值

色度学中是用三原色的量来表示颜色的。匹配某种颜色所需的三原色的量，称为颜色的三刺激值。用红、绿、蓝作为三原色时，颜色方程中的三原色量 R、G、B 就是三刺激值。

三刺激值不是用物理单位来量度的，而是用色度学的单位来量度的。具体规定为：在 380～780nm 的波长范围内，各种波长的辐射能量均相等时，称为等能光谱色。由其构成的白光称为等能白光，简称 E 光源。等能白光的三刺激值是相等的，且均为 1 单位。

假定匹配等能白光所需的三原色的光通量分别为 Φ_R、Φ_G、Φ_B，红、绿、蓝三种原色各 1 单位刺激值分别对应于 Φ_R、Φ_G、Φ_B 流明的红、绿、蓝三原色的光通量。又如，用 Φ_R 流明的红光（R）、Φ_G 流明的绿光（G）和 Φ_B 流明的蓝光（B）匹配出 F_C 流明的色光（C），其能量方程为

$$\Phi_C(C) = \Phi_R(R) + \Phi_G(G) + \Phi_B(B) \tag{2.16}$$

用颜色方程表示为

$$(C) = R(R) + G(G) + B(B) \tag{2.17}$$

式中，$R = \Phi_R / l_R$；$G = \Phi_G / l_G$；$B = \Phi_B / l_B$。

（2）光谱三刺激值或颜色匹配函数

用三刺激值可以表示各种颜色，对于各种波长的光谱色也不例外。匹配等能光谱色所需的三原色量叫作光谱三刺激值，也叫作颜色匹配函数。对于不同波长的光谱色，其三种刺激值显然是波长的函数。用红、绿、蓝作为三原色时，光谱三刺激值或颜色匹配函数用 $\bar{r}(\lambda)$，$\bar{g}(\lambda)$ 和 $\bar{b}(\lambda)$ 来表示。

（3）色品坐标及色品图

三原色确定后，一种颜色的三刺激值是唯一的，因此可以用三刺激值表示颜色。但是，由于准确测量三刺激值存在着技术上的困难，故通常不直接用其表示颜色，而是用其在三刺激值总和中所占的比例来表示颜色。这三个比例值叫作色品坐标。假定颜色的三刺激值分别为 R、G、B，色品坐标为 r、g、b，则有

$$r = \frac{R}{R+G+B} \qquad g = \frac{G}{R+G+B} \qquad b = \frac{B}{R+G+B} \tag{2.18}$$

因此，有

$$r + g + b = 1 \tag{2.19}$$

在一个平面直角坐标系内，横轴表示 r，纵轴表示 g，则平面上任一点都有一确定的 r，g 和 $1-r-g = b$ 值，这样一个表示颜色的平面称为色品图。在图上有三个特殊的色品点：$r=1$，$g=b=0$；$g=1$，$r=b=0$；$b=1$，$r=g=0$。它们正是三原色（R），（G）和（B）的三个色品点。此三点的连线构成一个三角形，三角形内任一点的色品坐标都是正值。代表三原色的混合可以产生的颜色。这个三角形叫作麦克斯韦颜色三角形，图2-3表示了以（R），（G），（B）为三原色的色品图。

3. 色度学系统

国际照明委员会（法文缩写为 CIE）曾推荐了几种色度学系统，以统一颜色的表示方法和测量条件。国际照明委员会在 1931 年同时推荐了两套标准色度学系统：1931CIE—RGB 系统和 1931CIE—XYZ 系统。现介绍如下。

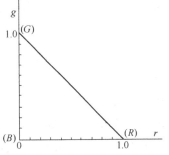

图 2-3　以（R）、（G）、（B）为三原色的色品图

（1）1931CIE—GRB 系统

CIE 规定该系统用红（R）：$\lambda = 700$ nm，绿（G）：$\lambda = 546.1$ nm，蓝（B）：$\lambda = 435.8$ nm 三种光谱色为三原色。用此三原色匹配等能白光（E 光源）的三刺激值相等。三原色光（R），（G），（B）单位刺激值的光亮度比为 1.0000∶4.5907∶0.0601；辐亮度比为 72.0962∶1.3791∶1.0000。

光谱三刺激值 $\bar{r}(\lambda)$，$\bar{g}(\lambda)$，$\bar{b}(\lambda)$ 是以莱特与吉尔德两组实验数据为基础确定的。下面做简单介绍。

① 莱特实验

莱特以波长为 650nm（红）、540nm（绿）、460nm（蓝）的光谱色为三原色，由 10 名观察者用如图2-4 所示的仪器对各光谱色进行匹配，确定光谱色的色品坐标。三原色光分别用三个全反射棱镜 P_R，P_G，P_B 取自色散棱镜 P_D 分光后的谱面上对应的（R），（G），（B）

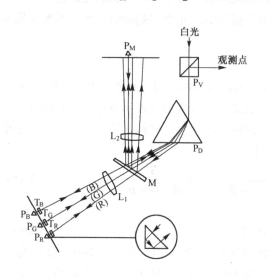

图 2-4　莱特对光谱色匹配仪器原理图

三色光，T_R，T_G，T_B 分别为（R），（G），（B）三色光滤色玻璃制成的光楔，其沿谱面的位置变化可调节由三个全反射棱镜反射回来的三色光的比例。被匹配的光谱色是由反射棱镜 P_M 取自另一个谱面。适当地调整全反射棱镜 P_R，P_G，P_B 和 P_M 的位置，使混合色光和被匹配色光分别投射在视场的两半部分，以便于观测比较。图 2-4 中，M 为半透半反镜，L_1、L_2 为两相同准直镜，P_V 为输入白光和输出混合色光及被匹配色光的棱镜组。

在实验中，只规定相等数量的红和绿刺激值匹配出波长为 582.5 nm 的黄色光，相等数量的绿和蓝刺激值匹配出波长为 494.0 nm 的蓝绿色光。但没有明确三刺激值的单位，只是测定了各光谱色的色品坐标 $r(\lambda)$、$g(\lambda)$ 和 $b(\lambda)$。对 10 名观察者实验数据取平均值作为各光谱色色品坐标。

② 吉尔德实验

吉尔德实验选择的波长分别为 630nm（红）、540nm（绿）、460nm（蓝）的光谱色为三原色，由 7 名观察者用与莱特不同的实验装置在 2°视场范围内实现了类似的实验。实验中规定：用此三原色匹配英国国家物理实验室的 NPL（The National Physical Laboratory）白色三刺激值相等。取 7 名观察者实验数据的平均值作为最后结果。

把莱特和吉尔德测得的两组数据均通过色品坐标的转换，即转换为红（R）：$\lambda = 700$ nm；绿（G）：$\lambda = 546.1$nm；蓝（B）：$\lambda = 435.8$nm 三原色系统的色品数据，并取平均值，求出 1931CIE—RGB 系统的光谱色品坐标，并根据等能白光（E 光源）三刺激值相等的规定，可求出 1931CIE—RGB 系统的光谱三刺激值。这组数据叫作 1931CIE—RGB 系统标准色度观察者光谱三刺激值。图2-5 表示这组数据随波长变化的曲线。图2-6 是 1931CIE—RGB 系统色品图，各光谱色的色品点形成的一条马蹄形曲线叫作光谱色品轨迹。

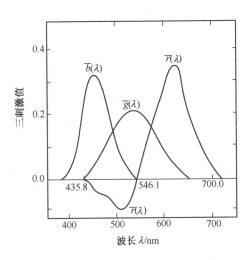

图 2-5　光谱三刺激值随波长变化曲线　　　图 2-6　1931CIE—RGB 系统色品图

（2）CIE—XYZ 系统

由图2.5中看出，由（R）、（G）、（B）三原色匹配等能光谱色，有的三刺激值为负值。这不易于理解和计算，因此 CIE 同时又推荐了 1931CIE—XYZ 色度学系统。

1931CIE—XYZ 系统的三原色选择的要求是：

第一，用三原色匹配等能的光谱色时，三刺激值均为正；第二，色品图上表示的实际不存在的颜色所占的面积尽量小；第三，用 Y 刺激值表示颜色的亮度。

为达到第一和第二两个要求，(X)，(Y)，(Z) 三原色对 1931CIE—RGB 色品图上色品点所形成的颜色三角形应包含全部光谱色品轨迹，且使三角形内光谱色品轨迹的外面部分的面积为最小。为此需要做到：第一，以光谱色品轨迹上波长为 700nm 和 540nm 两色品点的连线为 (X) (Y) (Z) 三角形的 (X) (Y) 边，该直线的方程为

$$r + 0.99g - 1 = 0 \tag{2.20}$$

第二，在光谱色品轨迹斜上方的波长为 503 nm 的色品点作一个方程为

$$1.45r + 0.55g + 1 = 0 \tag{2.21}$$

的直线作为三原色三角形的 (Y) (Z) 边。

为了满足前述第三个要求，即用 Y 刺激值表示颜色的亮度。取无亮度线作为三原色三角形的 (X) (Z) 边。下面先导出无亮度线的方程。在 1931CIE—RGB 系统中，三原色量相等时，其光亮度比为

$$Y(\text{R}) : Y(\text{G}) : Y(\text{B}) = 1.0000 : 4.5907 : 0.0601 \tag{2.22}$$

若颜色（C）的三刺激值分别为 R，G，B，其相对亮度 Y_C 可表示为

$$Y_C = R + 4.5907G + 0.0601B \qquad (2.23)$$

等号两边各除以 $R+G+B$，得

$$\frac{Y_C}{R+G+B} = r + 4.5907g + 0.0601b \qquad (2.24)$$

无亮度线的条件是 $Y_C = 0$，RGB 色品图上无亮度线方程显然应为

$$r + 4.5907g + 0.0601b = 0 \qquad (2.25)$$

考虑到 $b=1-r-g$，则有

$$0.9399r + 4.5306g + 0.0601 = 0 \qquad (2.26)$$

可方便地得到线（X）（Y）与线（X）（Z）的交点就是（X）原色的色品点，其在 RGB 系统中的色品坐标可由式（2.20）和式（2.25）联立求解。线（X）（Y）与线（Y）（Z）的交点为（Y）原色的色品点，其在 RGB 系统中的色品坐标可由式（2.20）和式（2.25）联立求解。线（Y）（Z）与线（X）（Z）的交点为（Z）原色的色品点，其在 RGB 系统中的色品坐标可由式（2.21）和式（2.25）联立求解。最后得（X），（Y），（Z）三原色在 RGB 系统中的色品坐标为

	r	g	b
（X）	1.2750	−0.2778	0.0028
（Y）	−1.7392	2.7671	−0.0279
（Z）	−0.7431	0.1409	1.6022

其位置标于图2-6上。

1931CIE—XYZ 系统的光谱三刺激值已成为国际上的标准，定名为 CIE1931 标准色度观察者光谱三刺激值，简称 CIE1931 标准色度观察者。图2-7给出了 CIE1931 标准色度观察者光谱三刺激值曲线。图2-8为 1931CIE—XYZ 色度系统的色品图，光谱色品轨迹也是一条马蹄形曲线，等能白光色品点（E）为颜色的参考点。被考虑的颜色的色品点（M），其越接近光谱色品曲线，颜色饱和度越高，越接近白光色品点（E），其饱和度越低。

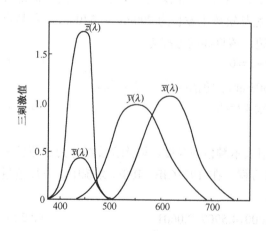

图 2-7　1931CIE—XYZ 光谱三刺激值曲线

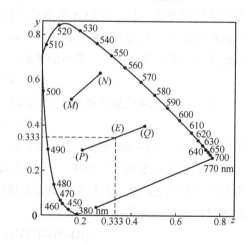

图 2-8　1931CIE—XYZ 色度系统的色品图

光谱色的饱和度是最高的，没有比光谱色饱和度更高的颜色。实际存在的颜色的色品点均在光谱色品轨迹所包围的范围之内。

色品图还能表示两种颜色的混合，颜色（M）和颜色（N）的混合色的色品点应在颜色（M）和颜色（N）的色品点连线（M）（N）上。具体位置可根据两种颜色的三刺激值用求重心的方法确定。两种颜色（P），（Q）混合成参考白色（E）时，这两种颜色称为互补色。在色品图上，互补色的两色品点连线一定通过参考白光的色品点（E）。

光谱色的色品轨迹开口端 770 nm 和 380 nm 色品点间的连线上的色品点所对应的颜色不是光谱色，而是 770 nm（红）和 380 nm（紫）两光谱色的混合色。

2.3.2　色纯度

颜色纯度表示颜色接近主波长光谱色的程度，颜色纯度的表示方法有两种。

1. 刺激纯度

任一种颜色都可以看成是一种光谱色与参考白光以一定比例的混合色，其中光谱色的三刺激值总和与混合色三刺激值总和的比值 P_e，就能表示颜色接近光谱色的程度。定义 P_e 为颜色的刺激纯度：

$$P_e = \frac{X_\lambda + Y_\lambda + Z_\lambda}{X + Y + Z} \tag{2.27}$$

式中，X_λ，Y_λ，Z_λ 为颜色（M）所包含的主波长光谱色的三刺激值；X，Y，Z 为颜色（M）的三刺激值。假设颜色中包含的参考白光的三刺激值为 X_0，Y_0，Z_0。根据格拉斯曼定律，有

$$\begin{cases} X = X_\lambda + X_0 \\ Y = Y_\lambda + Y_0 \\ Z = Z_\lambda + Z_0 \end{cases}$$

代入式（2.27），得

$$P_e = \frac{X_\lambda + Y_\lambda + Z_\lambda}{(X_\lambda + Y_\lambda + Z_\lambda) + (X_0 + Y_0 + Z_0)} = \frac{C_\lambda}{C_\lambda + C_0} \tag{2.28}$$

式中，$C_\lambda = X_\lambda + Y_\lambda + Z_\lambda$ 为颜色（M）所包含主波长光谱色三刺激值的总和；$C_0 = X_0 + Y_0 + Z_0$ 为参考白光三刺激值的总和。从图 2-9 中的色品图上可按求重心的方法来确定 C_λ 和 C_0，即

$$\frac{C_\lambda}{C_0} = \frac{OM}{ML} \tag{2.29}$$

经比例变换，有

$$\frac{C_\lambda}{C_0 + C_\lambda} = \frac{OM}{OM + ML} = \frac{OM}{OL} = \frac{x - x_0}{x_\lambda - x_0} = \frac{y - y_0}{y_\lambda - y_0} \tag{2.30}$$

故有

$$P_e = \frac{x - x_0}{x_\lambda - x_0} \tag{2.31}$$

或

$$P_e = \frac{y - y_0}{y_\lambda - y_0} \tag{2.32}$$

这就是根据颜色、主波长光谱色和参考白光的色品坐标求刺激纯度的计算公式。当$(x_\lambda - x_0) > (y_\lambda - y_0)$时，用式（2.31）计算，反之，用式（2.32）计算刺激纯度。

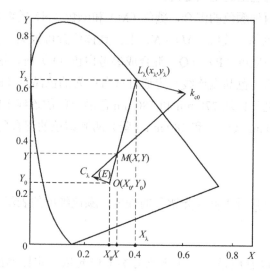

图2-9 从色品图上求取颜色计算颜色刺激纯度示意图

2. 亮度纯度

颜色的纯度也可以用该颜色所包含的光谱色的光亮度与该颜色的总光亮度的比值来表示，称为亮度纯度，以P_c表示。由前面的讨论知，颜色的Y刺激值与颜色的亮度成正比，故有

$$P_c = Y_\lambda / Y \tag{2.33}$$

式中，Y_λ为颜色中光谱色的亮度因数；Y为该颜色的亮度因数。由于刺激纯度P_e为

$$P_e = \frac{X_\lambda + Y_\lambda + Z_\lambda}{X + Y + Z} \tag{2.34}$$

而$X_\lambda + Y_\lambda + Z_\lambda = Y_\lambda / y_\lambda$，$X + Y + Z = Y / y$，则

$$P_e = \frac{Y_\lambda}{y_\lambda} \cdot \frac{y}{Y} \tag{2.35}$$

即 $$P_e = P_c y / y_\lambda \tag{2.36}$$

则有 $$P_c = P_e y_\lambda / y \tag{2.37}$$

上式表示刺激纯度P_e与亮度纯度P_c之间的关系。颜色纯度和颜色饱和度有一定关系，但是由于在色品图上不同部位的颜色纯度相同时饱和度不完全相同，故颜色纯度只是与颜色饱和度大致相当。

2.3.3 白光光源色参数

1. 黑体辐射源与太阳

物体色必须借助光源照明才能呈色。光源本身的颜色特性将直接影响人们感受的颜色。

能够完全吸收从任何角度入射的任何波长的辐射，并且在每一个方向都能最大可能地发射任意波长辐射能的物体称为黑体。显然，黑体的吸收系数为 1，发射系数也为 1。

如果一个物体能全部吸收投射在它上面的辐射而无反射，这种物体称为黑体。一个开有小孔的封闭空腔可看作黑体。

太阳是最重要的天然光源。到达地球表面的太阳光，是通过几乎处于真空状态的宇宙以电磁波的形式传播过来的，具有与 5700K 的黑体辐射能谱几乎一致的连续光谱。

单位时间内从太阳表面辐射出来的能量换算成电能约为 $3.8×10^{23}$kW 左右。到地球大气层附近的辐射能量密度为 1.395kW/m^2 左右，这个值称为太阳常数。

2. 色温与相关色温

由物理学中的知识可知，黑体是完全吸收体和完全辐射体，其辐射的光谱功率分布与温度有着确定的关系。热力学温度为 T 的黑体的波长为 λ 的辐射，以其在 4π 立体角内的辐射能量表示，称为出辐度。出辐度可由普朗克公式求得，即

$$M(T,\lambda) = C_1\lambda^{-5}(e^{C_2/\lambda T}-1)^{-1}\ \mathrm{W\cdot m^{-2}} \tag{2.38}$$

式中，$M(T,\lambda)$ 是温度为 T 的黑体对波长为 λ 辐射的出辐度；C_1 和 C_2 为辐射常数：

$$C_1 = 3.74150×10^{-16}\ \mathrm{W\cdot m^2}, \qquad C_2 = 1.4388×10^{-2}\ \mathrm{m\cdot K}$$

当黑体的温度 T 一定时，其辐射的光谱功率分布就定了，呈现的颜色也确定了。图2.10 表示了各种温度黑体辐射的光谱功率分布曲线。黑体的温度由低到高，其相对应的颜色由红经黄、白到蓝的变化过程。图2-11 表示了各种温度黑体的颜色色品点，其所连接成的曲线称为黑体色品曲线。

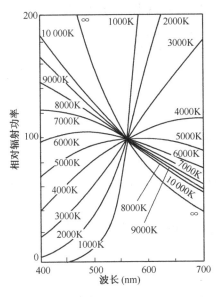

图 2-10　黑体辐射的光谱功率分布曲线

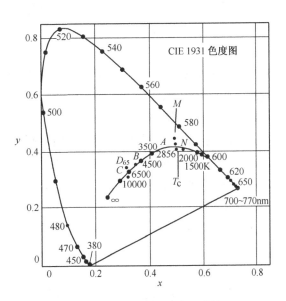

图 2-11　黑体的颜色色品曲线

根据黑体的热力学温度 T 和其颜色之间的确定关系，可用黑体的温度表示光源的颜色，

称为色温。光源的色温可定义为和光源有相同色品的黑体的温度。用色温表示的光源色品点一定在黑体色品迹线上。

色品点在黑体迹线附近的光源，其颜色可用相关色温来表示。光源的色温是指色品最接近光源色品的黑体温度。用相关色温表示光源的颜色是近似的，如图2.11上色品点为 M 和 N 的两个光源有相同的相关色温 T_C，而两光源的颜色稍有不同。

2.3.4 颜色的混合与显色性

1. 混色

（1）色光混合

图2-12所示为一种色光混合的实验装置。光源 S_1、S_2 和 S_3 发出的光分别经过滤色片

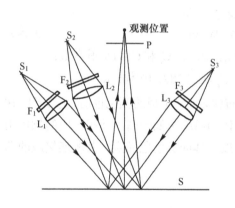

图 2-12 一种色光混合的实验装置

F_1、F_2、F_3 和透镜 L_1、L_2、L_3 形成三种颜色的平行光，投射到屏幕 S 的同一位置，通过小孔光阑 P 可以观察到所形成光斑中央部分。当分别单独点燃光源 S_1、S_2 和 S_3 时，则可看到三种不同的颜色 A、B、C。这是三种色光分别单独作用于人眼形成刺激而产生的颜色感觉。

同时点燃光源 S_1 和 S_2，从小孔看到的颜色既非颜色 A 也非颜色 B，而是介于二者之间的颜色。改变各色光的强度，混合颜色将发生变化。改变颜色的组合，如 A 和 B、A 和 C、B 和 C，以及 A、B、C 的各种组合，从小孔看到光斑的颜色各不相同。

上述实验表明，不同色光可以相互混合，混合色光与原色光的颜色不同。混合色光在人眼视网膜上形成的刺激等于各色光单独作用形成的刺激之和。故色光的混合是加混色。

（2）格拉斯曼定律

大量的色光混合实验揭示了加混色的规律，即格拉斯曼定律，其可以归纳如下：

① 人眼仅能分辨颜色在色调、明度及饱和度三个方面的不同。

② 两种色光刺激的混合，其中一种刺激连续变化，其余一种保持不变，混合的颜色也是连续变化的。

③ 在颜色混合中，相同的颜色（色调、明度、饱和度相同）产生相同的效果，而与其光谱组成无关。

（3）颜色的运算定律

色光混合符合加法定理：两相同的颜色刺激分别加到另外两个相同的颜色刺激上，所产生的两个混合色相同，即

$$颜色刺激\ a \equiv 颜色刺激\ b, \qquad 颜色刺激\ c \equiv 颜色刺激\ d$$

则有 $$a+c \equiv b+d \qquad (2.39)$$

即表明色光混合符合加法定理。

色光混合符合减法定理：从两个相同的混合色中分别减去两个相同的颜色刺激，余下的两个颜色仍相同，即

$$混合颜色 a \equiv 混合颜色 b, \qquad 颜色刺激 c \equiv 颜色刺激 d$$

则有 $$a-c \equiv b-d \qquad (2.40)$$

即表明色光混合也符合减法定理。

颜色混合也符合乘法定理：如果 1 单位的某种颜色刺激和 1 单位的另一种颜色刺激有相同的颜色，当这两种颜色刺激的单位数不为 1，而为任意值，则只要数值相同，其颜色仍相同。即相同颜色的辐射通量改变相同倍数，其颜色仍保持相同。这表示颜色混合也符合乘法定理。

上述规律是通过色光混合得出的结果，只适用于加混色，而不适用于颜料混合。

2．CIE 标准光源

标准照明体是指一种具有特定的光谱功率分布的照明光。标准光源是指实现某种标准照明体的具体物理辐射体。标准照明体一般模拟某种日光的光谱功率分布，以使测得的颜色符合日常观察的实际条件。现将 CIE 推荐使用的标准照明体和标准光源介绍如下：

（1）标准照明体 A 和 A 光源

标准照明体 A 与热力学温度 $T=2856\ K$ 的黑体有相同的光谱功率分布。用色温为 2856 K 的溴钨灯实现标准照明体 A，叫作 A 光源。

（2）标准照明体 B 和 B 光源

标准照明体 B 有和相关色温为 4874 K 的中午日光相近的光谱功率分布。实现标准照明体 B 的 B 光源由 A 光源和戴维斯-杰布森液体滤光器组成。该液体滤光器是由装在透明玻璃槽中的 B_1 和 B_2 两种液体构成的，液体厚度为 1 cm，液体配方参见表 2.2。

表 2.2　戴维斯-杰布森液体滤光器组成

液体　　成分	B_1	C_1	液体　　成分	B_2	C_2
硫酸铜（$CuSO_4 \cdot 5H_2O$）	2.452 g	3.412 g	硫酸钴铵 $[CuSO_4 \cdot (NH_4)_2SO_4 \cdot 6H_2O]$	21.71 g	30.580 g
甘露糖醇 $[C_6H_8 \cdot (OH)_6]$	2.452 g	3.412 g	硫酸铜（$CuSO_4 \cdot 5H_2O$）	16.11 g	22.520 g
吡啶（C_5H_5N）	30.0 ml	30.0 ml	硫酸（相对密度1.835）	10.0 ml	10.0 ml
蒸馏水	1000.0 ml	1000.0 ml	蒸馏水	1000.0 ml	1000.0 ml

（3）标准照明体 C 和 C 光源

标准照明体 C 有与相关色温为 6774 K 的平均日光相近的光谱功率分布，它近于阴天时天空的光。实现标准照明体 C 的 C 光源是由 A 光源和另一种戴维斯-杰布森液体滤光器构成的。液体滤光器由表 2.2 中所示的 C_1、C_2 两种液体组成，两种液体的厚度均为 1 cm。在

CIE 推荐下面将讨论的标准照明体 D_{65} 以前，标准照明体 C 和 C 光源是色度工作中的主要照明标准。

（4）标准照明体 D_{65}

标准照明体 D_{65} 有相关色温为 6504 K 典型日光的光谱功率分布。色品点在黑体迹线偏绿的一侧，有更接近日光的紫外光谱成分。D_{65} 是 CIE 目前优先推荐使用的标准照明体，实现 D_{65} 的光源尚未标准化，常用高压氙灯加滤光器来模拟 D_{65} 的光谱功率分布。

图2-13 给出了上述四种标准照明体的光谱功率分布曲线。在图2-11 中也给出了这四种标准照明体在 1931CIE 色品图上的色品点。

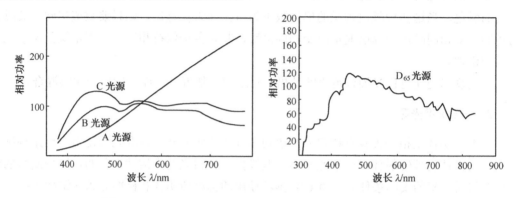

图 2-13 A、B、C、D_{65} 四种标准照明体的光谱功率分布曲线

3. 色差与显色性

光源的颜色特性有两方面的意义：一是人眼直接观察光源时所看到的颜色，它的评价方法与物体类似，用计算它的三刺激值和相关色温来描述光源本身的颜色；二是物体在光源照明下所呈现的颜色效果，即光源显色性，研究照明光源对物体颜色的影响及其评价方法。

人眼的颜色视觉是在自然光照明下经过长期生产劳动和辨色活动逐渐形成的；日光和火光都是炽热发光体，其发光光谱分布都是连续光谱；由于人眼长期适应于这类光源照明，故可认为在日光和白炽灯灯泡照明下看到的物体颜色是物体的"真实"颜色。

许多发光效率高的新光源如荧光灯、高压钠灯、高压汞灯、氙灯等的发光的光谱分布不再完全是连续光谱，有线谱、带谱，更多的是混合光谱。在这些光源照明下看到的物体颜色与日光和白炽灯光下会产生较大差异。

F 曲线光谱分布的荧光灯与 D65 照明体有同样的光色，如图2-14 所示。如果用该灯去照明卖肉的柜台，会发现新鲜的肉变得暗红色，且红色缺少饱和度，会使顾客误认肉不新鲜。原因是这种荧光灯缺少红光光谱的辐射，故物体中红色的颜色偏少。

人眼在不同光谱照明下看到的物体色会改变，感到物体颜色失真，这种影响物体颜色的照明光源特性称为光源显色性。显色性好的光源，物体色失真小，显色性的好坏是评价光源性能的重要指标。

光源的显色性由其光谱决定，具有连续光谱分布的光源均有较好的显色性；由光谱450nm（蓝），540nm（绿），640nm（橘红）光组成的混合光源也能有很好的显色性；500nm

和 580nm 波长附近的光谱成分对颜色显现有不利影响，称为干扰波长。

1965 年 CIE 制定了一种评价光源显色性的"测验色"法，经 1974 年修订，正式推荐在国际上采用。以测量参照光源照明下和待测光源照明下标准样品的总色位移量为基础来规定待测光源的显色性，用一个显色指数值来表示光源的显色性，表示待测光源下物体颜色与参照光源下的物体颜色相符的程度。

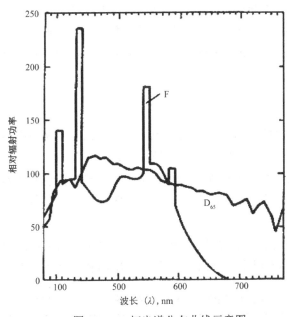

图 2-14　F 灯光谱分布曲线示意图

特殊显色指数 R_i 为光源对某一种标准样品的显色指数，其表达式为

$$R_i = 100 - 4.6\Delta E_i \tag{2.41}$$

式中，ΔE_i 为在参照光源下和待测光源下样品的色差。

一般显色指数 R_a 为光源对特定 8 个颜色样品的平均显色指数，其表达式为

$$R_a = \frac{1}{8}\sum_{i=1}^{8} R_i \tag{2.42}$$

光源的显色性用显色指数 R_a 来表示，参照光源的显色指数 R_a=100，当待测光源下与参照光源下的标准样品颜色相同时，此光源的显色指数为 100，显色性最好。反之，颜色差异越大，显色指数越低。一般来说，R_a 在 75 到 100 之间，其显色效果为优；在 50 到 75 之间，其显色效果为一般；R_a 小于 50，其显色效果为差。

2.4　辐射光源的光色指标

物体色必须借助光源照明才能呈色。光源本身的颜色特性将直接影响人们感受的颜色。光源辐射的各种波长的辐射功率是各不相同的。光源辐射功率按波长的分布叫作光源的光谱

功率分布，常以 $s(\lambda)$ 表示，分为以下两种：

① 绝对光谱功率分布——对应于各波长的辐射功率可用物理单位"W"或"mW"表示；

② 相对光谱功率分布——各波长辐射功率值之间的比例与绝对光谱功率分布相同，但各波长的辐射功率可用任意单位表示。

测量绝对光谱功率时需对辐射准确标度，测量较困难，而测量相对光谱功率时功率单位可以任取，测起来较为简便。在测色和颜色计算中，只需相对光谱功率分布就可以了。

中国国家技术监督局于1995年6月19日批准，并于1996年2月1日开始实施中华人民共和国国家标准 GB/T15608—1995 中国颜色体系。标准将颜色分成无彩色和有彩色两大系列。

1. 无彩色系

无彩色系由绝对白色、白色、绝对黑色、黑色及白与黑两种颜色以不同比例混合成的灰色组成，统称这些颜色为中性色，以符号 N 表示。

按中性色的明亮程度并根据视觉等距原则，将由绝对黑色到绝对白色的全部中性色分为 0～10 十一个等级，称为明度级并用 x 表示。明度级 x 与颜色的亮度因数 Y 的对应关系如表2.3所示。

明度值为0的中性色为绝对黑色；明度值小于2.5的为黑色；明度值在2.5～8.5之间的为灰色；明度值在8.5以上的为白色；明度值为10的为绝对白色。

表2.3 明度级 x 与颜色的亮度因数 Y 的对应关系

X	0.0	0.5	1	1.5	2	2.5	3
$Y/\%$	0.00	0.32	0.91	1.81	3.04	4.67	6.74
X	3.5	4	4.5	5	5.5	6	6.5
$Y/\%$	9.31	12.43	16.14	20.50	25.53	31.26	37.71
X	7	7.5	8	8.5	9	9.5	10.0
$Y/\%$	44.86	52.71	61.20	70.28	79.85	89.81	100.00

2. 有彩色系

无彩色以外的所有颜色构成了有彩色系。有彩色系的颜色均具有色调、明度及彩度三个属性。

（1）色调：以符号 H 表示色调，色调以红（R）、黄（Y）、绿（G）、蓝（B）、紫（P）五种颜色为主色，以相邻颜色的中间色红黄（YR）、黄绿（GY）、绿蓝（BG）、蓝紫（PB）、紫红（RP）为中间色，选定上述10种颜色为基本色，再把相邻基本色按目视上色调等距原则四等分，这样就有了40种色调。

（2）明度：以符号 V 表示明度，它是表示颜色明暗程度的一个量。明度值是视觉等距的，其值与颜色的亮度因数 Y 的关系如表2.4所示。

表 2.4　明度 V 值与颜色的亮度因数 Y 的关系

V	0	1	2	3	4	5	6	7	8	9	10
Y/%	0.00	0.91	3.04	6.74	12.43	20.5	31.26	44.86	61.2	79.85	100.0

（3）彩度：以符号 C 表示彩度。彩度是表示颜色浓、淡的一种标志，与前述的颜色饱和度的功用相似。彩度以 2 为间隔分级，如 2,4,6,8,…，级间也是视觉等距的。

思考题

1. 何谓辐射度学？其基本物理量有哪些？

2. 何谓光度学？其基本物理量有哪些？

3. 辐射度学与光度学的根本区别是什么？

4. 什么是色温？什么是显色指数？

5. 为什么要引入 1931CIE—XYZ 系统？

6. 俗语讲"灯下不观色"，意指在灯光照明下观察物体的颜色看不准确，试用色度学的知识分析此话是否有道理。

习题

1. 用分光测色仪测得某布样的光谱反射因数 $R(\lambda)$ 的值如下表所示，试计算该布样在 D_{65} 光源照明下的三刺激值 X，Y，Z 和色品坐标 x,y。

λ/nm	$R(\lambda)$	λ/nm	$R(\lambda)$	λ/nm	$R(\lambda)$	λ/nm	$R(\lambda)$
400	0.1272	480	0.1070	560	0.1862	640	0.3747
410	0.1228	490	0.1150	570	0.1990	650	0.4100
420	0.1156	500	0.1253	580	0.2105	660	0.4433
430	0.1070	510	0.1365	590	0.2262	670	0.4721
440	0.1002	520	0.1460	600	0.2472	680	0.4969
450	0.0965	530	0.1559	610	0.2746	690	0.5104
460	0.0959	540	0.1651	620	0.3018	700	0.5257
470	0.1013	550	0.1770	630	0.3366		

2. 已知某颜色样品 $x = 0.4187$，$y = 0.3251$，$Y = 30.64$，试求该颜色样品的 X,Z 刺激值。

3. 两颜色样品 1 和 2，在 C 光源照明下的三种刺激分别为 $X_1 = 39.462$，$Y_1 = 30.64$，$Z_1 = 24.146$；$X_2 = 36.321, Y_2 = 30.05, Z_2 = 26.261$，用 CIE1964 均匀颜色空间色差公式计算两种颜色样品的色差。

参考资料

[1] 车念曾，闫达远. 辐射度学和光度学. 北京：北京理工大学出版社，1990.

[2] 汤顺青. 色度学. 北京：北京理工大学，1990.

[3] 王庆有. 光电技术（第二版）. 北京：电子工业出版社，2008.

[4] 方志烈. 半导体照明技术. 北京：电子工业出版社，2009.

[5] 安连生，李林，李全臣. 应用光学. 北京：北京理工大学出版社，2000.

[6] 金伟其，胡威捷. 辐射度、光度与色度及其测量. 北京：北京理工大学出版社，2009.

[7] 张以谟. 应用光学（第四版）. 北京：电子工业出版社，2015.

第 3 章

半导体照明光源物理基础

3.1 晶体学基础[1,2]

3.1.1 空间点阵

实际晶体中，质点在空间的排列方式是多种多样的，为了便于研究晶体中原子（分子或离子）的排列情况，将晶体看成无错排的理想晶体，忽略其物质性，抽象为规则排列于空间的无数个几何点。这些点代表原子（分子或离子）的中心，也可以是彼此等同的原子群或分子群的中心，各点的周围环境相同。这种点的空间排列称为空间点阵，简称点阵，这些点叫阵点。可能在每个结点处恰好有一个原子，也可能围绕每个结点有一群原子（原子集团）。从点阵中取出一个仍能保持点阵特征的最基本单元叫晶胞。将阵点用一系列平行直线连接起来，构成一空间格架叫晶格。在空间点阵中，能代表空间点阵结构特点的是最小的平行六面体。整个空间点阵可由晶胞作三维的重复堆砌而构成，如图 3-1 所示。

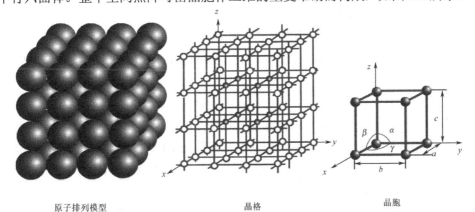

原子排列模型   晶格   晶胞

图 3-1 空间点阵

对于同一点阵，可能因晶胞选择方式不同而得到不同晶胞，如图 3-2 所示。因此，晶胞的选取应满足下列条件：

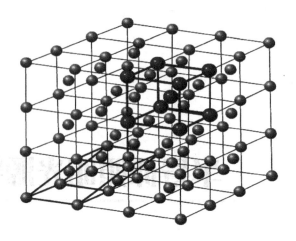

图 3-2　晶胞的选取

① 晶胞几何形状能够充分反映空间点阵的对称性；
② 平行六面体内相等的棱和角的数目最多；
③ 当棱间呈直角时，直角数目应最多；
④ 满足上述条件，晶胞体积应最小。

3.1.2　晶面指数和晶向指数

通过晶格中任意两个格点连一条直线就得到一个晶列。彼此平行的晶列构成一晶列族。晶列的取向称为晶向。描写晶向的一组数称为晶向指数（或晶列指数），如图 3-3 所示。晶向指数的确定步骤如下：

① 建立以晶轴 a，b，c 为坐标轴的坐标系，各轴上的坐标长度单位分别是晶胞边长 a，b，c，坐标原点在待标晶向上；
② 选取该晶向上原点以外的任一点 $P(x_a, y_b, z_c)$；
③ 将 x_a，y_b，z_c 化成最小的简单整数比 u，v，w，且 $u:v:w = x_a:y_b:z_c$；
④ 将 u，v，w 三数置于方括号内就得到晶向指数 $[uvw]$。

晶向指数的说明如下：
① 指数意义为代表相互平行、方向一致的所有晶向；
② 负值标于数字上方，表示同一晶向的相反方向；
③ 晶向族是晶体中原子排列情况相同但空间位向不同的一组晶向，用 $<uvw>$ 表示。数字相同，但排列顺序不同或正负号不同的晶向属于同一晶向族。晶体结构中那些原子密度相同的等同晶向称为晶向族，用 $<UVW>$ 表示。

描写晶面取向的一组数称为晶面指数，也常被称为密勒（Miller）指数，如图 3-4 所示。晶面指数标定步骤如下：

① 建立一组以晶轴 a，b，c 为坐标轴的坐标系；

② 求出待标晶面在 a，b，c 轴上的截距 x_a，y_b，z_c。如该晶面与某轴平行，则截距为 ∞；

③ 取截距的倒数 $1/x_a$，$1/y_b$，$1/z_c$；

④ 将这些倒数化成最小的简单整数比 h，k，l，使 $h:k:l = 1/x_a : 1/y_b : 1/z_c$；

⑤ 如有某一数为负值，则将负号标注在该数字的上方，将 h，k，l 置于圆括号内，写成（hkl），则（hkl）就是待标晶面的晶面指数。

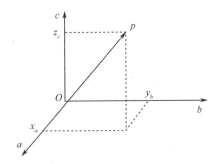

图 3-3　晶向指数的标定

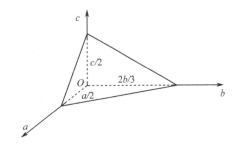

图 3-4　晶面指数的标定

晶面指数的说明：晶面指数所代表的不仅是某一晶面，而是代表着一组相互平行的晶面。

① 指数意义：代表一组平行的晶面。

② 0 的意义：面与对应的轴平行。

③ 平行晶面：指数相同，或数字相同但排列顺序不同或正负号相反。

④ 晶面族：晶体中具有相同条件（原子排列和晶面间距完全相同），空间位向不同的各组晶面，用 {hkl} 表示。

⑤ 立方系，若 $u=h$，$k=v$，$w=l$，则晶面与晶向垂直。

3.1.3　常见晶体结构及其几何特征

晶胞的尺寸和形状可用点阵参数来描述，它包括晶胞的各边长度和各边之间的夹角，如图 3-5 所示。

根据以上原则，可将晶体划分为 7 个晶系。

立方（等轴）晶系：$a=b=c$，$\alpha=\beta=\gamma=90°$。

正方（四方）晶系：$a=b\neq c$，$\alpha=\beta=\gamma=90°$。

正交晶系：$a\neq b\neq c$，$\alpha=\beta=\gamma=90°$。

三角（菱形）晶系：$a=b=c$，$\alpha=\beta=\gamma\neq90°$。

六角（六方）晶系：$a=b\neq c$，$\alpha=\beta=90°$，$\gamma\neq90°$。

单斜晶系：$a\neq b\neq c$，$\alpha=\gamma=90°\neq\beta$。

三斜晶系：$a\neq b\neq c$，$\alpha\neq\beta\neq\gamma\neq90°$。

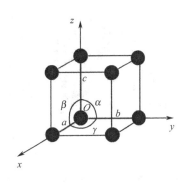

图 3-5　晶胞、晶轴和点阵参数

在这 7 个晶系的晶胞中，原子存在于晶胞的顶点上。但是，原子也可以存在于晶胞的侧面中心、底中心或体中心。把这些情况考虑在内，7 个晶系则有简立方、体心立方、面心立方；简正方、体心正方；三角；六角；简正交、面心正交、底心正交、体心正交；简单斜、底心单斜；简三斜等 14 种空间格子即 14 种布拉菲格子，如图 3-6 所示。

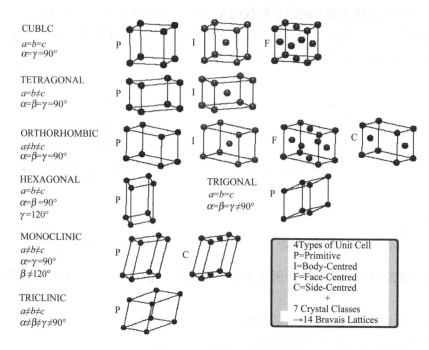

图 3-6　14 种布拉菲格子

3.1.4　晶体的堆垛方式

面心立方与密排六方虽然晶体结构不同，但配位数与致密度却相同，其原因为原子的堆垛方式不同。面心立方与密排六方的最密排面原子排列情况完全相同，其堆垛顺序可参考图 3-7，其钢球模型如图 3-8 所示。

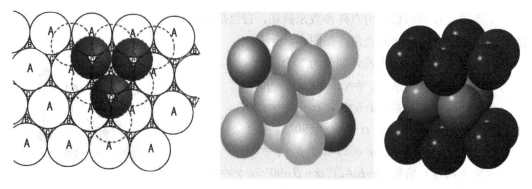

图 3-7　面心立方与密排六方原子堆垛顺序　　图 3-8　面心立方与密排六方原子堆垛顺序钢球模型

综上所述可知，面心立方的堆垛顺序为 ABCABC…，密排六方的堆垛顺序为 ABAB…。

3.2　晶体的电子结构

3.2.1　晶体的结合键

晶体中的原子依靠原子之间的化学键结合为一体，所谓化学键（Chemical Bond）是一种粒子间的吸引力。晶体的性质和结构往往与化学键的性质有关。本节将介绍固体结合形成晶体的结合方式、半导体的化学键的性质、特征及其与晶体结构的内部关联性。

在固体中存的四种基本结合形式对应于四种化学键，即共价结合（共价键）、离子结合（离子键）、金属结合（金属键）和范德瓦尔斯结合（范德瓦尔斯键）。

（1）离子结合（离子键）

在离子晶体中，结合成晶体的基本单元是离子。在这种晶体中，一种原子上的价电子转移到另一种价电子壳层不满的原子的轨道上，相应地形成正、负离子。正、负离子相间排列，依赖其间的静电引力形成离子晶体。这种结合方式相应的化学键叫作离子键。由于离子键中电子的结合很强，原子之间结合很紧密，因此，形成密排结构。离子键对电子的约束很强，不容易导电，通常为绝缘体。其典型代表是 NaCl 晶体。图 3-9 为离子键示意图。

（2）共价结合（共价键）

在共价晶体中，相邻的两个原子各贡献一个价电子为两者所共有，共有的电子在两个原子之间形成大的电子云密度，通过它们对原子实的引力把两个原子结合在一起，这种结合方式称为共价键（也称为同极键），如图 3-10 所示。共价键结合强度比离子键要弱一些，但仍然很强。相对于离子键较弱的结合会使一些电子脱离共价键结合，成为能够导电的自由电子。

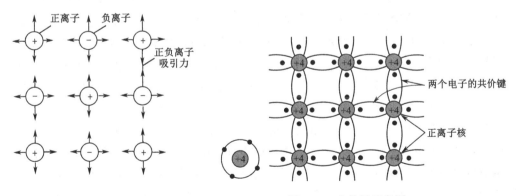

图 3-9　离子键示意图　　　　　图 3-10　共价键示意图

金刚石和重要的半导体 Si、Ge 都是共价晶体。III-V 化合物和 II-VI 化合物等也都以共价结合为主。共价结合是一种比较强的结合。特别是键强度高的晶体，如金刚石、SiC、

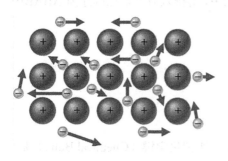

图 3-11　金属键示意图

AlN 和 GaN 等，通常都有高的硬度、高的熔点、高的热导和高的化学稳定性。

（3）金属结合（金属键）

金属键结合的基本特点是电子具有"共有化"运动的导电特征。组成晶体的各原子的价电子脱离原子的束缚，成为在整个晶体内运动的自由电子。由每个原子贡献出的大量自由电子，在整个晶体内会形成所谓的"电子云"。失去价电子的原子成为带正电的离子，浸泡在电子云中的正电离子，由于电子云的作用，会产生吸引作用，从而使得金属原子（离子）结合形成晶体，如图 3-11 所示。靠电子云产生的带正电离子间的相互吸引作用力往往会比较弱，因此，金属通常具有较好的延展性。金属键是金属材料结合的主要形式。

（4）范德瓦尔斯结合（范德瓦尔斯键）

对于具有稳定结构的原子（如有满壳层结构的惰性元素）之间或价电子已用于形成共价键的饱和分子之间结合成晶体时，原来原子的电子组态不能发生很大变化，而是靠偶极矩的相互作用而结合的，这种结合通常称为范德瓦尔斯结合。

在离子键、共价键、金属键等结合类型中，原子中的价电子态在成键时都发生了变化，而范德瓦尔斯键则发生在分子与分子之间，与前面几种结合键类型相比，形成晶体时各原子结构（电子结构）基本保持稳定。范德瓦尔斯键结合形成的晶体，原子或分子之间的相互作用很弱。通常惰性气体元素构成的晶体是靠范德瓦尔斯键结合形成的，往往在低温下形成。

3.2.2　晶体中电子的能态

由前述对氢分子的分析可知：当两个原子趋近形成分子时，孤立原子的每个能级会分裂成两个能级，即成键能级 E_s 和反键能级 E_a。这两个能级相对于原子能级 E_0 的差值（E_0-E_s）和（E_a-E_0）取决于二原子的距离。按类似的分析方法可以推知，当 3 个、4 个或 N 个原子由远趋近而形成分子或原子集团时，每个非简并的原子能级将相应地分裂成 3 个、4 个或 N 个能级，而最高和最低能级相对于孤立原子能级的差值仅取决于原子间的距离，与原子数无关。这样，原子数越多，相邻能级间距离就越小（能级越密）。对于 1 摩尔固体来说，原子数 $N=6.02\times10^{23}$，因而相邻能级间的距离非常小，近乎是连续的。也就是说，每个原子的 s 能级将展宽成包含 6.02×10^{23} 条能级的近连续能带，称为 s 带；每个原子的 p 能级将展宽成包含 $3N$ 条能级的近连续能带，称为 p 带。能带的宽度只取决于原子间的距离。图 3-12 中分别示意地画出了由 Li 原子形成假想的 Li_2 分子以及固体 Li 时能级的分裂和能带的形成过程。

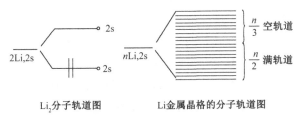

Li₂分子轨道图　　　　Li金属晶格的分子轨道图

图 3-12　锂分子的能级和固体锂的能带

由于能级分裂是相邻原子的各轨道相互作用（或电子云交叠）的结果，因而当原子间距等于实际固体中原子的平衡间距时，只有外层（和次外层）电子的能级有显著的相互作用而展宽成带，内层电子仍处于分立的能级上，如图 3-13 所示。人们通常把由价电子（即参加化学键合的电子）的原子能级展宽而成的带称为价带，由价电子能级以上的空能级展宽而成的带则称为导带。

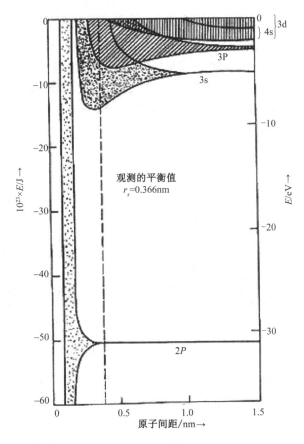

图 3-13　外层和内层电子的能量分布与原子间距的关系

电子填充能带时仍然遵从能量最低原则和泡利不相容原理，即电子尽量占据能带底部的低能级，但每个能级上最多只能有两个自旋相反的电子。

在平衡原子间距时相邻能带（特别是价带和导带）的相对位置对固体的性质有很大的

影响。根据这两个所对应的原子能级的能量间隔和固体中平衡的原子间距，可能有两种相对位置：一是交叠，二是两带分开。两个分开能带之间的能量间隔称为能隙，或称禁带宽度，因为固体中的价电子能量不允许在这个范围内。

下面从能带的角度定性讨论导体、绝缘体和半导体的区别。

导体的特点是外电场能改变价电子的速度分布或能量分布，造成价电子的定向流动。这有两种情形。一种情形是固体中的价电子浓度（即平均每个原子的价电子数）比较低，没有填满价带。例如，一价的金属锂中价电子就只填充了 2s 带中的一半能级（位于能带底部的能级），因而在很小的外电场作用下最高的被填充能级（称为费米能级）上的电子就能跃迁到相邻的较高空能级上，从而其下层能级上的价电子又能跃迁到上一层，以此类推，这样就改变了价电子的能量和速度分布，形成定向电流。另一种导电的情形是价带和导带交叠，因而在外电场作用下电子能填入导带。例如在二价的金属铍中，价电子数恰好能填满 2s 带，如果在 2s 和 2p 带间存在着能隙 ΔE_g，那么电子就不能在外电场作用下由 2s 带跃迁到 2p 带。既然外电场不能改变电子的速度（和能量）分布，铍就将是绝缘体。然而事实上铍是导体，原因就在于铍的价带（2s 带）和导带（2p 带）交叠，没有能隙，故在外电场作用下费米能级上的电子能填入 2p 带的底部能级上，以此类推，从而改变了价电子的速度和能量分布。绝缘体的特点是价带与导带间存在着较大的能隙 ΔE_g，而价带又被电子填满，因而通常情形下外电场不能改变电子的速度和能量分布。半导体的能带结构和绝缘体类似，即价带被电子填满，它与导带间有一定的能隙 ΔE_g，但 ΔE_g 比较小（一般小于 2eV）。半导体为什么有一定的导电性呢？有三种情形如图 3-14 所示。

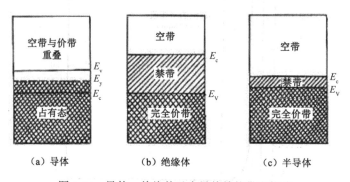

图 3-14 导体、绝缘体及半导体的能带和能隙

（1）ΔE_g 非常小，热激活就足以使价带中费米能级上的电子跃迁到导带底部，同时在价带中留下"电子空穴"。于是，在外电场作用下，导带中的电子和价带中的电子空穴都可以向相邻的能级迁移，从而改变价电子的速度和能量分布。这样的半导体称为本征半导体。

（2）ΔE_g 比较小，在能隙中存在着高价杂质元素产生的新能级。热激活足以使电子从杂质能级跃迁到导带底部。于是，在外电场作用下，通过导带中电子的迁移而导电。这样的半导体就称为 N 型半导体，而杂质原子称为"施主"原子，因为它将电子给导带。

（3）ΔE_g 比较小，在能隙中存在着由低价杂质元素产生的新能级。热激活足以使价带中费米能级上的电子跃迁到杂质能级，从而在价带中留下电子空穴。于是在外电场作用下，故这类半导体称为 p 型半导体，而杂质原子称为"受主原子"，因为它的能级"接受"价带的电子。

值得指出的是，固体中能带的存在是有实验数据的，这就是固体的软 X 射线谱实验。我们在 2.2 节中曾谈到，用高能粒子轰击原子时会发出特定的 X 光，其频率可由公式求得。现在用高能粒子轰击某些原子系数较小的固体燃料，如 Li、Be、Al 等，那么由于外层电子不再一个确定能量 E1 和 E2 的原子能级上，而是具有连续能量，因而由外层电子跃迁到内层而发出的 X 光也就不再具有特定波长的 X 光，而是具有连续波长的 X 射线谱。由于波长比较长，故称为软 X 射线。这样，根据 X 射线谱的宽度即可求出能带谱的宽度，而发射谱在短波方面的尖锐边缘（短波限）就相当于价带中的费米能级。

3.2.3　晶体的结合能

由中性原子结合成晶体所释放的能量或将晶体拆散成中性原子所消耗的能量称为晶体的结合能或内聚能。显然晶体的结合能就等于它的升华热。下面简单介绍各类晶体结合能大小的计算方法，借以引入新的概念。

1. 离子晶体

以 NaCl 为例介绍计算方法，为此我们设想 NaCl 晶体是通过以下方式形成的：将 Na 原子的一个外层电子取出，形成 Na^+ 离子，为此需消耗能量 $I=496kJ/mol$（此即 1mol 钠原子的第一电离能）。

将 Na^+ 离子和 Cl^- 离子自无穷远处移到平衡位置 r_0，此时正负离子间的静电引力恰好由于两种离子的闭壳层电子云重叠而产生的斥力相平衡。在此过程中，由 $1mol\ Na^+$ 离子和 $1mol$ Cl^- 离子组成的体系的总势能变化为

$$\Delta E = E_0 - E_\infty$$

式中 E_0 和 E_∞ 分别为离子间距 r_0 及 ∞ 时体系的势能。令 $E_\infty=0$，则 $\Delta E = E_0 < 0$，令 $E_0' = -E_0$，则 E' 就是由 $1\ mol\ Na^+$ 和 $1\ mol\ Cl^-$ 形成的 $1\ mol\ NaCl$ 晶体时释放出的能量，称为 NaCl 晶体能或键能。

为了计算 E_0，首先计算将正负离子自无穷远处移到距离 r 时体系的势能变化 E_r，

$$E_r=引力势\ E_1+斥力势\ E_2 \tag{3.1}$$

式中，E_1 是所有离子对之间静电引力势能之和，也等于每对离子的静电引力势乘以离子对的数目 N_0，故有

$$E_1 = \sum_{i=1}^{N_0}\sum_{\substack{j=1\\i\to j}}^{N_0}\left[\pm\frac{1}{4\pi\varepsilon_0}\left(\frac{e^2}{r_{ij}}\right)\right] = \frac{N_0}{2}\sum_{j=2}^{N_0}\left[\pm\frac{1}{4\pi\varepsilon_0}\left(\frac{e^2}{r_{1j}}\right)\right] \tag{3.2}$$

式中，ε_0 是换算因子，是 i 离子和 j 离子键的距离。当 i 和 j 为同号离子时上式取正号，异号时取负号。

斥力势 E_2 主要是由相邻离子的闭壳层电子云重叠引起的，其值可按经验公式估计，例如常见的公式是幂函数式：

$$E_2 = \frac{N_0}{2} \sum_{j=2}^{N_0} \frac{b}{r_{1j}^n} \tag{3.3}$$

式中，b 和 n 均为大于 0 的常数。令

$$r_{1j} = \alpha_j r \tag{3.4}$$

式中，r 是离子间的最短距离，故 $a_j \geq 1$。

将式（3.2）～式（3.4）代入式（3.1）：

$$E_r = -\frac{N_0}{2} \left[\frac{Me^2}{4\pi\varepsilon_0 r} - \frac{C}{r^n} \right] \tag{3.5}$$

式中，

$$M = \sum_{j=2}^{N_0} \left(\pm \frac{1}{\alpha_j} \right), \qquad C = \sum_{j=2}^{N_0} \left(\pm \frac{b}{\alpha_j^n} \right) \tag{3.6}$$

M 称为马德隆常数，它取决于晶体的结构。该参数也与晶体结构有关，可由以下二条件推出：

$$\left(\frac{dE_r}{dr} \right)_{r=r_0} = 0 \quad （平衡条件） \tag{3.7}$$

$$C = \left(\frac{Me^2}{4\pi\varepsilon_0 n} \right) r_0^{n-1} \tag{3.8}$$

将式（3.7）代入式（3.5）得到：

$$E_0 = -\frac{N_0 Me^2}{8\pi\varepsilon_0 r_0} \left(1 - \frac{1}{n} \right) \tag{3.9}$$

$$K = V_0 \left(\frac{d^2 E_r}{dV^2} \right)_{v=v_v} \tag{3.10}$$

式中，K 为晶体的体弹性模量，V 和 V_0 分别为相邻的 Na^+ 和 Cl^- 离子间距 r 及 r_0 时晶体的体积。若一个离子占据的体积为 v，则 $V=2N_0 V_0$。V 可根据晶体结构确定。例如 NaCl 的晶胞不难求得：

$$V = 晶胞体积/晶胞中总离子数 = (2r)^3/8 = r^3$$

所以

$$V = 2N_0 r^3, \quad V_0 = 2N_0 r_0^3 \tag{3.11}$$

将式（3.5）、式（3.11）代入式（3.10），并利用式（3.8），得到：

$$n = 1 + \frac{72\pi\varepsilon r_0^4 K}{Me^2} \tag{3.12}$$

因此，根据实验测得的晶体的体弹性模量 K 和离子的平衡间距 r_0 就可以由式（3.12）、式（3.8）算出参数 n 和 C，进而由式（3.9）求出晶体的总势能 E_0。

2. 分子晶体

惰性气体分子晶体的结合能的计算方法和上述离子晶体相似，只是由于没有电子的转移，故

$$U_0 = E_0' - E_0 \tag{3.13}$$

为了计算 E_0，首先计算将中性原子自无穷远处移到原子间距为 r 时体系势能的变化：

$$\Delta E = E_r - E_\infty = E_r（令 E_\infty = 0）$$

而

$$E_r = E_1 + E_2 = \frac{N_0}{2} \sum_{j=1}^{N_0} \left(-\frac{A}{r_{1j}^6} \right) + \frac{N_0}{2} \sum_{j=1}^{N_0} \frac{B}{r_{1j}^{12}}$$

式中，右边第一项代表由于瞬时极化引起的静电引力势，第二项代表由于闭壳层电子重叠引起的斥力势。令 $\sigma = \left(\dfrac{B}{A} \right)^{1/6}$，$\varepsilon = A^2 / 4B$，代入上式则得到更常见的惰性气体晶体的势能公式：

$$E_r = \frac{N_0}{2} \sum_{j=2}^{N_0} 4\varepsilon \left[\left(\frac{\sigma}{r_{1j}} \right)^{12} - \left(\frac{\sigma}{r_{1j}} \right)^6 \right] \tag{3.14}$$

参数 ε 和 σ 称为惰性气体的雷纳德—琼斯常数。和离子晶体情形类似，由上面相关式可以推出：

平衡原子间距 $\qquad\qquad r_0 = 1.09\sigma \tag{3.15}$

体弹性模量 $\qquad\qquad K = 75\varepsilon / \sigma^3 \tag{3.16}$

晶体结合能 $\qquad\qquad U_0 = 8.6 N_0 \varepsilon \tag{3.17}$

与离子晶体的情形一样，根据实验测得的 r_0 和 K 的值即可由式（3.15）、式（3.17）算出结合能。

3. 共价晶体

以 Si 晶体为例。由中性 Si 原子形成 Si 晶体的过程可设想为两步：第一，Si 原子由 $3s^2 3p^2$ 电子态变成 $3s^1 3p^3$，为此消耗能量 E_h。第二，将杂化态的 Si 原子由无穷远处移近到平衡间距 r_0 处，形成 Si 晶体。这时由于成键轨道上的电子数必多于反键轨道上的电子数，故体系能量下降，即释放出一定的键能 E_1，同时由于闭壳层电子云重叠而产生的排斥力 E_2。因此 Si 晶体的结合能为

$$U_0 = E_1 - E_2 - E_h \tag{3.18}$$

4. 金属晶体

为了求得金属晶体的结合能，也可以设想晶体的形成过程分两步：首先将孤立的金属原子电离成价电子和正离子，所需电离能为 E_1。其次分别将电子及正离子从无穷远处移近，形成金属晶体。如果此时电子和正离子又复合为中性原子，那么结合能为零。但由于形成

晶体后电子不做处于原子的能级，而是展宽成带，故晶体的能量要下降（–E），这里 E 就是电子——正离子系统的能量，E<0，因此金属晶体的结合能为

$$U_0=(-E)-E_1=-(E+E_1) \tag{3.19}$$

E 的具体计算可参看《固体物理》。

3.3 半导体基础

3.3.1 能带与载流子的运动

采用单电子近似研究固态晶体中电子的能量状态，其要点主要包括以下两点：

① 假设每个电子是在周期性排列且固定不动的原子核势场及其他电子的平均势场中运动；

② 该势场是具有与晶格同周期的周期性势场。

用单电子近似法研究晶体中电子状态的理论称为能带理论。其形成过程如下：在晶体中，电子由一个原子转移到相邻的原子中，因而，电子将可以在整个晶体中运动。由于电子的共有化运动，造成能级分裂，形成能带，如图 3-15 所示。

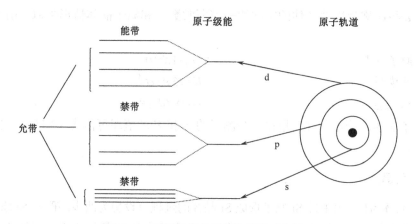

图 3-15　原子能级分裂为能带的示意图

载流子在晶体中的运动最终形成了两种单独的过程：扩散和漂移。扩散是载流子在任何时候任何地点都会发生的一种随机运动，而漂移是载流子在电场作用下的一种单向运动。这两种过程形成了半导体中的传导。

载流子的漂移运动是指沿着外加电场的方向、叠加在热运动之上的一种附加运动，该附加运动的速度分量平均值就是漂移速度。一般载流子的漂移速度总是小于其热运动速度，最大也只能接近于热运动速度。

表征漂移运动的重要参量是迁移率μ，定义为$\mu = v_d / |E|$，只有在低电场、欧姆定律成立的情况下，漂移速度正比于电场强度，迁移率才为常数（这时电子在主能谷中漂移）。

　　扩散本来就是粒子在热运动的基础上所进行的一种定向运动，所以扩散系数的大小与遭受的散射情况有关。扩散运动的快慢采用扩散系数 D 来表示。

　　因为载流子的迁移率 μ 和扩散系数都是表征载流子运动快慢的物理量，所以迁移率和扩散系数之间存在有正比的关系——Einstein 关系。载流子按能量分布的规律不同，则将得到不同的 Einstein 关系。对于非简并半导体，载流子遵从 Boltzmann 分布，即可得到简单的 Einstein 关系：$D=(kT/q)\mu$；但是对于简并半导体，载流子遵从 Fermi-Dirac 分布，则将得到比较复杂的 Einstein 关系。

3.3.2　本征半导体

　　在绝对零度温度下，半导体的价带是满带，受到光电注入或热激发后，价带中的部分电子会越过禁带进入能量较高的空带，空带中存在电子后成为导带，价带中缺少一个电子后形成一个带正电的空位，称为空穴，导带中的电子和价带中的空穴合称为电子—空穴对，如图 3-16 所示。上述产生的电子和空穴均能自由移动，成为自由载流子，它们在外电场作用下产生定向运动而形成宏观电流，分别称为电子导电和空穴导电。在本征半导体中，这两种载流子的浓度是相等的。随着温度的升高，其浓度基本上是按指数规律增长的。

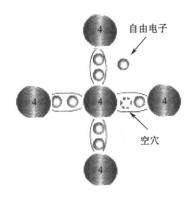

图 3-16　电子-空穴对形成示意图

　　导带中的电子会落入空穴，使电子—空穴对消失，称为复合。复合时产生的能量以电磁辐射或晶格热振动的形式释放。在一定温度下，电子—空穴对的产生和复合同时存在并达到动态平衡，此时本征半导体具有一定的载流子浓度，从而具有一定的电导率。加热或光照会使半导体发生热激发或光激发，从而产生更多的电子—空穴对，这时载流子浓度增加，电导率增加。半导体热敏电阻和光敏电阻等半导体器件就是根据此原理制成的。常温下本征半导体的电导率较小，载流子浓度对温度变化敏感，所以很难对半导体特性进行控制，因此实际应用不多。

3.3.3　掺杂半导体

　　（1）施主杂质和施主能级（N 型半导体）

　　存在于 IV 族元素半导体锗、硅中的 III 族元素（如 B、Al、Ga、In）和 V 族元素（如 P、As、Sb）通常在晶格中占据硅或锗原子的位置，成为替位式杂质。当一个磷原子占据硅原子的位置以后，其中四个价电子与近邻的四个硅原子形成共价键。由于磷原子有五个价电子，多余一个电子未进入共价键，如图 3-17（a）所示。这个价电子被磷原子束缚得很弱，所以很容易从磷原子中"挣脱"出来（杂质电离），在晶体中自由运动，成为自由电子即导带电子。这种能够向导带中提供电子的杂质叫作施主杂质。

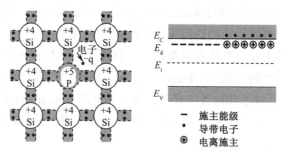

（a）Si 单晶半导体中的施主杂质　　（b）施主能级及电离施主

图 3-17　施主杂质和施主能级

当价电子被束缚在施主杂质周围时，施主杂质是电中性的，叫作中性施主。失去电子以后的施主杂质叫作电离施主，它是固定在晶格上的一价正离子。施主杂质提供了一个局域化的电子态，相应的能级称为施主能级。

由于电子从施主能级激发到导带所需的能量—杂质电离能很小，所以施主能级位于导带底之下而又与它很靠近，如图 3-17（b）所示。图中 E_c、E_v 和 E_d 分别表示导带底，价带顶和施主能级。导带底和施主能级之间的能量间隔：$E_i=E_c-E_d$，就是施主电离能。施主电离能可以用类氢模型粗略估算，也可以通过实验测量。在能带图中，杂质能级通常用间断的横线表示，以说明它们相应的状态是局域态。图 2-17（b）中的 E_i 表示禁带中央的能量。Ⅴ 族元素磷、砷、锑等在硅和锗中起施主杂质的作用。在只有施主杂质的半导体中，在温度较低时，价带中的电子能够激发到导带的很少，起导电作用的主要是从施主能级激发到导带的电子。这种主要由电子导电的半导体，称为 N 型半导体，也称为电子半导体。

（2）受主杂质和受主能级（P 型半导体）

设想硅晶体中有一个硼原子占据了硅原子的位置。硼原子有三个价电子，当它和近邻的四个硅原子形成共价键时，有一个共价键中出现一个电子的空位，如图 3-18（a）所示。这个空位可以从近邻的硅原子之间的共价键中夺取一个电子，使那里产生一个新的空位，这个过程也是杂质电离。新的空位附近的硅原子的共价键中电子又可以自由地进入这个新的空位。以此类推。可以想象，空位可以在晶体中自由运动，成为价带中的空穴。硼原子接受一个电子后，变成一价的负离子，形成一个固定不动的负电中心。受主杂质提供了一个局域化的电子态，相应的能级称为受主能级。

从一个硅原子之间的共价键中取出一个电子放入硅和硼之间的共价键去，所需的能量很小，这个能量就是硼原子的电离能。

能够从价带中接受电子的杂质，称为受主杂质。受主能级的位置在价带顶 E_v 之上。由于受主电离能很小，故受主能级与 E_v 很靠近，如图 3-18（b）所示。在能带图上，受主电离能就是受主能级 E_a 和 E_v 之间的能量间隔：$E_i=E_a-E_v$。

上面讲的受主杂质电离的例子也常用另一种方法表述：把中性的受主杂质看成带负电的硼离子在它周围束缚一个带正电的空穴，把受主杂质从价带接受一个电子的电离过程看成被硼离子束缚着的空穴激发到价带的过程。这种说法与施主杂质把束缚的电子激发到导带的电离过程是完全类似的。

Ⅲ族元素硼、铝、镓、铟在硅、锗中起受主杂质作用。在只有受主杂质的半导体中，温度较低时，起导电作用的主要是价带中的空穴，它们是由受主杂质电离产生的。这种主要由空穴导电的半导体，称为 P 型半导体，也称为空穴半导体。

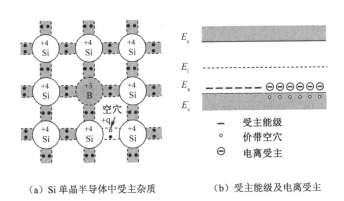

（a）Si 单晶半导体中受主杂质　　　（b）受主能级及电离受主

图 3-18　受主杂质和受主能级

（3）杂质补偿

如果半导体中同时含有施主和受主杂质，由于受主能级比施主能级低得多，施主杂质上的电子首先要去填充受主能级，剩余的才能激发到导带；而受主杂质也要首先接受来自施主杂质上的电子，剩余的受主杂质才能接受来自价带的电子。施主和受主杂质之间的这种互相抵消的作用，称为杂质补偿。

在杂质补偿情况下，半导体的导电类型由浓度大的杂质决定。当施主浓度大于受主浓度时，半导体是 N 型。有效施主浓度为 $N_d - N_a$。反之，当受主浓度大于施主浓度时，半导体是 P 型。有效受主浓度为 $N_a - N_d$。

3.3.4　简并半导体及能带

假定费米能级位于离开带边较远的禁带之中。在这种情况下，费米分布函数可以用玻尔兹曼分布函数来近似。但在有些情况下，费米能级 E_F 可能接近或进入能带。例如在重掺杂半导体中就可以发生这种情况。这种现象称为载流子的简并化，发生载流子简并化的半导体称为简并半导体。在简并半导体中，量子态被载流子占据概率很小的条件不再成立，不能再应用玻尔兹曼分布函数而必须使用费米分布函数来分析能带中载流子的统计分布问题。

对于 N 型半导体，如果施主能级基本上电离，E_F 必须在施主能级以下。对于 P 型半导体，如果受主能级基本上电离，E_F 必须在受主能级以上。两种情况都意味着费米能级在禁带之中。因此费米能级位于禁带之中是和常温下浅能级杂质基本上全部电离这一事实相一致的。然而，当半导体中的杂质浓度相当高的时候，比如锗、硅中的Ⅲ-Ⅴ族元素，它们的浓度达到 $10^{18} \sim 10^{19} \mathrm{cm}^{-3}$ 时，不同原子上的波函数要发生重叠。在这种情况下，即使不电离，电子和空穴也不再被束缚在固定的杂质上，而是可以在整个半导体中运动。杂质能级之间会发生类似于能带的形成过程：单一的杂质能级将转变成为一系列高低不同的能级组成的"带"，成为杂质带。杂质带的宽度会随着杂质浓度的增加而加宽。

在简并半导体中，不仅杂质能级发生变化，能带也发生了变化。我们知道，能带反映的是电子在晶格原子中做共有化运动。当杂质浓度较高时，电子在晶格中运动时，不仅受到晶格原子的作用，而且也要受到杂质原子的作用。因为杂质原子是无规则地分布在晶格之中的，所以电子受到的杂质作用的强弱也是无规则变化的。这种无规则变化的杂质作用，使能带失去了明确的边缘而产生一个深入到禁带中的"带尾"。

由于杂质带和能带尾，就使高掺杂半导体的杂质能级（杂质带）和能带连接起来。图3-19 以高掺杂 N 型半导体为例画出了施主杂质带和导带的状态密度的示意图。从图 3-19 可见，由于带尾的出现，半导体的禁带将变窄。

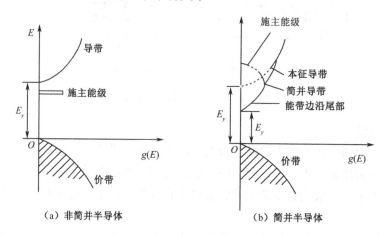

（a）非简并半导体 　　　　　　（b）简并半导体

图 3-19　状态密度 $g(E)$ 与能量 E 的关系

通过以上分析可以看到，在简并半导体中，一方面杂质能级和能带（施主能级和导带或受主能级和价带）相连接而不再有杂质电离问题。另一方面，高掺杂带来大量载流子，使费米能级进入联合的能带（能带+杂质带）。

3.3.5　外加电场下半导体的能带图

在空间电荷区，电势为 $\psi(x)$ 处的电子获得附加电势能为

$$\Delta E(x) = -q\psi(x) \tag{3.20}$$

由于 $\psi(x)$ 是位置 x 的函数，附加电势能也是 x 的函数。这个附加电势能与晶体中的周期性势场相比是非常微弱的。附加电势能要叠加到各个能级上，使各能级发生变化。比如本征费米能级变成：

$$E_i(x) = E_{i0} + \Delta E_i(x) = E_{i0} - q\psi(x) \tag{3.21}$$

这里 E_{i0} 表示半导体体内本征费米能级。在非简并情况下，诸能级互相平行。因此，附

加电势能 $\Delta E(x)$ 的出现意味着，在空间电荷区内半导体的能带将发生弯曲。如果 $\psi(x) > 0$，则 $\Delta E(x) < 0$，空间电荷区内能带将相对于体内向下弯曲。如果 $\psi(x) < 0$，则 $\Delta E(x) > 0$，空间电荷区内能带相对于体内将向上弯曲。图 3-20 是 $V_g > 0$ 时的电场分布、电势分布和能带弯曲的示意图。在图 3-20（d）中还标出了势垒高度 $q\psi_0$。

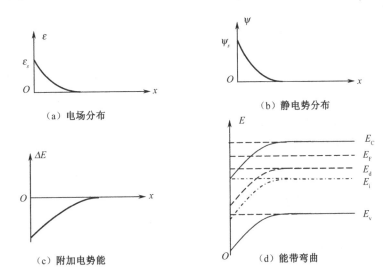

（a）电场分布　　（b）静电势分布

（c）附加电势能　　（d）能带弯曲

图 3-20　空间电荷区内的电场分布、电势分布和能带弯曲

从图 3-20（d）可以看出，对于 P 型半导体，偏压 $V_g > 0$ 使能带向下弯曲。由于电子带有负电荷，因此，电子从半导体体内来到表面，是从电势能高的地方来到电势能低的地方。结果使表面附近电子浓度大于体内电子浓度。空穴带有正电荷，因此，空穴从半导体体内到半导体表面，是从电势能低的地方来到电势能高的地方，需要跨越势垒 $q\psi_0$。所以，半导体表面空间电荷区形成电子的势阱和空穴的势垒。由于电子和空穴带电符号相反，电子的势垒就是空穴的势阱，电子的势阱就是空穴的势垒。势垒区具有高的电阻率，因此又称为载流子的阻挡层。反之，势阱区被称为反阻挡层。

3.4　直接带隙与间接带隙半导体

直接带隙半导体材料就是导带最小值（导带底）和价带最大值在 k 空间中同一位置。电子要跃迁到导带上产生导电的电子和空穴（形成半满能带）只需要吸收能量。

直接带隙半导体的重要性质：当价带电子往导带跃迁时，电子波矢不变，在能带图上是竖直地跃迁，这就意味着电子在跃迁过程中，动量可保持不变——满足动量守恒定律。相反，如果导带电子下落到价带（即电子与空穴复合）时，也可以保持动量不变——直接复合，即电子与空穴只要一相遇就会发生复合（不需要声子来接受或提供动量）。因此，直接带隙半导体中载流子的寿命必将很短；同时，这种直接复合可以把能量几乎全部以光的形式放出（因为没有声子参与，故也没有把能量交给晶体原子）——发光效率高（这也就是为什么发光器件多半采用直接带隙半导体来制作的根本原因）。

直接带隙半导体的例子：GaAs、InP 半导体。相反，Si、Ge 是间接带隙半导体。

间接带隙半导体材料（如 Si、Ge）导带最小值（导带底）和满带最大值在 k 空间中不同位置。形成半满能带不只需要吸收能量，还要改变动量。

间接带隙半导体材料导带最小值（导带底）和满带最大值在 k 空间中不同位置。k 不同，动量就不同，从一个状态到另一个必须改变动量。

与之相对的直接带隙半导体则是电子在跃迁至导带时不需要改变动量。

锗和硅的价带顶 E_v 都位于布里渊区中心，而导带底 E_c 则分别位于<100>方向的简约布里渊区边界上和布里渊区中心到布里渊区边界的 0.85 倍处，即导带底与价带顶对应的波矢不同。这种半导体称为间接禁带半导体。

3.5 pn 结及特性

3.5.1 pn 结的形成

在一块半导体材料中，如果一部分是 n 型区，另一部分是 p 型区，在两者的交界面处就形成 pn 结，如图 3-21 所示。制备 pn 结一般有扩散、离子注入和外延生长等方法。在传统的 Si 半导体工艺中，通常是在 n 型（或 p 型）Si 晶体表面以扩散或离子注入的方法掺入 p 型（或 n 型）杂质原子，使原 Si 晶体不同区域由单一导电类型变为 n 型和 p 型导电两种类型，在 n 型和 p 型导电区的界面处形成 Si 晶体的 pn 结。

扩散法制备 pn 结是利用扩散炉。源有固态也有气态，如 Si 半导体材料中的 n 型杂质来源：As_2O_3、AsH_3 和 PH_3 等；p 型杂质来源：BCl_3 和 B_2H_6 等。扩散工艺中晶片置于加热的高温炉管中，杂质气体处于流动状态，掺杂原子的浓度及分布通过温度、时间、气体流量控制。热扩散的杂质浓度分布从表面到体内单调下降。

离子注入法制备 pn 结是利用离子注入机。离子注入工艺中首先需要将掺杂杂质，如磷、砷或硼等的气态物质导入电弧室放电离化，带电离子经电场加速注入到半导体材料表面，离子注入的杂质浓度分布一般呈现为高斯分布，并且浓度最高处不是在表面，而是在表面以内的一定深度处，杂质浓度的分布主要取决于离子质量和注入能量。离子注入的杂质不经过处理一般处于电惰性状态，且离子注入过程会造成对原晶体材料的晶格损伤，所以要再经过高温热处理，活化掺杂杂质和修复晶格损伤。

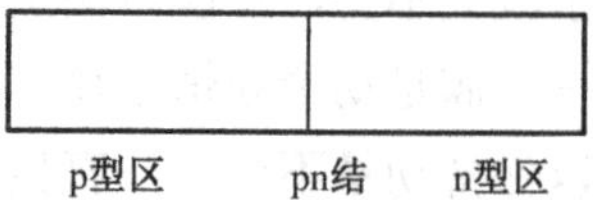

p型区	pn结	n型区

图 3-21　pn 结示意图

扩散和离子注入工艺比较成熟，且成本较低，目前在 Si 工艺上仍大量应用。但以上两种工艺方法存在载流子浓度均匀性和界面陡峭度控制比较差，工艺过程引入晶格缺陷等局限性。

外延生长是指在某种单晶衬底材料上生长与其具有相同或

接近的结晶学取向的薄膜单晶的半导体工艺。主要有液相外延、气相外延、金属有机化学气相沉积、分子束外延等。外延生长可以方便地形成不同导电类型的高质量单晶薄膜，且掺杂浓度和厚度可精确控制，界面陡峭变化。这种方法可实现各种复杂设计要求的 pn 结。

当 p 型半导体和 n 型半导体结合在一起时，由于 p 型区内空穴很多电子很少，而 n 型区内电子很多而空穴很少，在它们的交界面处就出现了空穴和电子的浓度差异。在载流子浓度梯度驱动下，空穴和电子分别从浓度高的区域向浓度低的区域扩散，即一些空穴从 p 型区向 n 型区扩散，而一些电子从 n 型区向 p 型区扩散。它们扩散的结果就使 p 型区一侧失去空穴，留下不可移动的带负电的电离受主，n 区一侧失去电子，留下不可移动的带正电的电离施主。载流子的转移破坏了 p 型半导体和 n 型半导体原来各自的电中性，形成了界面处 p 型半导体一侧电离受主构成的负电荷区和 n 型半导体一侧电离施主构成的正电荷区，通常以上电离受主和电离施主所带电荷称为空间电荷，所在区域称为空间电荷区。

在出现了空间电荷区以后，在空间电荷区就形成了一个内建电场，其方向是从带正电的 n 型区指向带负电的 p 型区，电场方向与载流子扩散方向相反。在内建电场的作用下，p 型区的少数载流子电子向 n 型区漂移，同时 n 型区的少数载流子空穴向 p 型区漂移，电子和空穴作漂移运动的方向正好与扩散运动的方向相反。从 n 型区漂移到 p 型区的空穴补充了原来交界面处 p 型区扩散运动失去的空穴，而从 p 型区漂移到 n 型区的电子补充了原来交界面处 n 型区失去的电子，可见，内建电场起阻止电子和空穴的继续扩散的作用。

随 pn 结中载流子扩散运动的进行，空间电荷逐渐增加，空间电荷区逐渐变宽，内建电场亦逐渐增强，载流子漂移运动逐渐加强而扩散运动随之逐渐减弱。在无外加的电压情况下，载流子的漂移电流和扩散电流最终大小相等方向相反而达到动态平衡，这种情况称为平衡状态的 pn 结。pn 结中的载流子分布、空间电荷区和内建电场如图 3-22 所示，此时空间电荷区和内建电场不变，没有净电荷流经 pn 结。

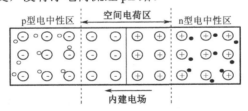

图 3-22　pn 结中的载流子分布、空间电荷区和内建电场

3.5.2　pn 结的特性[3,5]

pn 结的特性主要源于 p 和 n 两种导电类型的半导体结合后形成了空间电荷区，其载流子输运性质和单一导电类型的半导体材料不同，以下的讨论主要是 pn 结的电流电压特性。

无外加偏压情况的 pn 结能带如图 3-23 所示，处于平衡态的 pn 结中费米能级处处相等，即每一种载流子的扩散电流和漂移电流相互抵消，没有净电流通过 pn 结；能带在空间电荷区发生弯曲，电子从势能低的 n 型中性区运动到势能高的 p 型中性区时，必须克服空间电荷区两端的电势差 V_D。

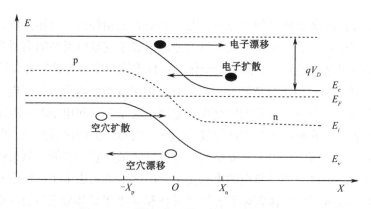

图 3-23　无外加偏压情况的 pn 结能带图

平衡 pn 结的空间电荷区两端的电势差 V_D 一般称为 pn 结的接触电势差或内建电势差。相应的电子电势能之差即能带的弯曲大小 qV_D 称为 pn 结的势垒高度，其大小为 n 区和 p 区费米能级之差，即

$$qV_D = E_{Fn} - E_{Fp} \tag{3.22}$$

根据费米能级和载流子浓度的关系，在杂质完全电离情况下，有：

$$qV_D = k_B T \ln \frac{N_D N_A}{N_I^2} \tag{3.23}$$

上式说明，一定温度下，n 和 p 区的掺杂浓度越高，pn 结的势垒高度也越高；禁带宽度越大，n_i 越小，势垒高度也越高。

在耗尽层近似条件，认为空间电荷区载流子浓度很小，可以忽略，空间电荷密度等于电离杂质浓度。对于突变结，空间电荷区 n 区一侧电荷密度大小等于施主杂质浓度 N_D，p 区一侧电荷密度大小等于受主杂质浓度 N_A，若计空间电荷区 n 区和 p 区一侧的宽度分别为 X_n 和 X_p，$x=0$ 计为交界面，则空间电荷区宽度为

$$X_D = X_n + X_p \tag{3.24}$$

且整个半导体满足电中性条件，空间电荷区正负电荷总量相等，可得：

$$N_A X_p = N_D X_n \tag{3.25}$$

空间电荷区中的电场 $E(x)$、电势 $V(x)$ 及其宽度 X_D 可利用泊松方程算出。对于一般的突变结，可以得到：

$$\begin{cases} E_1(x) = -\dfrac{qN_A(x+x_p)}{\varepsilon_r \varepsilon_0}, & (-x_p \leqslant x \leqslant 0) \\[3mm] E_2(x) = \dfrac{qN_D(x-x_n)}{\varepsilon_r \varepsilon_0}, & (0 \leqslant x \leqslant x_n) \end{cases} \tag{3.26}$$

$$\begin{cases} V_1(x) = \dfrac{qN_A(x^2+x_p^2)}{2\varepsilon_r \varepsilon_0} + \dfrac{qN_A x x_p}{\varepsilon_r \varepsilon_0}, & (-x_p \leqslant x \leqslant 0) \\[3mm] V_2(x) = V_D - \dfrac{qN_D(x^2+x_n^2)}{2\varepsilon_r \varepsilon_0} + \dfrac{qN_D x x_n}{\varepsilon_r \varepsilon_0}, & (0 \leqslant x \leqslant -x_n) \end{cases} \tag{3.27}$$

$$X_D = \sqrt{V_D(\frac{2\varepsilon_r\varepsilon_0}{q})(\frac{N_A + N_D}{N_A N_D})} \tag{3.28}$$

由图 3-24 可见，突变结空间电荷区中电场随位置线形变化，电场方向从 n 区指向 p 区。在 $x=0$ 处，电场强度最大。电势分布呈抛物线形式，从 p 区到 n 区电势逐渐增加，而电子从 p 区移动到 n 区电势能逐渐减小。

由式（3.28）可见，突变结的空间电荷区宽度和杂质浓度及接触电势差有关。因掺杂杂质的浓度变化对 V_D 影响比 X_D 小，所以一般杂质浓度越高，空间电荷区宽度越小；对不同材料，杂质浓度一定，接触电势差越大，空间电荷区宽度越宽。

对于 n 型区重掺的 n^+p 突变结，因 $N_D \gg N_A$，则

$$X_D = \sqrt{\frac{2\varepsilon_r\varepsilon_0 V_D}{q N_A}} \tag{3.29}$$

又由式（3.25）得 $X_p \gg X_n$，$X_p \approx X_D$。可见，单边突变结的空间电荷区宽度随轻掺杂一边的杂质浓度减小而增加，且空间电荷区主要在轻掺杂一边。

处于平衡状态的 pn 结中，载流子的扩散电流和漂移电流相等，没有净电流通过 pn 结，费米能级处处相等，空间电荷区厚度和势垒高度一定。

当 pn 结两端加上偏压时，pn 结的状态平衡状态被打破，相对未加偏压时发生变化。

在 pn 结两端加偏压 V 时，因为 n 和 p 区载

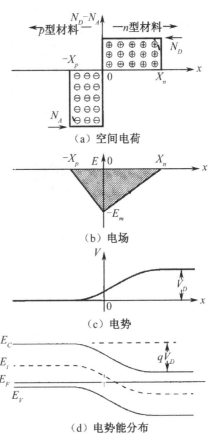

图 3-24　突变结能带

流子浓度很大，而空间电荷区载流子浓度可忽略，所以 pn 结中电阻最大处为空间电荷区，则外加偏压基本都落在空间电荷区。空间电荷区总的电场为外加偏压形成的电场与内建电场的叠加。正向偏压 V_+ 在空间电荷区产生的电场方向与内建电场方向相反，原电场被减弱，则空间电荷区宽度减小，势垒高度从平衡状态的 qV_D 下降到现在的 $q(V_D-V_+)$。利用式（3.28），把平衡态时空间电荷区电势差由 V_D 改为 V_D-V_+ 即可得到正偏时的空间电荷区宽度。反向偏压 V_- 将产生与内建电场相同的电场，因此 pn 结内的电场进一步增强，空间电荷区宽度加宽，同时势垒高度由 qV_D 增加为 $q(V_D+V_-)$。

pn 结加正偏电压时，破坏了原零偏电压时载流子的扩散和漂移运动的平衡，由于空间电荷区电场减小，载流子漂移运动被削弱，扩散电流大于漂移电流，产生电子从 n 型区到 p 型区及空穴从 p 型区到 n 型区的正向电流。电子从中性 n 型区越过空间电荷区后向 p 型

区扩散，成为 p 型区的非平衡少数载流子，电子边扩散边与多数载流子空穴复合减少至消失。从 p 型区向 n 型区扩散的空穴亦然。正向偏压越大，空间电荷区电场越小，空间电荷区越薄，势垒高度越低，正向电流越大。

pn 结加反偏电压时，空间电荷区电场增大，空间电荷区加宽，扩散和漂移运动的平衡破坏，载流子漂移运动增强，漂移电流大于扩散电流。这时 n 型中性区与空间电荷区边界的空穴被空间电荷区的强电场驱向 p 型区，同时 p 型中性区与空间电荷区边界的电子被驱向 n 型区。当这些少数载流子被驱走后，中性区的少子就靠扩散运动来补充，这个过程形成了反偏电压下的少数载流子的反向扩散电流，但是由于少数载流子的浓度很低，浓度梯度也很小，所以反向偏电压下扩散电流很小。

零偏压和分别外加正向和反向偏压时 pn 结的能带变化如图 3-25 所示。

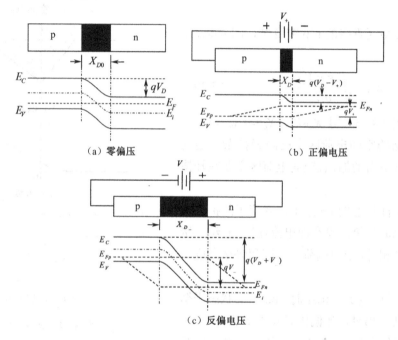

图 3-25　零偏压和分别外加正向和反向偏压时 pn 结的能带变化

在外加正向偏压 V_+ 下，pn 结的平衡被破坏，n 型中性区整体能带相对 p 型中性区抬高 qV_+，使得 p 区和 n 区没有统一的费米能级。pn 结的 n 和 p 型区都有非平衡少数载流子的注入，在非平衡载流子存在的区域内，必须用电子的准费米能级 E_{Fn} 和空穴的准费米能级 E_{Fp} 来取代 E_F，n 区费米能级和 p 区费米能级之差等于 qV_+。而当外加反向偏压 V 时，p 区费米能级和 n 区费米能级之差等于 qV。以上讨论中引入的所谓准费米能级可以使非平衡状态载流子浓度和平衡状态载流子浓度用一样的公式表示。

符合以下条件的 pn 结称理想 pn 结模型：①小注入；②突变耗尽层条件，外加电压全部降落在空间电荷区，空间电荷区的电荷由电离施主和受主构成，空间电荷区以外半导体都为电中性；③通过空间电荷区的电子和空穴电流为常数，不考虑空间电荷区的载流子产生和复合；④半导体非简并，在空间电荷区两端载流子符合玻尔兹曼统计分布。通过以下步骤，可以得到理想 pn 结的电流电压关系：①根据准费米能级计算空间电荷区和中性区边界注入的非平衡少数载流子浓度；②以空间电荷区边界处注入的非平衡少数载流子浓度为边界条件，解少数载流子在扩散区中载流子连续性方程，得到扩散区中非平衡少数载流子的分布；③将非平衡少数载流子的浓度分布带入扩散方程，算出扩散流密度后，再算出少数载流子的电流密度；④将两种载流子的扩散电流密度相加，就可得到理想 pn 结的电流和电压的关系。

$$J = J_S(e^{qV/k_BT} - 1) \tag{3.30}$$

$$J_S = \frac{qD_n n_{p0}}{L_n} + \frac{qD_p p_{n0}}{L_p} \tag{3.31}$$

式（3.31）是理想 pn 结的电流电压方程式，又称肖克莱方程式。其中，D_n 为电子扩散系数，D_p 为空穴扩散系数，L_n 为电子扩散长度，L_p 为空穴扩散长度。

在正向偏压下，正向电流密度随偏压增加呈指数关系迅速增大。室温下，kBT/q=0.026V，明显小于一般正向偏压，故 $e^{\frac{qV}{k_BT}} \gg 1$，则式（3.30）一般可简化为

$$J = J_S e^{qV/k_BT} \tag{3.32}$$

在反向偏压下，$V<0$，当 $-qV \gg kBT$ 时，$e^{\frac{qV}{k_BT}}$ 近似为零，式（3.31）可简化为

$$J = -J_S = -\left(\frac{qD_n n_{p0}}{L_n} + \frac{qD_p p_{n0}}{L_p}\right) \tag{3.33}$$

上式表明，较大的反向电压下，反向电流与电压无关，为一常数 $-J_S$，所以 $-J_S$ 也称为反向饱和电流密度。总之，在正向及反向偏压下，不同于一般的欧姆定律，J-V 曲线不对称，表现出 pn 结的单向导电特性。理想 pn 结的电流-电压关系如图 3-26 所示。

以上没有考虑载流子在空间电荷区的复合，实际上对于发光二极管，外加正偏电压下注入的电子和空穴在空间电荷区发生复合产生的复合电流是 pn 结总电流的重要部分。考虑 pn 结的复合电流后，其正向电流 J_F 和电压 V 的关系可由以下经验公式表示：

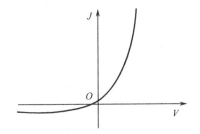

图 3-26　理想 pn 结的 J-V 曲线

$$J_F \propto \exp\left(\frac{qV}{nk_BT}\right) \tag{3.34}$$

当复合电流为主时，$n \approx 2$，当扩散电流为主时，$n \approx 1$。

3.5.3　载流子的复合

处于平衡状态的半导体，在一定温度下，电子浓度 n_0 和空穴浓度 p_0 一定，对于非简并

情况，它们的乘积也是一定值：

$$n_0 p_0 = N_c N_v \exp(-\frac{E_g}{k_B T}) = n_i^2 \tag{3.35}$$

但在一些外界条件作用下，如用光子能量大于半导体禁带宽度的光照或 pn 结加正向偏压或用高能粒子辐照等，半导体材料中一部分原处于价带的电子被激发到导带，价带比平衡时多出了一部分空穴 Δp，导带比平衡时多出一部分电子 Δn，Δp 和 Δn 称为非平衡载流子浓度，也称为过剩载流子浓度。光照即光注入时由于电子空穴成对出现，所以 $\Delta p = \Delta n$，但 pn 结加正向偏压即电注入时，非平衡电子和空穴浓度与掺杂浓度和扩散系数有关，一般 Δp 不等于 Δn。

当撤除光照等外界作用时，半导体由非平衡状态恢复到平衡状态，非平衡载流子逐渐消失，这个过程就是载流子的复合。

从载流子复合的微观过程上可以分成直接复合和间接复合两类，直接复合是电子在导带和价带之间直接跃迁，引起电子和空穴的直接复合；间接复合是电子通过禁带中的缺陷能级，即复合中心与空穴复合。非平衡载流子复合时伴随着能量的释放，一般有发射光子、发射声子或传递能量给其他载流子。

对于发光器件，一般按复合过程是否发射光子分为辐射复合和非辐射复合两类。辐射复合是电子和空穴直接复合发光的过程；非辐射复合主要有深能级缺陷辅助的复合、俄歇复合。

另外，按载流子复合发生的位置，又可以分为体内复合和表面复合。

辐射复合过程中，一对电子和空穴复合伴随一个能量等于半导体带隙的光子发射出来。单位体积内，每个电子在单位时间内都有一定概率和空穴相遇而复合，概率和空穴浓度成正比，复合率 R 可表示为

$$R = rnp \tag{3.36}$$

系数 r 表示电子和空穴的复合概率，它是与温度有关的量，n 和 p 分别表示电子和空穴的浓度。

对于非简并半导体，空穴浓度相对价带状态密度，以及电子浓度相对导带状态密度其比例极小，即可认为价带基本是满的，导带基本是空的，激发概率不受载流子浓度 n 和 p 的影响，则载流子产生率 G 仅与温度有关，与载流子浓度无关。

热平衡状态的电子和空穴的浓度分别为 n_0 和 p_0，载流子产生和复合达到平衡，所以产生率必定等于复合率，即

$$G = R = rn_0 p_0 = rn_i^2 \tag{3.37}$$

非平衡载流子的净复合率等于载流子的复合率减去产生率，则净复合率 U_d 为

$$U_d = R - G = r(np - n_i^2) \tag{3.38}$$

令 $n = n_0 + \Delta n$，$p = p_0 + \Delta p$，且假设 $\Delta n = \Delta p$，代入上式得

$$U_d = r(n_0 + p_0)\Delta n + r(\Delta n)^2 \tag{3.39}$$

由此可得非平衡载流子的寿命 τ：

$$\tau = \frac{\Delta n}{U_d} = \frac{1}{r\left[(n_0 + p_0) + \Delta n\right]} \tag{3.40}$$

由上式可知，复合概率 r 越大，平衡载流子和非平衡载流子浓度越大，则净复合率 U_d 越大，非平衡载流子寿命 τ 越小。

在小注入条件，即 $\Delta n \ll (n_0+p_0)$ 时，则式（3.40）可近似为

$$\tau = \frac{1}{r(n_0 + p_0)} \tag{3.41}$$

对于 n 型半导体，$\Delta n \gg p_0$，式（3.41）又可近似为

$$\tau = \frac{1}{rn_0} \tag{3.42}$$

上式表明在小注入条件下，当温度和杂质掺杂浓度一定时，非平衡载流子寿命是一个常数，且寿命与多数载流子浓度成反比。

在大注入条件，即 $\Delta n \gg (n_0+p_0)$，式（3.40）可近似为

$$\tau = \frac{1}{r\Delta n_0} \tag{3.43}$$

上式表明在大注入情况下，非平衡载流子寿命随非平衡载流子浓度而改变。

深能级缺陷辅助的复合又称为 SRH（Shockley-Read-Hall）复合，它是非平衡载流子通过半导体中的缺陷能级，即复合中心发生非辐射复合的一种间接复合过程。

如图 3-27 所示，如果在半导体材料中存在单一的复合中心能级 E_t，则导带的电子跃迁到价带的复合就可以通过 E_t 分成过程 1 和 2 两步完成，即第一步导带上的电子首先落到复合中心能级 E_t，可看作复合中心从导带俘获电子；第二步电子再落入价带并与空穴复合，可看作复合中心从价带俘获空穴。显然，过程 1 存在它的逆过程 1′，即复合中心的电子被激发到导带；过程 2 也存在它的逆过程 2′，即价带电子被激发到复合中心能级上。

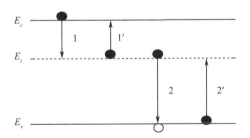

图 3-27　SRH 复合的四个过程（1，俘获电子；1′，发射电子；2，俘获空穴；2′，发射空穴）

热平衡状态时，电子产生率等于俘获率，即过程 1 和 1′ 互相抵消，同时空穴产生率等于俘获率，即过程 2 和 2′ 互相抵消。而在非平衡状态载流子稳定复合时，单位时间和体积内导带上电子的减少数等于价带上空穴的减少数，即电子和空穴成对复合。由以上关系可得非平衡载流子通过复合中心的复合率。

$$U = \frac{N_t r_n r_p (np - n_i^2)}{r_n(n + n_1) + r_p(p + p_1)} \tag{3.44}$$

其中 N_t 为复合中心浓度，r_n 和 r_p 分别为电子和空穴俘获系数，n_1 和 p_1 分别等于费米能级 E_f 与复合中心能级 E_t 重合时导带的平衡电子浓度和价带的平衡空穴浓度，分别为

$$n_1 = N_c e^{\left(\frac{E_t - E_c}{k_B T}\right)} \tag{3.45}$$

$$p_1 = N_v e^{-\left(\frac{E_t - E_v}{k_B T}\right)} \tag{3.46}$$

当半导体中注入非平衡载流子，如光注入情况，有 $np > n_i^2$，$n = n_0 + \Delta n$，$p = p_0 + \Delta p$，且 $\Delta n = \Delta p$，代入式（3.44）得：

$$U = \frac{N_t r_n r_p (n_0 \Delta n + p_0 \Delta n + \Delta n^2)}{r_n(n_0 + n_1 + \Delta n) + r_p(p_0 + p_1 + \Delta p)} \tag{3.47}$$

由上式得非平衡载流子的寿命为

$$\tau = \frac{\Delta p}{U} = \frac{r_n(n_0 + n_1 + \Delta n) + r_p(p_0 + p_1 + \Delta n)}{N_t r_p r_n (n_0 + p_0 + \Delta n)} \tag{3.48}$$

显然，寿命 τ 与复合中心浓度 N_t 成反比。

在小注入情况，$\Delta n \ll (n_0 + p_0)$，式（3.48）可近似为

$$\tau = \frac{r_n(n_0 + n_1) + r_p(p_0 + p_1)}{N_t r_p r_n (n_0 + p_0)} \tag{3.49}$$

可见，小注入时，寿命与非平衡载流子浓度无关，而与 n_0、p_0、n_1 和 p_1 有关。

对于一般的复合中心，可近似为 $r_n = r_p = r$，经过推导式（3.47）可变为

$$U = \frac{N_t r(np - n_i^2)}{n + p + 2n_i ch\left(\dfrac{E_t - E_i}{k_B T}\right)} \tag{3.50}$$

分析式（3.50）可知，$E_t = E_i$ 时，U 取极大值，即处于禁带中接近 E_i 的深能级是最有效的复合中心，而远离 E_i 的浅能级对复合影响小；随温度 T 增大，复合速率 U 增大，即温度越高 SRH 复合越明显。

在 III-V 半导体中，深能级缺陷主要来源于空位、填隙、杂质等点缺陷及位错等线缺陷。减少深能级缺陷密度，抑制 SRH 复合是提高半导体材料和器件发光效率的一个重要途径。

俄歇复合是另一种重要的非辐射复合机制。电子-空穴对复合时，跃迁产生的能量不是通过发射光子释放，而是传递给第三个载流子，可能是电子也可能是空穴，使其激发到更高的能级上，之后受激发的载流子通过发射声子失去能量回到原来的低能级。

如图 3-28 所示为带间发生俄歇复合的情况，图 3-28（b）中一个电子-空穴对复合后，在导带中的第二个电子吸收了直接复合所释放出的能量变成一个高能电子，随后高能电子与晶格发生散射发射声子将能量和动量转化为热消耗在晶格中。

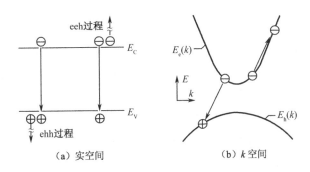

图 3-28　俄歇复合过程示意图

俄歇复合是三粒子作用过程，当电子浓度很高时主要发生 eeh 过程，空穴浓度高时主要发生 ehh 过程，相应的复合率可表示为

$$R_{ee} = \gamma_e n^2 p \tag{3.51}$$

$$R_{hh} = \gamma_h np^2 \tag{3.52}$$

γ_e 和 γ_h 分别表示电子-空穴对复合后激发电子和空穴时的复合系数，复合率 R_{ee} 和 R_{hh} 分别表示电子-空穴对复合后激发电子和空穴的情况。

半导体中俄歇复合过程除了电子-空穴对的复合，同时也存在电子-空穴对的产生。对于非简并半导体，发生俄歇复合时非平衡载流子的净复合率 U 为

$$U = (\gamma_e n + \gamma_h p)(np - n_i^2) \tag{3.53}$$

由式（3.53）可知，在热平衡条件下，$np=n_0 p_0 = n_i^2$，此时净复合率 $U=0$，无俄歇复合发生。

在小注入条件下，$np > n_i^2$，$U>0$，$n=n_0+\Delta n$，$p=p_0+\Delta p$，Δn 和 $\Delta p \ll (n_0+p_0)$，并且假设 $\Delta n = \Delta p$，代入式（3.53）得

$$U = \left(\frac{R_{ee0} + R_{hh0}}{n_i^2}\right)(n_0 + p_0)\Delta n \tag{3.54}$$

其中，

$$R_{ee0} = \gamma_e n_0^2 p_0 \tag{3.55}$$

$$R_{hh0} = \gamma_h n_0 p_0^2 \tag{3.56}$$

R_{ee0} 和 R_{hh0} 分别表示热平衡态时的复合率。

由式（3.33）可知，小注入情况的净复合率正比于非平衡载流子浓度。同时可得非平衡载流子的寿命 τ 为

$$\tau = \frac{\Delta p}{U} = \frac{n_i^2}{(R_{ee0} + R_{hh0})(n_0 + p_0)} \tag{3.57}$$

在大注入条件下，非平衡载流子浓度大于多数载流子浓度。例如在 n 型半导体中，电子为多数载流子，假设 $\Delta n = \Delta p$，则 $n=n_0+\Delta n \approx \Delta n$，$p=p_0+\Delta p \approx \Delta p$，其复合率可表示为

$$R_{ee} = \gamma_e n^3 \tag{3.58}$$

$$R_{hh} = \gamma_h n^3 \tag{3.59}$$

一般表示为

$$R_{Auger} = (\gamma_e + \gamma_h) n^3 = \gamma n^3 \qquad (3.60)$$

γ 为俄歇复合系数。

由于俄歇复合系数与载流子浓度的三次方成正比，所以在大注入情况下俄歇复合的影响才比较显著，此时俄歇复合成为降低半导体材料发光效率的一个重要因素。

以上考虑的是半导体体内的复合过程，实际上半导体表面发生的复合过程也不可忽视。

表面复合发生在半导体材料的表面，其产生的机制与体内复合并无差异。在半导体材料表面晶格的周期性被破坏，表面悬键、杂质等缺陷在禁带形成复合中心能级 E_s，表面复合属于深能级缺陷辅助的非辐射复合。一般可以把表面复合当作靠近表面的一个非常薄的区域内的体内复合处理，只是它的复合中心密度很高。

通常用表面复合速率 R_s 表示表面复合快慢，单位时间内在单位表面积复合的电子–空穴对数称为表面复合率 U_s。实验发现，表面复合率与表面处的非平衡载流子浓度$(\Delta n)_s$成正比，即

$$U_s = R_s(\Delta n)_s \qquad (3.61)$$

非平衡载流子寿命 τ_s 为

$$\tau_s = \frac{(\Delta n)_s}{U_s} = \frac{1}{R_s} \qquad (3.62)$$

由上式可见，表面复合过程中非平衡载流子寿命由表面复合速率决定，而表面复合速率主要受半导体表面的物理性质和环境的影响。为了抑制表面复合，一般通过工艺处理半导体表面，钝化表面悬键，阻止气体等外来杂质的吸附，以得到稳定的半导体表面，提高器件的性能。

半导体中非平衡载流子的平均寿命由 τ 以上主要复合机制决定，把辐射复合寿命计为 τ_r，SRH、俄歇和表面非辐射复合寿命分别计为 τ_{SRH}、τ_{Auger} 和 τ_s，则有

$$\tau^{-1} = \tau_r^{-1} + \tau_{SRH}^{-1} + \tau_{Auger}^{-1} + \tau_s^{-1} \qquad (3.63)$$

半导体的辐射复合效率也就是内量子效率 η_{int} 可表示为

$$\eta_{int} = \frac{\tau_r^{-1}}{\tau^{-1}} = \frac{\tau_r^{-1}}{\tau_r^{-1} + \tau_{SRH}^{-1} + \tau_{Auger}^{-1} + \tau_s^{-1}} \qquad (3.64)$$

可见，要提高半导体发光器件的内量子效率，关键是增强非平衡载流子的辐射复合过程，减小和抑制各种非辐射复合过程。

3.6 半导体发光材料条件

对于半导体发光器件，如需求最大、研究最多的 LED，不仅需要考虑材料本身的发光性质，还要求材料具有适合制备 LED 器件的特别性质。对于 LED 等发光器件，对材料的要求主要是：

（1）直接带隙半导体。直接带隙半导体中导带底的电子可直接跃迁到价带顶与空穴复合，所以跃迁概率大，发光效率高，适合用于发光材料和器件；而间接带隙导带底和价带顶的空穴发生跃迁需要声子参与以保持动量守恒，这种跃迁是二级微扰过程，所以跃迁概率小，不适合用于发光材料和器件。

（2）合适的禁带宽度。发光材料中电子–空穴对最大概率的跃迁应于导带底到价带顶的跃迁，所以 LED 发射的光子能量约等于有源区半导体材料的禁带宽度。LED 发光波长 λ（nm）和半导体材料禁带宽度 E_g（eV）的关系为：

$$\lambda = \frac{1240}{E_g} \tag{3.65}$$

制备特定波长的发光器件，首先需要选择特定禁带宽度的半导体材料。如图 3.29 所示，GaAs 带隙为 1.42 eV，是传统的红外 LED 发光材料。而制备蓝光 LED，对应有源区半导体材料的禁带宽度应在 2.8 eV 左右，所以既无法利用 III 族砷化物和磷化物，也无法直接用利用 GaN 材料作 LED 的有源层。

（3）半导体材料可形成良好的 n 型和 p 型掺杂，具备高的 n 型和 p 型电导率。为制备 pn 结，需要半导体材料可形成 p 和 n 两种导电类型；为了提高载流子的注入效率和降低 LED 的串联电阻，需要 n 型和 p 型材料有足够高的载流子浓度和电导率。ZnO 材料晶格常数和禁带宽度与 GaN 接近，但由于实现 p 型掺杂困难，阻碍了其在 LED 上的应用。

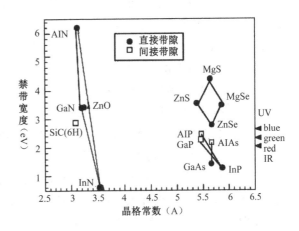

图 3-29　几种主要发光材料体系的波长和禁带宽度

（4）用于 LED 等发光器件的半导体材料要求具有高的晶体质量。半导体晶体材料中的缺陷是非辐射复合中心，高的缺陷密度将大大减小注入有源区的非平衡载流子寿命，降低发光效率，所以高质量的材料是制作高效率发光器件的必要条件。对于 GaAs 基 LED，当材料中位错密度大于 1.0×10^4 cm^{-2} 时，其发光效率就会大大降低，失去发光材料的价值。对于 GaN 基 LED，由于缺少晶格匹配的衬底材料，大多是以蓝宝石为衬底，利用外延生长方法制备 GaN 材料。GaN 与蓝宝石的晶格常数差高达 13.8%，直接生长的晶体质量很差，辐射复合效率极低，曾经是 GaN 基 LED 发展过程的主要障碍之一，后来 N. Akasaki 和 S. Nakamura 等人发明了首先生长低温成核层，然后生长高温 GaN 的两步生长法，才得到较高晶体质量的 GaN 材料，促使了之后 GaN 蓝光 LED 的蓬勃发展。

（5）此外，对于化合物半导体材料还要求此材料体系中的二元化合物可形成组分变化的多元固溶体，以使 LED 发光波长可在在一定范围内变化，大大提高 LED 的光谱覆盖范围。如图 3-30 所示，对于 III 族 N 化物材料体系，GaN 材料禁带宽度为 3.4eV，激发后发射紫外光，但 GaN 与 AlN 和 InN 形成四元固溶体 $Al_xIn_yGa_{1-x-y}N$ 后，随 Al 组分 x 和 In 组分 y 的变化，理论上发光波长可以从 InN 的 1.7μm 变到 GaN 的 365nm 再变到 AlN 的 200nm，而常见蓝光 LED 的有源区为 $In_xGa_{1-x}N$ 材料，其 In 组分为百分之十几。

目前，主要的发光材料集中在 III 族化合物半导体材料，主要有三个系列，AlGaAs 系列、AlGaInP 系列、InGaAsP 系列和 AlGaInN 系列[7, 8, 9]。

（1）AlGaAs 系列：$Al_xGa_{1-x}As/GaAs$ 材料体系是在 70 年代开始开发的，它是 LED 历史上第一种高亮度 LED 材料体系。AlAs 和 GaAs 的晶格失配小于 0.1%，所以 $Al_xGa_{1-x}As$ 在整个组分变化范围与 GaAs 都可以看作是匹配的。$Al_xGa_{1-x}As$ 在 Al 组分从 0 到 0.43 的范围为直接带隙，大于 0.43 为间接带隙，$Al_xGa_{1-x}As$ 在直接带隙范围可用于制备发光波长在 640～870nm 范围的 LED。

（2）AlGaInP 系列：从 20 世纪 80 年代开始，$Al_xGa_yIn_{1-x-y}P$ 四元合金又成为另一个研究热点，其直接能隙大小随组分变化，其发光波长扩展到可见光范围。当组分从 $Al_{0.17}Ga_{0.34}In_{0.49}P$ 变到 $Al_{0.058}Ga_{0.452}In_{0.49}P$ 时，它和 GaAs 衬底保持晶格匹配，与此对应发光波长从 532nm 增加到 656nm。目前高亮度红光（625nm）、橘色光（610nm）和黄光（590nm）LED 主要就是采用此材料体系

（3）InGaAsP 系列：$In_xGa_{1-x}AsyP_{1-y}$ 四元合金中随组分 x 和 y 的变化，发光波长可从 GaAs 的 870nm 增加到 InAs 的 3.5μm，其中包含重要的 1.3μm 和 1.55μm 通信波段。

（4）AlGaInN 系列：$Al_xGa_yIn_{1-x-y}N$ 材料体系随 x 和 y 的变化都是直接带隙，并且发光波长覆盖从 InN 的红外到 AlN 的深紫外，是应用领域非常广泛的材料体系。商业化 InGaN 蓝光 LED 在 90 年代从日本的日亚公司开始取得突破，并利用蓝光加黄色荧光粉的方法制备出白光 LED，自此以后开始在世界范围引起 GaN 基 LED 的研究热潮。可以说，以 GaN 基蓝光 LED 为基础的半导体照明的发明是人类照明史上的一次飞跃。

除了以上主要发光材料体系，还有其他发光材料。

SiC 是间接带隙材料，由于早期高效的蓝光发光材料还没有开发出来，尽管发光效率很低，仍被用于制造蓝光 LED，亮度只有 10～20mcd。随着高效的 GaN 基 LED 的开发成功，SiC 蓝光 LED 就退出了历史舞台，但因为 SiC 材料具有晶格常数接近 GaN、热导率高、可掺杂形成导电衬底等优势，现成为制备高性能 GaN 基 LED 较理想的衬底材料。

另外，也有用间接带隙材料制备 LED 的特殊例子。如 GaP 是间接带隙材料，本身发光效率很低，但是掺杂与 P 同一族的 N 元素后形成等电子陷阱；LED 中注入电子被 N 等电子陷阱能级俘获，由于等电子陷阱能级在 k 空间的扩展，在 $k=0$ 附近，电子与空穴可发生直接跃迁，因此可以得到较高的发光效率。

直接带隙材料具有高的复合效率，但不一定就适合制备 LED 等发光器件。如 II-VI 族 ZnSe 基化合物材料虽然是直接带隙材料，但是由于材料热稳定性差，制备的 LED 器件工作寿命很短，工作寿命只有几百小时，因此 II-VI 族 Zn 基化合物短波长发光器件没有实际应用价值。

3.7　异质结及特性

3.7.1　异质结概念

异质结是指不同材料之间的界面（结），即禁带宽度不同的两种半导体材料结合所形成的晶体界面。含有异质结的两层以上的结构被称为异质结构。

相对于同质结，异质结中的两种材料的禁带宽度、导电类型、介电常数、折射率和吸收系数等光电参数不同，在材料和器件设计上提供了更大的灵活性。根据异质结面的物理厚度，可分为突变异质和缓变异质结。突变异质结界面的物理厚度为若干个原子层，缓变异质结界面的物理厚度为几倍的少数载流子扩散长度。异质结按界面两侧半导体材料掺杂类型的不同，可分为同型异质结和异型异质结。一般用小写字母表示窄带隙材料的掺杂类型，用大写字母表示宽带隙材料的掺杂类型。同型异质结可表示为 nN 结和 pP 结，异型异质结可表示为 nP 结和 pN 结。

按异质结中两种材料导带和价带的对准情况，异质结分为三类四种情况[10]，如图 3-30 所示。

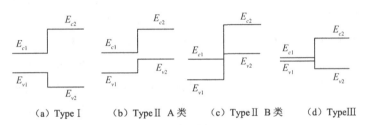

（a）Type I　　（b）Type II A 类　　（c）Type II B 类　　（d）TypeIII

图 3-30　异质结按两种材料导带和价带对准情况分类

Type I 型异质结，窄带材料的禁带完全落在宽带材料的禁带中，ΔE_c 和 ΔE_v 的符号相反。不论对电子还是空穴，窄带材料都是势阱，宽带材料都是势垒，即电子和空穴被约束在同一材料中。载流子复合发生在窄带材料一侧。常见的异质结发光材料，如 GaAlAs/GaAs、InGaAsP/InP 和 InGaN/GaN 都属于这一种。

Type II 型异质结，ΔE_c 和 ΔE_v 的符号相同，分两种。

Type II A 类异质结，窄带材料的导带和价带都比宽带材料的低，禁带是错开的。窄带材料是电子的势阱，宽带材料是空穴的势阱，电子和空穴分别约束在两种材料中。TypeII A 类异质结具有间接带隙的特点，跃迁概率小，如 GaAs/AlAs 异质结。

Type II B 类异质结，禁带错开更大，窄带材料的导带底和价带顶都位于宽带材料的价带中，所以在导带和价带中同时存在电子和空穴，表现出半金属材料的性质，如 InAs/GaSb 异质结。

TypeIII 型异质结，窄带材料具有近似为零的带隙。典型的例子是 HgTe/CdTe 异质结。

Type I 型异质结构对载流子复合发光有利，是半导体发光材料和器件的基本结构。不同半导体的禁带宽度可根据设计要求做适当调整，如改变多元固溶体中某元素的组分。有多种方法可用于形成突变异质结界面，例如分子束外延（MBE）和金属有机化学气相沉积（MOCVD）等外延生长方法。

3.7.2 异质结半导体材料特性

两种半导体材料组成异质结时，由于它们的面内晶格常数 a_1 和 a_2 的差别，在界面处可能产生悬挂键，悬挂键导致产生位错和界面态等缺陷，它们充当载流子的陷阱和非辐射复合中心，从而使器件性能退化。为了减少缺陷，要求两种材料的晶格常数尽量地接近，以便能够晶格匹配。晶格失配度 f 为两种材料的面内晶格常数之差与它们的平均面内晶格常数之比，即

$$f = \frac{2|a_1 - a_2|}{a_1 + a_2} = \frac{\Delta a}{\overline{a}} \qquad (3.66)$$

一般情况下，认为 $f < 1\%$ 时晶格基本匹配；$f > 1\%$ 时晶格失配。

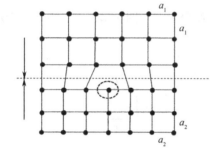

图 3-31　异质结界面的悬键

异质结界面悬挂键的多少与晶格失配有关，单位面积上悬挂键的数量可以由晶格常数之差粗略估算。假设异质结界面面积为 S，两种材料的晶格常数分别为 a_1 和 a_2，如图 3-31 所示，虚线以上材料在面积为 S 的平面上的晶格格点数为 S/a_1^2，虚线以下材料在面积为 S 的平面上的晶格格点数为 S/a_2^2，上下两种材料格点数之差就是悬挂键的数量。悬挂键的面密度 N_s 为

$$N_s = \frac{1}{S}\left|\frac{S}{a_1^2} - \frac{S}{a_2^2}\right| = \frac{|a_2^2 - a_1^2|}{a_1^2 a_2^2} \qquad (3.67)$$

异质结构能带形成与两种材料的电子亲和势、禁带宽度和功函数有关。异质结能带理论一般采用安德森能带模型[11]。该模型假定：①异质结界面处不存在界面态和偶极层；②异质结界面两侧的空间电荷层中的空间电荷符号相反，大小相等；③异质结界面电场不连续，但电位移矢量连续。

图 3-32 是突变 Np 异质结形成前两种材料各自的能带图和形成后的异质结的平衡能带图。由于存在两种不同的材料，它们体内的电子能量需要一个共同的参考能级作标准，安德森德电子亲和能规则规定真空能级为参考能级，如图中最上面的虚线所示，并且要求异质结构中真空能级始终连续。电子从导带底转移到真空能级所需的能量称为电子亲和势 x，电子从费米能级转移到真空能级所需的能量称为功函数 ϕ。两种材料各自独立时费米能级不同。两种材料接触后，电子从 N 区向 p 区转移，空穴从 p 区向 N 区移动，直至达到热平衡，费米能级在异质结中处处相等。界面 N 区一侧形成正空间电荷区，能带向上弯曲；界面 p 区一侧形成负空间电荷区，能带向下弯曲。因为形成异质结时真空能级始终是连续的，且

电子亲和势、禁带宽度是材料的固有性质，这就意味着能带边处处与真空能级平行，结果 N 区接近界面处导带形成尖峰，p 区接近界面处导带形成尖谷，价带在界面处出现阶跃，总之能带出现不连续，这是与同质结能带的重要差异。界面处的能带不连续量称为带阶，其中导带带阶表示为 ΔE_c，价带带阶表示为 ΔE_v。由于 ΔE_c 和 ΔE_v 的存在，真空能级的弯曲量 qV_D 已不再代表势垒高度，电子由 N 区到 p 区的势垒高度变为（$qV_D - \Delta E_c$），而空穴从 p 区到 N 区的势垒高度变为（$qV_D + \Delta E_v$）。

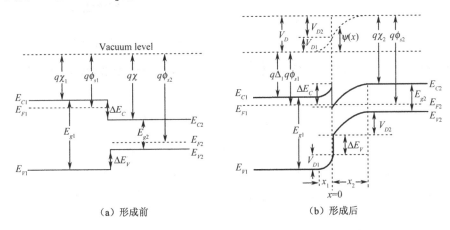

（a）形成前　　　　　　　（b）形成后

图 3-32　突变 Np 异质结形成前和形成后的平衡能带图

另外，从图 3-33（b）可以得到以下关系：

$$\Delta E_c = x_2 - x_1 \tag{3.68}$$

$$\Delta E_v = (E_{g1} - E_{g2}) - (x_2 - x_1) \tag{3.69}$$

$$\Delta E_c + \Delta E_v = E_{g1} - E_{g2} \tag{3.70}$$

$$qV_D = \phi_{s2} - \phi_{s1} = E_{F1} - E_{F2} = q(V_{D1} + V_{D2}) \tag{3.71}$$

其中，V_D 是异质结的内建电势差，V_{D1} 和 V_{D2} 分别是异质结界面两侧半导体材料中的内建电势差。

当异质结两端加一偏压 V 后，与同质结相同，势垒高度变化量为 V，但价带带阶 ΔE_v 和导带带阶 ΔE_c 保持不变。

异质结构用于发光器件上相对同质结构具有明显优势，对发光二极管主要体现为载流子超注入、载流子限制和光吸收上的优势，对激光二极管还有光场限制方面的优势。以下的讨论针对发光二极管，图 3-33 为正偏压下同质结和双异质结的能带、载流子分布及辐射复合区的对比示意图[6]。

图 3-33（a）的同质结中，由于势垒高度较低，对注入载流子的限制较弱，少数载流子分布范围很宽，为几个扩散长度的量级，一般为几微米，在此范围内各处的电子和空穴浓度的乘积 np 都较小，复合速率 R 低，辐射复合效率较低。而图 3-34（b）的双质结中，电子和空穴分别由禁带宽度较大的 N 和 P 型势垒区注入到禁带宽度较小的发光区，由于 ΔE_c 和 ΔE_v 的存在，电子和空穴在发光区继续向前扩散时受到异质结界面较高的势垒阻挡而被限

制在发光区，因此非平衡载流子的分布范围不再由扩散长度决定，而是由双异质结中发光区的厚度决定。一般双异质结构发光区的厚度仅为 $0.01\sim1\mu m$，在同样电流密度下，非平衡载流子在双异质结发光区的浓度远大于同质结的情况，所以双异质结构中辐射复合速率 R 大大提高。

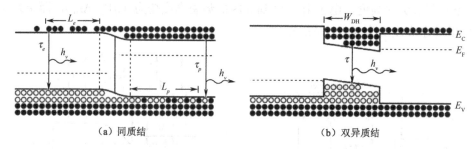

（a）同质结   （b）双异质结

图 3-33 正偏压下能带、载流子分布及辐射复合区示意图

另外，同质结中载流子复合发射光子的能量等于此半导体材料的禁带宽度，所以复合产生的光子经过 p 和 n 型区很大程度又被吸收。而双异质结构中 N 和 P 型势垒层禁带宽度大于发光层发射光子的能量，对光子是透明的，再吸收只存在于薄的发光区，所以双异质结构中光的再吸收大大减小。

相对同质结，异质结用于发光器件是个巨大的进步。但是也要指出，异质结用于发光器件对材料体系有严格的限制，即异质结材料必须具有良好的晶格匹配。如果异质结中晶格失配较大，从界面产生较高密度的缺陷，导致非辐射复合增强，器件的发光性能变差。

在元素半导体和二元化合物半导体中很难找到晶格匹配的异质结材料，半导体的三元和多元固溶体材料的晶格常数和组分关系一般符合 Vegard 定律，即线性关系。因此，采用调节固溶体组分的方法，可以设计出晶格匹配的灵活多变的异质结。另外，超薄外延层生长技术和应变缓冲层技术打破了严格的晶格匹配要求，如量子阱这种特殊的异质结构已广泛应用于半导体光电子和微电子器件。

3.8　量子阱及特性

随着异质结构研究的深入和外延生长技术的进步，量子阱结构被开发并应用于半导体发光器件。量子阱结构可以看作双异质结构中较窄禁带中间层材料薄化的延伸和发展。

用两种禁带宽度不同的两种半导体材料 A 和 B，构成两个距离很近的背靠背的异质结，A/B/A，若材料 A 的禁带宽度大于 B，且材料 A 和 B 形成 typeI 型异质结，则当材料 B 的厚度薄到可与电子的德布罗意波长相比，则形成以材料 A 为势垒，B 为势阱的量子阱结构。这种只有一个势阱的结构称为单量子阱[12]。

如图 3-34（a）所示[5]，在实际的量子阱结构中，载流子被限制在有限深的势阱中，在垂直于界面方向上（设为 Z 方向）运动的能量不再是连续的，而是变成了分立的能级（电

子占据能级为 E_{c0} 和 E_{c1} 等，空穴占据能级为 E_{v0} 和 E_{v1} 等），而在平行界面的方向（设为 X，Y 方向）上载流子运动是自由的，能量仍是连续变化的。势阱宽度越窄，势垒高度（ΔE_c 和 ΔE_v）越高，能级分立间距越大。另外，载流子有效质量越小，能级分立间距越大。由于电子的有效质量总比空穴小，所以量子阱中电子能级分立间距大于空穴能级分立间距。

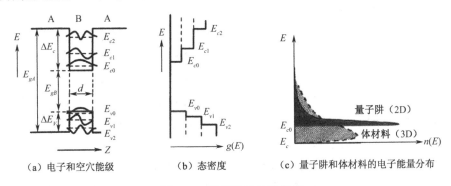

（a）电子和空穴能级　　（b）态密度　　（c）量子阱和体材料的电子能量分布

图 3-34　量子阱结构的能带

在量子阱中，电子和空穴的能量状态从体材料的抛物线形变成了阶梯形分布，如图 3-34（b）所示，态密度变成与能量无关的常量。实际的量子阱中由于载流子之间碰撞造成分立能级稍微展宽，但与三维体材料相比，二维量子阱中载流子地分布占据着更窄的能量范围，明显集中在带边，如图 3-34（c）所示。

如图 3-35 所示，量子阱中电子从电子能级到空穴能级的跃迁选择定则为 $\Delta n=0$，即居于第一电子能级的电子只能跃迁到第一重空穴能级或第一轻空穴能级上，第二电子能级的电子只能跃迁到第二重空穴能级或第二轻空穴能级上，依此类推。但是，只有在 $k_x=k_y=0$ 时，跃迁定则才起作用。随 k_x 和 k_y 偏离零点，重、轻空穴能级开始混合，此时量子数 n 失去明确意义，出现某些 $\Delta n\neq0$ 的跃迁，称为禁戒跃迁。

在发光器件中，量子阱结构的势阱设计为发光区，它的厚度很薄，载流子运动量子化，占据在分立的能级上，电子和空穴在能级间跃迁发射光子。与具有较厚发光区的普通的双异质结构相比，量子阱用于发光二极管有几个优势：①量子阱结构的势阱比双异质结构的发光区薄，载流子限制更强，同样电流密度下，单位体积的载流子浓度更高，辐射复合效率更高；②对于失配材料体系，晶格失配影响异质界面的缺陷和应力。在临界厚度内，晶格失配应力可以通过弹性应变调节，晶格处于应变状态。超过临界厚度，弹性应变不足以调整失配应力，晶格发生弛豫并形成失配位错，材料性能劣化。晶格失配越大，临界厚度越薄，限制了异质结构可供选择的材料范围。相对双异质结构，量子阱结构中由于势阱层厚度很薄，即使与势垒层晶格失配较大，仍可在临界厚度内。量子阱结构对材料失配大小的

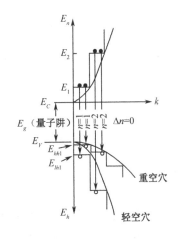

图 3-35　量子阱中电子跃迁选择定则

要求降低，增加材料选择的自由度，实现更灵活的材料和器件设计；③量子阱厚度薄，易保持应变状态而不发生晶格弛豫，晶体质量较高，缺陷少，非辐射的 SRH 复合较弱；④量子阱发光发生在两个能级间的跃迁，双异质结是导带底附近的电子和价带顶附近的空穴复合发光，因而量子阱发光光谱的线宽更窄；⑤同样的材料，改变量子阱结构中势阱的宽度可改变能级的分立间距从而实现发光波长的调整。

在以上讨论的单量子阱结构中的发光是理想情况，注入的载流子都被限制在势阱中，电子和空穴完全复合发光。但实际在大电流密度注入情况下，相当比例的载流子越过势阱层，在发光区以外消耗掉，这种现象称为载流子的溢出。其原因是当注入电流增加时，势阱中的载流子浓度和费米能级随之增加，当电流密度高到足以使费米能级与势垒高度相当时，量子阱被载流子填满，再继续增加注入电流密度也不会使势阱中的载流子浓度增加，此时量子阱发光强度达到饱和。

单量子阱中载流子溢出现象严重影响了其在较大电流密度时的发光性能，利用多量子结构可以有效抑制载流子溢出现象。所以实际的 LED 器件并不采用单量子阱而是采用多量子阱结构。交替生长单量子阱结构中的势垒和势阱层，形成的具有多个势阱的多层结构称为多量子阱结构，多量子阱结构中势垒层的宽度较大，相邻势阱中的电子波函数不能互相耦合，平衡时电子和空穴局限在各个势阱中。

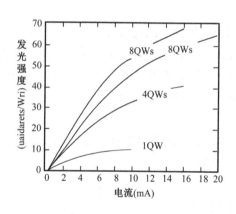

图 3-36　不同量子阱对数的 InGaAs/GaAs LED 中电流和发光强度关系

图 3-36 表示的是具有不同量子阱对数的 InGaAs/GaAs LED 中发光强度随电流增加的变化关系。对单个量子阱的结构，随电流增大，载流子溢出增加，很快发光强度很快达到饱和。随量子阱对数增加，载流子溢出效应减弱，量子阱对数越多的 LED，加大电流后的发光强度越大。

多量子阱结构虽然抑制了载流子溢出、提高了发光效率，但量子阱间的势垒层会阻碍载流子在阱间的输运，导致载流子在各个阱中的分布不均匀。高效率的多量子阱发光器件一方面要求势垒的厚度要足够薄，高度要足够低，电注入时通过势垒层的隧穿电流较大，使载流子尽量在多个量子阱中均匀分布,另一方面也要求势垒与势阱间保证一定的带阶，量子阱有较强的载流子限制能力，使高浓度的电子和空穴限制在势阱中发生辐射复合。

思考题

1. 为什么金属具有良好的塑性，而共价晶体一般硬而且脆?
2. 虽然空间点阵仅可能有 14 种，为什么晶体结构是无限多的?
3. 分别采用费米能级和载流子漂移与扩散的观点解释 PN 结空间电荷区的形成。

4. 在 pn 结中一般都采用了耗尽层近似。实际上载流子在所谓的耗尽区内并未严格耗尽，载流子浓度在耗尽区边界附近也是逐渐过渡的。以 n 区导带底势能为 0，势垒高度为 V_D，对任意 pn 结，在耗尽层中，依次取势能为 $V_D/10$，$3V_D/10$ 和 $5V_D/10$ 的位置，计算它们的电子和空穴浓度分别与 n 区电子和 p 区空穴的比值。分析耗尽层近似的适用性。

5. GaN 基 LED 在大电流密度驱动时发光效率明显降低，被称为 Efficiency droop 现象。一些实验表明俄歇复合是导致这种现象的原因之一。为了抑制俄歇复合，有人建议用双异质结构代替多量子阱结构。试分析改用双异质结构对 LED 发光效率的利弊。

习题

1. 分别画出面心立方晶格和体心立方晶格{100}, {110}, {111}晶面上原子排列示意图。

2. 什么是直接带隙？什么是间接带隙半导体？并说明为什么发光器件一般不用 Si 材料制作。

3. 室温条件，GaAs 突变 pn 结的受主和施主杂质浓度分别为 $N_a=8\times10^{17}\mathrm{cm}^{-3}$ 和 $N_d=5\times10^{16}\mathrm{cm}^{-3}$，假设杂质完全电离，求解 pn 结在平衡态下的内建电场、势垒高度和耗尽层宽度。（室温下，GaAs 禁带宽度 $E_g=1.42\mathrm{eV}$，本征载流子浓度 $n_i=2.1\times10^6\mathrm{cm}^{-3}$）

4. 计算 $\mathrm{In_{0.2}Ga_{0.8}N/GaN}$ 异质结构在 c 面的晶格失配大小和悬键密度。

5. 对于 $\mathrm{In_{0.2}Ga_{0.8}N/GaN}$ 双异质结构，势阱中电子浓度为 $5\times10^{18}\mathrm{cm}^{-3}$。室温下，不考虑 GaN 材料的极化效应，计算此结构通过电流时，电子越过势垒泄漏的比例。（已知：$E_g(\mathrm{In_xGa_{1-x}N})=xE_g(\mathrm{InN})+(1-x)E_g(\mathrm{GaN})-bx(1-x)$，$b=1.43$；室温下，GaN 和 InN 的禁带宽度分别为 3.4eV 和 0.77eV，$\mathrm{In_{0.2}Ga_{0.8}N/GaN}$ 的导带不连续$\Delta E_c=0.65\Delta E_g$）

参考资料

[1]　赵品，谢辅洲，孙振国. 材料科学基础教程（第 3 版）. 哈尔滨：哈尔滨工业大学出版社，2009.

[2]　孟庆巨，胡云峰，敬守勇. 半导体物理学简明教程. 北京：电子工业出版社，2014.

[3]　马喆生，施倪承. X射线晶体学——晶体结构分析基本理论及实验技术. 武汉：中国地质大学出版社，1996.

[4]　王红卫，何沙. 平面构成. 北京：人民美术出版社，1996.

[5]　郭可信. 准晶研究. 杭州：浙江科学技术出版社，2004.

[6]　SHECH TMAN D, BLECH I, GRATIAS D, et al. Met all ic ph as e with long ranged orientational order and no translation asymmetry. Phs Rev Lett, 1984 , (53): 1951-1954.

[7]　SHI N C, LI AO L B. Poin t groups and single forms of quasicrystals with eight fold and twelvefold symmetry. Acta Geologica Sinica, 1988, (3): 223-227.

[8]　SHI N C, MIN L Q, SHEN B M. The Configuration of Quasicrystal unit cell and deduction of quasilattice[J]. Science in China (Series B), 1992 , 35(6): 735-744.

[9]　施倪承，闵乐泉. 八次对称准晶体引出的新序列[J]. 科学通报，1988，(17): 14-15.

[10]　LI G W, SHI N C, XIONG M, et al. Incommensurate modulated crystal structure of Ankangite, 19th

General Meeting of the International Mineralogical Association (IMA). Japan , 2006.

[11]　崔云昊. 晶体对称理论三百年[J]. 大自然探索，1989(4)：92-97.

[12]　陈金富. 固体物理学学习参考书. 北京：高等教育出版社，1986.

[13]　N．X．Chen. An elementary method for introducing the concept of reciprocal lattice. Am J Phys，1986，54(11): 1000-1002.

[14]　肖序刚. 笛卡儿直角坐标系下的晶向指数和晶面指数及其应用[J]. 矿物学报，1985，(2): 121-132.

[15]　余永宁. 金属学原理. 北京：冶金工业出版社，2000.

[16]　崔忠圻. 金属学及热处理. 北京：机械工业出版社，2005.

[17]　刘智恩. 材料科学基础. 西安：西北工业大学出版社，2003.

[18]　严群. 材料科学基础. 北京：国防工业出版社，2009.

[19]　盛祥耀. 高等数学（下）. 北京：高等教育出版社，2008.

[20]　刘国勋. 金属学原理. 北京：冶金工业出版社，1980.

[21]　刘恩科，朱秉生，罗晋生. 半导体物理学（第7版）. 北京：电子工业出版社，2008.

[22]　施敏. 半导体器件物理与工艺. 王阳元，嵇光大，卢文豪译. 曾令祉校. 北京：科学出版社，1992.

[23]　S.M.Sze, Kwok K. Ng, Physics of Semiconductor Devices (third edition). John Wiley & Sons, Inc., Hoboken, New Jersey, 2007.

[24]　E. Fred Schubert. Light-Emitting Diodes (second edition). Cambridge University Press, 2006.

[25]　A. 茹考斯卡斯，迈克尔 S 舒尔，勒米·加斯卡. 固体照明导论. 黄世华译. 滕枫校. 北京：化学工业出版社，2006.

[26]　方志烈. 半导体照明技术. 北京：电子工业出版社，2009.

[27]　江剑平，孙成城. 异质结原理与器件. 北京：电子工业出版社，2010.

[28]　熊家炯，朱嘉麟. 半导体超晶格、量子阱材料的进展[J]. 北京：材料科学进展 4，113(1990) .

[29]　B. L. Sharma, P. K. Purohit. Semiconductor Heterojunction. Pergamon Press, Oxford, 1974.

[30]　虞丽生. 半导体异质结物理（第二版）. 北京：科学出版社，2006.

[31]　N. E. J. Hunt, E. F. Schubert, D. L. Sivco, A. Y. Cho and G. J. Zydzik. Power and efficiency limits in single-mirror light emitting diodes with enhanced intensity. Electronics Letters 28, 2169 (1992).

第 **4** 章

发光二极管

发光二极管（Light Emitting Diode，LED）是基于 p-n 结正向偏压电注入发光的器件，芯片材料可以是传统的直接带隙化合物半导体，也可以是基于聚合物的有机半导体材料（Organic Light Emitting Diode，OLED）。LED 是半导体照明的核心器件，也被广泛用于信息显示、指示、光通信等领域，采用辐射度学对其主要参数进行描述。白光光源既可以采用单片集成方式，即在芯片中完成多色光至白光的合成，更多的则为在封装环节中实现，如多个颜色 LED 芯片封装在同一壳体内混色成白光，更为流行的方案是采用 LED 辐射的蓝光激发黄光荧光粉并在壳体内混色成白光。采用光度学和色度学对白光 LED 主要参数进行描述。本章将介绍 LED 芯片结构、工作原理、双异质结和量子阱 LED 原理与性能、白光 LED 的实现方法及照明对光源的要求。

4.1 发光二极管芯片结构及原理

4.1.1 发光二极管芯片基本结构

LED 芯片由多层不同性质的半导体薄层材料相叠，并在最顶层及最底层分别制作正负金属电极，称该类为垂直结构 LED，如图 4-1 所示。也可使用光刻工艺在 p 型层表面挖沟槽至 n 型层，将正、负金属电极制作在同一表面，称该类为平面结构 LED，如图 4-2 所示。

LED 诞生的初期采用最为简单的同质结结构，在 n^+ 型半导体衬底上外延生长 n^+ 型材料，之后再在其上生长 p 型材料，也可在 n^+ 型材料上 p 型掺杂扩散形成 p-n^+ 结。由于 p-n^+ 结的耗尽区主要集中在 p 型层，即发光区主要在 p 型层，为了减少光子吸收，p 型层的厚度较薄，约为数个微米左右。

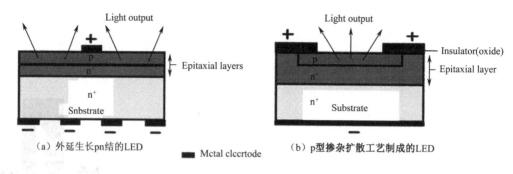

（a）外延生长pn结的LED   ■ Mctal clccrtode   （b）p型掺杂扩散工艺制成的LED

图 4-1 垂直结构 LED 示意图

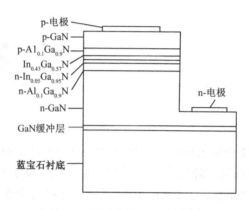

图 4-2 平面结构 LED 示意图

4.1.2 光子与电子的相互作用

光子与电子的相互作用过程包括光子的受激吸收、自发发射和受激发射。图 4-3 所示的二能级系统中，E_1 为稳态低能级、E_2 为激发态高能级。根据普朗克定律，原子在高低能级间的跃迁伴随着能量大小为高、低能级差的光子的吸收和发射的过程，如式（4.1）所示：

$$hv = E_2 - E_1 \tag{4.1}$$

式中，h 为普朗克常数，v 为被吸收或发射的光子的频率。

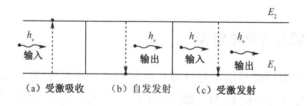

（a）受激吸收   （b）自发发射   （c）受激发射

图 4-3 光子与电子相互作用示意图

（1）光子的受激吸收

原子初态位于低能级，当能量为 hv 的入射光子被其吸收后，原子从低能级跃迁到高能级，此过程为光的受激吸收，如图 4-3（a）所示。设高能级单位体积内的原子数为 N_2，低能级单位体积内的原子数为 N_1，则发生受激吸收引起的高能级原子数增加的速率为：

$$\frac{\mathrm{d}N_2}{\mathrm{d}t} = w_{12}N_1 \qquad (4.2)$$

式中，W_{12} 为受激吸收概率，单位为 1/s，不仅与原子能级系统有关，还与入射光子的能量密度有关，即：

$$W_{12} = B_{12}\rho_v \qquad (4.3)$$

式中，B_{12} 为爱因斯坦受激吸收系数，仅与原子能级系统有关，ρ_v 为入射光子的能量密度，即单位体积、单位频率间隔内的光子辐射能量，由普朗克公式决定：

$$\rho_v = \frac{8\pi h v^3}{c^3}\left[\exp\left(\frac{hv}{kT}\right)-1\right] \qquad (4.4)$$

式中，k 为玻尔兹曼常数，T 为绝对温度，c 为光速。

（2）光子的自发发射

初态位于高能级的原子自发跃迁到低能级的同时发射能量为 hv 的光子，称此过程为光的自发发射。按照统计学规律，此时，高能级原子数减少的速率正比于高能级的初始态原子密度，即：

$$\frac{\mathrm{d}N_2}{\mathrm{d}t} = -A_{21}N_2 \qquad (4.5)$$

式中，比例系数 A_{21} 为爱因斯坦自发发射系数，仅由该原子系统特性决定，与入射光子无关。对一定的原子系统，A_{21} 为定值，其倒数为该原子系统的自发发射寿命 τ_{sp}。τ_{sp} 越大，表示原子在 E_2 能级驻留的时间越长。自发发射出的光子的方向、相位、偏振态随机分布，属于非相干光发射，LED 发光归于此类。

（3）光子的受激发射

原子初态处于高能级，在频率为 v 的入射光子诱导下，原子从高能级跃迁至低能级，同时，发射出一能量为 hv 的光子，此过程为光的受激发射。此时，高能级原子数减少的速率正比于初态高能级原子数 N_2，即：

$$\frac{\mathrm{d}N_2}{\mathrm{d}t} = -W_{21}N_2 \qquad (4.6)$$

式中，W_{21} 为受激发射概率，单位为 1/s，不仅与原子能级系统有关，还与入射光子的能量密度有关，即：

$$W_{21} = B_{21}\rho_v \qquad (4.7)$$

式中，B_{21} 为爱因斯坦受激发射系数，仅与原子能级系统有关，ρ_v 为入射光子的能量密度。受激发射辐射出光子的方向、相位、偏振态与入射光子一致，属于相干光发射，激光器发光归于此类。

上述各式中的三个爱因斯坦系数彼此相关，可由热平衡状态下各能级原子数所满足的玻尔兹曼统计分布及能量守恒原理推导得出，之间的关系为：

$$B_{12} = B_{21} \qquad (4.8)$$

$$\frac{A_{21}}{B_{21}} = \frac{8\pi v^3}{c^3} \tag{4.9}$$

式中的爱因斯坦系数可由量子力学跃迁矩阵元理论推导得出。

光子在物质中运动，当入射光子的能量大于该原子系统的高低能级之差，即：

$$hv \geqslant E_2 - E_1 \tag{4.10}$$

该光子将被该原子系统吸收。当入射光子的能量小于该原子系统的高低能级之差，即：

$$hv < E_2 - E_1 \tag{4.11}$$

则该光子将可以无损耗的通过该原子系统。式（4.10）为光子的吸收条件，式（4.11）为光子的透明条件。

4.1.3 发光二极管原理

本节以同质结 LED 为例介绍发光二极管的工作原理。与前述二能级系相比，半导体中的"高能级"为导带，"低能级"为价带，相应的发光模型修正为导带电子跃迁至价带发生"电子-空穴"的复合。复合有两种类型，其一为辐射复合，复合的结果为将电子-空穴碰撞获得的能量转移至辐射相同能量的光子以实现能量守恒；其二为非辐射复合，复合的结果为通过辐射声子（晶格振动辐射热）实现能量守恒。图 4-4 示出了同质 p-n 结零偏压和正偏压下的能带图、正偏压下的过剩载流子分布及电子与空穴辐射复合发光的过程。由图可见 LED 的发光原理为：给 p-n 结施加的正向偏压打破了原有的热平衡状态，p 区和 n 区的费米能级由热平衡时的统一能级 E_F 分离成为 p 区的准费米能级 E_F^P 和 n 区的准费米能级 E_F^N，它们分别用来描述 p 区和 n 区中电子、空穴的分布规律。正向偏压降低了势垒有效高度、

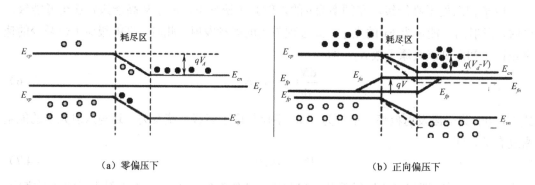

（a）零偏压下 　　　　　　　　　　　　　　（b）正向偏压下

图 4-4 零偏压下和正向偏压下 p-n 结能带图

减薄了耗尽区，使得 n 区的电子和 p 区的空穴分别扩散通过 p-n 结而进入 p 区和 n 区形成了扩散电流。该电流增加了 p-n 结耗尽区附近的过剩少子浓度，它们将与相应区域的多子"碰撞"发生复合。复合的过程应满足能量守恒定律。非辐射复合时，释放的能量消耗在晶格振动上使 LED 芯片发热，辐射复合时则释放光子使 LED 芯片发光。此外，发生复合时还应满足动量守恒定律，即复合前后电子的动量应相等。发生复合时直接带隙半导体材料

自然满足动量守恒定律；间接带隙材料则需要通过辐射多个声子调整动量才能满足动量守恒定律，即辐射复合过程中有声子参与，它使得间接带隙材料辐射复合的内量子效率远低于直接带隙的，故制作半导体发光器件一般均采用直接带隙材料。我们称这种由电子注入产生光子发射的现象为电致发光。

同质结发光二极管具有结构简单、制作容易等优点，但现在几乎不再实际使用，主要原因如下：

（1）正向偏压下的过剩少子将会继续扩散，其程度由电子扩散长度 L_e 与空穴扩散长度 L_h 决定。通常扩散长度远大于耗尽区厚度，造成有源区内过剩载流子浓度难以提高。内量子效率的式（3.64）可以改写为公式（4.12）：

$$\eta_i = \frac{Bn^2}{An + Bn^2 + Cn^3} \tag{4.12}$$

式中，η_i 为内量子效率；A 为间接复合系数、B 为辐射复合系数、C 为俄歇（Auger）复合系数。俄歇复合是指电子和空穴复合后将能量转移给另一个电子并使该电子跃迁至更高能级的过程，属于非辐射复合，通常发生在高注入载流子密度状态下；间接复合（Shockley-Hall-Read，简称 SHR 复合）则是通过禁带中央附近的复合中心而发生的复合，也属于非辐射复合。室温下，常用的直接带隙Ⅲ-Ⅴ族半导体材料的辐射复合系数 B 为 $10^{-9} \sim 10^{-11} \mathrm{cm^3/s}$，远大于间接带隙半导体材料的辐射复合系数，见表 4.1。由式（4.12）可知内量子效率正比于辐射复合率及载流子浓度的平方，而同质结发光二极管有源区过剩载流子浓度较低，致使其内量子效率很低。

表 4.1　常用半导体材料的参数

材料名称	禁带宽度 E_g（eV）	吸收系数 α_0（$\mathrm{cm^{-1}}$）	折射率 n	本征载流子浓度 n_i（$\mathrm{cm^{-3}}$）	辐射复合系数 B（$\mathrm{cm^3 s^{-1}}$）	备　注
GaAs	1.42	2×10^4	3.3	2×10^6	2×10^{-10}	直接带隙
InP	1.35	2×10^4	3.4	1×10^{10}	1.2×10^{-10}	直接带隙
GaN	3.4	2×10^5	2.5	2×10^{10}	2.2×10^{-10}	直接带隙
GaP	2.26	2×10^3	3.0	1.6×10^6	3.9×10^{-13}	间接带隙
Si	1.12	1×10^3	3.4	1×10^{10}	3.2×10^{-14}	间接带隙
Ge	0.66	1×10^3	4.0	2×10^{13}	2.8×10^{-13}	间接带隙

（2）为减少光子再吸收，p-n 结的 p 型层较薄，正向偏压下由 n 区扩散至 p 区的电子容易扩散至 p 区表面，半导体表面的缺陷密度远高于内部。这些缺陷导致间接复合系数的增加，从而也将降低 LED 的内量子效率。

（3）如（1）所述，由于过剩少数载流子的扩散，发光区域除耗尽层外，还包括耗尽层两侧的若干区域。由于同质结两侧材料的禁带宽度一致，整个 LED 芯片区都将发生光子的再吸收现象，当内量子效率低于90%时，必须考虑光子再吸收对 LED 光效降低的影响。

4.2　双异质结发光二极管

实用化的 LED 均为双异质结结构 LED（Double Hetero-structure，简称为 DH-LED）或量子阱结构 LED（Quantum Well，简称为 QW-LED）。

典型的 DH-LED 器件结构如图 4-5 所示，在 n 型衬底（基板）上外延生长 n 型过渡层以便减少 DH 层的缺陷，过渡层上依次生长宽禁带的 N 型层（下限制层）、窄禁带的低掺杂 p 型层（有源区、主动区）、宽禁带的 P 型层（上限制层），以上三层构成 NpP 双异质结结构，该结构类似于"三明治"，发光的区域仅限于夹在两个宽禁带材料中央很薄的窄禁带材料中。再在 P 型层之上生长高掺杂的顶层（Cap layer，称为帽层），该层的作用：为金属电极与半导体材料间提供低电阻及高可靠性的欧姆接触、控制通过有源区的电流分布。最后分别在 p 型顶层上部和 n 型衬底下部制作正负金属电极。注意：这里以大写字母代表宽禁带材料，以小写字母代表窄禁带材料。

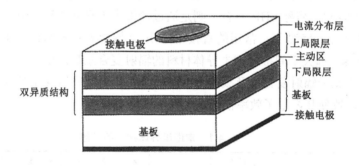

图 4-5　一种 DH-LED 器件结构示意图

以图 4-6 所示的 AlGaAs/GaAs 系的红橙光 DH-LED 为例。图 4-6（a）为 DH 结构示意图，图（b）为未加偏压时的热平衡态下的 DH 能带图，此时，三种材料具有统一的费米能级 E_F。为其加上正向偏压后，热平衡态被打破，三种材料的准费米能级分离，Np 结的电子有效势垒降低，N 区的电子扩散进入至 p 型层，使得 Np 结 p 区内的过剩电子浓度很高。但是，此时空穴的有效势垒仍然很高，继续阻止 p 区的空穴扩散进入到 N 区，即 p 型层的空穴浓度几乎没有减少。扩散进入 p 型层的过剩电子将向 P 区方向继续扩散，由于 p 型层很薄，许多过剩电子将会扩散至 pP 结位置。由于 pP 结的电子有效势垒很高，将阻止过剩电子的继续扩散，维持了 p 区过剩电子的高浓度状态。p 区的过剩电子与空穴发生辐射复合而发光。图 4-6（c）为正向偏压下 DH 能带示意图，图（d）为正向偏压下 DH 时发射光子的示意图。图 4-7 为正向偏压下 DH-LED 结区过剩载流子分布示意图，与图 4-5 所示的同质结 LED 相比，由图可知 DH-LED 有源区中过剩电子与空穴浓度均很高，有利于增加内量子效率。

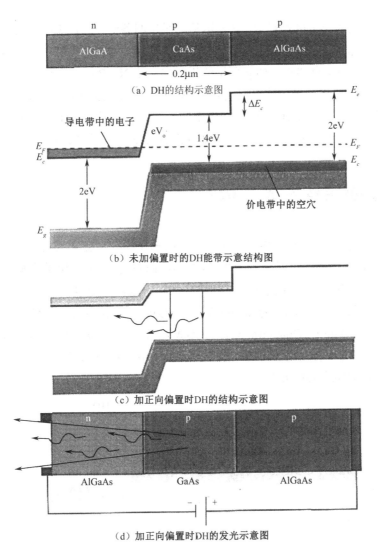

（a）DH的结构示意图

（b）未加偏置时的DH能带示意结构图

（c）加正向偏置时DH的结构示意图

（d）加正向偏置时DH的发光示意图

图 4-6 AlGaAs/GaAs 系红橙光 DH-LED

与同质结 LED 相比，DH-LED 具有以下优势：

（1）在超注入、高的电子/空穴注入比极高的 pP 结电子有效势垒综合作用下，能在较小的正向偏压作用（即较小的注入电流密度）下就可维持有源区过剩载流子的高浓度状态，从而保证了内量子效率远高于同质结。

（2）发光区集中在 p 型层，且其厚度远低于电子的扩散长度，光子再吸收的概率低于同质结。

（3）P 区与 N 区的禁带宽度均大于发光的

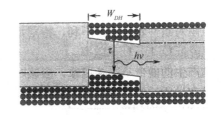

图 4-7 正向偏压下 DH-LED 结区过剩载流子

分布及复合发光示意图

p 区，故 p 区发出的光子进入到 N、P 两区后满足透明条件，可以无吸收的传输。由于实际 LED 中 P、N 两区的体积远远大于 p 区，该部分吸收的减少对提高 LED 的发光效率作用明显。

当然，DH 结构也有弱点，如 p 型层的折射率高于 N、P 两层，形成了光波导效应，仅有反射角小于全反射角的光子才可以折射至 N、P 两区，这将引起出光效率（也叫光萃取效率）的降低，从而导致 DH-LED 发光效率的降低。故在设计 DH 结构时，应考虑使 p 型层与 N、P 两层的折射率差不宜过大。该部分内容可参见本书第 5.5 节内容。

4.3 量子阱结构发光二极管

一种量子阱 LED 的结构如图 4-8 所示，在图形化的 n 型蓝宝石衬底上低温外延生长 n 型 GaN 过渡层，该层的作用是为其上生长的半导体材料提供低缺陷的高质量晶体结构；再在其上生长量子阱诸层。量子阱由势阱和势垒共同组成，如图 4-9 所示。仅称生长一对势阱和势垒的为单量子阱（Single Quantum Well，SQW），生长多对且势垒厚度远大于势阱厚度的为多量子阱（Multi—Quantum Well，MQW）；若势垒厚度与势阱厚度相似，则称之为超晶格结构；再在 QW 层上生长顶层，其作用与 DH 结构相同，金属电极的结构与前述 LED 一致。发光区域集中在 QW 层区。

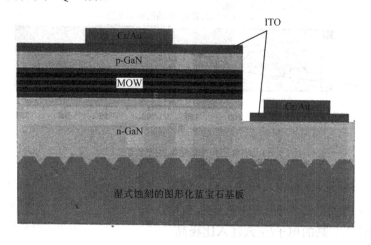

图 4-8　常用的蓝绿光多量子阱 LED 的结构示意图

量子阱结构 LED 是在 DH 结构基础之上、得益于诸如 MOCVD（金属有机化合物化学气相淀积）及 MBE（分子束外延）等精密外延技术的进步而发展起来的新型发光器件。SQW 结构与 DH 结构相同，仅当 p 型层的厚度小于德布洛意（De Broglie）波长 λ_d（$\lambda_d=h/p$，此处的 p 为电子的动量，通常 λ_d 约为几十纳米量级）时，导带与价带的能带不再连续，分别分裂成一系列的分离能级，如图 4-10 所示。过剩电子将主要分布在导带 E_{1C} 能级，过剩空穴主要分布在价带重空穴能级 E_{1hh} 和轻空穴能级 E_{1lh}。势阱中的电子与空穴碰撞发生辐射复合而发光。

与 DH-LED 相比，QW-LED 更具优势，主要体现在：

（1）势阱厚度更薄，较低注入电流密度下即可获得高的载流子浓度，内量子效率更高，光子吸收更小；

（2）分立能级结构使注入效率更高、辐射光子的能量更为集中、光谱更纯；

（3）采用 MQW 结构可以使 LED 获得更大的输出光通量。

目前，QW-LED 最大的问题是发光效率随注入电流的增大而减小，除大注入引起的"载流子溢流"（Overflow of Carriers）、俄歇复合外，其他物理机理尚未完全清楚。研究发现蓝宝石衬底 c-plane 方向外延生长会在晶体内产生自发极化与压电极化，极化电场将使 QW 能带倾斜，致使量子阱中电子波函数与空穴波函数在空间上分离，从而减少了发生复合的概率。还发现由于电子与空穴的迁移率不同，造成 MQW 各阱中的载流子浓度不均匀匹配，降低了发光效率。此外，随着注入电流的增加，俄歇复合快速增加，也将降低发光效率。该领域的研究还在不断深入，例如：蓝宝石图形衬底外延、无极化方向外延及量子阱中生长高能量的电子势垒、渐变量子阱等。此外，新型衬底材料的出现将使得蓝绿光 LED 的同质外延成为可能。这些技术均可大幅提升 LED 的内量子效率。

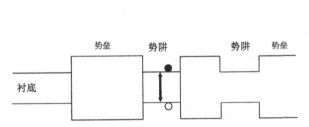

注：宽禁带材料作为势垒，窄禁带材料作为势阱。势阱夹在两层势垒之间构成一单量子阱，与 DH 结构类似，区别仅为窄禁带材料厚度应薄到量子效应显著

图 4-9　多量子阱结构与能带示意图

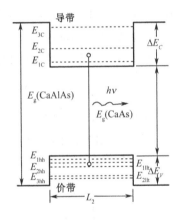

图 4-10　量子阱分立能级示意图

4.4　发光二极管特性

4.4.1　电性能

（1）理想发光二极管的 I-V 特性

理想发光二极管的 I-V 特性可由 Shockley 方程式表示如下：

$$I = I_0 \left[\exp(eV / k_B T) - 1 \right] \tag{4.13}$$

式中，I_0 为反向饱和电流，与电子与空穴的扩散系数、扩散长度和热平衡少子浓度有关；V 为外加偏压，$V>0$ 为正向偏压，$V<0$ 为反向偏置；K_B 为玻尔兹曼常数；T 为绝对温度。图

4-11 为理想发光二极管的 I-V 特性示意图。由图可见，正向偏压下，二极管的电流随电压增加按指数增加；反向偏置下，二极管的电流与反向偏置电压无关为常数。

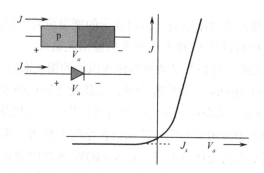

图 4-11　理想发光二极管的 I-V 特性示意图

（2）实际发光二极管的 I-V 特性

实际发光二极管中的注入电流不再仅仅是扩散电流，还包括隧穿等效应产生的电流，故引入一理想因子表示与理想发光二极管 I-V 特性的差异。此外，实际发光二极管中还包括半导体材料及工艺过程产生的体电阻、接触电阻等，构成与理想 p-n 结的串联电阻效应，还有部分诸如结区晶格缺陷、表面缺陷等产生电阻等，构成理想 p-n 结的并联电阻效应。考虑上述因素后，修正的 Shockley 方程式表示如下：

$$I = (V - IR_S)/R_P = I_0\left[\exp(e(V - IR_S)/\beta k_B T) - 1\right]/R_p \tag{4.14}$$

式中，β 为理想因子，理想发光二极管对应的 $\beta=1$，实际二极管对应的 $\beta=1.1\sim7.0$，Ⅲ-Ⅴ 砷化物与磷化物二极管的 β 可达 2，而 InGaN/GaN 二极管的 β 甚至达到 7。R_S 为等效串联电阻，R_p 为 p-n 结区的等效并联电阻。图 4-12 为实际发光二极管的 I-V 特性示意图。

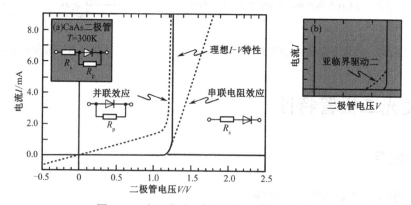

图 4-12　实际发光二极管的 I-V 特性示意图

由图可见，p-n 在正向偏压电压小于开启电压 V_{TH} 时，电流近乎为 0，正向偏压大于开启电压 V_{TH} 时，电流随电压的增大而急剧增加。串联电阻减缓了电流随正向偏压的变化率，而等效并联电阻抬高了开启电压前的 I-V 特性的电流随正向偏压电压的变化率，需要注意的这部分电流并不产生光辐射。还有一种情况如图 4-12 右图所示，在接近开启电压 V_{TH} 前有一段电流随正向偏压电压变化而较缓增加，称此段为亚临界驱动（Sub-threshold Turn-on）段。理想 LED 的等效并联电阻为无穷大，实际 LED 等效并联电阻不为无穷大的原因为有源区内存在线位错缺陷。在使用过程中发生的等效并联电阻减小的原因多由静电损伤引起，静电沿 GaN 有源区内线位错缺陷放电产生了部分 p-n 结区域的漏电通路，随着时间的推移或更大的静电放电将使漏电通路扩展至整个结区，造成 LED 性能劣化、寿命大幅降低甚至寿命终结，详见 6.3.3 节。

反向偏压下，实际发光二极管的 I-V 特性也不同于理想发光二极管，反向电流随反向偏压的增加缓慢增加，当反向偏压达到某一电压 V_B 后，则反向电流随反向偏置电压的增大而急剧增加，称此现象为击穿，V_B 为击穿电压。III-V 化合物发光二极管的击穿电压在几伏特至几十伏特范围，故在制作、运输、应用诸环节均应注意反向击穿造成的损伤。

LED 的 I-V 特性可由晶体管图示仪等仪器实时测量，通过对 I-V 特性的分析，可以帮助我们对 LED 的电参数、品质、可靠性、故障原因等进行分析判断。

（3）开启电压与发光波长

在正向偏压作用下，价带电子获取不小于禁带宽度的能量跃迁至导带，并经辐射复合过程才可发射光子。所以，LED 的开启电压与禁带宽度相关，由下式决定：

$$V_{TH} \approx \frac{E_g}{e} \tag{4.15}$$

式中，E_g 为禁带宽度，e 为电子电荷。

LED 的正向 I-V 特性可近似表示为：

$$V \approx \frac{E_g}{e} + I_f R_S + \frac{1}{e}\left[\Delta E_c + \Delta E_v\right] \tag{4.16}$$

式中，R_S 为由 LED 的接触电阻、异质结的种类与结构、迁移率的大小及载流子浓度等因素决定的串联电阻。ΔE_c、ΔE_v 分别表示导带的电子激发能级与导带底之差及价带空穴的激发能级与价带顶之差。对于体材料可以表示为：

$$\Delta E_c + \Delta E_v = \frac{\hbar^2 \kappa^2}{2}\left(\frac{1}{m_e^*} + \frac{1}{m_{hh}^*}\right) \tag{4.17}$$

对于量子阱材料可以表示为：

$$\Delta E_c + \Delta E_v = \frac{\hbar^2 \pi^2}{2d_w^2}\left(\frac{1}{m_e} + \frac{1}{m_{hh}}\right) \tag{4.18}$$

m_e 和 m_e^*、m_{hh} 和 m_{hh}^* 分别表示电子、空穴的质量和它们的有效质量，d_w 为量子阱宽度，由能量守恒定律可以推导出 LED 发光中心波长与禁带宽度间的更为精确关系，由下式决定：

$$\lambda = 1.24 / \left(E_g + \Delta E_c + \Delta E_v\right) \tag{4.19}$$

所以，通过测量 LED 的 I-V 特性曲线可以判断出该器件的发光波长范围，如图 4-13 和图 4-14 所示。此外，也可由 I-V 曲线计算出 R_S、R_P 等参数。

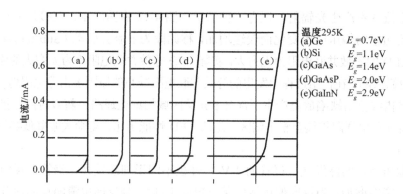

图 4-13 室温下多种半导体材料的 I-V 特性及对应的禁带宽度值，Si、Ge 为间接带隙材料，
内量子效率极低，不被用于制备 LED，多用于制作普通二极管

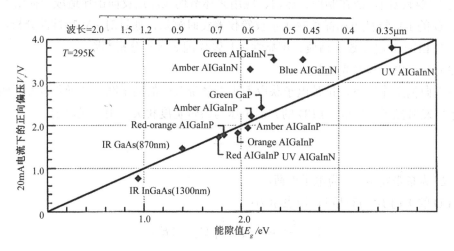

图 4-14 不同材料制成的 LED 的小电流驱动条件下的开启电压与材料的禁带宽度、发光波长的关系图

4.4.2 光性能

1. 输出光功率、光通量及效率

（1）内量子效率（Internal Quantum Efficiency）

表示有源区内产生的光子产生速率与注入有源区内的载流子注入速率之比，由下式表示：

$$\eta_i = \frac{p_{int} / h\nu}{I_f / e} \tag{4.20}$$

式中，P_{int} 为 LED 有源区中辐射的光功率，可由光电耦合速率方程推导出。在仅考虑自发发射的情况下有：

$$\frac{\mathrm{d}N}{\mathrm{d}t} = \frac{J}{ed} - \frac{N}{\tau_{sp}} \tag{4.21}$$

式中，N 为电子浓度，J 为注入电流密度，τ_{sp} 为电子的自发寿命，d 为有源层厚度。稳态下，得到：

$$N = \frac{\tau_{sp}J}{ed} = \frac{\tau_{sp}I_f}{e} \tag{4.22}$$

式中，I_f 为注入电流。由此式可得有源区内的发光功率 P_{int} 为：

$$P_{int} = \eta_i N h\nu \approx \eta_i \frac{\tau_{sp}E_g}{e}I_f = \eta_i \tau_{sp}V_{TH}I_f \tag{4-23}$$

（2）光引出效率（Extraction Efficiency）

表示从有源区输出到 LED 器件外空气中的光子速率与有源区内产生的光子速率之比，如下式所示：

$$\eta_{extraction} = \frac{P_0 / h\nu}{P_{int} / h\nu} \tag{4.24}$$

式中，P_0 为 LED 输出到空气中的光功率，简称输出光功率。一般情况下，LED 的光引出效率很难超过 30%，最低的仅为 4%。其原因是 LED 材料的折射率远大于空气的折射率，造成了内部光波的全反射。下面简单介绍光引出效率的推导。

图 4-15（a）为简化的 LED 发光模型，n_s 为芯片材料的折射率，n_{air} 为空气的折射率。LED 有源层发射的光子经过芯片内部传输至芯片与空气的界面，折射部分即为 LED 的输出光。定义光逃逸锥角为以 LED 出光面法线为轴、以发生在芯片与空气界面的全反射角为临界角的圆锥体对应的立体角。从有源区发射的光子，只有发射角小于逃逸锥角的光子才可以辐射出 LED 表面。由 snell 定律可求出全发射临界角 ϕ_c 为：

$$\phi_c = \arcsin\left(\frac{n_{air}}{n_s}\right) \approx \frac{n_{air}}{n_s} \tag{4.25}$$

图 4-15（c）表示可从 LED 表面输出的光功率分量正比于入射角为 ϕ_c 的球冠表面积 A；图 4.15（b）为计算过程示意图。

$$A = \int_0^{\phi_c} 2\pi r \sin\varphi \, \mathrm{r}\mathrm{d}\varphi = 2\pi r^2(1 - \cos\phi_c) \tag{4.26}$$

由式（4-20）和式（4-23）即可求出 LED 该出光面的光引出效率，见式（4-27）：

$$\eta_{extraction} = \frac{P_0}{P_{int}} = \frac{A}{4\pi r^2} = \frac{1}{2}(1 - \cos\phi_c) \approx \frac{1}{4}\phi_c^2 \approx \frac{n_{air}^2}{4n_s^2} \tag{4.27}$$

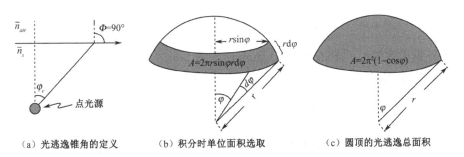

（a）光逃逸锥角的定义　　（b）积分时单位面积选取　　（c）圆顶的光逃逸总面积

图 4-15　简化的 LED 发光模型及光逃逸锥角示意图

若 LED 的侧面发光面积足够大且底面光反射，也将构成 m 个出光面（$m \leqslant 5$），在这种情况下，总的光引出效率为式（4.24）的 m 倍。图 4-16 为不同器件结构的 LED 与光逃逸锥角个数 m 的关系示意图。以 AlGaInP（$n_s \approx 3.5$）制作的 6 种功率型 LED 芯片为例，（a）为薄顶层+吸收衬底：$m=1$，$\eta_{extraction} \approx 5\%$；（b）为薄顶层+透明衬底：$m=2$；（c）为加厚顶层+吸收衬底：$m=1+4 \times 0.5$，$\eta_{extraction} \approx 15\%$；（d）为加厚顶层+透明衬底：$m=1+1+4 \times 0.5$；（e）为超厚顶层+吸收衬底：$m=1+4 \times 1$；（f）为超厚顶层+透明衬底：$m=1+1+4 \times 1$，$\eta_{extraction} \approx 30\%$。由此可见，在器件结构设计中，加厚顶层及在 LED 衬底增加反射层均可有效提升光引出效率。在封装设计中，在芯片四周涂覆曲面形的高折射率胶体也会提升光引出效率。

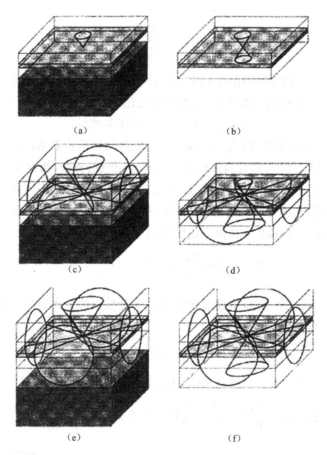

图 4-16　不同器件结构的 LED 与光逃逸锥角个数 m 的关系示意图

（3）外量子效率 η_{ext}（External Quantum Efficiency）

表示从 LED 输出的光子速率与注入到有源区内的载流子速率之比，公式如下：

$$\eta_{ext} = \frac{P_0 / h\nu}{I / e} = \eta_i \eta_{extraction} \tag{4.28}$$

（4）功率转换效率（Power Efficiency）

功率转换效率也称为插座效率（Plug Efficiency），定义为输出光功率与输入电功率之比，公式如下：

$$\eta_{\mathrm{power}} = \frac{P_0}{IV} \tag{4.29}$$

（5）输出光功率与 P-I 特性

由式（4.27）和式（4.23）可得 LED 输出光功率及与驱动电流的关系：

$$P_0 \approx m\frac{n_{air}^2}{4n_s^2}\eta_i \tau_{sp} V_{TH} I \tag{4.30}$$

即输出光功率正比于驱动电流，图 4-17 为典型的 LED 的输出光功率（光通量）-电流特性曲线。值得注意的是：当注入电流很大时不再满足线性关系，主要原因是随着注入电流的增加，逃逸出势阱中的电子数量增加，发生辐射复合的载流子数量减小；同时，注入电流增加引起结温的升高，导致辐射复合率的减小，最终造成随着注入电流的增加输出光功率的增加率降低，直至发生饱和效应。

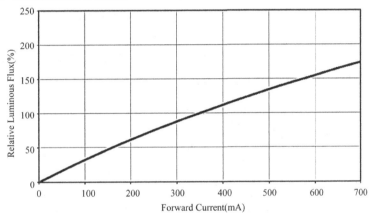

图 4-17　典型的功率型 LED 的 ϕ-I 曲线

2. 辐射光谱特性

由于 LED 的发光强度（光强）I 正比于光功率，而光功率正比于导带电子浓度，可得：

$$I(E) \propto \sqrt{E - E_g}\, \mathrm{e}^{-E/k_B T} \tag{4.31}$$

图 4-18 表示由式（4.31）计算出的 LED 自发发射光强度的光谱特性曲线，光强度最大值对应的光子能量由下式表示：

$$E = E_g + k_B T/2 \tag{4.32}$$

由于室温下的 $k_B T$ 约为 0.026 eV，远低于禁带宽度，故对应的中心波长可由式（4.13）近似。对应的光谱半宽为

$$\Delta E \approx 1.8 k_B T \tag{4.33}$$

用波长表示，则为

$$\Delta\lambda = \frac{1.24}{E_g^2}\Delta E = 1.45 k_B T \lambda^2 \tag{4.34}$$

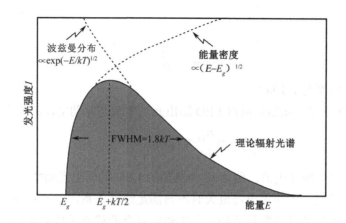

图 4-18 LED 发光强度的光谱特性曲线

以 GaAs-LED 为例，室温下的辐射中心波长为 870nm，光谱半宽ΔE=46mV 或$\Delta \lambda$=29nm。由于掺杂引入的带尾态等因素增加了低能量光子的辐射，高结温下此现象更为显著，所以，实测的 LED 光谱曲线的形状基本对称，如图 4-19 所示。

从式（4.34）及图 4-19 给出的例子可知，LED 的光谱半宽远小于可见光的光谱范围，甚至比人眼所能解析的光谱线宽还窄，因此，对人眼而言可将 LED 视为单色光源。

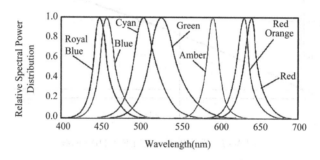

图 4-19 一组红、橙、琥珀、绿、蓝绿、蓝、品蓝 LED 的光谱曲线

3．远场光强空间分布

从 LED 有源区辐射出的光子经芯片输出至空气中，不同方向的光强不同。图 4-20（a）为 LED 光输出的简化模型，ϕ 和Φ 分别为 LED 芯片与空气界面处的入射和折射角，$\mathrm{d}\phi$ 和$\mathrm{d}\Phi$ 分别为其变量，由 snell 定律可得它们之间的关系：

$$n_s \sin\phi = n_{air} \sin\Phi \tag{4.35}$$

入射角ϕ小角度近似下，对其进行两端微分，得

$$\mathrm{d}\Phi = \frac{n_s}{n_{air}} \frac{1}{\cos\Phi} \mathrm{d}\phi \tag{4.36}$$

由能量守恒定律可知，界面两端的辐射光功率相等，即

$$I_S \mathrm{d}A_s = I_{air} \mathrm{d}A_{air} \tag{4.37}$$

式中，I_s 和I_{air} 和分别为芯片侧的光强、空气界面侧的光强，$\mathrm{d}A_s$ 和$\mathrm{d}A_{air}$ 分别为芯片侧的面

积元、空气界面侧的面积元。由图 4-20（b）可得

$$dA_{air} = 2\pi r \sin\Phi r d\Phi = 2\pi r^2 (\frac{n_s}{n_{air}})^2 \frac{1}{\cos\Phi} d\Phi \qquad (4.38)$$

$$dA_s = 2\pi r \sin\phi r d\phi \approx 2\pi r^2 \phi d\phi \qquad (4.39)$$

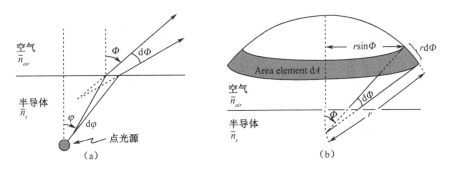

图 4-20　LED 简化模型及远场光辐射图形推导过程的示意图

芯片侧的光强 I_s 由下式决定：

$$I_s = P_{int} / 4\pi r^2 \qquad (4.40)$$

由式（4.36）至式（4.40）联立可得距离 LED 有源区 r 处的光强分布：

$$I_{air} = (\frac{n_s}{n_{air}})^2 \frac{P_{int}}{4\pi r^2} \cos\Phi = I_{air}(0) \cos\Phi \qquad (4.41)$$

式（4.41）表明 LED 光强的远场空间分布满足朗伯定律，远场分布见图 4-21 中的平面形 LED 曲线。光强最大值在 $\Phi=0$ 处，1/2 光强对应的全发光角为 120°。

通过改变 LED 芯片的形状可以改变光强远场分布曲线的形状及发光角，如有源区位于球心的半球形 LED 的远场分布见图 4-21 中的半球形 LED 曲线，发光角为 180°。而抛物面形 LED 的远场分布见图 4-21 中的抛物面形，发光角约为 75°。芯片形状的改变也可提升出光效率。

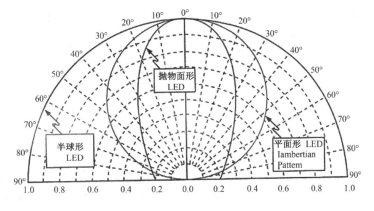

图 4-21　LED 的光强远场分布曲线

实际应用的 LED 芯片多为规则的矩形六面体，通过封装工艺在芯片外部制作一环氧树脂或硅胶透镜，如图 4-22 所示。即可以调整发光角（封装中的一次光学设计），又可以提高光引出效率。图例中直插式 LED 的发光角为 50°。

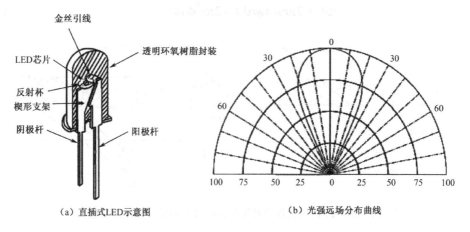

（a）直插式LED示意图　　　　（b）光强远场分布曲线

图 4-22　直插式 LED 示意图及光强远场分布曲线

4.4.3　热性能

1. LED 结温与热阻

（1）LED 的结温

在非辐射复合产生的晶格振动、光子吸收、汤姆逊效应的生热及由半导体材料体电阻、金属-半导体欧姆接触电阻、封装材料电阻等产生的焦耳热共同作用下，热平衡后 p-n 结区将维持在某个高于外部环境的温度，称此温度为 LED 的结温（Temperature of p-n junction，T_j）。结温的变化将影响载流子浓度的大小与分布、禁带宽度及复合过程，从而影响 LED 的光电性能。应用中，增加驱动电流可以满足 LED 高亮度的要求，但是，随着工作电流的增加，大量的焦耳热使 LED 的结温升高明显。结温升高对 LED 的光电性能产生恶劣影响，如 LED 的发光效率降低、工作波长红移、寿命缩短等。

利用 4.4.1 和 4.4.2 两节中光、电物理量与温度的关联关系可以推导出结温，并可间接测出结温，最常用的方法为正向电压法。首先，测出 LED 的温度系数 k_v，然后分别测出小电流与正常工作电流下的正向电压差，利用如下公式即可求出 LED 的结温：

$$T_j - T_a = k_v(V_L - V_S) \tag{4.42}$$

式中，V_L 为工作电流下的正向电压，V_S 为小电流（一般小于工作电流的 30 倍以上，以至于可以忽略其产生的热量），T_a 为环境温度。

（2）热阻（Thermal Resistance，R_{th}）

导热介质两端的温度差与通过其热流功率 Q 的比值即为热阻，分为瞬态热阻和稳态热阻，后者为所讨论的系统达到热平衡后的热阻，用来表述系统对热流的阻力。本书不加特别说明均为稳态热阻。

由此可知 LED 的热阻为结温与环境温度之差与产生该温度差所输入的电功率之比即为热阻，由下式表示：

$$R_{th} = \frac{T_j - T_a}{Q} = \frac{T_j - T_a}{P_d} \tag{4.43a}$$

式中，P_d 为输入的总电功率与发光功率之差，热阻的单位为℃/W。一维（即热量仅沿一个方向传递，无横向的热扩展）条件下，单层材料的热阻（体热阻）可表示为

$$R_{th} = \frac{h}{S \cdot \lambda} \tag{4.43b}$$

式中，h 和 S 分别为该层材料的厚度、传热面积，λ 为该层材料的热导率，单位为℃/W·m。若传热系统由 n 层材料串接而成，则总的体热阻为各层热阻之和，即

$$R_{thtot} = \sum_{i=1}^{n} \frac{h_i}{S \cdot \lambda_i} \tag{4.43c}$$

若传热系统由 n 个材料并联而成，且彼此无热耦合，则总的体热阻为

$$1/R_{thtot} = \sum_{i=1}^{n} 1/(\frac{h_i}{S \cdot \lambda_i}) \tag{4.43d}$$

式中，h_i、λ_i 分别为系统各材料的厚度和热导率。

2. 发光强度（光功率）与结温的关系

由于载流子输运、复合机制与温度的相关性，LED 的光电性能与温度密切相关。当温度增加时，载流子泄漏、深能级非辐射复合、俄歇复合及带间吸收等作用增强，LED 发光强度降低。室温附近，LED 发光强度的经验公式可表示为

$$I_T = I_{300K} \exp\left(-\frac{T - 300K}{T_1}\right) \tag{4.44}$$

式中，T_1 为 LED 的特征温度，I_T、I_{300K} 分别表示温度 T 及室温下的发光强度。T_1 值越大，I_T 随 T 的变化越小，表明此类材料的 LED 对温度变化不敏感。图 4-23 示出了不同有源区材料 LED 的发光强度与环境温度的实验结果。在固定驱动电流下，随环境温度的升高，各类 LED 的发光强度（功率）都呈下降趋势。InGaN/GaN 蓝光和绿光 LED 的发光强度随温度变化较小，AlGaInP/GaAs 红光 LED 随温度变化最大。光通量与温度也具有类似的关系。

造成上述变化的主要原因是有源区载流子泄漏的影响。LED 的双异质结或量子阱有源区中的载流子均具有一定的能量分布，如图 4-24 所示。处于高能带尾态能量比势垒高度高的载流子，在电场作用下可以脱离势阱的束缚，越过导带带阶 ΔE_c 形成泄漏电流，造成载流子的损耗，降低了 LED 发光效率。泄漏电流的大小与带阶的大小有关，带阶越小，载流子束缚能力越弱，漏电流越大；漏电流的大小也与温度有关，当温度增加时，载流子的动能增加，即高能带尾态的载流子数目增加，漏电流增加概率增大。GaN 材料体系量子阱的带阶比 AlGaInP 四元材料体系大，对载流子的限制作用强，载流子泄漏较少，所以，温度稳定性更高。

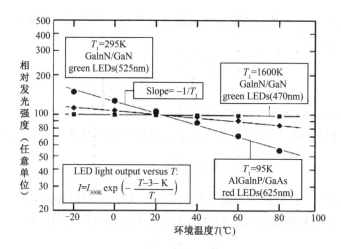

图 4-23 LED 芯片的发光强度和温度关系曲线

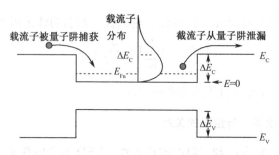

图 4-24 双异质结/量子阱中载流子泄漏示意图

温度升高，深能级缺陷复合作用增强，也造成发光效率降低。与蓝光 LED 相比，绿光 LED 的 InGaN/GaN 量子阱中的 In 组分更高，晶格失配更大，量子阱中的缺陷密度更大。所以，随温度升高，绿光 LED 中非辐射复合增加的更快，导致绿光 LED 比蓝光 LED 发光强度随温度衰减较快。此外，俄歇复合和带间吸收也随温度的增加而急剧增加，这也将造成 LED 的发光强度降低。

3. 辐射波长与结温的关系

LED 辐射波长的变化会影响 LED 的使用效果。在显示领域，波长变化会导致全彩显示控制困难，色彩失真；在白光照明领域，它会使白光色坐标和色温发生变化。因此，在 LED 应用中必须考虑其辐射波长的变化。

由式（4.16）可知，LED 的发光波长基本由双异质结或量子阱有源区中势阱材料的禁带宽度 E_g 决定。半导体材料的禁带宽度与温度相关，所以，LED 的发光波长也与温度相关。LED 峰值波长与温度的关系为

$$\frac{\mathrm{d}\lambda_p}{\mathrm{d}T} \approx 1.24 \frac{\mathrm{d}(E_g^{-1})}{\mathrm{d}T} = -1.24 E_g^{-2} \frac{\mathrm{d}E_g}{\mathrm{d}T} = 1.24 a_T E_g^{-2} \tag{4.45}$$

式中，a_T 为禁带宽度的温度系数，T 为温度。由上式可知，LED 发光波长的温度系数与有

源区势阱材料的禁带宽度的温度系数成正比，与禁带宽度的平方成反比。一般情况下，长波长 LED 的波长变化率大于短波长 LED 的。例如，InGaAsP/InP（1300nm）、AlGaAs/GaAs（850nm）和 InGaN/GaN （450nm）的峰值波长温度系数分别为 0.47nm/K、0.28nm/K 和 0.029nm/K。

利用式（4.45）也可以间接推算出结温，这个方法包括校准和结温的测量。在校准实验中，首先将 LED 器件置于一恒温装置中，控制器件的温度在一定温度范围变化，并用占空比≪1 的脉冲电流驱动芯片，以消除芯片焦耳热影响，此时恒温装置的设定温度就可以认为是 LED 器件的结温。在校准实验中建立一定电流下结温和峰值发光波长的关系。图 4-25（a）是一种紫外 LED 的校准曲线。校准后，在室温下进行不同驱动电流下光通量的测量，得到相应的发光光谱，如图 4-25（b）所示。对比图 4-25（a），由峰值波长和相应驱动电流可得到 LED 的结温。这种方法的误差主要源于峰值波长的测定。

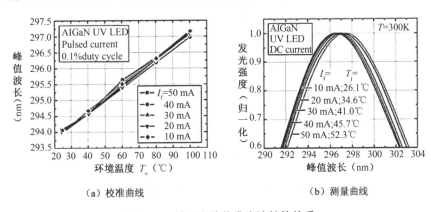

（a）校准曲线　　　　　　　　　　（b）测量曲线

图 4-25　结温和峰值发光波长的关系

4．正向偏压与结温的关系

实际工作中多用以下经验公式描述正向偏压与温度的关系：

$$V(T) = V(T_0) - k_v(T - T_0) \tag{4.46}$$

式中，k_v 为温度系数，约为 1.5～2.5mV/K，与 LED 的材料等性能相关。在 LED 使用过程中需要特别注意，如若采用恒压源驱动 LED，当结温升高后，由于开启电压的减小，将会导致驱动电流的急剧增加，很容易损伤 LED。因此，采用恒流源驱动 LED 更为可取。

5．寿命与温度的关系

各半导体材料层及表面均存在缺陷，结温的升高加速了缺陷的繁衍。当缺陷进入有源区后将产生非辐射复合中心，造成输出光功率的下降，一般定义当光功率下降至初始值的70%对应的工作时间为 LED 的寿命。LED 光通量随时间的变化遵从阿伦尼茨模型，如下式所示：

$$\Phi(t) = \Phi(0)\exp(-\beta t) \tag{4.47}$$

式中，t 为时间，$\Phi(t)$ 为 t 时刻的光通量，β 为寿命衰减系数，由下式决定：

$$\beta = \beta_0 \exp\left(-\frac{E_a}{k_B T}\right) \tag{4.48}$$

式中，E_a 为激活能，由 LED 有源区材料、器件结构决定。由上述两式可以看出，随着结温的升高，衰减系数急剧增加，LED 的寿命快速衰减。通过分组测试多个工作于不同高温点下 LED 的光通量随时间的变化，从实验数据中拟合出激活能，从而可以推算出常温下 LED 的工作寿命。图 4-26 为 Luxeon 公司给出的该公司生产的 K2 型 LED 的寿命曲线。由图可知，当结温为 45℃时，K2 型 LED 的外推寿命接近 30 万小时，而当结温升高到 105℃时，其寿命仅超过 1 万小时。由此可知，无论是 LED 的封装还是应用，良好的热管理是十分必要的。

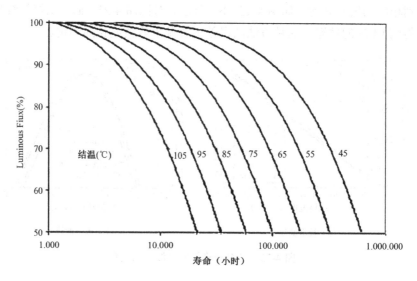

图 4-26 Luxeon K2 型 LED 结温与寿命的实验曲线

LED 光源的寿命不仅与芯片自身的寿命有关，也与封装失效有关，如荧光粉高温黄化、键合线断裂、脱焊导致的开路等。此外，还受静电、水汽等因素的影响。

由于 LED 寿命远比传统光源长，普通老化试验需要的时间太长，通常采取加速环境试验的方法进行寿命测试与评估。主要有电应力、热应力和机械应力的加速，包括高低温储存、高温高湿、高低温循环、冷热冲击、耐腐蚀性、抗溶性、机械冲击等。然而，加速环境试验只是问题的一部分，对 LED 寿命的预测机理和方法的研究仍不完善，待进一步的研究。

4.5 白光发光二极管

20 世纪 60 年代，全球第一款商用 GaAs 红光 LED 面世，揭开了半导体照明技术的序幕。随后，GaP 红光和绿光 LED，AlGaInP 高亮度红、橙、黄光 LED 也被开发出来。从 70

年代开始，Maruska 等人开始了 GaN 材料的发光研究，但由于材料质量和 p 型掺杂的难题，蓝光 LED 一直没有被开发出来。由于缺少三基色中波长最短的蓝光，不能构成 LED 白光光源。这一时期 LED 的用途一直局限于显示、指示等特殊领域的照明。

1989 年，Akasaki 等人首先实现了 GaN 的 p 型掺杂并发明了低温缓冲层（buffer）外延生长方法，首次试验成功 GaN 蓝光 LED。之后，日亚公司的 Nakamura 等人开发出了蓝光 LED 的量产技术，并发明了使用蓝光 LED 和黄色荧光粉合成白光的方法。

1998 年美国 Lumileds Lighting 公司封装出世界上第一个大功率 LED，使 LED 器件从以前的指示灯应用成为可以替代传统照明的新型固体光源，引发了人类历史上继白炽灯发明以来的又一场照明革命。白光 LED 开发初期的发光效率只有几 lm/W，2014 年初 Cree 公司宣布其白光功率型 LED 实验室发光效率达到 303lm/W，十几年的时间里发光效率提高了几十倍，与传统照明相比节能优势明显。

要取代白炽灯和荧光灯等传统照明光源成为新型绿色照明光源，应具备高光效、高功率和亮度、高显色性、高可靠性、长、寿命、低的成本、无污染、环境友好等特点。LED 具备上述特点，21 世纪的世界将由 LED 照亮，有鉴于此，GaN 基蓝光 LED 获得了 2014 年诺贝尔物理学奖。

根据色度学中的互补色原理，LED 白光照明可以通过互补波长的基色光合成实现。目前，实现白光 LED 的主要途径有如下三种技术：一是利用蓝光 LED 激发黄色荧光粉合成白光；二是利用紫外光波长 LED 激发红绿黄三色荧光粉合成白光；三是直接利用补色 LED 的光（如红、绿、蓝 LED）混合实现白光。一般情况下，白光的合成多在封装工艺实现，也可以利用 GaN 基单芯片 LED 中的蓝光和黄光量子阱发出双色光直接在芯片中合成并发射白光。

4.5.1　荧光粉转换白光发光二极管

利用 GaN 基 LED 激发荧光粉实现白光主要有两种方式，一种是利用蓝光 LED（波长 450～460nm）激发黄色荧光粉，荧光粉受激发发射的黄光与 LED 的蓝光混合成白光，如图 4-27 所示。另一种是利用紫外 LED 激发红、绿和蓝色荧光粉，荧光粉受激发射 R、G、B 三基色光合成白光，其封装结构与图 4-27 类似。

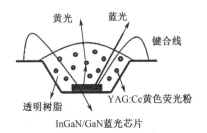

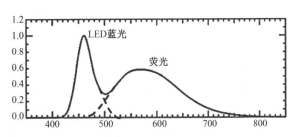

（a）蓝光 LED 激发黄色荧光粉合成白光 LED 的结构示意图　　　（b）白光 LED 的光谱分布

图 4-27　利用 GaN 基 LED 激发荧光粉实现白光的两种方式

目前，最常用的黄色荧光粉是 1996 年由日本日亚公司首先研制出的掺铈钇铝石榴石黄光荧光粉 YAG:Ce^{3+}[（Y$_{1-x}$Gd$_x$）$_3$（Al$_{1-y}$Gd$_y$）$_5$O$_{12}$:Ce]。图 4-28 为 YAG:Ce3+黄色荧光粉的能级及发光原理图。由图可见，GaN 基 LED 辐射的 460nm 波长的光子被 YAG:Ce3+黄色荧光粉的 5d^1 最低的位于 5.1eV 的激发态能级吸收，跃迁至低能态 4f^1 时，发射波长为 580nm 的黄光。

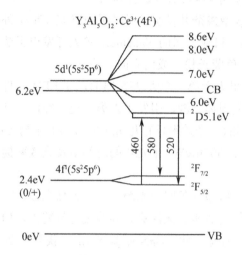

图 4-28　YAG:Ce^{3+}黄色荧光粉的能级及发光原理图

荧光粉的典型涂覆方法如图 4-29 所示，图中外框为 LED 管壳，贴在管壳中央的为蓝光 LED 管芯，小球为黄色荧光粉，其他为胶体。图 4-29（a）为点胶工艺制出的白光 LED 结构示意图，将荧光粉与透明环氧树脂或硅胶混合均匀搅拌，利用点胶机将荧光粉胶体点至管壳或支架中 LED 芯片处。其优点是工艺简单，成本低。但是，由于荧光粉本身的粒径不同，造成在胶体内的沉淀速率不同而产生的荧光粉空间分布不均匀，最终造成白光 LED 的色温空间分布不均匀。图 4-29（b）为保型涂覆荧光粉工艺制出的白光 LED 结构示意图。实现保型荧光粉涂覆的方法很多，如电泳法（Electrophoresis Deposition，简称为 EPD），将荧光粉均匀地直接分布于 LED 芯片表面。该方法可以大幅改善荧光粉空间分布均匀性，减少荧光粉用量。图 4-29（c）为远场分离式荧光粉涂覆工艺制出的白光 LED 结构示意图，将荧光粉均匀地涂覆于封装后的 LED 胶体的表面，使荧光粉与 LED 芯片有效分离。该方法可以减少 LED 芯片对背向散射黄光的吸收，提升了黄光利用率，从而提高了发光效率，色温空间分布均匀也同时得到了改善。

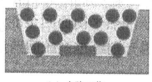
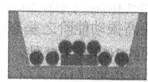
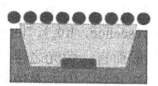

（a）点胶工艺　　　　　　　（b）保型涂覆　　　　　　　（c）远场分离式

图 4-29　荧光粉涂覆方法

上述封装结构 LED 的白光发光原理为：蓝光 LED 辐射波长为 450～460nm 的光子，其中一部分蓝光光子通过透明树脂直接发射到空气中，另一部分被融入树脂的黄色荧光粉吸收并激发出波长 580nm 黄光，激发产生的黄光和"泄漏"出的蓝光混合形成白光。

上述方法的优点为：蓝光 LED 和 YAG 荧光粉制作技术成熟、LED 封装结构简单、制作工艺易行、成本低、光效较高。主要缺点为：①Stocks 频移将造成能量的损失，荧光粉与封装材料的老化会导致色温漂移；②光谱中缺少红色成分，色温偏高（大于 4000K），难于满足室内照明偏暖的低色温要求；③显色指数不高（一般低于 70）。解决的方法是：可在 YAG 黄色荧光粉中掺入适量的红色荧光粉，或是封装中粘贴合适数量的红光 LED 芯片。

紫外 LED 激发红、绿和蓝色荧光粉合成白光的方法中，依据紫外 LED 发光波长的不同，又可分为近紫外 LED 和深紫外 LED 两种方式。

近紫外 LED（波长 380~410nm）激发 R、G、B 三基色荧光粉，产生红、绿、蓝三基色，通过调整三色荧光粉的配比可以形成白光。相对于蓝光 LED+YAG 荧光粉，采用这种方法更易获得色温及色温的空间分布一致且显色指数很高（$R_a > 90$）的白光。但是，目前，紫外 LED 的光效远低于蓝光 LED，而且，紫外 LED 激发荧光粉时的 Stocks 频移造成能量损失更大，导致红、绿、蓝光的转换效率低。此外，封装材料在紫外光的照射下容易老化，使得光源寿命缩短；紫外光的泄漏也是紫外 LED 实现白光照明应用方面的不足。

深紫外 LED（波长 250~280nm）可以取代荧光灯中低压水银蒸气放电产生的 253.7nm 深紫外光，可以避免传统荧光灯中水银导致的环境污染隐患。目前，深紫外 LED 还处于研发的初期。

4.5.2　多芯片封装白光发光二极管

多芯片封装白光 LED 是指把两种以上的基色可见光 LED 封装在一个基片上，通过基色光的混合实现白光。其中三基色白光 LED 的研究最多，通过调整三种颜色 LED 芯片的工作电流可以调节三基色的配比，理论上可以获得包括白光在内的各种颜色的光。该方法没有使用荧光粉，排除了荧光粉的非辐射复合和 Stocks 频移造成的能量损失、荧光粉老化对光源寿命的限制。理论上此方案比荧光粉转换白光 LED 效率更高、寿命更长。

A. Zukauskas 等人分别模拟了 2、3、4 和 5 个光谱半宽均为 30nm 的不同波长芯片共同组成的 4870K 色温白光 LED 的显色指数和流明效率的关系，如图 4-30 所示。其中，由蓝光和黄光构成的二基色合成白光 LED 具有固体白光光源中最高的发光效率，约 430 lm/W。但是，由于各基色 LED 光谱宽度约为 20~30nm（远低于荧光粉激发光谱宽度），所以，显色指数很差，仅为 3，不能满足实际的需求。为提高显色指数，一般需要更多不同波长的 LED 集成封装。当增加的基色光数量达到 5 时，显色指数可以达到 99，接近太阳光谱，但是，此时的发光效率降为 330 lm/W。以上讨论时，假设各基色 LED 的发光效率均为 100%。

理论分析表明：RGB 三基色 LED 的最大发光效率约为 374 lm/W（显色指数 $R_a \leqslant 80$），远高于同等显色指数下的蓝色 LED 激发黄色荧光粉的方案。分析表明，要达到 200 lm/W 的光效，R、G、B 三种 LED 芯片的光电转换效率均要高于 53%，最佳波长分别为：$\lambda_R = 604$ nm，$\lambda_G = 534$ nm，$\lambda_B = 460$ nm。目前 RGB 封装 LED 的光效低于 100 lm/W，主要原因在于绿色 LED 的发光效率仅为 10%，远低于蓝光 LED。绿光 LED 光效难于提高的原因在于目前找到的可发绿光的材料，如 InGaN、AlGaInP 等，在外延生长过程中的晶格失配弛豫、热力学不稳定性、极化效应等方面均存在较大的问题。要克服这些困难还要有很远的路要走。

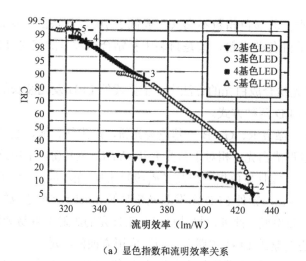
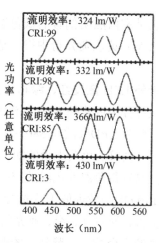

（a）显色指数和流明效率关系　　　　　　（b）不同波长芯片光谱功率分布图

图 4-30　2～5 个多色芯片组成 4870K 色温白光 LED 时，显色指数和流明
效率关系与不同波长芯片光谱功率分布图

图 4-31　一种 RGB-LED 照片

图 4-31 为一种表面贴装的 RGB-LED 器件的照片。图中管壳包括 4 个电极，R、G、B 三只 LED 芯片贴片在三个不同电极处，有一个公共电极。通过键合的金丝实现芯片与电极的电气连接。

多芯片封装白光 LED 也存在一些缺点，如各基色光 LED 电压、光功率、发光波长均随电流变化，且变化速率不同。工作温度也对上述参数产生影响。因此，为了保持颜色的稳定，需要对各种颜色的 LED 分别增加负反馈电路进行补偿，导致驱动电路设计复杂、成本增加，此外还将带来额外的效率损失。

4.5.3　单片集成白光发光二极管

单芯片集成白光 LED 是指利用 GaN 基 LED 直接发射白光的器件。GaN 基化合物半导体材料的带隙可调范围广，覆盖了整个可见光和相当一部分的紫外、红外波段。这一特点提供了制备出能从单一芯片中发出白光的 LED 器件的可能性。这种技术方案无需荧光粉，可以排除荧光粉转换效率和寿命对 LED 光源的影响，又可避免多芯片封装白光中多套控制电路的复杂设计、不同芯片衰减速度差别而引起的光色漂移等问题。

理论上把 LED 外延结构的有源层设计成分别发射不同波长的多有源层叠层量子阱结构即可发射多色光合成白光。如有源层为 5 个周期的 InGaN/GaN 多量子阱，采用不同的 In 组分，分别发射波长为 460nm 的蓝光和 520nm 的绿光，无需荧光粉就可以得到接近白色的光发射。

但是，实际上 GaN 基 LED 的多量子阱中的电子、空穴的注入严重不匹配，空穴输运到远端量子阱的概率较小，大部分的复合发生在最接近 p 型区的量子阱，所以不能仅仅依靠电子和空穴在不同的有源层量子阱复合产生多色光而合成白光。

单片集成白光 LED 技术难度大，目前主要还处于研究阶段，主要有以下几种实现方法。

（1）利用波长转换技术实现白光：这种技术是在衬底上依次生长黄光和蓝光量子阱，其中黄光量子阱生长在 p-n 结之外，将其作为波长转换器，电流只注入到蓝光量子阱，发出的蓝光激发黄光量子阱发射黄光，两色光混合得到白光。该方法得到的电致发光谱强度需要进一步提高。单芯片波长转化白光 LED 结构如图 4-32（a）所示。

（2）基于键合技术的白光发光二极管：这种方法是由蓝光基色芯片和其他基色芯片键合在一起混光形成白光。一种方法是将分别制备的蓝光基色芯片和红光基色芯片发光面之间蒸镀 ITO 层，然后经过键合、减薄 GaAs 衬底、光刻、刻蚀及溅射金属电极，制备成白光发光器件。其中，蓝光基色芯片有一个 n 电极，红光基色芯片有一个 p 电极，当测试电流流过这两个电极时，红光 LED 和蓝光 LED 同时发光，得到白光。键合形成白光芯片如图 4-32（b）所示。

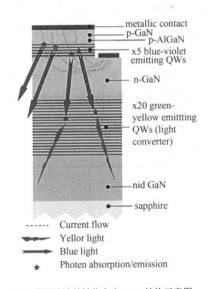

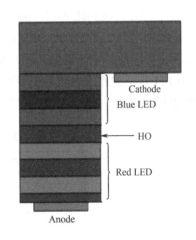

（a）单芯片波长转化白光 LED 结构示意图　　　　（b）键合形成白光芯片的示意图

图 4-32　单片集成白光 LED 的实现方法

（3）利用有源层 InGaN 形成量子点获得白光：这种方法的原理是利用 InGaN 层的应力导致 InGaN 量子阱出现较多的富 In 量子点，这些量子点出射不同波长的光混合得到白光，缺点是量子点难控制，并且做成的器件的性能和重复性都不好。

（4）将杂质掺入蓝光多量子阱有源区发光：例如把碳原子注入到 InGaN/GaN 多量子阱 LED 中，蓝光和碳原子杂质发出的黄光混合得到白光。采用这种方法的缺点是杂质原子的掺杂困难，效率不高。

4.6 照明用白光发光二极管的特征参数与要求

照明用 LED 的辐射波长范围为 380～780nm 的可见光，采用光度学和色度学讨论其光电色参数更为合适。主要包括光通量、光强、色温、显色指数等。

4.6.1 光通量

光通量表示光源提供照明的能力。对于白光 LED 而言，应使用光通量替代光功率用于描述白光对人眼视觉的刺激程度，单位为流明（lm），如下式所示：

$$\Phi_v = 683(\text{lm}/\text{W})\int_{380}^{780} \Phi_{e\lambda} V(\lambda)\text{d}\lambda \tag{4.49}$$

式中，$\Phi_{e\lambda}$ 为辐射通量（光功率）光谱密度函数，即式（4.31）对波长的微分，典型的功率 LED 的光谱分布曲线如图 4-27（b）所示；$V(\lambda)$ 为人眼视觉灵敏度函数；683（lm/W）为常数。典型的功率型 LED 的 Φ-I 曲线如图 4-17 所示。

几种主要的传统电光源输入电功率、辐射光通量如表 4.2 所示，作为对比，也将典型的 1W LED 光源的相应参数列于表中。由表可见，今后使用一颗 1W 的 LED 器件光源即可替代 25W 白炽灯，输出光通量已经达到 200lm。

表 4.2 常见的几种光源的光通量

光源	白炽灯		卤钨灯	T8 三基色荧光灯	高压钠灯	金属卤化物灯	高压汞灯	LED 灯
功率	25W	40W	35W	36W	400W	400W	400W	1W（NW）
光通量（lm）	220	350	465	3200	48000	35000	22000	100～200

为了用 LED 代替其他电光源，获得更高的输出光通量，一般需要把多颗 LED 集成安装或集成封装为一体构成光源模组。目前，有三种方法实现高光通量的 LED 光源。第一种是把多个已封装的 LED 器件用串并联的方式在 PCB 上组装为大功率高光通量的光源。该方法简单、技术成熟、色参数容易控制，已经在传统照明的各个领域已广为应用，如室内照明的 LED 球泡灯、T8 灯管、面板灯和室外照明的路灯等。第二种是集成封装，如 COB（chip on board）和 SiP（System in Package）等。COB 是指将多个芯片直接粘贴到基板上，

通过引线键合实现芯片与基板间的电互连。COB 封装大大提高了封装密度，应用更简单，正在快速发展。SiP 是为进一步适应灯具小型化而发展起来的新技术，在一个封装体内，不仅集成了多颗 LED 芯片，也把驱动电源、控制电路、光学微结构等集成在一起，构成了一个更复杂和完整的系统。集成封装的功率从几 W、几十 W 甚至上百 W，光通量从几百 lm 至几千 lm。第三种是单颗超大功率 LED，这种技术路线的功率密度比集成封装更高，对芯片和封装的散热要求也更高，特点是光源的光功率密度高，接近点光源，光学设计较简单。Luminus 公司利用垂直芯片技术和特殊的封装散热技术开发的 SST-90 型号产品，单个芯片功率可达 30W，光通量可达 2500 lm。

4.6.2　发光效率

光源的发光效率是衡量光源节能的重要指标，它与 LED 的内量子效率 η_i、光提取效率 η_{extrac}、馈给效率 η_f、注入效率 η_{inf}、荧光粉效率 η_{Pho} 及组成白光的光谱分布等因素有关。内量子效率及光引出效率已经在 4.4.2 中讨论。

发光效率也称为流明效率（Luminous Efficiency），它定义为光通量与功率的比值，单位为流明每瓦（lm/W），由下式表示：

$$\eta_{LE} = K\eta_i\eta_{extraction}\eta_{inf}\eta_f = k\eta_e \tag{4.50}$$

式中，η_f 为 LED 的辐射效率，K 为光视效能，主要由辐射光源的光谱特征决定。K 的大小可以通过模拟组成 1W 的光辐射功率的光谱分布计算得到，如"蓝光 LED+黄色荧光粉"法，每瓦白光 LED 的辐射功率约产生 300 lm 的光通量（其中，色坐标为 X=0.325，Y=0.332，显色指数为 81.5，色温为 5914K），即 $K\approx300$ lm/W。利用红、绿、蓝三基色 LED 形成的白光，$K\approx400$ lm/W。白光 LED 的发光效率可由以上公式计算，当 LED 的功率效率为 1 时，LED 的发光效率达到极限值 K。

馈给效率或电压效率（Voltage Efficiency）表示 LED 中发射的光子能量 $h\nu$ 与电源提供给电子、空穴的能量之比，即：

$$\eta_f = h\nu / (eV_{TH}) \tag{4.51}$$

注入效率表示注入到有源区的载流子数与注入 LED 的载流子数之比，可近似表示为：

$$\eta_{inf} = V_{TH} / V_f \tag{4.52}$$

式中，V_f 为 LED 的正向偏压。该偏压除降在有源区外，还要消耗在接触电阻、体电阻等处。波长为 455nm 左右的 GaN 基蓝光 LED 的电压通常在 3.0～3.2V，注入效率约为 80%～90%。

对于荧光粉转换形成的白光，式（4.50）还应考虑荧光粉效率（Phosphor efficiency）。荧光粉效率包括荧光粉的量子效率和波长转换效率两方面的影响，如图 4-33 所示，即：

$$\eta_{pho} = \eta_{pqe}\eta_{wce} \tag{4.53}$$

式中，η_{PQE} 为荧光粉的量子效率（Phosphor Quantum Efficiency），η_{wce} 为荧光粉的 Stocks 频移导致的波长转换效率（Wavelength conversion efficiency）。

对于荧光粉转换形成的白光，式（4.50）可修正为：

$$\eta_{LE} = K\eta_e\eta_{pho} = K\eta_e\left[\left(\frac{N_1}{N}\right)\eta_{pho} + \frac{N-N_1}{N}\right] \tag{4.54}$$

式中，N_1 为与荧光粉发生作用的蓝光光子数，N 为总的蓝光光子数，（$N-N_1$）为泄漏的蓝光光子数。目前，黄光荧光粉的量子效率大于 95%，波长转换效率与波长转换前后的波长 λ_1 和 λ_2 有关。有关荧光粉的详细分析见 5.5.3 小节。

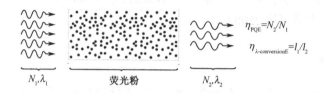

图 4-33　荧光粉转换过程及效率损失示意图

相对于白炽灯、荧光灯、卤素灯和氙气灯等传统光源，白光 LED 的光效已明显具备优势。美国能源部的研究报告表明传统电光源的光效增长缓慢，而白光 LED 的光效提升快速。预计，2020 年暖白光 LED 灯具的发光效率可达 200lm/W，远超出传统灯具的发光效率，如图 4-34 所示。

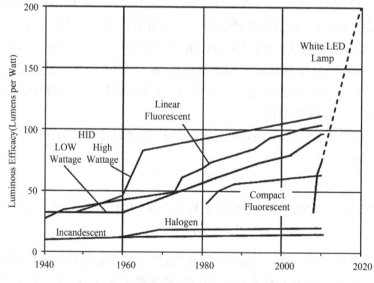

图 4-34　LED 与其他光源的发光效率变化及比较

4.6.3　显色指数

显色性反映了在某种光源照射下物体颜色的还原程度，是表征光源质量的一个重要参数，用显色指数表征。不同的环境对光源的显色性要求不同，如表 4.3 所示。一般来讲，室内照明对显色性的要求高于室外。

表 4.3　不同环境对光源显色性的要求

环　　　境	展览会、商店	办公室、家居	车　　间	行　人　区	一　般　照　明
显色指数（R_a）	90+	80	60	60+	40-

　　对于各种电光源，显色性和发光效率是一对矛盾，显色性高的光源其发光效率低，发光效率高的其显色性低。不同电光源的发光效率和显色指数如表 4.4 所示。白光 LED 的显色性的提高也往往伴随着光效的下降。"蓝光 LED+黄光荧光粉"形成的白光随加入红光荧光粉，显色指数提高，但蓝光转换成红光的波长转换损耗增大，光效降低。另外，多色 LED 合成的白光的显色指数提高，发光效率也呈下降趋势。

　　与以上各种传统电光源不同，LED 的显色指数可以根据需要在很大的范围内调节，光效仍可维持在较高的水平。如"蓝光 LED+黄光荧光粉"制作的白光 LED，其显色显色指数在 75 左右，加入少量红色荧光粉可以把显色指数提高到 85 以上。三基色色 LED 形成白光的显色指数达 85 以上，四基色 LED 形成的白光的显色指数可达 95，五基色 LED 形成的白光的显色指数可达 98。

表 4.4　各种电光源的发光效率和显色性

	白炽灯		卤钨灯	T8 三基色荧光灯	高压钠灯	金属卤化物灯	高压汞灯	LED 灯
光源								
功率	25W	100W	35W	36W	400W	400W	400W	1W（NW）
光效（lm/W）	8.8	11.5	13.2	88.8	120	87.5	55	100～200
显色指数（R_a）	100			80	25	95	50	95

4.6.4　色温

　　色温是描述白光 LED 特性的另一个重要参数，特定色温的光环境对人的心理和生理均有较明显的影响。常见传统光源的色温如表 4.5 所示。

表 4.5　常见传统光源和天气的色温值

光　　源	色温（K）	天　气	色温（K）
蜡烛	1900	满月	4125
高压钠灯	2100	天顶的太阳	5250
白炽灯	2850	中午的北窗光	6500
高显色金属卤化物灯	4300	阴天天空	7000
日光色荧光灯	6500	晴天天空	12000

色温 3300K 以下有温暖的感觉，白炽灯的色温为 2850K，让人感觉轻松、舒适，适用于卧室等环境；色温 3000～5000K 为中间色温，让人有爽快的感觉，常用于办公室等场所；色温 5000K 以上，比较偏冷，容易让人注意力集中，6500K 色温的光照环境常用于企业。

对于白光 LED，可通过控制多基色 LED 光通量的比例、改变荧光粉的配比等手段实现色温从低至高的调节，便利性远远超过了传统光源。

4.6.5　稳定性

白光 LED 的光通量、色坐标和色温等参数会随驱动电流、温度、时间的变化而发生改变。驱动电流会影响 LED 发光波长和荧光粉的量子效率；温度会影响 LED 发光波长和荧光粉的受激辐射特性。随着使用时间的增加，荧光粉逐渐老化，激发效率和光透过率降低。这些都会对白光 LED 的光通量、色坐标和色温产生影响。

提高 LED 的稳定性，一方面通过改善芯片、封装和应用环节的材料、工艺，提高光源自身的稳定性；另一方面应根据光源的光色电热特性合理使用，如选择合适的驱动电流，既不应该过小，也不应该盲目加大而使 LED 处于非正常状态。

4.6.6　热阻对色温的影响

随着 LED 性能的提高，单颗芯片的功率逐渐增大，很多应用情况下芯片的热流密度大于 $100W/cm^2$。如果散热问题解决不好，热量集中在尺寸很小的芯片内，使得芯片内部温度越来越高。芯片温度过高会带来许多问题：①使蓝光 LED 的波长发生红移，并对白光 LED 的色坐标、色温产生影响。若偏离了荧光粉的吸收峰，将导致荧光粉量子效率降低，影响出光效率；②温度对荧光粉的激发特性也有很大影响。随着温度上升，荧光粉量子效率降低，出光减少，辐射波长也会发生变化。较高的温度还会加速荧光粉的老化。③加速器件老化，缩短 LED 工作寿命，甚至还会导致芯片烧毁。改进 LED 的散热能力，降低 LED 的热阻是实现半导体照明的关键。

由 4.4.3 节对热阻的分析可知，采取下列措施可以降低热阻：①降低芯片的热阻；②优化热通道结构，如减小各结构层的厚度，增大通道的面积；③采用高热导率的材料；④优化结合界面层的热阻，如采用改良材料，使接触更紧密可靠等。

随着 LED 技术的发展，新的封装形式不断发明出来，散热能力越来越强。图 4-35 是历史上几种主要的封装形式和它们对应的热阻。初期的引脚式封装形式（a）的热阻最高，达 250K/W，当环境温度为 65℃时，它最高可承受的输入功率仅约为 0.2W；封装形式（e）的热阻为 6K/W，处于同样的环境温度时，它最高可承受的输入功率则可达 9W。通常规定大功率 LED 的最大额定结温 T_j 不应高于 120℃。表 4.6、表 4.7 和表 4.8 为根据 LED 热阻的串联模型所计算的三种封装形式大功率 LED 器件的理论热阻。

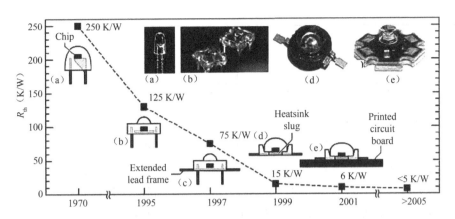

图 4-35 几种主要的 LED 封装形式和它们的热阻

表 4.6 正装芯片银胶固晶封装 LED 器件的体热阻

导热路径	有源层	衬底	固晶层	热沉
材料	InGaN	Al$_2$O$_3$	银胶	Cu 合金
λ（W/mK）	170	42	5	264
h（mm）	0.005	0.1	0.02	1.85
				1.0
S（mm^2）	1.0	1.0	1.0	7.065
				19.625
各层热阻（K/W）	0.0294	2.381	4	1.1849
总的体热阻 R_{thjs}	7.60K/W			

表 4.7 倒装芯片 Si 基板共晶封装 LED 器件的体热阻

导热路径	有源层	倒装共晶层	Si 基板	固晶层	热沉
材料	InGaN	Au/Sn	Si	Au/Sn	Cu 合金
λ（W/mK）	170	58	146	58	264
h（mm）	0.005	0.005	0.25	0.01	1.85
					1.0
S（mm^2）	1.0	0.39	2.5	2.5	7.065
					19.625
各层热阻（K/W）	0.0294	0.2210	0.685	0.06897	1.1849
总的体热阻 R_{thjs}	2.19K/W				

表 4.8 垂直结构芯片共晶封装 LED 器件的体热阻

导热路径	有源层	衬底	固晶层	热沉
材料	InGaN	纯 Cu	Au/Sn	Cu 合金
λ（W/mK）	170	398	58	264
h（mm）	0.005	0.075	0.01	1.85
				1.0

续表

导热路径	有源层	衬底	固晶层	热沉
S（mm^2）	1.0	1.0	1.0	7.065
				19.625
各层热阻（K/W）	0.0294	0.188	0.172	1.1849
总的体热阻 R_{thjs}	1.57K/W			

表中，λ、h、S 分别为各层材料的热导率、厚度和面积。从以上计算可见，正装结构中的蓝宝石衬底和银胶热导率低，且蓝宝石衬底较厚是散热的主要瓶颈，是使其热阻为三种封装形式中最大一个的主要原因。倒装芯片和垂直结构芯片的热阻由于在散热通道上去除了蓝宝石衬底以及用导热率更高的 AuSn 合金代替了银胶，热阻大为减小。由于垂直结构比倒装结构的散热通道更简洁，所以总热阻更小。

由 LED 器件的热阻，可以计算它的安全使用条件：

（1）应用中的环境温度 T_a 应低于器件所允许的最大环境温度 T_{amax}：

$$T_{amax} < (T_j - R_{ja}P_d) \tag{4.55}$$

（2）为保证 LED 不超过最大结温，在不同的环境温度 T_a 下，确保输入电流不大于 I_{fmax}：

$$I_{fmax} < \frac{T_{jmax} - T_{amax}}{R_{ja}V_f} \tag{4.56}$$

需要注意的是上述讨论中没有考虑扩展热阻的影响，在热沉尺寸远大于 LED 芯片的条件下扩展热阻的影响不可忽略。扩展热阻模型如图 4-36 所示，热源尺寸小于散热器尺寸时，热源热流除在主传热方向（图中 Z 方向）传导热量外，在横向（r 方向）也传导热量。扩展热阻即为横向热流路径上的传热阻力分量。由图可知，扩展热阻涉及热流的三维传导问题，必须通过三维拉普拉斯微分方程求解方可得到结果。由于数学处理的复杂性，仅有不多的几种特殊情况下才有解析解，其他条件下的解可以通过各种数值分析方法求解，若借助如 Flo-EFD、ANSYS 等商用流体分析软件仿真求解则更为方便。

下面以图 4-37 所示的一种 COB 封装 LED 器件为例，讨论体热阻和扩展热阻。热沉为采用 Al_2O_3 陶瓷基板直接覆铜（DBC）工艺制作出陶瓷 PCB 板，LED 芯片为 1W 硅衬底正装结构，有源层材料为 AlGaN，主要参数及计算的各层体热阻结果如表 4.9 所示。

表 4.9 陶瓷 COB 封装的 LED 器件的主要参数及体热阻值

	模 型 参 数				体热阻（K/W）
	长 mm	宽 mm	厚 mm	热导率	
LED 芯片	1	1	0.16	150	1.067
铜线路层	5	5	0.2	398	0.020
陶瓷基板层	18	18	1	20	0.154

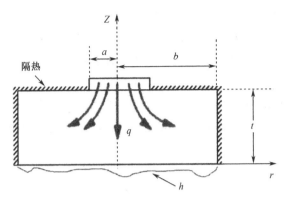

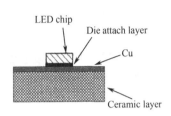

图 4-36　扩展热阻模型示意图　　　图 4-37　一种陶瓷 COB 封装的 LED 器件的热模型

图 4-37 中的方型 LED 芯片横向扩展传导的热流稳态后近似为图 4-36 所示的圆形对称分布，将直角坐标系映射为柱坐标系，可将三维热传导问题简化为二维，此时，扩展热阻有解析解，为

$$R_{sp} = \Psi_{max} / \lambda b \sqrt{\pi} \qquad (4.57)$$

式中，Ψ_{max} 为与材料尺寸、热导率、初始边界条件相关的量。表 4.10 为计算得到的各层扩展热阻值及各参数值。

表 4.10　陶瓷 COB 封装的 LED 器件的主要参数及扩展热阻值

参数	a（mm）	b（mm）	λ	Ψ_m	$R_{sp\text{-}chip}$	$R_{sp\text{-}cu}$
参数值	0.2821	1.4105	5.961	0.6496	1.632	4.239

表中 a、b 分别为由图 4-37 和表 4-9 所示方形芯片和方形热沉模型等效为园模型后的芯片与基板的有效半径。$R_{sp\text{-}chip}$ 为芯片黏结层（Die attach layer）在铜线路层的扩展热阻。当取热对流系数 $\alpha=15\text{W/m}^2\text{K}$、热导率 $\lambda=20\text{W/mK}$ 时，可以计算得到铜线路层在陶瓷基板的扩展热阻 $R_{sp\text{-}Cu}$。铜电路层和陶瓷层的总扩展热阻为 5.871K/W，该陶瓷 COB 封装的 LED 器件的总热阻为体热阻与扩展热阻之和，为 7.11 K/W。而表 4-7 所示的各层总的体热阻为 1.24 K/W。该器件的总热阻为 8.35 K/W。由此可见，陶瓷基板的扩展热阻是影响系统热阻的主要因素。关于扩展热阻的详细求解分析可参考文献[8、9]。

4.6.7　抗静电特性

静电主要由摩擦或感应产生的，静电放电（Electro-Static Discharge，ESD）损伤是半导体器件面临的一个基本问题，LED 亦不例外。

LED 在制造、筛选、测试、包装、储运及安装使用等各个环节都将受到静电的影响，静电若得不到及时释放，将在 LED 电极上形成静电高压，当该电压超过 LED 的最大承受值后，聚集在 LED 上的静电电荷将以极短的时间（纳秒量级）在 LED 芯片电极之间放电，瞬态的能量将对 p-n 结形成致命性的不可恢复损伤，使 LED 器件漏电或短路失效。

LED 抵抗 ESD 损伤的能力与半导体材料性质有关。GaAs 基红、黄光 LED 衬底材料的导电性能好，当遇到静电电荷时候能较容易将其释放掉，故抗静电能力较好。蓝宝石衬底的 GaN 基蓝、绿光 LED 的衬底电绝缘，易于积累静电电荷；且电极在芯片同一侧，电极之间的距离很小，特别容易被静电放电击穿。

对 LED 器件一般要进行芯片抵抗 ESD 能力测试。一般有两种模式，人体放电模式（Human body model，HBM）和机器放电模式（Machine model，MM），两种模式的测试原理如图 4-38 所示。

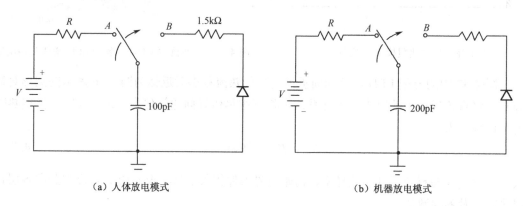

（a）人体放电模式　　　　　　　　　　（b）机器放电模式

图 4-38　ESD 测试等效电路图

人体放电模式是模拟因在地面走动摩擦或其他因素在人体上累积的静电，当去触碰到 LED 芯片时，人体上的静电便会传递给芯片，如图 4-38（a）所示。此放电的过程会在短到几百毫微秒（ns）的时间内产生数安培的瞬间放电电流。

机器放电模式的 ESD 是模拟机器（例如机械手臂）本身累积了静电，当此机器碰触到 LED 芯片时，该静电便传递给芯片，如图 4-38（b）所示。因为机器是金属，其等效电阻近似为 0Ω、等效电容约为 200pF。由于机器放电模式的等效电阻为 0，故其放电的过程更短，在几毫微秒到几十毫微秒之内会有数安培的瞬间放电电流产生。

同样的测试电压下，机器模式比人体模式的放电电流大很多，因此机器放电模式对 LED 芯片的破坏力更大。经验表明，为达到近似的效果，人体模式下的测试电压需要为机器模式下的 8～10 倍。

随材料质量和芯片工艺的不管提高，GaN 基 LED 的抗 ESD 能力已大为进步。人体模式测试条件下，已从初期的 500 V 提高到了 2000～6000V，最高可达 8000V。

尽管 LED 芯片的抗 ESD 能力已得到大的提高，但在芯片的制造、测试、运输、包装乃至封装、使用过程中仍需注意静电的防护。主要措施包括：①生产测试车间应铺设防静电地板并做好接地；②生产机台、工作台应为防静电型，且接地良好；③操作员应穿防静电服、带防静电手环、手套或脚环；④工作面处应配备离子风扇；⑤焊接电烙铁需接地；⑥包装应采用防静电材料。⑦高端应用的 LED 应并联齐纳二极管，防止静电损伤。

4.6.8　典型产品

日亚（NICHIA）公司和科锐（CREE）公司是 LED 外延、芯片、封装领域的知名企业，前者是实现商用化蓝宝石基蓝光 LED 芯片技术及蓝光 LED+黄色荧光粉白光光源的首个企业，后者是实现碳化硅（SiC）衬底外延氮化镓（GaN）材料蓝光商用 LED 器件的技术领跑者，　2014 年实验室样品的光效超过 300 lm/W。图 4-39 为科锐公司 2012 发布的白光照明 LED 技术研发路线图，表 4.11 为截止 2014 年 10 月照明用白光发光二极管典型代表产品的主要参数。

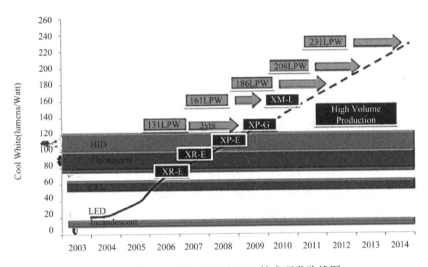

图 4-39　Cree 公司白光照明 LED 技术研发路线图

表 4.11　截至 2014 年 10 月照明用白光发光二极管典型代表产品的主要参数

厂家	CREE	Lumileds
型号	XP-L	LUXEON
图片		
器件尺寸（mm）	3.45×3.45	3.7×3.7
芯片焊接	共晶焊接	倒装芯片共晶焊接
功率（W）	10	2.8
光通量	1226lm @ 10 W	369lm@ 2.8W
光效	200lm/W@350mA	159lm/W@350mA
显色指数	Min 80	Min 80
色温（K）	2700～8300	2700～8300
热阻（C°/W）	2.5	3
抗静电（V）	8000	8000

思考题

1. 开启电压的物理意义是什么？

2. 并联电阻抬高了开启电压前 I-V 特性的电流随正向偏压电压的变化率，该部分电流并不产生光辐射原因是什么？

3. 为何 LED 采用恒流驱动模式？

4. LED 发光原理是什么？

5. 同质结 LED 发光效率低、双异质结和量子阱 LED 发光效率高的原因是什么？

6. 如何提高 LED 的光引出效率？

7. LED 结温升高的主要原因是什么？

8. 热阻的物理意义是什么？什么是扩展热阻？

9. 热阻的串联定律应用的条件是什么？

10. 试解释结温升高，发光强度降低、波长红移的原因。

11. 制作白光 LED 的主要方法及各自的优缺点是什么？

12. 白光 LED 发光效率的表达式？如何提高发光效率？

13. LED 光强在远场满足何种空间分布？根本原因是什么？

14. 为何使用恒流电源驱动 LED 更为合理？

15. LED 使用中应注意的问题是什么？原因是什么？

习题

1. Ge、Si、AlGaInP、AlGaInN 的禁带宽度分别为 0.7eV、1.1eV、2.0eV 和 2.7eV，试计算它们对于的发光波长，并解释为何不将 Ge、Si 材料作为 LED 的有源层。

2. 某一 DH-LED 的有源层为 GaAs，室温下的禁带宽度约为 1.42eV，试计算发光中心波长和光谱半宽。

3. 试计算 LED 芯片的远场光强空间分布的全发光角。

4. 试计算超厚顶层透明衬底 GaAs-LED 的出光效率，GaAs 的折射率为 3.6。

5. 试计算图 4-24 所示的 1W 功率 LED 室温下的结温，设 R_{thjs} 为 10K/W，R_{thsb} 为 13K/W，R_{thba} 为 40K/W，输出光功率为 0.3W。

6. 峰值波长分别为 850nm、450nm 的 AlGaAs、InGaN 材料制出的 LED 的峰值波长温度系数分别为 0.28nm/K 和 0.029nm/K，试计算结温 110℃时相比室温的波长偏移量。

7. 采用红绿蓝（RGB）结构制作白光固态光源（白光 LED），设三只 LED 均为理想光源，即：它们的外量子效率均为 100%，光谱密度分布均为矩形，相对光强均为 1，谱宽均为 20nm，设红光 LED 的发射波长为 650nm，绿光 LED 的发射波长为 520nm，蓝光 LED 的发射波长为 460nm，试计算该白光固态光源的发光效率。（视觉灵敏度数值如下：650nm 时为 0.107，520nm 时为 0.71，460nm 时为 0.06），设馈给效率 hv/qV=0.9。

参考资料

[1] N.Jr.Holonyak，D.F.Bevagua, Coherent(Visible) light emission from Ga(As1-xPx) junction, Appl. Phys. Lett,1(4),p82(1962).

[2] G.B.Stringfellow，M.G.craford, High Brightness Light-Emitting Diodes, Sane Diego: Academic Press, 1997.

[3] Shuji Nakamura, Masayuki Senoh, Takasi Mukai, P-GaN/N-InGaN/ N-GaN Double-Hetero-structure Blue-Light-Emitting Diodes, [J].Jp-n.J.Appl.Phys.32(1993)L8.

[4] Y.Narukawa, J.Narita, et al. Recent progress of high efficiency white LEDs, [J].Phys. Status. Solidi A204(2007)2087

[5] S.O.Kasap, Optoelectronics and Photonics, Principles and Practices, 电子工业出版社, 2003 年 3 月第一版.

[6] Chen yu, Huang Lirong, Zhu Sansan, Monolithic White LED based AlxGa1-xN/ InyGa1-yN DBR resonant-cavity, Journal of semiconductor, Vol 30,No.1,p014005-1～p014005-4, January 2009.

[7] Chen C H, Chang S J, Su Y K, et al. Phosphor-free GaN-based Transverse junction lingt emitting diode 是 for the generation of white light，IEEE Photonics Technol Lett, 2006,18(24): 2593.

[8] M. Michael Yovanovich, J. Richard Culham, and Pete Teertstra, Analytical Modeling of Spreading Resistance in Flux Tubes, Half Spaces, and Compound Disks, IEEE TRANSACTIONS ON COMPONENTS, PACKAGING, AND MANUFACTURING TECHNOLOGY—PART A, VOL. 21, NO. 1, MARCH 1998.

[9] 殷录桥. 大功率 LED 先进封装技术及可靠性研究[D]. 上海大学博士论文，2011 年 5 月.

[10] S.P.DenBaars, D.Feezell, K.Kelchner, et al. Development of gallium-nitride-based light-emitting diodes (LEDs) and laser diodes for energy-efficient lighting and displays. Acta Materialia [J]. 2013 2;61(3): 945-951.

[11] M.H.Kim, M.F.Schubert, Q.Dai, et al. Origin of efficiency droop in GaN-based light-emitting diodes. [J]. Applied Physics Letters. 2007 Oct;91(18).C.K.Choi, Y.H.Kwon, B.Little, et al. Time-resolved Photoluminescence of InxGa1-xN/GaN multiple quantum well structure: Effect of Si doping in the barriers. Physical Review B[J]. 2001 Dec; 64(24).

[12] L.Wang, R.li, Z.Yang, et al. High spontaneous emission rate asymmetrically graded 480 nm InGaN/GaN quantum well light-emitting diodes. Appl Phys Lett[J]. 2009;95: 211104.

[13] B. Vermeersch, G. De Mey, "Dependency of thermal spreading resistance on convective heat transfer coefficient"，Microelectronics Reliability 48 (2008) 734‐738

[14] J.K.Roberts, Binary complementary white LED Illumination, [J]. Solid State Lighting and Displays,2001: 23-3.

[15] Il-Ku Kim,Kil-Yoan Chung, Wide Color Gamut Backlight from Three-band White LED,[J].Journal of the Optical Society of Korea,2007,11(2): 67-7.

[16] W.D.Collins, M.R.Krames, G.J.Verhoeckx et al, Using electrophoresis to Produce a Conformal coated Phosphor-converted light emitting semiconductor, [p],US Patent,6576488, jun 11 2001.

[17] 栗红霞，庞保堂. 结温对 LED 的影响及温控技术的研究[J]. 现代显示，2011,126：46-50.

[18] 李炳乾.LED 正向压降随温度的变化关系研究[J]. 光子学报，2003.32(11)：1349-135.

[19] 郭浩中，赖芳仪，郭守义.LED 原理与应用. 北京：化学工业出版社，2013.

[20] 江建平. 半导体激光器（第 2 版）. 北京：电子工业出版社，2000.

[21] 刘恩科等. 半导体物理（第 4 版）. 北京：国防工业出版社，2000.

[22] A.如考斯卡斯，等. 固态照明导论. 黄世华，译. 北京：化学工业出版社，2006.

[23] 张明德，孙小涵. 光纤通信原理与系统. 南京：东南大学出版社，2009.

[24] G. E. Holfer, C. Carter-Coman, M. R. Krames. High flux high-efficiency Transparent-substrate AlGaInP/GaP light-emittingdiodes, Electronics Letters, 1998,34: 1781-1782.

[25] J.K.Roberts, Binary complementary white LED Illumination, Solid State Lighting and Displays, 2001: 23-3.

[26] Yue yang, Sun yan, Chen Xin, Progress of white Light-Emitting Diodes Based on[J]. Infrared, 2010, 31(02): 9-12.

[27] http://www.2ic.cn/html/96/t-390696.html.

[28] http://www.ofweek.com/topic/09/gtzm/.

[29] http://bbs.ofweek.com/thread-43286-1-1.html.

[30] http://www.cnledw.com/knowledge/detail-6898.htm.

[31] http://wenku.baidu.com/view/8122f24269eae009581bec31.html.

第5章

半导体照明光源材料与器件

虽然早在 1962 年人们就已经开发出第一种可实际应用的可见光发光二极管，但早期的发光二极管只具备标识功能，主要用于电子设备的指示灯。直到 20 世纪 90 年代，具有宽带隙（$E_g>2.3eV$）的第三代半导体材料氮化镓（GaN）制造技术取得突破，日本日亚化学工业公司 Shuji Nakamura 等在氮化镓系列蓝光发光二极管的基础上，开发出以蓝光 LED 为激发光源匹配黄光发射荧光材料（铈掺杂钇铝石榴石）实现了白光发射，从而使得半导体照明进入日常照明领域，引发了照明技术革新。2014 年，由于在发现新型高效节能光源方面（即蓝光 LED）的贡献，日本名古屋大学的 Isamu Akasaki, Hiroshi Amano 和美国加州大学圣芭芭拉分校的 Shuji Nakamura 被授予诺贝尔物理学奖。

照明光源的发展已有三大类，从最早的白炽灯，到广泛使用的荧光灯及包括高压汞灯和高压钠灯在内的各种高强度气体放电灯。半导体照明光源被称为第四代照明光源或绿色光源，具有节能、环保、寿命长、体积小等特点。半导体照明光源的主流是高亮度的白光LED。依据发光学和光度学原理，白光的产生可以由蓝光和黄光混合或者由蓝、绿、红三基色光混合。通常实现白光光源的半导体照明技术主要包括荧光粉转换白光 LED 和红绿蓝（RGB）多芯片封装白光 LED（如图 5-1 所示）。荧光粉转换白光 LED（见图 5-1（a））采用发射蓝光或紫外光的 LED 作为激发源，匹配相应的荧光材料实现白光发射。这一方式的最典型组合是发蓝光的 InGaN 发光二极管匹配黄光荧光材料，发光二极管激发的蓝光一部分被荧光材料吸收发出黄光，其余部分与荧光材料发射的黄光复合从而获得白光。红绿蓝（RGB）多芯片封装白光 LED 是指分别发射红、绿、蓝的多芯片组合复合形成白光 LED 发射（图 5-1（b））。相比较而言，红绿蓝（RGB）多芯片封装白光 LED 具有最高的理论光效，显色性能便于调节和改善。然而，相对于 InGaN-GaN 蓝光 LED 和 AlGaInP 红光 LED 分别高达 80% 和 60% 的电光转换效率，绿光 LED 的电光效率仅为 30%，这极大地制约了这一技术在半导体照明中的应用。荧光粉转换白光发光 LED 由于具有成本低，电路设计和控制简便等特点，是目前半导体照明产业中最广泛采用的实现白光发射的技术。因此，荧光粉是白光 LED 器件中最为关键的原材料之一，其发光性能直接影响 LED 器件的发光强度，显色指数，色温和寿命等性能指标。

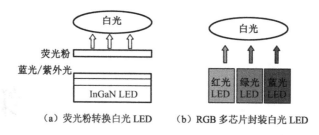

（a）荧光粉转换白光 LED　　　（b）RGB 多芯片封装白光 LED

图 5-1　白光 LED 实现方式

白光 LED 光源器件根据制作过程可分为前段材料生长，中段芯片制备和后段器件封装，如图 5-2 所示。前段过程包括衬底和外延片的生产与制造，这是整个 LED 产业链的制高点，也是实现白光 LED 照明的起点。外延生长是指在单晶衬底上生长与衬底材料具有相同或相近结晶学取向的薄层单晶的过程。衬底是支撑外延薄膜的基底，GaAs 基 LED 和 AlGaInP 基 LED 大都采用 GaAs 基底，而白光 LED 应用中的 GaN 基 LED 则主要利用蓝宝石、碳化硅和单晶硅等异质衬底。芯片的设计和制造包括了蒸镀、光刻、研磨切割等过程，

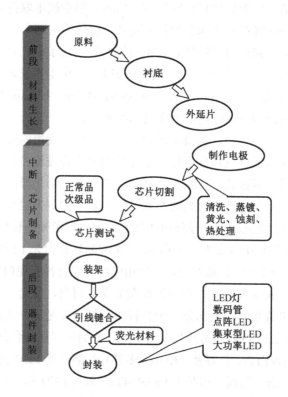

图 5-2　半导体照明光源材料与器件制作流程

其工艺的发展直接决定了白光 LED 的性能。在芯片的工艺中，主要包括常规芯片（Conventional Chip，CC），倒装芯片（Flip Chip，FC），垂直薄膜（Vertical Thin Film，VTF）和薄膜倒装芯片（Thin Film Flip Chip，TFFC）。而器件与模块封装则是实现 LED 从芯片走向最终产品所必需的中间环节，也是 LED 芯片与荧光材料相匹配实现白光发射的关键步骤。在封装过程中，荧光粉作为关键材料之一，直接影响白光 LED 的光效、显色指数、光谱能量分布等，通过调整荧光材料的种类和用量，可以获得不同色温的白光。

5.1　半导体发光材料体系

5.1.1　化合物半导体

半导体是指常温下导电性能介于导体和绝缘体之间的材料，按照材料的化学成分和结构特性可将半导体分为元素半导体、化合物半导体和合金（固溶体）半导体。典型的元素半导体材料主要位于IV族，包括碳、硅、锗、锡元素，其中硅和锗是最常用的元素半导体材料。所有IV族元素半导体材料都拥有金刚石型晶体结构和间接带隙。单晶硅是重要的半导体材料，主要用于半导体集成电路、二极管、外延片衬底和太阳能电池。

化合物半导体（Compound Semiconductor）是由两种或两种以上元素以确定的原子配比形成的化合物，并具有确定的禁带宽度和能带结构等半导体性质。大多数的化合物半导体主要由III族元素铝（Al）、镓（Ga）、铟（In）和V族元素氮（N）、磷（P）、砷（As）、锑（Sb）两种化学元素组成（见表 5.1）。其他常见组成的化合物半导体还包括IV-IV族化合物如 α-SiC，II-VI族化合物如 ZnO、ZnS 和 CdSe。元素半导体和这些二元化合物半导体的共同特点是平均每个原子都拥有 4 个价电子。除少数几种III-V族化合物（如：BN、AlN、GaN、InN 和 InN）为纤维锌矿晶体结构外，大多数III-V族化合物半导体（如 AlP、AlAs、GaAs、InP、InAs 等）都为闪锌矿结构，即类金刚石结构。合金半导体是在二元化合物半导体基础上，通过加入一种或两种普通元素从而形成三元或四元合金（固溶体）半导体。合金半导体最显著的特点是禁带宽度和晶格常数随组分连续可调，按照元素组分可分为二元合金半导体（$Si_{1-x}Ge_x$），三元合金半导体（$Al_xGa_{1-x}As$、$Al_xGa_{1-x}N$、$In_xGa_{1-x}As$、$In_{1-x}Al_xAs$等）和四元合金半导体（$In_xGa_{1-x}As_yP_{1-y}$、$Al_xGa_{1-x}As_ySb_{1-y}$）。根据组分和衬底的不同，合金半导体可以应用于不同的半导体器件中，如 AlGaAs（GaAs 为衬底）可以作为场效应管和光电器件；InGaAsP（InP 为衬底）用于光纤通信用光电器件；InGaAsP（GaAs 为衬底）则用于红外激光器和探测器；GaInAlN（不同衬底）作为绿、蓝、紫外发光二极管和激光器。

表 5.2 给出了典型的元素半导体和二元化合物半导体及其在 300K 时的禁带宽度。禁带宽度（带隙）是半导体一个重要的特征变量，其大小取决于半导体的能带结构。对于 C、Si、Ge 和 Sn 元素半导体而言，禁带宽度随着原子序数的增加而减小。二元化合物半导体

具有很宽的禁带宽度范围，其能带结构大部分属于直接跃迁型，因此电光转换效率高可以作为半导体激光器和发光二极管。具备大的禁带宽度是制备高温与大功率半导体器件所必需的条件。禁带宽度的大小实际上反映了价带中电子的被束缚强弱程度，是产生本征激发所需要的最小能量。GaN 和 SiC 由于价键的极性强，对价电子的束缚较强，因此它们具有较大的禁带宽度（300K 时的禁带宽度分别为 3.39eV 和 2.99eV），属于宽带隙半导体材料（E_g>2.3 eV）。

表 5.1 组成化合物半导体的化学元素

周 期	II	III	IV	V	VI
2		硼（B）	碳（C）	氮（N）	氧（O）
3	镁（Mg）	铝（Al）	硅（Si）	磷（P）	硫（S）
4	锌（Zn）	镓（Ga）	锗（Ge）	砷（As）	硒（Se）
5	镉（Cd）	铟（In）	锡（Sn）	锑（Sb）	碲（Te）
6	汞（Hg）		铅（Pb）	铋（Bi）	

表 5.2 典型的元素半导体和二元化合物半导体及其在 300K 时的禁带宽度

	材 料	直接/间接带隙	禁带宽度（eV）
元 素	C（金刚石）	间接	5.47
	Si	间接	1.12
	Ge	间接	0.66
	Sn	间接	0.08
III-V族化合物	GaAs	直接	1.42
	InAs	直接	0.36
	InSb	直接	0.17
	GaP	间接	2.26
	GaN	直接	3.39
	InN	直接	0.70
IV-IV族化合物	α-SiC	间接	2.99
II-VI族化合物	ZnO	直接	3.35
	CdSe	直接	1.70
	ZnS	直接	3.68

5.1.2 发光二极管典型材料

半导体中的电子能够吸收一定的外部能量而从低能级向高能级跃迁。处于激发态的电子在跃迁回较低能级，并以光辐射的形式释放出能量。整个发光现象可分为三个过程：①价带的电子在外来的能量（顺向偏压）作用下，被激发至导带，同时价带在失去电子后留下空穴，最终形成电子-空穴对；②受激发的电子在导带中相互碰撞，损失一部分能量而接近导带的最低能级；③处于导带最低能级的电子跃迁回价带，与价带中的空穴复合，在电子空穴复合过程中，能量以光的形式辐射出去。

半导体发光二极管是一种借外加电压向 p-n 结注入电子而发射出光（电能→光）的光电半导体器件，这一电致发光现象属于半导体中的直接发光。p-n 结是 p 型半导体与 n 型半导体在交界面形成的空间电荷区，如图 5-3 所示。p-n 结具有单向导电性，是组成半导体发光二极管的最基本元素。当发光二极管工作时，p 型半导体接电源正极，n 型半导体接电源负极，使得 p-n 结处于正向偏置，n 型半导体中的电子将向正方向迁移与 p 型半导体中负方向迁移的空穴经跃迁复合，而在 p 型和 n 型半导体结合界面处（p-n 结）产生辐射光。由于不同材料其导带电子和价带空穴所处的能级不同，两者间的能级差称为带隙。带隙的大小决定了发射光的波长，宽带隙材料产生较短波长（较高能量）的光，如蓝光、紫外光等；窄带隙材料产生较长波长（较低能量）的光，如红光、红外光。选择不同带隙的材料作为发光二极管就能够产生蓝、绿、黄、橙、红等不同颜色的可见光及到红外、紫外等不可见光。人眼所能看见的光波长范围为 400 nm～700 nm，作为注入式可见光 LED，其典型材料禁带宽度应大于 1.72 eV。

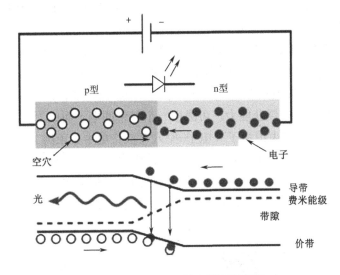

图 5-3　LED 发光原理示意图

1. GaAsP（磷砷化镓）LED（Ⅲ-Ⅴ族）

可见光 GaAsP 发光二极管最早于 1962 年由美国通用电气公司开发并实际应用，是可见光 LED 研究的开端。磷砷化镓（$GaAs_{1-x}P_x$）是由 GaAs 和 GaP 组成的合金半导体材料。随着 x 值的变化，GaAsP 材料具有不同的组成。因此 $GaAs_{1-x}P_x$ 可以作为红色（$x=0.4$，655 nm）、黄色（$x=0.85$，590 nm）及橙色（$x=0.75$，610 nm）发光二极管，如图 5-4 所示。红色 LED 通常以 GaAs 为衬底形成 GaAs/GaAsP 异质结构，而黄色和橙色 LED 则以 GaP 为衬底。由于 $GaAs_{1-x}P_x$ 发光材料的晶格常数与衬底材料晶格常数相差非常大，无法直接在 GaAs 或 GaP 衬底上生长，因此常常在衬底上先生长一层组分渐变层，逐渐将组成调整至所需比例后再生长一层组分固定层。在黄色和橙色发光二极管中，为了调整 $GaAs_{1-x}P_x$ 材料的电子性质，通常需要掺杂 N，形成 $GaAs_{1-x}P_x$：N 固定层。

当 $0<x<0.49$ 时，$GaAs_{1-x}P_x$ 发光材料为直接带隙结构，因此具有较高的发光效率，如红光 LED（$x=0.4$）。当 $x>0.49$ 时，$GaAs_{1-x}P_x$ 材料从直接带隙结构变为间接带隙结构，发光效率大为降低，如黄光（$x=0.85$）和橙光（$x=0.75$）。氮的掺杂可以提高 GaAsP 黄光和橙光 LED 的发光效率。GaAsP 与衬底晶格失配导致外延层存在大量失配位错，与 GaAs 衬底失配率为 1.5%，与 GaP 衬底失配率为 0.6%，最终使得外延层结晶程度变低，发光效率下降。但 GaAsP 发光二极管工艺简单，制造成本低，且其颜色涵盖红橙黄三色，因此还广泛地应用于家电、汽车仪表等室内显示设备。

2. GaP（磷化镓）LED（Ⅲ-Ⅴ族）

GaP 化合物半导体中具有间接带隙结构，300K 时的禁带宽度为 2.26eV（见表 5-2）。从 20 世纪 60 年代开始 GaP 材料被广泛地用于制造低成本、中低亮度的红色、橙色和黄绿色发光二极管。间接跃迁的半导体发光几乎均与杂质相关，纯的 GaP 发光二极管发射波长为 555 nm 的绿光，氮掺杂的 GaP 发光二极管发射波长为 565 nm 的黄绿光，氧化锌的掺杂使得其发射波长为 700nm 的红光（如图 5-4 所示）。进一步的研究阐明了杂质掺杂（氮和氧化锌）促进间接带隙结构的 GaP 材料产生高效绿色发光的原因。在氮掺杂的 GaP 晶体中，杂质原子 N 取代了基体原子 P 的位置，由于氮和磷同为Ⅴ族元素，它们的价电子数目相同，是等电性的。然而，N 的电负性（3.0）远高于 P 的电负性（2.1），在 N 取代晶格中的 P 后，N 原子对电子具有更强的俘获能力，可吸引一个导带的电子而成为负离子。尔后由于库仑力的作用再俘获空穴形成束缚激子（电子-空穴对被带电中心束缚），这就是等价电子所形成等电子陷阱。由于束缚激子被限制在很小的范围内，因此具有比较大的复合概率，可产生有效的近带隙复合辐射。由于束缚激子中只包括电子和空穴，不易把能量传递给其他电子而产生俄歇过程，因而等电子陷阱发光可以获得较高的发光效率。

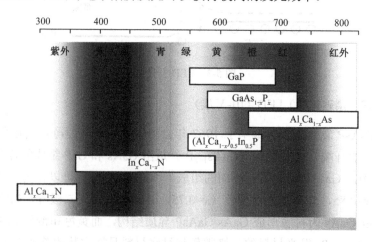

图 5-4　几种常见半导体发光二极管材料及其发光颜色

3. AlGaAs（砷化铝镓）LED（Ⅲ-Ⅴ族）

在红色 LED 材料中，既有传统的磷砷化镓材料（$GaAs_{0.6}P_{0.4}$，发射波长 655nm），又有成熟技术的氧化锌掺杂磷化镓材料（发射波长 690nm）。然而，对于 GaAsP 而言，由于没有与之晶格相匹配的衬底材料，因此结晶时有缺陷产生，其发光效率难以提升；而 GaP 作为间接带隙材料本质上就无法产生极高的发光效率。较低的亮度限制了磷砷化镓红光 LED磷化镓红光 LED 的使用范围，一般仅被用于室内指示灯。开发适用于户外的高亮度红色LED 成为迫切的技术要求。

　　当前市场中高亮度红色 LED 的产品主要基于 AlGaAs 材料来制备。AlGaAs（$Al_xGa_{1-x}As$）是晶格常数非常接近于 GaAs 衬底的一种半导体材料，因此能够在 GaAs 衬底生长较高质量的 AlGaAs 外延结晶层。AlGaAs 材料的组成随着 x 值的变化（0～1）而变化，可看作是由 GaAs 和 AlAs 以任意比组成的合金半导体材料。AlGaAs 半导体材料的禁带宽度随着 x 值的变化位于 1.42 eV（GaAs）和 2.16 eV（AlAs）之间。当 $x>0.4$ 时，AlGaAs 材料变为间接带隙结构，发光效率迅速下降。因此，$x=0.35$ 时，$Al_xGa_{1-x}As$ 红色 LED 发射波长为 660 nm，其外延结晶层为直接带隙结构，具有较高的发光效率。AlGaAs 材料常常被用作发射波长为 1064 nm 的红外线激光发射器（见图 5-4）。在双异质结构的 AlGaAs 高亮度红色 LED 实际应用中，由于 GaAs 衬底禁带宽度较小，容易吸收反射光导致 AlGaAs LED 亮度变低。如果以较高带隙的 AlGaAs 材料（如图 5-5 所示）代替 GaAs 衬底，由于 AlGaAs 衬底不吸收光从而可将 AlGaAs 红色 LED 亮度提高一倍以上。AlGaAs 高亮度红色 LED 因其发光效率高而被应用于户外显示，如汽车刹车灯、交通信号标志等。

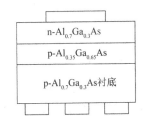

图 5-5　AlGaAs 红光 LED 双面发光型双异质结构（DDH）

4. AlGaInP（磷化铝镓铟）LED（III-V 族）

　　AlGaInP 半导体材料的化学式为 $(Al_xGa_{1-x})_{0.5}In_{0.5}P$，可用于制备高亮度红光（波长 625 nm）、橙光（波长 610 nm）和黄光（波长 590 nm），是当今在这个波长范围内高亮度激光管和发光二极管的主要材料。GaInP 材料是由 InP 和 GaP 组成的合金半导体材料，禁带宽度为 1.9 eV 左右，它能够产生红色激光，被广泛用于 DVD 和激光笔指示器。$Ga_{0.5}In_{0.5}P$ 因其晶格常数与 GaAs 衬底材料的晶格常数相匹配而成为 GaInP 合金半导体材料中最重要的一种。Al 的加入取代了 GaInP 晶体中 Ga 的位置，但不会改变材料的晶格常数。当 Al 含量增加（x 增大）时，AlGaInP 半导体材料的禁带宽度增加，发射波长变短，出现橙色和黄色发射。然而，当 $(Al_xGa_{1-x})_{0.5}In_{0.5}P$ 中 Al 的含量继续增加时（达到 $x=0.53$），材料由直接带隙结构变成间接带隙结构，发光效率迅速下降。因此，AlGaInP 材料一般不适合制备发射波长小于 570nm 的器件。通过采用特殊结构，AlGaInP 半导体二极管能够实现波长为 568～573 nm 的高亮度黄绿光发射，其亮度远高于现有的 GaP 绿色 LED。

　　目前，AlGaInP 四元系发光二极管一般使用 GaAs 作为衬底，由于 GaAs 衬底的禁带宽度比 AlGaInP 窄，有源区所产生的向下发射的光子将被衬底吸收，使得发光效率大幅度降低。为避免衬底吸收红光，提高发光效率，通常在 GaAs 衬底前生长一层分布布拉格反射层（DBR），以反射射向衬底的光。但是 DBR 反射层仅对法线较小角度（<20°）的光线有效，所以仅仅添加 DBR 反射层对光效提高有限。现有的 AlGaInP 器件结构中一般加入具有良好导电性的电流分散层来增加 p-n 结面的发光面积，进一步采用多量子阱（MQW）、GaP 透明衬底以及垂直芯片结构等技术使得 AlGaInP 器件性能大为改善。

5. GaN（氮化镓）LED 和 InGaN（氮化铟镓）LED（III-V族）

属于 III-V 族化合物的 GaN 材料的研究与应用是如今全球半导体研究的前沿和热点，是制备微电子器件和光电子器件的新型半导体材料。GaN 半导体材料具有宽直接带隙（3.39 eV）、强化学键、高热导率、化学稳定性好及强的抗辐照能力等特点，在光电子、高温大功率器件和高频微波器件应用方面有广阔的前景，被称为第一代硅锗半导体材料和第二代 GaAs、InP 化合物半导体材料之后的第三代半导体材料。GaN 晶体属于六方纤锌矿结构，具有极高的硬度和熔点。一般而言，GaN 晶体中存在较多的晶格缺陷，这使得晶体具有良好的电子迁移率，硅（Si）的掺杂能够使其成为 n 型半导体。GaN 及其合金半导体材料是理想的短波长发光器件材料，其禁带宽度覆盖了从绿光到紫外的范围，如 AlGaN 合金材料能够发射波长为 250 nm 的远紫外光（见图 5-4）。

GaN 材料在半导体二极管中的应用研究并不是一帆风顺的，甚至人们一度认为 GaN 材料不适合应用于 LED 器件中。在最初的研究中，有两个关键问题制约了 GaN 基 LED 的研究：一是无应变的 GaN 单晶薄膜的合成制备（以蓝宝石为衬底制备的 GaN 外延薄膜因较大的应力而易产生裂纹，且位错密度难以降低）；二是难以制备合格（高空穴浓度）的 p 型 GaN 材料。单晶 GaN 的制备通常是在蓝宝石基底材料上异质外延生长。由于 GaN 和蓝宝石之间存在较大的晶格失配和热膨胀系数差异，因此很难获得表面平整且无裂纹的高质量 GaN 外延薄膜。1986 年 Isamu Akasaki 及其合作者 Hiroshi Amano 在蓝宝石基底上首先在蓝宝石衬底上通过低温（500℃）成核生长 30 nm 厚的 AlN 多晶薄膜作为缓冲层，然后利用金属有机气相外延生长（MOVPE）的方法制备了表面无裂纹的高质量 GaN 外延薄膜。随后侧向外延生长技术（ELOG）的引入，GaN 外延薄膜的位错密度降低至 $10^7/cm^2$。难以获得 p 型 GaN 材料一度限制了 GaN p-n 结 LED 器件的发展。直到 1989 年 Akasaki 等首次用低能电子束辐照（LEEBI）的方法获得了 Mg 或 Zn 掺杂的 p 型 GaN 材料。在随后的 1991 年，Shuji Nakamura 等将气相生长的 Mg 或 Zn 掺杂的 p-GaN 外延片，在 600~750℃氮气气氛中退火处理，从而获得高空穴浓度（低阻）的 p-GaN 外延片，这一方法更适合于工业化的大规模生产。Mg 掺杂 p 型 GaN 材料的突破打开了制备高效 LED 的大门。到目前为止，所有 N 基蓝光 LED 都是以 Mg 掺杂 p-GaN 为基础来构建的。

日本日亚化学公司 Shuji Nakamura 所在的研究组在蓝宝石衬底表面引入低温 GaN 缓冲层（代替 AlN 缓冲层），解决了 GaN 外延薄膜与衬底晶格失配的问题，并创造性地使用双气流金属有机化学气相沉积（MOCVD）的方法制备了高质量的 GaN 外延薄膜。再通过退火处理过程形成 p 型 GaN，成功构筑了 GaN p-n 结蓝光 LED。红外 LED 的研究已经表明，异质结合量子阱（Quantum Well，QW）是实现高光效的保证。在异质结和量子阱中，电子和空穴被限制在极小的空间内，其内的复合过程更高效，能量损失更小。为了获得更高效的蓝光 LED，Nakamura 等又采用 InGaN/GaN 的双异质结，获得了波长为 440 nm 的更高光效的蓝光 LED。

然而，上述 InGaN/GaN 发射光的亮度仍未达到照明使用的标准，且发射波长偏紫色，因此需要开发新型的结构以达到照明光源的要求。高效蓝光 LED 器件制备的关键一步是合金（InGaN 和 AlGaN 体系）的生长和 p 型掺杂，这是制备异质结的关键。InGaN（化学式：$In_xGa_{1-x}N$）是由 GaN 和 InN 混合组成的III-V族三元系合金半导体材料，具有直接带隙结构。InGaN 的禁带宽度随着 In 在合金中的含量（x）变化而变化（室温下的禁带宽度范围为 1.95～3.4 eV），也决定了其发射光波长随着 In 含量而变化。通常 x 值的变化范围在 0.02 到 0.3 之间，$x=0.02$ 时发射近紫外光；$x=0.1$ 时发射波长为 390 nm 的紫外光；$x=0.2$ 时发射波长为 420 nm 的蓝紫光；$x=0.3$ 时发射波长为 440 nm 的蓝光。AlGaN 合金半导体材料由 AlN 和 GaN 组成，其发光范围覆盖了从蓝光到紫外光的区域。1994 年，Nakamura 等首次开发出 InGaN/AlGaN 双异质结，并采用 Zn 掺杂提高 InGaN 有源层的发光强度，实现了 2.7% 的外量子效率，成功制备出波长为 450 nm，适合于照明用的高亮度蓝光 LED，并将此蓝光 LED 商品化，其结构如图 5-6 所示。

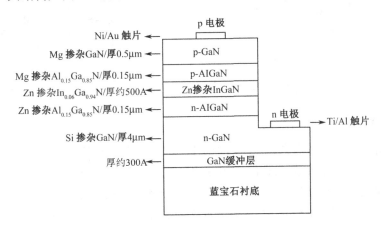

图 5-6　InGaN/AlGaN 双异质结蓝光 LED 结构示意图

5.2　外延技术

5.2.1　晶体结构与外延

1．半导体晶体结构与性质

固体材料的存在形式一般可分为非晶（amorphous）、多晶（polycrystalline）和单晶（single crystal）。理想的单晶材料具有完整的原子或分子的周期性排列，整个单晶材料在三维空间中的排列是长程有序的。晶格是构成晶体材料周期性排列的最小结构单元，其在三维空间规律性地重复排列组成了单晶材料。一般而言，半导体属于单晶材料，其光电性质不仅由化学组分决定，更会受单晶材料中原子排列影响。以最常见的硅半导体材料为例，单晶硅为类金刚石晶体结构，每个硅原子都与相邻的 4 个硅原子成键形成四面体结构（见图 5-7）。大部分的Ⅲ-Ⅴ族化合物半导体为闪锌矿结构，如 GaAs，其晶体结构特征与金刚石结构相似，每个 Ga 原子都与 4 个相邻的 As 原子构成四面体，同样每个 As 原子也都与 4 个相邻的 Ga 原子构成四面体，这些结构的周期性排列形成了 GaAs 单晶。

闪锌矿结构的 GaN 是亚稳态化合物，在大气压力下，GaN 晶体一般为六方纤锌矿结构（见图 5-8），是由 Ga 和 N 两种原子各自组成的六方排列的双原子层堆积而成。由于晶体结构不同，闪锌矿型 GaN 表现出与纤锌矿型 GaN 不同的特性，其在 300K 时的禁带宽度为 3.2～3.3 eV，低于纤锌矿型 GaN（3.39 eV）。

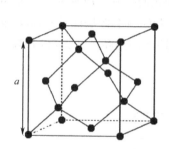

图 5-7　单晶硅晶体结构示意图

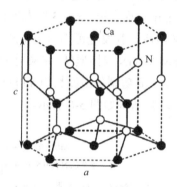

图 5-8　六方纤锌矿结构 GaN 晶体结构示意图

2. 外延概念

外延（Epitaxy）顾名思义就是"向外延伸"，是一种特殊的薄膜生长，特指在单晶衬底（基片）上生长一层与衬底晶向相同或相近的单晶层。这一在衬底上沉积的单晶层被称为外延薄膜或外延层，沉积过程被定义为外延生长。外延（Epitaxy）词汇来源于古希腊语中的"epi"意为"在上面"和"taxis"意为"有序的方式"。外延薄膜能够以气相或液相材料作为前驱物来生长。由于衬底材料作为沉积过程中的"籽晶"，所以薄膜的生长方向将会被衬底晶体的某一个或多个晶体取向所制约。如果沉积薄膜只是形成了随意的取向（相对于衬底而言），未能进行有序的排列，那这个沉积过程也不能定义为外延生长。外延薄膜沉积在具有相同组分和结构的衬底材料上的过程称为同质外延，反之则为异质外延。

（1）同质外延

同质外延中生长的外延层和衬底是同一种材料。同质外延技术常常用于制备比衬底材料具有更高纯度的单晶薄膜，且可以实现生长不同厚度和不同掺杂浓度的多层单晶薄膜。在异质外延中，外延薄膜是在与其化学组分不同的衬底材料上生长，这一技术可用于制备其他方法无法获得的具有不同材料组成的集成薄膜。外延生长技术已经广泛地应用于半导体器件制造过程。外延生长的单晶层可在导电类型、电阻率等方面与衬底不同，还可以生长不同规格的多层单晶，能够大大地提高器件设计的灵活性和器件的性能。最早的外延生长技术出现在上世纪五十年代，是在 p 型硅衬底上生长一层单晶硅（硅外延片）的同质外延技术，用于制造高频大功率晶体管。硅外延片在双极性器件和 CMOS 互补金属氧化物半导体器件制造中有着重要的用途，其特点是能够减小集电极串联电阻，降低饱和压降与功耗。

（2）异质外延

当前，外延技术最重要的用途是在不同的衬底上制备化合物半导体，如：GaAs 和 GaN，这也是 LED 半导体器件设计和制备的基础。化合物半导体（如 GaN 和 AlGaInP 等）外延薄膜常常是以蓝宝石、碳化硅或 GaAs 为衬底来制备，属于异质外延生长。异质外延过程一般要求外延薄膜的晶格常数（a）与衬底材料的晶格常数（a_0）相匹配，如图 5-9（Ⅰ）所示。外延层的晶格常数与衬底材料不匹配时，在沉积过程中外延层将产生晶格畸变，并会导致外延薄膜的电学性质、光学性质、热力学和机械性能发生变化。在外延生长中，当生长层与衬底的晶格常数失配时，则在生长层中存在应力，累积到一定程度会在生长界面处形成晶体缺陷（失配位错），从而难以获得高质量的平整表面。晶体缺陷的存在极大地影响半导体异质结的光电性能，降低其发光效率。当外延层的晶格常数大于衬底材料晶格常数（$a > a_0$）时，外延层材料在生长过程中将会收缩以适应衬底材料的晶体结构，这一过程常发生在薄膜形成的早期阶段。例如：Si/Ge 体系中室温下 Si 衬底的晶格常数 $a_0 = 5.431\text{Å}$，Ge 的晶格常数 $a = 5.658\text{Å}$，$a > a_0$，晶格失配率约为 4%，因此很难制备高质量的 Si/Ge 异质结。当外延层的晶格常数小于衬底材料晶格常数（$a < a_0$）时，生长界面处的外延层材料的晶格需要膨胀来适应衬底材料。

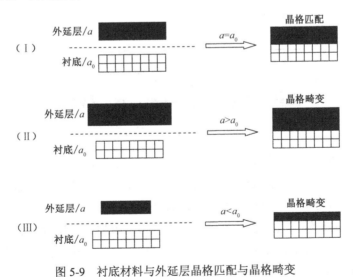

图 5-9　衬底材料与外延层晶格匹配与晶格畸变

5.2.2　典型外延技术

实现半导体材料外延的技术主要包括：气相外延（VPE，Vapor Phase Epitaxy），液相外延（LPE，Liquid Phase Epitaxy），固相外延（SPE，Solid Phase Epitaxy）和分子束外延（MBE，Molecular Beam Epitaxy）。根据前驱物的不同，气相外延又被分为氢化物气相外延（HVPE，Hydride Vapor Phase Epitaxy）和金属有机化学气相沉积（MOCVD，Metal Organic Chemical Vapor Deposition）。在 LED 外延片的制造中，液相外延用于部分 GaAs 基红光 LED 外延片，其典型特征是成本较低；氢化物气相外延用于少数 GaN 基材料外延；而金属有机化学气相沉积技术是 LED 外延片生长的主流技术，被广泛地用于制备 GaAs 基红光 LED 外延片，AlGaInP 红黄光 LED 外延片及 GaN 基蓝绿光 LED 外延片。

1. 气相外延（VPE）

气相外延本质上是一种化学气相沉积，是将含有构成外延薄膜元素的气态前驱物或液态前驱物的蒸汽通过载气传输到反应室内，在维持一定高温的衬底表面上，通过热分解与化学反应生成薄膜的过程。化学气相沉积的机理示意图如图 5-10 所示，沉积过程主要包括以下步骤：

① 气相前驱物随载气（一般为超纯 N_2 或超纯 H_2）传送至沉积区域；

② 前驱物通过气流边界层扩散到衬底表面；

③ 前驱物在衬底表面吸附；

④ 表面化学反应，包括前驱物化学分解，表面迁移和目标产物成核生长；

⑤ 副产物从衬底表面脱附（解吸附）；

⑥ 副产物扩散至边界层并进入主气流并被载气带出沉积区域。

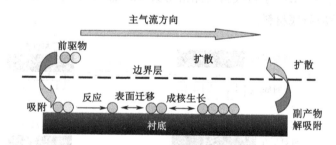

图 5-10　化学气相沉积机理示意图

当一定流速的流体（载气）经过固体（衬底）表面时，由于气流与衬底的摩擦力导致在固体表面出现一个流体速度受到干扰而变化的薄层，称为边界层或滞流层。边界层的厚度与流体流速、黏滞系数、流体密度等参数有关。在边界层内，流体的流速很慢，因此反应物（副产物）的传输主要以扩散为主。边界层将薄膜生长与反应物层流分开，反应物向衬底的传输减弱，从而影响薄膜的生长。但同时边界层的存在又为薄膜生长创造了相对稳定的环境，有利于制备高质量的外延薄膜。

气相外延是目前硅外延生长的主要方法，一般以 SiH_4、SiH_2Cl_2、$SiHCl_3$ 或 $SiCl_4$ 为反应气体，在一定的保护气氛下反应生成硅原子并沉积在加热的衬底（硅或蓝宝石）上。按照反应类型，硅的气相外延可分为氢气还原法和直接热分解法。氢气还原法利用氢气在高温（～1200℃）下将气相含硅前驱物还原产生硅原子在衬底表面进行外延生长，例如：

$$SiCl_4（g）+ 2H_2（g）\leftrightarrow Si（s）+ 4HCl（g）$$

上述反应为可逆反应，硅的外延生长速率取决于两种原料气（$SiCl_4$ 和 H_2）的含量。当硅外延薄膜的沉积速率超过 2μm/min 时，副产物 HCl 浓度增加将刻蚀新生成的硅原子（逆反应发生）和硅衬底材料。以 SiH_4 为原料气的直接热分解反应能够在较低温度（～650℃）实现硅的外延生长，且在反应过程中并不会产生腐蚀性的 HCl，反应式如下：

$$SiH_4（g）\longrightarrow Si（s）+ 2H_2（g）$$

虽然以 SiH_4 为硅源制备硅外延片具有反应温度低，无腐蚀性气体的特点，但反应过程中容易漏气导致外延片质量下降。

（1）氢化物气相外延（HVPE）

HVPE 是一种常压热壁化学气相沉积技术，热壁反应器中衬底和载气同时被加热，不同于 MOCVD 中的冷壁反应器（只有衬底被加热）。HVPE 技术曾被广泛地用于制备Ⅲ-Ⅴ族半导体化合物，如 GaAs 和 InP，其优点为：①设备和工艺相对简单，原材料成本较低；②生长速率高，每小时可达几十甚至几百微米；③横向纵向生长比率高，孔洞少，可以生长大面积薄膜。但同时 HVPE 也存在突出的缺点，包括：①难以精确控制膜厚；②反应气体对设备具有腐蚀性，从而影响外延薄膜的纯度；③生长速率快，异质外延容易产生裂纹。

早在 1969 年，Maruska 等人首次将 HVPE 技术用于 GaN 单晶薄膜的生长，在蓝宝石衬底上制备出 GaN 外延层。但之后的研究发现 HVPE 方法制备的 GaN 外延层存在很高的本地载流子浓度，无法进行 p 型 GaN 的制备研究，从而逐渐被 MOCVD 方法取代。近年来，出于对自支撑 GaN 衬底的需求及横向外延生长技术的出现，HVPE 技术生长 GaN 材料又被受到广泛的关注。

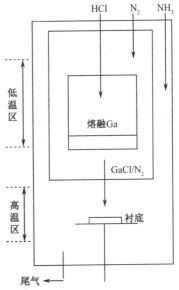

图 5-11　HVPE 立式反应器示意图

HVPE 生长系统一般有四部分组成，分别为炉体、反应器、气体配置系统和尾气处理系统等。典型的石英反应器采用双温区结构，如图 5-11 所示。反应过程为：氯化氢通过载气（N_2）的传输进入反应器中，在低温区与镓舟中熔融的金属 Ga 发生反应；生成的挥发性氯化镓在载气的作用下进入高温反应区，在衬底表面与 NH_3 反应生成 GaN，未反应的尾气由尾气处理系统吸收。化学反应方程式如下：

低温区（800～900℃）反应：$Ga（l）+ HCl（g）\longrightarrow GaCl（g）+ 1/2H_2（g）$

高温区（1000～1100℃）反应：$GaCl（g）+ NH_3（g）\longrightarrow GaN（s）+ HCl（g）+ H_2（g）$

在异质外延生长中，由于晶格失配和热失配问题导致 GaN 外延层存在较大的应力和较高的的位错密度。为了提高 GaN 基半导体材料的质量，最好的方法是采用 GaN 同质衬底

半导体照明概论

进行外延生长。自支撑 GaN 衬底是利用 HVPE 技术在蓝宝石或其他衬底材料上，快速生长成厚 GaN 膜（>300μm），然后利用机械抛光或激光剥离技术去掉蓝宝石衬底，形成厚膜 GaN 衬底。

（2）金属有机化学气相沉积（MOCVD）

金属有机化学气相沉积又被称为金属有机气相外延（MOVPE，Metal Organic Vapor Phase Epitaxy），是一种非平衡生长技术，利用Ⅲ族（或Ⅱ族）金属有机化合物热分解后与Ⅴ族（或Ⅵ族）氢化物反应，在衬底上进行气相外延，生长各种Ⅲ-Ⅴ族，Ⅱ-Ⅵ族化合物半导体及其多元固溶体的薄层单晶材料。

MOCVD 系统的外延生长是在常压或低压的冷壁反应器中进行，利用高纯的氢气或高纯氮气作为载气，将金属有机前驱物蒸气和气态的非金属氢化物送入反应器中，然后两种前驱物在加热的衬底（衬底基片一般放置于石墨基座上）表面进行化学反应，形成外延层的原子沉积，并按一定的晶体结构排列形成外延薄膜。外延薄膜的组成和生长速率可以通过精确地控制气体流量及衬底温度来实现。常用的Ⅲ族金属有机化合物包括三甲基镓、三甲基铝、三甲基铟或其混合物，一般在常温下为液态存在。以 GaAs 外延生长为例，三甲基镓和 AsH_3 作为为原料，反应方程式如下：

$$Ga(CH_3)_3\,(g) + AsH_3\,(g) \longrightarrow GaAs\,(s) + 3CH_4\,(g)$$

作为反应副产物的 CH_4 往往会导致 GaAs 外延薄膜掺杂碳，这也取决于反应原料的摩尔比（Ⅴ族/Ⅲ族）和反应温度。以两种或两种以上Ⅲ族金属有机化合物为原料可以制备可以在相应的衬底上生长Ⅲ-Ⅴ族合金半导体化合物外延薄膜，如 $Ga_xIn_{1-x}As$ 和 $Ga_xIn_{1-x}P$。

MOCVD 系统主要包括气体处理系统（反应气的供给和传输）、反应室和尾气处理系统，其典型的实验装置如图 5-12 所示。MOCVD 系统最关键的问题是保证外延材料生长的均匀性和重复性，需要精确控制不同组分气体的流量和温度。

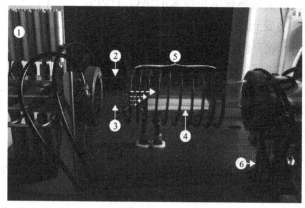

①—气体供给系统；②—外管；③—内管，用于输送反应气；④—石墨支撑座；⑤—加热感应线圈；⑥—尾气处理

图 5-12　MOCVD 反应实验装置

气体供给系统　前驱体反应气，包括Ⅲ族金属有机化合物、Ⅴ族氢化物及掺杂源等一般放置于不锈钢瓶中（见图 5-12 位置①）。

反应室和加热系统 MOCVD 系统反应室由石英管和石墨基座组成（见图中位置②、③和④），加热方式采用高频感应加热。反应室的结构对制备组分均匀的高质量外延薄膜起到至关重要的作用，因此在当前的 MOCVD 系统设备制造中对反应室有不同的结构设计。石墨基座由高纯石墨制成，并包覆 SiC 层。

与其他外延生长技术相比，MOCVD 适用范围广泛，能够制备大部分的化合物及合金半导体，目前已经被广泛地用于 LED 外延片的制造中。MOCVD 生长易于控制外延薄膜厚度，适宜于生长各种异质结构的材料，能够制备大面积均匀性良好的薄膜。

（3）超高真空化学气相沉积（UHV-CVD）

超高真空化学气相沉积技术发展于 20 世纪 80 年代末，是指在气压 10^{-6} Pa 以下的超高真空反应器中进行的化学气相沉积过程，特别适合于在化学活性高的衬底表面沉积单晶薄膜。与传统的气相外延不同，UHV-CVD 技术采用低压和低温（500～600℃）生长，能够有效地减少掺杂源的固态扩散，抑制外延薄膜的三维生长。例如，在硅单晶表面生长 Si 或 SiGe 合金外延薄膜，传统的气相外延以 $SiCl_4$ 为硅源，需要在大气压力和高温（约 1100℃）下进行反应。UHV-CVD 系统反应器的超高真空避免了 Si 衬底表面的氧化，并有效地减少了反应气体所产生的杂质掺入到生长的薄膜中。在超高真空条件下，反应气分子能够直接传输到衬底表面，不存在反应气体的扩散及分子间的复杂相互作用，沉积过程主要取决于气-固界面的反应。传统的气相外延中，气相前驱物通过边界层向衬底表面的扩散决定了外延薄膜的生长速率。超高真空使得气相前驱物分子直接冲击衬底表面，薄膜的生长主要由表面的化学反应控制。因此，在支撑座上的所有基片（衬底）表面的气相前驱物硅烷或锗烷分子流量都是相同的，这使得同时在多基片上实现外延生长成为可能。

2. 液相外延（LPE）

液相外延是在固体衬底表面从过冷饱和溶液中析出固相物质生长半导体单晶薄膜的方法。最早由 Nelson 在 1963 年发明并用于 GaAs 单晶薄膜的外延生长。液相外延生长的基础是溶质在液态溶剂中的溶解度随着温度的降低而减少，那么饱和溶液在冷却时溶质会析出。当衬底与饱和溶液接触时，溶质可在衬底上沉积生长，外延层的组分（包括掺杂）由相图来决定。整个外延薄膜的结晶生长过程是一个非平衡的热力学过程，溶液中溶质的过饱和度是溶质成核、生长的驱动力。液相外延技术已广泛用于生长 GaAs、GaAlAs、GaP、InP 和 GaInAsP 等半导体材料，制作发光二极管、激光二极管和太阳能电池等。按照冷却方式的不同，液相外延生长分为稳态生长和瞬态生长。稳态外延生长液成为温度梯度外延生长，由高温的源晶片和较低温度的衬底分别处于液态饱和溶液的两端，两者之间形成温度梯度差，如图 5-13 所示。由于溶解度随

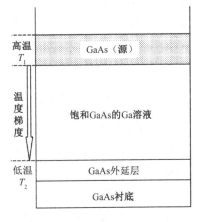

图 5-13 稳态液相外延生长示意图

着温度的下降而减少，溶质 As 在衬底表面逐渐沉积生长，而在溶液中则从源晶片端到衬底端形成浓度梯度。源晶片的溶解和衬底上外延薄膜的生长速率相同，溶液内溶质的浓度梯度则是溶质从源晶片到衬底表面的驱动力。溶液中的对流容易引起溶质浓度梯度的变化，导致外延层厚度不均匀，这是稳态液相外延生长技术最大的不足之处。

瞬态液相外延生长用于制备 0.1μm 到几微米的薄外延层，厚度比稳态法均匀。溶液冷却的方式包括：平衡冷却、分步冷却、过冷法和两相溶液冷却法。瞬态生长过程在外延薄膜生长前衬底与饱和溶液不进行接触，将系统加热到高于与溶液初始组成对应的液相线温度 T_1，然后衬底与饱和溶液接触并开始冷却。

（1）平衡冷却法。当温度达到 T_1 时，溶液刚好达到饱和，将衬底与溶液接触，即在接触的瞬间两者处于平衡状态，然后以恒定的降温速率进行冷却生长。

（2）分步冷却法。如果饱和溶液能够承受一定程度的过冷（低于温度 T_1）而不出现自发结晶，则可采用分步冷却法进行外延薄膜的生长。这种工艺先使溶液在温度 T_1 下饱和，然后将衬底与溶液接触，并迅速冷却到低于 T_1 的某一温度，然后保持温度不变，过饱和溶液在接触到衬底后溶质析出，成核生长。

（3）过冷法。过冷法是平衡冷却和分步冷却的结合，即衬底与饱和溶液接触后温度先降至低于 T_1 的某一温度，然后保持恒定的降温速率进行薄膜生长。过冷法增大了溶质成核的驱动力，能够有效地改善薄膜的表面形貌、完整性和厚度均匀性。

（4）两相溶液法。两相法主要针对溶质在溶液中的溶解度较低或挥发性较高，难以维持溶液足够饱和度的情况，在整个外延生长过程中，溶液中或溶液上方一直放置前驱物源片，用以补充溶液中溶质的损耗，自动调节溶液处于一定的饱和度。例如在 InGaAsP/InP 异质结的液相外延生长中，P 在 In 溶剂中的溶解度很小且挥发蒸气压很高，因此采用两相法在饱和溶液上方悬浮 InP 以补充 P 的损耗，保持溶液一定的饱和度。

与其他外延技术相比，液相外延生长技术的优点包括：①生长设备简单可靠，使用简便；②外延薄膜的组分和厚度可精确控制，且重复性好；③外延层生长速率较快，一般为 0.1~2μm/min；④易于生长纯度很高的单晶外延薄膜；⑤掺杂剂选择范围较大，只要求具有一定的溶解度和较小的饱和蒸气压；⑥外延层晶体结构较好，位错密度较低。但是液相外延技术最大的不足之处是当衬底与外延层材料晶格失配大于 1% 时，外延生长很困难（气相外延允许晶格失配超过 10%）。

3. 分子束外延（MBE）

分子束外延技术是在超高真空系统（10^{-8} Pa）中，由构成外延薄膜的一种或多种元素，以原子、原子束或分子束形式直接喷射到适当温度的单晶衬底上，同时控制分子束对衬底扫描，使得分子或原子按一定的结构有序排列，形成晶体薄膜，其设备如图 5-14 所示。分子束外延技术发展于 20 世纪 70 年代初，由美国 Bell 实验室和中国台湾中研院始创。与 VPE 和 LPE 等外延技术是在接近于热力学平衡下进行反应不同，MBE 是一种真空蒸镀的物理沉积过程，生长主要由分子束和晶体表面的反应动力学控制。MBE 过程主要包括：①在超高真空腔内，源材料在发射炉（喷射池，见图 5-14）中通过高温蒸发、气体裂解或电子束加热蒸发等方法产生分子束流；②分子束流喷射到衬底表面，在于衬底交换能量后，经表面吸附、迁移、成核、生长成膜。不同组分的喷射池分别排列在衬底的斜下方，各组分和掺杂剂的分子束直接喷射向保持一定温度的衬底表面。在喷射池和衬底之间的空间被分为三个区域：分子束产生区；分子束交叠和蒸发元素混合区；衬底表面上的外延结晶区。

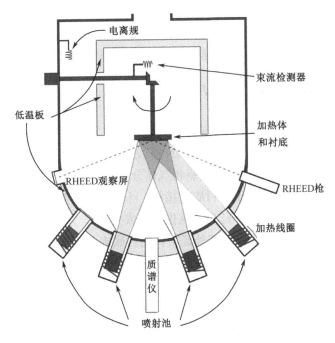

图 5-14　分子束外延反应室示意图

以 GaAs 外延薄膜生长为例，As 的来源通常有两种方式：①采用固体砷升华产生四聚化物 As_4 分子；②采用两温区源炉，在高温段使得 As_4 裂解为二聚物 As_2 分子；或者是以 GaAs 为源材料在高温下分解产生 As_2 分子。在二聚物分子（As_2）被喷射到 GaAs 衬底表面时，As_2 首先被衬底表面物理吸附，形成一种可迁移的弱键合前驱体状态。As_2 分子在表面迁移时，只有遇到一对 Ga 原子时，As_2 分子才会分解成两个 As 原子，并分别与两个 Ga 原子结合成 GaAs 分子，形成固态晶格。当衬底表面没有或缺少 Ga 原子时，前驱体 As_2 分子不会分解，它们可能在表面滞留一段时间（寿命 $<10^{-5}$s）后脱附离开衬底表面，也可能两个 As_2 分子结合形成 As_4 分子后从表面脱附。

MBE 技术也同样用于 GaN 外延薄膜的生长。镓、铝或铟分子束通过在真空中加热和蒸发其相应的金属而形成，而氮分子束则有不同的形成方式。直接采用氨气为氮源的分子束被称为气源分子束外延，采用氮气等离子体作为氮源的有射频等离子体辅助分子束外延和电子回旋共振等离子辅助分子束外延。MBE 系统中常采用四极质谱仪来检测本底的气氛组成，用离子枪进行衬底表面的清洁。并能够采用多种测试技术（如反射高能电子衍射-RHEED 等）对外延生长过程进行原位检测。

MBE 具有其他外延生长技术所不具备的诸多特点,包括:①容易形成高纯的单晶薄膜,主要由于超高真空系统和高纯的前驱物束流;②分子束外延生长速率慢(约 0.01~1 nm/s),低的生长速度有利于精确控制生长界面的平整度;③可随意改变外延层的组分和掺杂浓度分布,生长具有突变界面的异质结构;④具有极好的膜厚可控性,可实现单原子(或分子)层外延;⑤超高真空环境有利于实现原位观察和实时监测。MBE 技术最大的不足之处在于生长速率较慢,对于外延层较厚器件(如 LED),其生长时间较长,不能满足大规模生产的要求。MBE 技术目前主要用于生长原子级精确控制的超薄多层二维材料和器件,如超晶格、量子阱半导体微结构材料、掺杂异质结、高电子迁移率晶体管等。

5.2.3 GaN 基外延材料的 MOCVD 生长

GaN 基外延片的研发和应用是实现高效率、高亮度半导体照明的核心技术和基础。目前,蓝光 LED 及蓝紫色半导体激光器等 GaN 基发光元件一般用 MOCVD 技术进行生产。在 MOCVD 中,外延层的生长速率由前驱物气体分子向衬底表面的扩散控制。为了增加外延层的生长速率,促进前驱体分子与衬底的接触,日本日亚化学公司的 Nakamura 等采用双气流 MOCVD 过程生长 GaN 及外延片,这也已经成为 GaN 基外延片生产的主流技术。双气流 MOCVD 的特点是在生长 GaN 基外延材料的衬底表面,通入与主气流方向垂直(也与衬底表面垂直)的非活性气体,目的是将原料气体固定在衬底表面。在此基础上,为了提高 GaN 基外延片的质量,低温缓冲层技术、插入层技术以及能够显著降低 GaN 基外延片位错密度的侧向外延生长技术(ELOG)已经被广泛地应用。ELOG 工艺工程是在 GaN 模板上沉积多晶态的 SiO_2 掩膜层,然后利用光刻和刻蚀技术形成 GaN 窗口和 SiO_2 掩膜层条,作为衬底利用 MOCVD 进行 GaN 的二次生长。GaN 的二次生长只发生在 GaN 窗口,在 SiO_2 上不会沉积 GaN 外延层,SiO_2 上方的 GaN 由窗口层材料侧向(横向)延伸生长。由于横向方向垂直于位错传播方向,因此在横向生长的 GaN 材料中,位错密度得以大大减少。

1. 衬底材料——蓝宝石、碳化硅、硅衬底

到目前为止,Ⅲ族氮化物的生长基本都是在其他衬底材料上的异质外延。衬底材料的选择主要考虑下列因素:

① 衬底与外延薄膜的晶格匹配 晶格匹配包含两个内容:首先是外延生长面内的晶格匹配,即在生长界面所在平面的某一方向上衬底与外延薄膜的匹配;其次是沿衬底表面法线方向的匹配。

② 衬底与外延薄膜热膨胀系数的匹配 热膨胀系数的差异将导致外延薄膜质量下降,在器件工作中还会由于发热造成器件损坏。

③ 衬底与外延薄膜化学稳定性匹配 衬底材料需要有良好的化学稳定性。

④ 衬底材料成本可控,易于制备。

应用于 GaN 基外延片的衬底商品化成熟的衬底材料主要是蓝宝石、碳化硅和单晶硅,而氮化镓同质衬底则是未来最理想的衬底材料。

（1）蓝宝石（Sapphire）

蓝宝石是目前用于 GaN 基 LED 生长最普遍的衬底，也是商业化产品的主流。尽管蓝宝石和氮化镓材料存在较大的晶格失配和热膨胀系数的差异，由于蓝宝石晶体本身质量发展比较完美，研究比较广泛，成为氮化镓材料外延的主流。蓝宝石化学组成为 α 相 Al_2O_3，具有与纤锌矿 GaN 晶体相同的六方对称性和良好的化学稳定性，在真空、氮气及氢气等环境以及高温下稳定。

蓝宝石衬底制备工艺成熟、价格低廉、表面易于清洗和处理，而且可以稳定生产较大尺寸的产品，在高温下具有良好的稳定性，是III-V族化合物半导体外延片最广泛使用的衬底材料。目前，产业界中仍以 2 英寸蓝宝石衬底为主流，部分大厂商已经在使用 3 英寸甚至 4 英寸衬底，未来有望扩大至 6 英寸衬底。衬底尺寸的扩大有利于减小外延片的边缘效应，提高 LED 的成品率。但是蓝宝石热导率（约 30 $Wm^{-1}K^{-1}$）较小，其在高温器件中的应用受到一定的限制。蓝宝石与 GaN 晶体的匹配方向有 GaN（001）和 α–Al_2O_3（001），以及 GaN[110]和 α–Al_2O_3[100]，但两者之间有较大的晶格失配（约 16%）和热失配（约 9～25%），从而造成 GaN 外延片较高的缺陷密度。

（2）碳化硅（SiC）

碳化硅也是作为 GaN 基外延片衬底的重要材料，用于外延生长 GaN 的碳化硅（6H-SiC）具有类似纤锌矿的六方晶体结构，其禁带宽度为 3.05 eV。SiC 衬底与蓝宝石衬底相比，其化学稳定性好、导电性能好、导热性能好、不吸收可见光。SiC 衬底与 GaN 的晶格失配仅为 3.5%，远小于蓝宝石与 GaN 晶体之间的晶格失配（16%）。室温下，6H-SiC 的热导率高达 490 $Wm^{-1}K^{-1}$，其导热性能远优于蓝宝石材料。SiC 衬底优异的导电性能和导热性能，使其不需要像宝石衬底上大功率 GaN LED 器件采用倒装焊技术解决散热问题，而是采用上下电极结构，可以比较好地解决散热问题。此外，6H-SiC 具有蓝色发光特性，作为低阻材料可以制作电极。在 SiC 衬底市场方面，美国 Cree 公司垄断了优质 SiC 衬底的供应。2007年起，该公司在市场上供应 2～3 英寸基本上无微管的衬底。目前 2 英寸的 4H 和 6H SiC单晶与外延片，以及 3 英寸的 4H SiC 单晶已有商品出售；以 SiC 为 GaN 基材料衬底的蓝绿光 LED 业已上市。然而，6H-SiC 的层状结构在易于解理从而简化器件结构的同时，也常给外延薄膜引入大量的台阶缺陷。另外，SiC 材料昂贵的价格限制了它在市场中的应用。

（3）单晶硅衬底

单晶硅是目前应用最广的半导体材料。以单晶硅作为 GaN 基外延片衬底材料引起人们最广泛的关注和研究，主要是其有望能将 GaN 基器件与 Si 器件集成。同时与蓝宝石衬底相比，硅衬底材料具有晶体质量高、成本低、尺寸大、导电性能优良和易加工等特点；其次硅材料采用简单的湿法腐蚀方法即可去除，非常适宜于剥离衬底的薄膜转移技术路线，使其在制备半导体照明用大功率垂直结构 LED 芯片方面具有独特的优势；另外硅衬底 LED外延技术比蓝宝石衬底更加适合于大尺寸衬底。蓝宝石衬底技术在从 2 英寸转向 6 英寸、8英寸时技术壁垒较高。氮对于硅衬底 LED 技术，从 2 英寸转向 6～8 英寸衬底过度时显示了良好的发展前景，并且可以利用大尺寸硅衬底成本低的优势，大幅度提高 LED 产线的自动化程度和生产效率，降低 LED 产品的综合成本。然而，在单晶硅上外延生长氮化镓材料的难点在于硅与氮化镓之间存在巨大的晶格失配和热失配，导致 GaN 外延薄膜产生高的位错密度和应力，容易出现龟裂现象，很难获得高质量的可达器件加工厚度的薄膜。

表 5.3 比较了常用的三种 GaN 基外延片异质外延衬底。三种主流衬底技术各有特点和优势，商用化 SiC 衬底技术一直被美国 Cree 公司垄断，价格也最为昂贵。蓝宝石衬底是目前使用最多且性价比良好的技术路线。GaN 材料的同质外延能够避免外延薄膜与衬底的晶格失配问题，不仅能够很大程度地减少缺陷，大幅提升器件的性能，而且还可以简化工艺步骤，因此 GaN 自支撑衬底的研究也受到了越来越多的关注。

表 5.3 常用 GaN 外延片衬底材料性能比较

	晶系	导电性	热导率（$Wm^{-1}K^{-1}$）	晶格失配	晶圆尺寸（英寸）	成本
蓝宝石	六方	绝缘	约 30	约 16%	2～4	较高
6H-SiC	六方	导电（掺杂）	490	约 3.5%	2	昂贵
单晶硅	立方	导电（掺杂）	149	20.5%	2～12	低廉

2．GaN 基外延片工艺流程

目前商业化的 GaN 基外延片采用的是两步生长工艺。外延片生长工艺复杂，一个简单的 GaN 蓝光 LED 量子阱结构的生长工艺包括高温烘烤、缓冲层生长、重结晶、n 型 GaN 层生长、量子阱发光层生长及 p 型 GaN 层生长。详细工艺流程如下：

（1）高温烘烤，蓝宝石衬底首先在氢气气氛中被加热至 1050℃，目的是清洁衬底表面；

（2）衬底温度降至 510℃，在蓝宝石衬底表面沉积 30 nm 厚度的低温 GaN/AlN 缓冲层；

（3）升温至 1020℃，通入反应气氨气、三甲基镓和硅烷，各自控制相应的流速，生长 4μm 厚度的硅掺杂 n 型 GaN；

（4）通入三甲基铝和三甲基镓反应气，制备厚度为 0.15μm 的硅掺杂 n 型 AlGaN；

（5）温度降至 800℃，通入三甲基镓、三甲基铟、二乙基锌和氨气并各自控制不同的流速制备 50 nm 的 Zn 掺杂 InGaN；

（6）温度升高至 1020℃，通入三甲基铝、三甲基镓和双（环戊二烯基）镁，制备 0.15μm 厚度的 Mg 掺杂 p 型 AlGaN 和 0.5μm 厚度的 Mg 掺杂 p 型 GaN；

（7）700℃氮气气氛中退火处理获得高质量 p 型 GaN 外延薄膜；

（8）在 p 型 GaN 表面进行刻蚀露出 n 型 GaN 表面；

（9）分别在 p-GaN 表面蒸镀 Ni/Au 触片，n-GaN 表面蒸镀 Ti/Al 触片形成电极。

3．MOCVD 设备

MOCVD 设备是外延材料生长与芯片生产最为关键的设备，不仅决定 LED 产品的性能，而且也决定 LED 产品的性能。一般而言，整体 MOCVD 设备及外延生长相关成本占 LED 生产成本的 60%。作为 LED 芯片生产中的关键设备，MOCVD 的核心技术一直被欧美企业所垄断。德国 AIXTRON 公司和美国 VEECO 公司几乎生产了全球 90%以上的主流 MOCVD 设备。日本厂家制造的 MOCVD 设备基本限于日本国内使用，日亚公司的设备主要用于自己的研发和生产。国际上 MOCVD 技术已经非常成熟，主流设备从 6 片机（2003 年）、12 片机（2004 年）、15 片机（2005 年），目前已达到 42、45、49 片机（一次可装载 49 片 2 英寸的衬底进行外延生长）。现阶段，4 英寸 MOCVD 设备已经开始逐渐取代 2 英寸衬底的外延生长设备。

由于 MOCVD 系统最重要的问题是保证外延材料生长的均匀性和重复性，因此不同厂家的 MOCVD 系统最主要的区别在于反应室的结构，如图 5-15 所示。德国 AIXTRON 公司采用行星式反应室（Planetary Reactor），美国 VEECO 采用 Turbo Disc 反应室，英国 Thomas Swan 公司（该公司于 2003 年被 AIXTRON 公司收购）采用 Closed Coupled Showerhead（CCS）反应室。德国 AIXTRON 的行星式反应室中，前驱体气源从炉盖中心的喷气口进入反应室腔内，通过特有的设计使得气流方向变为水平流出，这一设计有效地避免了反应室内的侧壁效应，一般中间气流为Ⅲ族源，上下两路气流为Ⅴ族源。衬底放在小的石墨基盘上，通入一定流量的气体推动小盘各自自行旋转，同时小盘也随着大石墨基盘公转，从而形成行星式旋转。通过调节小盘的气体流量，改变自转的速度，从而获得均匀的生长速率。各个小石墨基盘的行星式旋转使其上放置的衬底表面与气流充分的均匀接触，保证了各个外延片生长的均匀性和重复性。

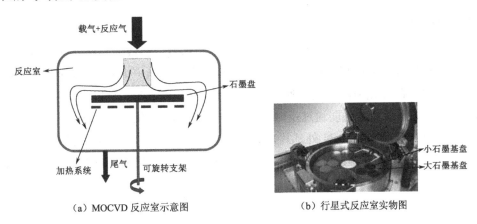

（a）MOCVD 反应室示意图　　　　　　　（b）行星式反应室实物图

图 5-15　MOCVD 反应室示意图及行星式反应室实物图

5.2.4　外延材料的测试分析

LED 发光用氮化镓基外延片包括 LED 全结构外延片，和按导电类型分为 n 型和 p 型两种类型的单层氮化镓外延片。氮化镓基外延片首先需要进行外形尺寸、外观的检验，包括：

（1）外延层厚度。一般利用多光束干涉原理，在外延片的生长过程中进行膜厚的在线监测。一定波长的光从很薄的外延层的不同表面反射回来，存在光程差，会发生相长或相消干涉，可用于探测薄膜厚度，监测外延层的生长速率。对外延层厚度的在线监测有助于实时调整控制条件，提高外延片的成品率。

（2）径向厚度不均匀性。要求沿定位径向厚度不均匀性≤±3%。

（3）表面形貌。六角缺陷，细凹坑，细痕，白点等数量及尺寸；如φ50.8 mm 外延片指标为六角缺陷小于300μm，每片少于20个；细凹坑小于20μm，每片少于100个；细痕小于5mm，每片少于3个；白点小于3mm，每片少于20个。

（4）表面粗糙度。平面外延片表面粗糙度≤0.2nm。

然后对外延片的波长范围、均匀性（要求≤8nm）和电压进行测量，电压偏差很大，波长偏长或偏短的样品均为不合格产品。最后需要检测外延片的晶体质量，包括双晶半宽和位错密度及位置分布，合格的产品要求位错密度≤$1×10^{10}$ 个/cm^2（φ50.8 mm 外延片）。

根据对外延片合格产品的要求，需要进行以下测试分析：

① 表面反射率分析（PR：Photo Reflectivity），测试外延片表面的粗糙度；

② 光致发光分析（PL：Photoluminescence），光谱分析、峰值波长、波长均匀性、半峰宽；

③ X-射线分析（X-Ray），晶格质量、组分分析、周期计算；

④ Hall 霍尔效应测试，主要测量电阻率、迁移率、载流子浓度、霍尔系数；

⑤ 电致发光测量（EL：Electroluminescence），其分析参数包括亮度（mcd）、正向偏压（Vf）、波长（nm）、半峰宽、反向电流、波长漂移、反向电压、抗 ESD 能力等；

⑥ 显微镜测量，包括原子力显微镜、金相显微镜及扫描电镜进行表面形貌分析。

1. 表面反射率

随着对外延片表面质量要求的不断提高，表面粗糙度已经成为合格外延片的必要条件。外延片表面粗糙度的测量利用光学原理，如图 5-16 所示。当一束光以一定的角度照射到固体表面后，除一部分光被固体吸收外，另一部分被反射和散射。反射光的强弱与被测表面的粗糙度有关，反射光的强弱通过反射光强度与入射光强度的比值即表面反射率（百分比）来表示。具有光滑表面的 GaN 外延片，其测量的表面反射率为17%，而粗糙的 GaN 表面反射率范围约在1%～10%。因此，依据测量的外延片表面反射率能够有效地判断出其表面粗糙度。

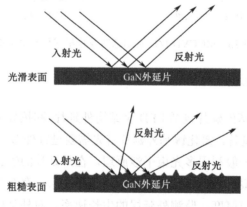

图 5-16　表面粗糙度测量原理示意图

2. 外延片光致发光光谱及扫描成像系统

光致发光是指物体依赖外界光源的照射，从而获得能量，产生激发导致发光的现象。从本质上讲，光致发光是材料中的电子吸收光子的能量跃迁到较高能级的激发态，在跃迁回低能级时，以光辐射的方式释放能量。外延片 PL 谱扫描成像系统用于快速检测外延片的质量，通过逐点扫描能够将外延片的积分光强、主波长、峰值波长、半峰宽等参数以绘图的形式显示它们在外延片中的分布。从图 5-17 的光致发光扫描成像图可以很直观地通过不同的颜色看出外延片表面各个位置的发光强度等参数的误差。

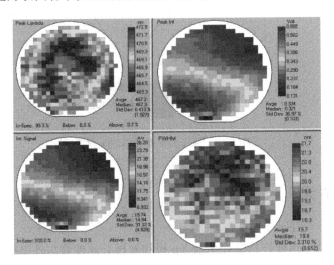

图 5-17　光致发光扫描成像

（1）X 射线双晶衍射

X 射线双晶衍射方法是研究外延材料组分和晶体结构的重要实验方法，是研究超晶格及多量子阱结构性质的有序手段。

（2）霍尔效应分析仪

霍尔效应是指固体材料中的载流子在外加磁场中运动时，受到洛伦兹力的作用而使轨迹发生偏移，并在材料两侧产生电荷积累，形成垂直于电流方向的电场，最终使载流子受到的洛伦兹力与电场斥力相平衡，在两侧建立起一个稳定的电势差。这个电势差称为霍尔电压。霍尔效应分析仪作为测定半导体材料电磁特性的仪器，可以得到材料的载流子浓度、迁移率、电阻率及霍尔系数等参数。

（3）原子力显微镜（AFM）

原子力显微镜是一种纳米级高分辨的扫描探针显微镜，利用原子之间的作用力探测出样品的三维表面图。AFM 的关键部件是一端带有尖细探针的微观悬臂，用以扫描样品表面，感应原子间的作用力，如图 5-18 所示。激光束经过光学系统聚焦在微悬臂背面，并被反射到由光电二极管构成的检测器。当探针在距离样品表面 1～3nm 的位置扫描时，由于样品表面原子与探针原子之间的作用力，微悬臂将随样品表面形貌而弯曲起伏，反射光束也随之偏移。因此，通过光电二极管检测光斑位置的变化，就可获得样品表面形貌的信息。

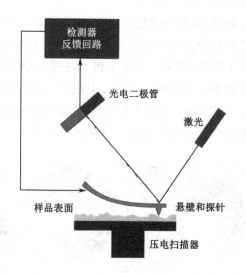

图 5-18　原子力显微镜原理示意图

5.3　芯片技术

在 LED 外延片上需要连接金属电极（p 极和 n 极）才能够与外电路连接导电。由于现在的外延片一般是在蓝宝石异质衬底上制备，蓝宝石不导电，因此需要对 LED 外延片进行特别的结构设计以形成导电的 p 极和 n 极，pn 极的形成过程实际上就是 LED 芯片的工艺流程。

5.3.1　芯片工艺流程

在 LED 外延片上对 p-n 结的两个电极的加工，是制作 LED 芯片的关键工序，包括清洗、蒸镀、黄光、化学蚀刻、熔合、研磨等程序，详细流程如图 5-19 所示；然后进行划片、测试和分选，从而得到 LED 芯片。对于氮化镓基 LED 芯片而言，常用的蓝宝石衬底不导电，一般的结构设计是刻蚀出 n-GaN 层并在其表面蒸镀电极，然后在最外层的 p-GaN 薄膜表面蒸镀 p 电极。

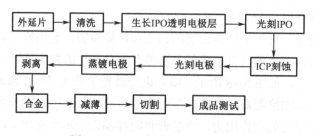

图 5-19　LED 芯片制造工艺流程

1．LED 芯片制造流程

LED 芯片的制造从 MOCVD 方法制备的外延片成品开始，属于半导体 LED 制造的中段工艺。外延片成品首先需要进行表面清洗处理，然后进入如下的流程。

（1）IPO（Indium Tin Oxide）透明电极层生长。氧化铟锡是金属铟的氧化物（In_2O_3）和金属锡的氧化物（SnO_2）的混合物，通常质量比为 90% 的 In_2O_3 和 10% 的 SnO_2。其特性是具有很好的导电性和光学透明性，可以切断对人体有害的电子辐射、紫外线及远红外线。因此，喷涂在玻璃、塑料及电子显示屏上后，在增强导电性和透明性的同时切断对人体有害的电子辐射及紫外线、红外线。氧化铟锡薄膜一般采用电子束蒸发、物理气相沉积或一些溅射沉积技术的方法沉积到表面。

（2）图形光刻 ITO 透明电极层，光刻过程一般在黄光区进行，所以也称为黄光作业，主要包括：甩胶、前烘、曝光、显影、坚膜和腐蚀。

甩胶：将少量光刻胶滴在外延片上（p-GaN 层表面），用匀胶台在高速旋转后形成均匀的胶膜。光刻胶的技术复杂，按照其化学反应机理和显影原理，可分为负性胶和正性胶两类。光照后形成不可溶物质的为负性胶；反之，对某些溶剂是不可溶的，经过光照后变成可溶物质的是正性胶。

前烘：使光刻胶的溶剂挥发，用于改善光刻胶与样品表面的黏附性。前烘是光刻的一道关键工序，前烘条件的选择，对光刻胶溶剂的挥发量和光刻胶的黏附特性、曝光特性、显影特性等都有较大的影响。

曝光：将掩膜板（光刻板）置于 ITO 透明电极上方，用紫外光进行曝光，曝光的区域发生化学变化。图 5-20 所示是掩膜板图形示意图，灰色图形区域为胶膜遮挡保护部分。

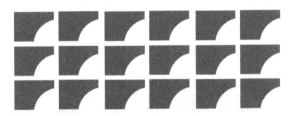

图 5-20　掩膜板表面图形示意图

显影：显影是用溶剂去除未曝光部分（负胶）或曝光部分（正胶）的光刻胶。在外延片表面形成所需的图形。在 GaN 基 LED 芯片制造中，用显影液除去应刻蚀掉部分的光刻胶（正胶），以获得腐蚀时由胶膜保护的图形（见图 5-21 白色图形区域）。

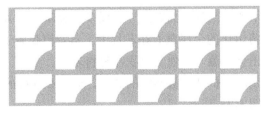

图 5-21　显影后的外延片表面

坚膜（后烘）：显影时胶膜会发生软化、膨胀，坚膜的目的是去除显影后胶层内残留的溶剂，使胶膜更坚固，提高光刻胶的黏附力和抗腐蚀性。

腐蚀：用36%～38%的盐酸腐蚀ITO透明电极层以获得相应的图形。

（3）ICP刻蚀。ICP刻蚀即感应耦合等离子体刻蚀，是利用气体辉光放电产生的高密度等离子体轰击材料表面进行刻蚀的技术。利用ICP技术，以光刻胶为掩膜刻蚀GaN外延片，获得裸露的n-GaN层，图5-22白色图形区域为p-GaN层，其余区域为裸露出的n-GaN层。

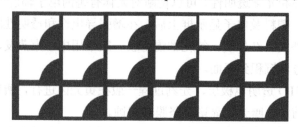

图5-22　ICP刻蚀后的外延片表面图形

（4）图形光刻电极。金属电极的图形光刻过程与光刻ITO过程相同，不同的是在这一过程采用光刻负胶，曝光过程所使用的掩膜板图形见图5-23，灰色区域显示为光刻胶去除部分，其余为光刻胶保护部分。显影后的图形如图5-24所示，圆形部分和扇形部分为裸露区域，其余部分受光刻胶保护。

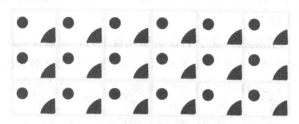

图5-23　电极掩膜板图形

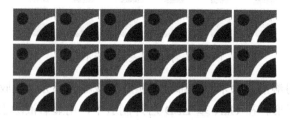

图5-24　显影后的外延片表面

（5）蒸镀。在显影后的外延片表面镀上一层或多层金属（如Au、Ni、Al等），一般将芯片置于高温真空下，将熔化的金属蒸着在芯片上。蒸发镀膜属于真空镀膜技术，是在真空室内，通过加热蒸发出金属蒸气并使其沉积在材料表面。

（6）剥离。剥离光刻胶保护部分被蒸镀的金属，分别在p-GaN和n-GaN表面形成在p极和n极金属触片，如图5-25所示。

图 5-25　剥离过程后的芯片表面，黄色分别表示 p 极和 n 极金属触片

（7）合金：使蒸镀过程中蒸镀的多层金属分子间更紧密结合，减少接触电阻。

（8）减薄：减小蓝宝石衬底厚度，利于切割、散热。

（9）切割：切割过程前需要进行贴膜（白膜，宽度为 16cm，黏性随温度的升高增加）、划片（激光打在蓝宝石衬底上，所用激光为紫外光，波长为 355 nm，激光划痕在 25～35μm）、倒膜（蓝膜，宽度为 22cm，倒膜时衬底朝上，有电极的一面朝下）、裂片（裂片前需在芯片上贴一层玻璃纸，防止裂片时刀对芯片的破坏）、扩膜（把裂片后直径为 2 英寸的芯片扩充 3 英寸，便于后续的分拣）等过程。

以上过程为 LED 芯片制造的基本流程，不同的芯片在工艺上也可能会有差异，比如 SiO_2 光刻等。

2．LED 芯片制造常用设备

（1）清洗机：用于外延片表面清洗。

（2）光罩对准抛光机：用于 LED 光罩对准曝光微影制程。该设备是利用照相的技术，定义出所需要的图形，因为采用感光剂易曝光，得在黄色灯光照明区域内工作，所以其工作的区域叫做"黄光区"。

（3）单电子枪金属蒸镀系统：用于金属蒸镀（ITO，Al，Ti，Au，Ni，Mo，Pd，Pt，Ag）；金属薄膜欧姆接触蒸镀（四元 LED，蓝光 LED，蓝光 LD）制程。

（4）光谱解析椭圆测厚仪：半导体薄膜厚度及折射率监测。

（5）高温快速热处理系统：用于杂质热退火处理和金半接面合金处理。

（6）研磨抛光机：外延片的研磨、抛光。

（7）激光切割机：外延片切割。

（8）砂轮划片机（Discing Saw）：所使用刀片为微型砂轮，厚度为 0.015mm，目前主要品牌有 Uni-Tek（中国台湾）、Disco（日本）、Loadpoint（英国）、TSK（日本），占主导地位的是日本 Disco。其原理是利用装在主轴上高速（60 000 rpm）旋转的刀片划过被切割件的具有特定标记的表面，而把整个被切割件分割成所需要的小颗粒。

（9）感应耦合等离子体（ICP）刻蚀机：对Ⅲ-Ⅴ族化合物进行等离子体刻蚀。与湿法刻蚀及传统的等离子体刻蚀相比，具有刻蚀速率高、各向异性高、选择比高，大面积均匀性好等特点，可进行高质量的精细线条刻蚀，并获得较好的刻蚀面形貌。

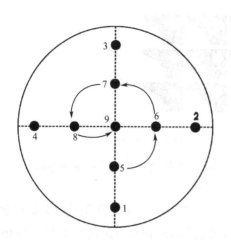

图 5-26 LED 芯片九点测位置示意图

3.LED 芯片测试

芯片制造完成后，使用专用点测机通以 20mA 的电流进行测试，一般采取在芯片的不同位置抽取九个点做参数测试（见图 5-26），主要对电压、波长、亮度进行测试，具体测试参数为正向工作电压（VF）、反向漏电流（IR）、波长（WLD）和光输出（LOP）。九点测试后合格的产品被切割成芯片，并用光学显微镜进行目检（VI/VC），接着使用全自动分类机根据不同的电压，波长，亮度的参数对芯片进行全自动化挑选、测试和分类。

5.3.2 芯片结构与实现

LED 芯片是半导体发光器件的核心部件，其不同的结构设计与实现对半导体器件的发光效率和使用寿命有极大的影响。目前，GaN 基 LED 芯片的结构主要有正装结构、倒装结构和垂直结构三种，包括常规芯片、倒装芯片、垂直薄膜和薄膜倒装芯片等。

1.常规芯片（CC）

图 5-27 是常规芯片（CC，Conventional Chip）典型结构的示意图，这是一种在具有蓝宝石衬底外延片上最容易实现的 LED 芯片结构（正装结构，芯片正面朝上正面出光），也是目前普遍采用的一种结构形式。由于蓝宝石衬底不导电，无法直接连接外电路负极，所以需要将 n 型 GaN 材料暴露出来，通常是在 p 型 GaN 材料表面通过向下刻蚀，并沉积金属触片的工艺来实现。Mg 掺杂 GaN 的 p 型薄膜具有一定的电阻（约 $1\Omega \cdot cm$），向外电路正极引线的电流扩展能力很差；同时多量子阱发光层发出的光又要经过 p-GaN 薄膜正面出光，所以在常规芯片表面会沉积一层透明的导电材料，如 ITO、NiAu、ZnO 等。因为 pn 结区发出的光子是非定向的，即向各个方向发射具有相同的概率，在常规芯片结构中一般会在蓝宝石衬底底部加一层金属反射层，以增加芯片的出光效率。蓝宝石衬底的热导率只有约 $30\ \mathrm{Wm^{-1}K^{-1}}$，仅仅是铜热导率的 1/10，所以常规芯片的最大缺点是散热性能不佳。特别是大功率 LED 芯片中，在大电流的情况下芯片散热成为影响其亮度和寿命的突出问题。另外，常规芯片中由于不同层材料导电率的不同，会导致垂直注入有源层的电流密度分布不均匀，如果电极结构和尺寸设计不匹配，很容易造成电流集边效应；且 p、n 电极在芯片的同一侧，电流必须横向通过 n-GaN 层，导致电流拥挤，局部发热量高，限制了驱动电流。具有正装结构的常规芯片是小功率芯片中普遍使用的芯片结构，目前已经广泛地应用于背光、装饰和显示等领域，但在需要大功率芯片（＞1W）的通用照明领域应用受到了很大的限制。

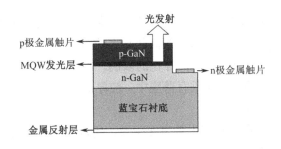

图 5-27　常规芯片（CC）结构示意图

2. 倒装芯片（FC）

倒装结构芯片（FC，Flip Chip）与正装芯片的区别是由芯片背面朝上出光，即蓝宝石衬底表面出光（图 5-28 所示），而 p 型 GaN 层则变成了光反射面，其底部常装有反光的 p 极触片。倒装芯片是用倒装焊的方式将分离开的芯片分别倒扣焊接在新的衬底（一般为硅衬底）表面，p 型 GaN 外延层和 n 型 GaN 外延层表面分别制作出共晶焊的金导电层和及引出导线层。倒装结构的特点是外延层直接与新衬底（硅）接触，新衬底具有导电性和更高的热导率（149Wm^{-1}K^{-1}）可以为芯片提高电流驱动电路、保护电路和散热通道等。同时，倒装后蓝宝石衬底朝上，成为出光面，而蓝宝石是透明的，能够获得更多的有效出光。p 型 GaN 外延层表

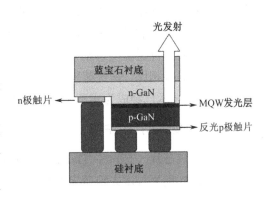

图 5-28　倒装芯片（FC）结构示意图

面的金属反光层能够将有源层向下发出的光反射向上，通过出光面向外发射，从而提高了芯片的出光效率。倒装结构芯片虽然采用了热导率良好的新衬底，出光效率也有了较大的提高，但是实际芯片的导热能力还受焊点的焊接质量和焊接面积影响。并且倒装结构 GaN 基芯片仍然是横向结构，还存在电路拥挤现象，这限制了驱动电流的进一步提升。倒装结构的封装基于倒装焊技术，在传统 LED 芯片基础上减少了引线键合工艺，省去了导线架和打线，仅通过芯片搭配荧光粉和封装胶使用，减小了封装体积，简化了 LED 器件设计。

3. 垂直薄膜（VTF）

垂直薄膜（VTF，Vertical Thin Film）属于垂直结构芯片，它的 p 电极和 n 电极分别在芯片的上下两个表面，支撑衬底为导热导电的衬底，如 Si、Ge 和 Cu 等，结构如图 5-29 所示。垂直结构 LED 芯片的 p、n 电极分别在芯片的两侧，使得电流几乎全部垂直通过外延层，横向

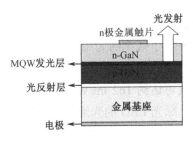

图 5-29　垂直薄膜（VTF）结构示意图

流动的电流很少，电流分布均匀，产生的热量也很少。垂直薄膜 LED 芯片通过键合和激光剥离工艺将 GaN 外延层转移至 Si、Cu 等高热导率的衬底上，克服了传统蓝宝石衬底 LED 芯片在出光效率、散热、可靠性等方面存在的限制。常规芯片的出光面为 p 型 GaN 层，其厚度较薄不利于制作表面结构，在垂直薄膜中，较厚的 n 型 GaN 层为出光面，便于制作表面微结构，以提高光提取效率。

GaN 外延层难以实现在新衬底上的直接生长，所以制作垂直薄膜的工艺难点在于新衬底的键合和蓝宝石衬底的剥离。目前一般采用激光剥离技术结合金属熔融键合技术实现将 GaN 基 LED 芯片从蓝宝石衬底转移至硅或铜衬底，同时在 p 型 GaN 层增加光反射层以减小衬底对光的吸收，提高出光效率。以 Cu 衬底为例，Au 作为键合金属层，通过热压方法在氮气气氛下实现 GaN 基外延片与 Cu 衬底结合，键合温度为 300～500℃；然后通过激光剥离技术将蓝宝石衬底分离，完成以 Cu 为衬底的垂直薄膜 LED 芯片的制备。激光剥离技术是利用 GaN 材料高温分解特性及 GaN 与蓝宝石的带隙差，采用光子能量大于 GaN 带隙而小于蓝宝石带隙的紫外脉冲激光，透过蓝宝石衬底辐照 GaN 外延层，在其界面处产生强烈吸收，使界面位置温度急剧升高，GaN 气化分解，实现蓝宝石衬底剥离。

与常规芯片相比，垂直薄膜 LED 芯片具有散热性能好、出光效率高等优点。大功率垂直结构 LED 技术已经成为实现半导体通用照明的解决方案。

4. 薄膜倒装芯片（TFFC）

薄膜倒装芯片（TFFC，Thin Film Flip Chip）结合了垂直薄膜和倒装芯片的结构特点，首先利用激光剥离技术去除蓝宝石衬底，然后将其倒装焊接在高热传导的衬底上，结构如图 5-30 所示。与垂直薄膜相似，薄膜倒装芯片在蓝宝石衬底剥离后，能够在裸露的 n 型 GaN 层出光表面用光刻技术做表面粗化以提高光提取效率。而倒装焊接的结构减少了金属引线键合工艺，缩短了有源层到出光面的距离，在减少封装体积的同时也增加了出光效率。因此，与传统的倒装芯片和垂直薄膜 LED 芯片相比较，TFFC 具有更高的亮度和更大的光输出效率，其表面的向上光输出能达到约 100%。

薄膜倒装芯片技术可以实现最大化发光和最小化热阻，从而产生更高的亮度，更适用于高功率半导体照明领域。目前高功率 TFFC 蓝光 LED（波长约为 425 nm）在 350 mA 驱动电流时的外量子效率高达约 56%，在更低驱动电流时可达约 62%。该蓝光 LED 在 1A 驱动电流时能够实现超过 1.3 W 功率的光学照明。TFFC 绿光 LED（波长约为 520 nm）在 350 mA 驱动电流时的外量子效率约为 29%，在低电流时外量子效率约为 36%，由其制备的 LED 光源实现的最高光效可达约 162 lm/W。在驱动电流为 1A 时，TFFC 绿光 LED 的光通量能够达到约 497 mW（约 222 lm），这是已知的绿光 LED 所能获得的最佳结果。

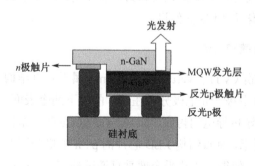

图 5-30　薄膜倒装芯片（TFFC）结构示意图

5.4　光萃取技术

5.4.1　基本原理

如何实现有效的光提取从 LED 芯片诞生之初就一直是芯片技术的挑战。光提取问题的基本原理来自于Ⅲ-Ⅴ族半导体化合物较高的光折射系数，如 AlGaInP 的折射系数约为 3.5，

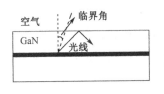

图 5-31　半导体 LED 芯片临界角示意图

InGaN 的折射系数约为 2.4。对于高折射系数的半导体而言，其临界角都非常小，GaN 材料的折射率为 2.4，相应的临界角为 24.5°。当发光层发射的光线到达 GaN 与入空气的界面时（见图 5-31），如果光线入射角大于临界角（24.5°），则会产生全内反射，因此大部分有源层发射的光线会被全内反射而限制于半导体内部，最终被 GaN 材料完全吸收。

从本质上讲，LED 芯片的发光效率的提高基于其外量子效率的增加。外量子效率（η_{ext}）可由如下公式表达：

$$\eta_{ext} = \eta_{int} \cdot C_{ext}$$

η_{int} 为内量子效率，C_{ext} 为出光效率（light extraction efficiency），又称为光提取效率或光萃取效率。内量子效率是微观过程中复合载流子产生的光子数与复合载流子总数之比，其大小主要取决于半导体材料本身及形成 pn 结的结构和工艺。因此，对于给定内量子效率的外延片，比如 GaN 基外延片，提升光提取效率是提高 LED 芯片外量子效率的根本途径，这在很大程度上要求设计新的芯片结构以改善出光。由 GaN 基材料高的折射率导致芯片出光面的全反射，光提取效率通常不到 10%。

5.4.2　芯片设计与光提取

为了提高光提取效率，使得 GaN 基器件内产生的光子更多地发射到体外，目前常用的方法包括蓝宝石图形衬底技术、光子晶体技术和表面粗化技术等。另外，蓝宝石衬底的光折射系数为 1.78，相应的临界角为 45°，因此以蓝宝石衬底为出光面的倒装芯片结构具有比正装结构更高的光提取效率。

1. 蓝宝石图形衬底技术（PSS）

蓝宝石图形衬底（Pattern Sapphire Substrate，PSS）技术是最近发展起来在 LED 研究领域较为热点的外延技术，可以有效地提高氮化镓基芯片的光提取效率。PSS 是指在蓝宝石衬底上制作出周期性图形。光刻和刻蚀是制作图形化蓝宝石衬底的两个工艺流程。光刻的目的是在平坦的蓝宝石衬底表面制作一定厚度的掩膜图形；刻蚀工艺是将掩膜保护外的蓝宝石衬底部分去除，被掩膜覆盖的部分由于掩膜作为保护层而得以保留。通过刻蚀工艺把掩膜图形转移到蓝宝石衬底表面，得到图形化的蓝宝石衬底。采用图形衬底制备 GaN 基

外延片主要基于两方面的原因：一是可以提高 GaN 外延层的晶体质量，主要是通过图形衬底使得 GaN 材料由纵向外延生长变为横向外延生长，可以有效减少位错密度。它类似于侧向外延生长技术（ELOG），是一种直接在蓝宝石衬底上进行 GaN 异质生长的技术。正是由于晶体质量提高，多量子阱有源区会增加内部辐射复合的概率，从而通过提高内量子效率来增加发光效率。二是图形化的衬底有利于对有源层发出光的传播方向进行再调节。有源区发出的光，经过 GaN 和蓝宝石衬底界面的多次反射，改变了原全反射光的入射角，使其小于临界角，增加了 LED 光出射的概率，从而提高了光的提取效率。

图形化蓝宝石衬底的制备工艺主要有 ICP 干法刻蚀和湿法化学刻蚀工艺。

ICP 干法刻蚀：先在蓝宝石衬底上沉积一层 SiO_2 或光刻胶掩膜；然后利用标准光刻工艺在掩膜上制作光刻图形；最后利用高能等离子体刻蚀蓝宝石衬底表面，在去除掩膜后可得到相应的图形化衬底。

湿法化学刻蚀：利用光刻技术首先在蓝宝石衬底表面用光刻胶制作出所需图形；然后采用等离子体气相沉积法（PECVD）沉积 SiO_2；最后用 SiO_2 作为蚀刻掩膜层，在 280℃ 下以磷酸和硫酸的混合溶液高温蚀刻蓝宝石衬底从而在表面形成图形化。

蓝宝石衬底的图形化制备经历了从最早由 SiO_2 或 SiN_x 直接作为图形衬底，到微米尺寸的柱形图形化、半球形图形化、V 形图形化和圆锥形图形化，现在正在向纳米尺寸图形化发展。目前广泛应用于工业化生产的是微米量级图形化蓝宝石衬底，纳米级图形化蓝宝石衬底还主要处在实验室研究阶段。

（1）V 形图形化衬底

V 形图形化蓝宝石衬底是利用高温湿法化学刻蚀的方法以混合酸刻蚀蓝宝石衬底表面，其横截面示意图如图 5-32 所示，刻蚀深度一般为 0.5μm 到 2μm。经过湿法化学刻蚀后的蓝宝石衬底，由于表面晶格的特性，会被蚀刻出呈 57° 的倾斜面，衬底表面光学显微照片见图 5-33。蓝宝石衬底表面倾斜面的形成使光提取效率提高到 60% 左右，比使用普通蓝宝石衬底的 LED 芯片输出光功率提高 30% 以上。同时图形化衬底使 GaN 外延层的位错密度大幅下降（由 $1.28 \times 10^9 cm^{-2}$ 降至 $3.62 \times 10^8 cm^{-2}$），进而使得芯片的内量子效率得到了一定程度的增大。

图 5-32　湿法化学刻蚀制备 V 型图形化蓝宝石衬底横截面示意图

（2）柱形（圆台型）图形化衬底

柱形（或圆台型）图形化衬底是通过标准光刻工艺，采用电感耦合等离子体在蓝宝石衬底上刻蚀出图案化表面，其结构示意图见图 5-34。由于刻蚀深度能够由 ICP 刻蚀的电流和时间来控制，在图 5-35 中，刻蚀深度控制在 356nm 左右，圆台直径约为 1.4μm。C.C.Wang

等人通过理论计算和实验研究了圆台型图形化衬底上圆台的直径及圆台之间的距离对光提取效率的影响。当固定圆台的直径 a=1.5μm，将圆台之间的距离 b 在 0.25μm~1.25μm 之间调节，理论计算和实验结果都表明当 $(a+b)/b$ 的比例为 3 时可以获得最佳的光提取效率。

图 5-33 湿法化学刻蚀制备 V 型图形化蓝宝石衬底表面光学显微镜照片

图 5-34 柱形蓝宝石衬底结构示意图

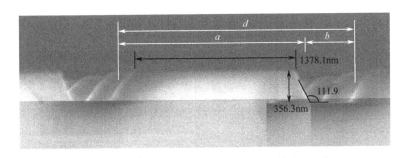

图 5-35 圆台型蓝宝石衬底横截面 SEM 图，圆台直径约 1.4μm，刻蚀深度 356nm。

（版权许可来自 Applied Physics Letters，2007，91，121109）

（3）半球形图形化衬底

半球形蓝宝石衬底的制备流程如图 5-36（a）所示。首先用等离子体化学气相沉积（PECVD，Plasma Enhanced Chemical Vapor Deposition）在平整的蓝宝石表面沉积一层 SiN_x 作为掩膜；然后利用带有深紫外灯的光刻设备在 SiN_x 薄膜表面制作图案化的聚甲基丙烯酸甲酯（PMMA）柱形阵列，间距为 1μm；利用热回流技术将 PMMA 间距缩短至 0.5μm，并采取反应离子刻蚀的方法在 SiN_x 薄膜表面形成半球形轮廓；最后在 SiN_x 掩膜保护下 ICP 刻蚀蓝宝石表面。在图 5-36（b）中，C.T. Chang 等人利用上述工艺获得了直径为 4.3μm，最近间距为 0.5μm 的半球形蓝宝石衬底。通过调整 PMMA 和 SiN$_x$ 薄膜厚度的比例，可以控制获得圆台型图形化衬底，刻蚀深度约为 1μm。在图形衬底轮廓的优化上，证实了半球形的图形衬底对于光提取效率的提升要大于圆台型的图形衬底。采用半球形衬底制备的芯片光输出功率比普通衬底提升约 44%，而圆台型衬底光输出功率提升约为 31%。

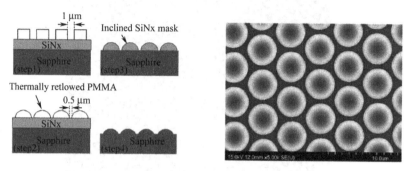

图 5-36 （a）半球形图形化蓝宝石衬底工艺流程； （b）半球形蓝宝石衬底 SEM 照片
（版权许可来自 IEEE Photonics Technology Letters，2009，21（19），1366-1368）

（4）圆锥形图形化衬底

圆锥形蓝宝石衬底的工艺流程包括：①在蓝宝石衬底表面沉积一层厚度为 3.5 μm 且具有一定间隔的圆柱形光刻胶阵列（图 5-37（a））；②显影后的光刻胶在 140℃坚膜过程中热回流形成圆锥形（见图 5-37（b）），并增加了与衬底的结合；③以 Cl$_2$ 为反应气体 ICP 刻蚀蓝宝石衬底表面，形成直径 3μm，高度 1.5μm 和间隔 1μm 的圆锥形阵列。利用圆锥形蓝宝石衬底能够以类侧向生长的方式制备高质量的 GaN 外延层，以此为基础制备的 LED 在 20mA 的驱动电流下输出功率为 16.5 mW，比普通蓝宝石衬底制备的 LED 输出功率高约 35%。

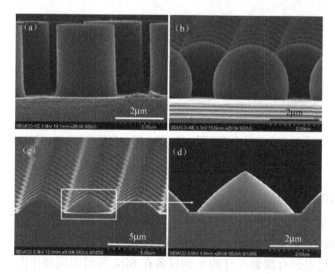

图 5-37 圆锥形蓝宝石图形衬底制作过程 SEM 照片
（a）圆柱状光刻胶； （b）140℃热回流形成类圆锥形光刻胶阵列； （c）圆锥形蓝宝石表面；
（d）局部放大 SEM 观察（版权许可来自 IEEE Transactions on Electron Devices，2010，57（1），157-163）

在此基础上，X.H. Huang 等人对于不同倾角的圆锥形的图形衬底进行了优化，得到了 33°最优化的倾角，并证明了图形占据的面积越大越有利于出光的结论。

（5）蓝宝石图形衬底结构优化

通过不同的光刻工艺，在蓝宝石表面能够有效地制备不同的图形，其刻蚀深度、图形尺寸和间距都可以进行有效的控制。由不同图形的蓝宝石衬底制备的 LED 芯片在电子和光学等性质方面存在较大的差异，Y.T. Hsu 等人分别制备了半球形、六角形和圆锥形的蓝宝石衬底表面（见图 5-38），半球形和六角形衬底的图形直径均为 3.4 μm，间距为 1.8μm，而圆锥形衬底直径为 2μm，间距 3.2μm。在传统蓝宝石衬底、半球形图形化衬底、六角形图形化衬底和圆锥形图形化衬底表面生长的 GaN 外延层的位错密度分别为 $8.7×10^7 cm^{-2}$、$2×10^7 cm^{-2}$、$3×10^7 cm^{-2}$ 和 $5×10^7 cm^{-2}$。半球形图形化蓝宝石衬底制备的 GaN 外延层位错密度最小，晶体质量最高，由其制备的 LED 也具有最佳的电流-电压特性。

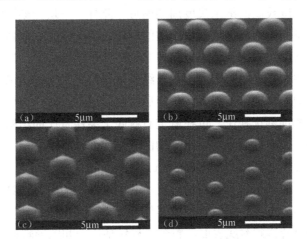

图 5-38　SEM 照片：

（a）传统的蓝宝石衬底表面；（b）半球形蓝宝石衬底表面；（c）六角形蓝宝石衬底表面；（d）圆锥形蓝宝石衬底表面。

（版权许可来自 IEEE Photonics Technology Letters，2012，24（19），1686-1688）

然而，由这四种蓝宝石衬底制备的 LED 芯片在驱动电流为 400 mA 时，六角形图形化的蓝宝石衬底具有最高的输出功率（168 mW），半球形衬底（144 mW）和圆锥形次之（122 mW），传统蓝宝石衬底制备的 LED 芯片具有最低的输出功率 96mW。在不同注入电流时的外量子效率表现出与输出功率相似的规律，在 400mA 时六角形图形化的蓝宝石衬底具有最高的外量子效率（15%）。与传统的蓝宝石衬底表面相比，以六角形图形化衬底制备的 LED 芯片输出功率能够提升 75%，外量子效率提高 65%。六角形图形化蓝宝石衬底具有最高的输出功率和外量子效率，主要是由于该图形衬底能够有效地减少光的全内反射，增加光的发射角度，进而提高了 LED 芯片的光提取效率。

2．光子晶体技术（Photonic Crystals）

从光提取技术的角度来说，蓝宝石衬底图形化的制备正在往纳米级别发展。纳米量级的图形化衬底除了具有改变光出射方向的作用外，还具有微米量级图形化衬底所没有的特点，即光子晶体的禁带效应。光子晶体是由具有不同介电常数的介质材料在空间呈周期性排布的微结构材料。由于电磁波在其中的传播可以用类似于电子在半导体中传播的能带理论来描述，因而称为光子晶体。光子晶体被认为是控制光子传播的有效工具，光子晶体的典型特征是具有光子带隙。利用光子晶体所特有的禁带效应可以实现对光子的控制。选取合适结构参数的纳米量级图形化衬底可被视为二维光子晶体而具有光子带隙的特征，能够在垂直于芯片表面的方向，使更多的光子出射到芯片外部而不被衬底反射吸收。采用纳米量级图形化衬底制备的 LED 芯片，较之采用微米量级图形化衬底和普通蓝宝石衬底制备的芯片的光输出功率，在相同条件下，输出光功率最高。

因为光子晶体的晶格尺度和光的波长具有相同的数量级，因此一般光子晶体的晶格要求至少在 500 nm 左右，这为其制备带来了一定的难度。普通光刻技术中的掩膜工艺分辨率比较低，难以制作精度较高的纳米尺度周期图形。此外，一块光刻掩膜板只能对应一个周期性的图形结构，不利于不同周期衬底结构的制作。因此，光子晶体即纳米尺寸图形化蓝宝石衬底表面的制备中，常用其他工艺代替光刻工艺中的掩膜板，包括电子束光刻、纳米压印、自组装纳米层和激光全息等。例如，纳米压印与纳米转印技术是使用金属接触转印微影制程技术制作图形化蓝宝石衬底，转印后的金属层可直接作为后续蚀刻衬底所需的掩膜，且由于金属高的蚀刻选择比，可在蓝宝石衬底上高深宽比的结构。可在蓝宝石衬底制备最小线宽 400nm、最高蚀刻深度 1.2μm 的图形结构。

（1）纳米压印技术（NIL，Nano-Imprint Lithography）

纳米压印技术突破了传统光刻在特种尺寸减小过程中的难题，具有分辨率高、低成本和高产率的特点。其基本原理是通过硅或其他模板，将图形通过热压或者辐照的方法，以薄的聚合物膜为媒介转移到衬底表面。整个流程包括压印和图形转移两个过程，如图 5-39 所示。首先在蓝宝石衬底表面利用 PECVD 方法沉积 5nm 厚度的 Si_3N_4 薄膜（见图 5-39（a）），并旋涂一层聚合物薄膜以增加 Si_3N_4 薄膜与光刻胶的结合力；然后涂抹光刻胶并在 110℃软烘 2min，利用纳米柱形硅模板在 10kN 的力作用下进行压印（见图 5-39（b）），获得具有表面圆孔结构 Si_3N_4 掩膜（见图 5-39（c）），原子力显微镜观察表明 Si_3N_4 掩膜表面形成直径为 400nm 的孔洞结构（见图 5-39（d））；最后进行 ICP 刻蚀，可以获得直径为 400 nm 的均匀圆孔阵列。

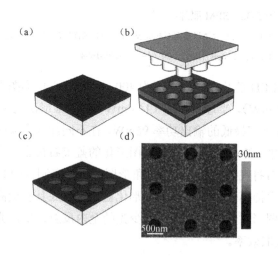

图 5-39　蓝宝石衬底表面纳米压印流程示意图
（版权许可来自 Journal of Crystal Growth，2011，322，15-22）

（2）自组装纳米层技术

自组装技术一般是首先在蓝宝石衬底表面形成一层由 SiO_2 纳米球有序排列构成的自组装膜，然后以有序排列的 SiO_2 阵列作为掩膜，ICP 刻蚀蓝宝石表面，可形成纳米图形化的表面。SiO_2 纳米球通常采用化学的方法，将一定浓度的正硅酸乙酯乙醇溶液缓慢滴加到氨水、乙醇和去离子水的混合溶液中，在恒温水浴下振荡 4 h，就能够获得尺寸可控的单分散 SiO_2 纳米球颗粒（粒径可控制在 200 nm 左右）。然后采用静电自组装等方法可将制备的单分散 SiO_2 纳米球颗粒规则地自组装在蓝宝石衬底表面。自组装纳米层技术制备纳米图形化蓝宝石表面的关键过程是自组织膜的形成。

自组装技术是在无人为干涉条件下，组元自发地组织成一定形状与结构的过程。它一般是利用利用非共价作用将组元（如分子、纳米晶体等）组织起来，这些非共价作用包括氢键、范德华力、静电力等。通过选择合适的化学反应条件，有序的纳米结构材料能够通过简单地自组装过程而形成。

（3）激光全息技术

纳米压印技术和自装纳米层技术工艺都较为复杂，不利于大规模的工业化生产。激光全息技术是利用全息光栅取代光刻技术中的掩膜，根据三个全息光栅的一级衍射光相互干涉，在光刻胶上表面形成相应的周期性图形形成二维光子晶体，其光学系统示意图如图 5-40 所示。具体工艺为：首先在蓝宝石衬底表面用甩胶机涂覆一层光刻胶，采用图 5-40 所示的全息光学系统在光刻胶上曝光，制作光子晶体图形。全息光学元件由三个两两夹角为 120° 具有相同周期的光栅组成，其衍射光相互干涉形成二维六角图形。通过控制全息光栅上的周期可以获得所需晶格常数的二维六角晶格图形。利用激光全息技术可以非常方便地在蓝宝石衬底表面制备不同周期的二维图形，且全息光栅的面积决定了一次曝光所制作的二维结构图形的面积，十分有利于实现工业化的低成本、大批量制作。

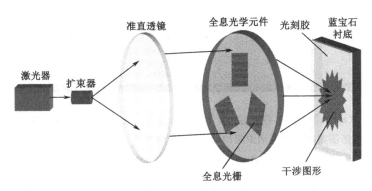

图 5-40　蓝宝石衬底表面制备二维光子晶体的激光全息光学系统示意图

3．表面粗化技术

表面粗化技术是直接在 LED 芯片的出光面制作周期性表面微结构，以改变入射光角度，提高芯片的光提取效率。按照芯片结构的不同，常规的正装芯片通常在 p 型 GaN 层或 ITO 透明电极层制作周期性图形（见图 5-41）；而倒装结构芯片由于出光面为衬底蓝宝石，

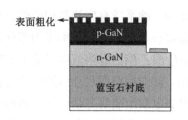

表面粗化 ←

图 5-41　LED 芯片表面粗化技术示意图

则在蓝宝石表面进行图形化。表面粗化技术在 LED 出光面制作微结构的工艺与蓝宝石衬底图形化工艺相同，主要是湿法刻蚀和 ICP 干法刻蚀。除使用光刻胶作为掩膜的传统光刻技术外，纳米压印、金属自组装等技术也应用于表面粗化过程，并在出光面形成二维光子晶体结构。

T.S. Kim 等人以直径为 300 nm 的聚苯乙烯球形成的单层自组装膜为掩膜，通过 ICP 刻蚀在 p-GaN 表面孔洞结构（见图 5-42（a）），然后其上制作 ITO 透明电极并形成柱形图案化结构（见图 5-42（b）~（d））。实验结果表明，以表面孔洞结构的 p-GaN 和柱形 ITO 透明电极制作的 LED 芯片，其在 20 mA 驱动电流下的输出功率相比普通结构的 LED 芯片能够分别提高 20% 和 10%。这主要归因于 p-GaN 层周期性孔洞表面结构和 ITO 透明电极柱形结构能够使得更多的全内反射光从界面射出，提高了芯片的光提取效率。

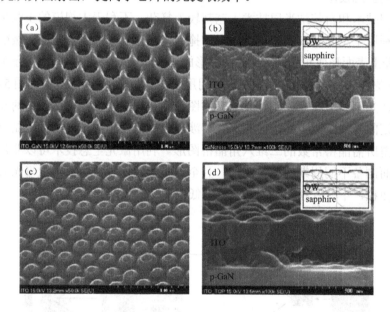

图 5-42　（a）孔洞结构 p-GaN 层 45°角 SEM 照片；（b）沉积 ITO 透明电极层后的 SEM 横截面图；（c）柱形图案化 ITO 透明电极层 45°角 SEM 照片；（d）柱形 ITO 透明电极层截面图

（版权许可来自 Applied Physics Letters，2007，91，171114）

纳米压印技术也同样用于芯片的表面粗化，在 p-GaN 层表面形成二维光子晶体结构。H.W. Huang 等人利用纳米压印技术和 ICP 刻蚀获得了具有纳米孔洞结构的蓝宝石衬底表面（见图 5-43（a））和二维双十二重准晶光子晶体结构的 p-GaN 层表面（见图 5-43（c））。结果表明，20 mA 驱动电流下由纳米孔洞蓝宝石衬底和二维光子晶体的 p-GaN 层表面构成的 LED 芯片，输出功率分别提高 34% 和 61%。芯片出光面（p-GaN 层）的二维光子晶体微结构具有更高的光散射效应，从而极大地提高了芯片的光提取效率。

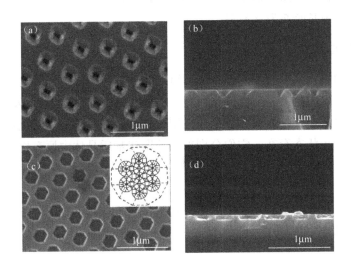

图 5-43　SEM 照片（a）图形化蓝宝石衬底表面；（b）蓝宝石衬底横截面；
（c）p-GaN 层表面；（d）p-GaN 层横截面

（版权许可来自 IEEE Electron Device Letters，2009，30（11），1152-1154）

5.5　荧光材料

5.5.1　发光与发光材料

　　物质将从外界吸收的能量以光的形式释放出来的过程被称为物质的发光（luminescence）。具有实用价值的发光物质称为发光材料或荧光材料，也称为荧光体（Phosphor）。发光材料具有广泛应用，但主要用于显示和照明。用于显示的发光材料，种类繁多，应用领域广阔，如彩色电视用荧光粉、X 射线增感屏用荧光粉以及无光区域标识指示用长余辉发光材料等。显示用发光材料的荧光发射，激发源常常是各种射线（γ、X 或阴极射线）或热激发等。有时发光机制也互有不同。用于照明的发光材料主要是灯用三基色荧光粉，属光致发光材料，即通过汞蒸汽放电产生的短波紫外（如 254nm 或 365nm）光激发荧光粉，产生红、绿、蓝三基色光发射，复合成白光。用于照明的荧光灯多种多样，譬如三基色荧光灯、高压汞三基色荧光灯、信号荧光灯、无电极荧光灯等。本节仅以三基色荧光灯（以下称荧光灯）为对象，表述与发光材料相关的若干主要特性。

　　通常情况下，显示用发光材料与照明用发光材料都有一定的专用性，就是说，多数情况下，发光材料的研究与开发，都是以一定实际应用的要求为背景，都有明确的针对性。譬如，$Y_2O_3:Eu$，由于紫外光激发下，因而发光效率高，适于作灯用发光材料的红光组分。而 $Y_2O_2S:Eu$ 由于基质 Y_2O_2S 密度高，对阴极射线有较高的吸收，Eu^{3+} 掺入后可形成高效的发光材料，适于用作彩电红粉。若客串使用，较难获得预期效果。当然，有些发光材料有时也可互用，但需做适当组分调整。如 $Y_2O_2S:Eu$ 中掺入适量杂质（如 Ti^{4+}，Mg^{2+}），也会成为很好的红光发射长余辉发光材料。

1．发光材料的组成

发光材料是由主体化合物和活性掺杂剂组成的，其中主体化合物称作发光材料的基质。在主体化合物中掺入的少量甚至微量的具有光学活性的杂质叫激活剂。发光材料是由基质、激活剂组成。有时还需要掺入另一种杂质，用以传递能量，叫发光敏化剂。激活剂与敏化剂在基质中均以离子状态存在。它们分别部分地取代基质晶体中原有格位上的离子，形成杂质缺陷，构成发光中心。

（1）基质

基质化合物，涉及面很广。仅无机化合物用作基质，其组成所涉及到的组分元素就覆盖了元素周期表的绝大部分（见图 5-44）。一般地，作为基质化合物至少应具备如下基本条件：

① 基质组成中阳离子应具有惰性气体元素电子构型，或具有闭壳层电子结构；

② 阳离子和阴离子都必须是光学透明的；

③ 晶体应具有确定的某种缺陷。

已用作基质的无机化合物主要有：

① 氧化物及复合氧化物，如 Y_2O_3、Gd_2O_3、$Y_3Al_5O_{12}$（YAG）、$SrTiO_3$ 等；

② 含氧酸盐，如硼酸盐、铝酸盐、镓酸盐、硅酸盐、磷酸盐、钒酸盐、钼酸盐和钨酸盐以及卤磷酸盐等。此外还有稀土卤氧化物（如 LaOCl、LaOBr），稀土硫氧化物（如 Y_2O_2S、Gd_2O_2S）等。

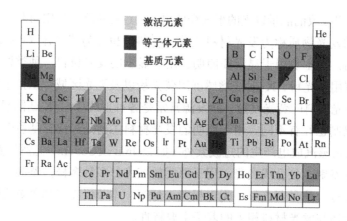

图 5-44 发光元素周期表

（2）激活剂

激活剂掺入到基质中后以离子形式占据晶体中某种阳离子格位构成发光中心，因此激活离子又被称作发光中心离子。激活离子的电子跃迁是产生发光的根本原因。激活离子在基质中能够产生电子跃迁实现发光，须遵循一定选择定则。主要有为拉鲍特定则（LaPorte' s Rule，亦称宇称选择定则）和自旋选择定则（Spin selection Rule）。前者指明，在中心对称环境中，跃迁仅允许发生在相反宇称状态之间，否则是禁戒的。后者则指明，跃迁仅允许发生在相同自旋多重态之间。但这些选择定则对某些离子而言，并非十分严格，有些情况下"禁戒"是可以"松动"的。

2. 发光材料的主要性能表征

发光材料主要性能是通过荧光光谱特性、寿命和效率体现出来的。光谱包括激发（吸收或反射）和发射光谱。寿命包括范围较广，但主要指灯具使用寿命和发光材料荧光寿命。发光效率主要包括能量效率（流明效率）和量子效率。

（1）发射光谱

发射光谱（亦称发光光谱）可以表征发光材料的发光强度、最强谱峰位置和发射光谱形状，能反映出发光中心的种类及其内部跃迁能级。横坐标（x 轴）为发射波长，常以纳米（λ/nm）表示；纵坐标（y 轴）为发射强度，常以任意单位的相对强度（I/a.u）表示。

（2）激发光谱

激发光谱是用以表征所吸收的能量中对发光材料产生光发射有贡献部分的大小和波长范围。激发光谱横坐标（x 轴）表示激发波长，常以纳米（λ/nm）表示；纵坐标（y 轴）表示激发强度，常以任意单位的相对强度（I/a.u）表示。

（3）漫反射光谱

发光材料为不透明的粉体，对入射光产生漫反射。因此无法直接测得吸收光谱，一般是通过测漫发射光谱来分析其吸收（光谱仪可直接转换）。反射光谱是反射率随波长改变而产生变化的图谱，横坐标（x 轴）是波长，常以纳米（λ/nm）表示。纵坐标（y 轴）是反射率，常以百分率（R/%）表示。反射率是指反射的光子数占入射光子数的百分数。

反射光谱图与吸收光谱图是两种不同概念的图谱，即反射光谱图不是吸收光谱图的机械倒置视图，两者之间有区别又有关联。吸收与反射之间的定量关系比较复杂。吸收光谱是荧光体吸收的能量与入射光波长之间的关系图谱，是以样品整体的光吸收强度对入射光波长作图得到的。由吸收光谱可确定材料的能带和材料内部的杂质能级，不仅可以获得与光发射跃迁有关能级，而且也可以知道与光发射跃迁无关的能级。但吸收光谱无法确定哪些波长吸收对哪些波长的发射有贡献，只能用激发光谱来判定对发光起作用的波长和能量。图 5-45 是荧光体(Ba，Ca，Mg)$_{10}$(PO$_4$)Cl$_2$:Eu^{2+}的激发光谱和漫反射光谱。从图 5-45（a）中可看出，最强激发谱峰位于 365nm，而漫反射率最低处却在 240～340nm 之间，如图 5-45（b）所示。

综合激发光谱和发射光谱可以知道：

发射光谱波长比激发光谱波长长，即发射光子的能量通常小于激发光子的能量，这种规律称为斯托克斯定律（Stokes Law），即大多数情况下吸收能量高于发射的能量。通常将二者能量差称为斯托克斯位移（Stokes Shift）。

斯托克斯位移产生的原因可用弗朗克-康登（Franck-Condon）原理解释。图 5-46 是位型坐标图（Configuration coordination），它是关于电子与离子晶格振动能量及离子平均距离之间相关性的物理模型。就离子而言，由于原子核质量远远重于电子质量，因此电子跃迁时，中心阳离子与周围配体（阴离子）之间距离、几何构型等均无变化，可看作是电子只在二个静止的位能曲线间直接跃迁。当电子受到激发，吸收能量时，电子由基态位能曲线的平衡位置 R_0 沿直线 $R_0\text{-}A$ 跃迁到激发态位能曲线的 A 点。由于激发态时离子平衡位置 r_0 与基态时平衡位置 R_0 产生偏离（因远离平衡点时位能将呈抛物线形增加），故 A 点偏离激发态的平衡位置。这样电子就必须与晶格相互作用放出声子（即振动的量子），沿 AB 线弛豫到新平衡位置 B 点，后由 B 点沿 BC 垂直回到基态位能曲线的 C 点放出光子，再由 C 点与晶格再次作用放出声子，最后沿 CR_0 线弛豫返回基态平衡位置 R_0。整个过程中，电子两次与晶格作用发射出声子，即以热振动形式失去能量。因此电子发射的能量低于电子受激发时具有的能量。

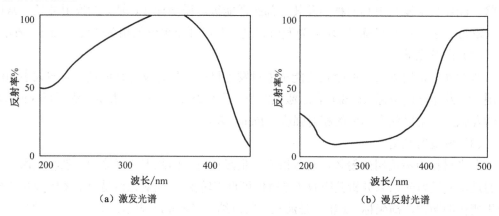

图 5-45　$(Ba,Ca,Mg)_{10}(PO_4)Cl_2:Eu^{2+}$ 的激发光谱和漫反射光谱

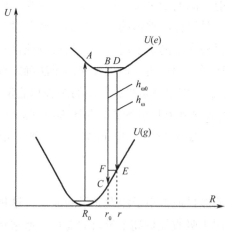

图 5-46　位型坐标图

一般地，假定激发带与发射带呈镜像关系，故利用发射光谱与激发光谱的最强谱峰位置可以粗略估算出斯托克斯位移值的大小。

与斯托克斯定律相反，有时发光光子的能量会大于激发光子的能量，这种现象被称为反斯托克斯发光（Antistokes luminescence）。即发光中心从周围晶格获得了能量，从一个较低的激发态振动能级又跃迁到一个更高的激发态振动能级然后返回基态。这样，发射的能量就会大于激发能量，使发射光谱的波长就会短于激发光谱的波长。还有一种情况，即两个或多个小光子能量向上转换成一个大光子能量，这种现象也被称作反斯托克斯效应。红外辐射激发下产生可见光发射就是典型例子。这类发光材料常被称作能量上转换发光材料。激发光谱的谱峰强度总不相等。这一特征使激发到发射的能量转换效率就会有差别，即发光效率不同。

（4）发光效率

发光效率是指发光材料产生的发射能量与激发能量之比，即激发能量转换为发射能量的效率。根据研究需要，发光效率可用能量效率表示，也可用量子效率表示。

能量转换效率：
$$\eta_E = E_{em} / E_{in}$$

其中，E_{em} 为发射能量，E_{in} 为激发能量。

量子转换效率：
$$\eta_Q = Q_{em} / Q_{in}$$

其中，Q_{em} 为发射的光子数，Q_{in} 为输入光子数。

能量转换效率也称流明效率，用流明/瓦（lm/W）表示，量子效率用百分数（%）表示。通常情况下，能量效率都常用比对法测量，即待测样品与已知能量效率的标准样品对照。通过待测样品的发光强度与标准样品发光强度比较，就可较容易获得能量效率。量子效率测量，一般采用罗丹明 B 作波长转换材料。发光材料发出的光照在罗丹明 B 上，通过一种光子数检测仪测量。当样品发出的光用光谱辐射分布表示时，就可获得光子数和光子总数的光谱分布。量子效率也可以通过测得的能量效率计算：

$$\eta_Q = \frac{\eta_E \int \lambda_{em}(\lambda)\,\mathrm{d}\lambda}{\lambda_{exc} \int p(\lambda)\,\mathrm{d}\lambda}$$

式中，$\lambda_{em}(\lambda)$ 为发射波长，λ_{exc} 为激发波长，$p(\lambda)$ 为激发强度。

应用中通常采用流明效率表示，统称为发光效率或光效，实际是指光源所发出的光通量与其所消耗的电功率之比［光源在单位时间内所辐射的能量称为辐射通量 Φ，单位为瓦（W）。光源的辐射通量对人眼引起的视觉强度称为光通量 Φv，单位为流明（lm）］。

（5）荧光寿命

对于发光材料来说，寿命属于发光的一种瞬时特性。寿命可以表征荧光体发光的衰减时间和发光颜色随时间的改变。荧光寿命测定可以获得有关电子在发射能级的停留时间，可以获得有效的非辐射弛豫过程等信息。某个能级的平均荧光寿命可表示为：$\tau = 1/(R_r + R_n)$，其中，R_r 是从荧光发射能级到基态的辐射跃迁概率，R_n 是跃迁能级间非辐射跃迁概率。

（6）余辉

发光就是物质在热辐射之外以光的形式发射出多余的能量，而这种多余能量的发射过程有一定的持续时间。历史上人们曾以发光持续时间的长短把发光分为两个过程：把物质在受激发时的发光称为荧光，而把激发停止后的发光称为磷光。一般常以持续时间 10^{-8}s 为分界，持续时间短于 10^{-8}s 的发光称为荧光，而把持续时间长于 10^{-8}s 为磷光。现在，除了习惯上保留和沿用这两个名词外，已经不用荧光和磷光来区分发光过程。因为任何形式的发光都以余辉的形式来显现其衰减过程，衰减的时间可以极短（10^{-8}s），也可以很长（十几个小时或更长）。小于 1μs 的余辉称作超短余辉，1～10μs 间的称为短余辉，10～1ms 间的称为中短余辉，1～100ms 间的称为中余辉。100ms～1s 间的称为长余辉，大于 1s 的称为超长余辉。发光现象有着持续时间的事实，说明物质在接受激发能量和产生发光的过程中，存在着一系列的中间过程。

余辉的测试包括余辉亮度和余辉时间两个方面，一般可以同时测定，用紫外光源、D_{65} 荧光灯、或氙灯的一定照度光，照射待测的发光材料，停止激发，自动定时测试出不同的衰减时间的发光亮度值，数据的采集一般用荧光光谱仪绘出该发光材料的发光衰减曲线。通过曲线的拟合方程可以表征出发光材料的余辉特性。被大多数研究者所采用的余辉特性可表示为：

$$I = \alpha_1 \exp\left(-t/\tau_1\right) + \alpha_2 \exp\left(-t/\tau_2\right) + \alpha_3\left(-t/\tau_3\right) + \cdots$$

其中，I 为发光强度，$\alpha_1, \alpha_2, \alpha_3$ 为常数，t 为时间，τ_1, τ_2, τ_3 为指数余辉时间。

5.5.2 照明灯用发光材料

照明灯用发光材料，使用的激发源都是紫外光或近紫外光，这些短波长的光均是由含汞的惰性气体放电产生的。只不过是低压汞灯（荧光灯）中对短波紫外光 254nm 转换效率高，而在高压汞灯中对长波紫外光 365nm 转换效率高。但所转换的都是能量较高的紫外光。因此，作为照明灯用发光材料应具备的首要条件就是必须具有强的耐紫外光辐照能力。荧光体对紫外光必须有强的吸收。发光材料是否满足这一条件，取决于两方面因素：基质晶体结构、能带结构和激活离子光谱特性。然而，即使发光材料对紫外光具有强的吸收能力，也并不一定能保证这种材料就会有高的发光量子效率，还要求材料能高效地将吸收的紫外光能量下转换成低能量的可见光，即转换成红光、绿光或蓝光。若满足这一要求，也取决于基质晶体结构和激活离子能级结构特性。要保证材料对吸收的紫外光能高效转换，红、绿、蓝三种波长发射的发光材料其激发波长必须都位于 254nm。此外，三个发射波长的光色必须适配，才能保证良好的显色性。通过微机对稀土三基色灯的光效和显色指数最优化处理，结果表明，低压汞灯中的四条可见区汞谱线加上 450nm、540nm、610nm 三条谱线，可使灯的平均显色指数和光效同时获得良好效果。

灯用三基色发光材料，报道很多，表 5.4 列出一些目前实用的主要荧光体。

表 5.4　主要灯用荧光体

体　系	发射峰位（nm）	半高宽（nm）	量子效率（%）	流明效率（lm/W）	发光颜色
$SrMgP_2O_7:Eu^{2+}$	394	25	—	—	蓝
$(Sr, Ba)Al_2Si_2O_8:Eu^{2+}$	400	25	—	—	蓝
$Sr_3(PO_4)_2:Eu^{2+}$	408	38	—	—	蓝
$CaWO_4$	415	112	—	—	蓝
$Sr_2P_2O_7:Eu^{2+}$	420	28	—	—	蓝
$(Ca, Pb)WO_4$	435	120	0.81	19	蓝
$Ba_3MgSi_2O_8:Eu^{2+}$	435	90	—	—	蓝
$Sr_{10}(PO_4)_6Cl_2:Eu^{2+}$	447	32	0.97	12	蓝
$(Sr, Ca)_{10}(PO_4)_6Cl_2:Eu^{2+}$	452	42	—	—	蓝

续表

体　系	发射峰位 （nm）	半高宽 （nm）	量子效率 （%）	流明效率 （lm/W）	发光 颜色
$(Sr，Ca)_{10}(PO_4)_6 \cdot nB_2O_3:Eu^{2+}$	452	42	—	—	蓝
$BaMg_2Al_{16}O_{33}:Eu^{2+}$	452	51	1.03	20	蓝
$Sr_2P_2O_7:Sn^{2+}$	464	105	0.94	35	蓝—绿
$SrMgAl_{10}O_{17}:Eu^{2+}$	465	65	—	—	蓝—绿
$MgWO_4$	480	138	1.00	57	蓝—白
$BaAl_8O_{13}:Eu^{2+}$	480	76	—	—	蓝—绿
$2SrO \cdot 0.84P_2O_5 \cdot 0.16B_2O_3:Eu^{2+}$	480	85	0.93	62	蓝—绿
$3Ca_3(PO_4)_2 \cdot Ca(F，Cl)_2:Sb^{3+}$	480	140	0.96	57	蓝—白
$(Sr，Ca，Mg)_{10}(PO_4)_6Cl_2:Eu^{2+}$	483	88	—	—	蓝—绿
$BaO \cdot TiO_2 \cdot P_2O_5$	483	167	—	—	蓝—白
$Sr_2Si_3O_8 \cdot 2SrCl_2:Eu^{2+}$	490	70	0.93	57	蓝—绿
$Sr_4Al_{14}O_{25}:Eu^{2+}$	493	65	—	—	蓝—绿
$MgGa_2O_4:Mn^{2+}$	510	30	0.75	55	绿
$BaMg_2Al_{16}O_{27}:Eu^{2+}，Mn^{2+}$	450，515	—	0.79	82	绿
$Zn_2SiO_4:Mn^{2+}$	525	40	0.87	109	绿
$La_2O_3 \cdot 0.2SiO_2 \cdot 0.9P_2O_5:Ce，Tb$	543	9	0.93	130	绿
$LaPO_4:Ce，Tb$	543	6	—	—	绿
$Y_2SiO_5:Ce，Tb$	543	12	0.92	124	蓝—绿
$CaMgAl_{11}O_{19}:Ce，Tb$	543	6	0.97	118	绿
$GdMgB_5O_{10}:Ce，Tb$	543	11	—	—	绿
$YVO_4:Dy^{3+}$	480，570	—	0.90	—	白
$3Ca_3(PO_4)_2 \cdot Ca(F，Cl)_2:Sb^{3+}，Mn^{2+}，(D)$	480，575	—	0.97	72	日光
$3Ca_3(PO_4)_2 \cdot Ca(F，Cl)_2:Sb^{3+}，Mn^{2+}，(W)$	480，575	—	0.97	80	白
$3Ca_3(PO_4)_2 \cdot Ca(F，Cl)_2:Sb^{3+}，Mn^{2+}，(WW)$	480，580	—	—	—	暖白
$CaSiO_3:Pb^{2+}，Mn^{2+}$	610	87	—	—	橙
$Y_2O_3:Eu^{3+}$	611	5	—	73	红
$Y(V，P)O_4:Eu^{3+}$	619	5	0.97	43	红
$Cd_2B_2O_5:Mn^{2+}$	620	79	0.88	41	粉色
$(Sr，Mg)_3(PO_4)_2:Sn^{2+}$	620	140	0.96	56	橙
$GdMgB_5O_{10}:Ce^{3+}，Mn^{2+}$	630	80	—	—	橙
$GdMgB_5O_{10}:Ce，Tb，Mn^{2+}$	543，630	—	—	—	黄
$6MgO \cdot As_2O_5:Mn^{2+}$	655	15	0.88	22	深红
$3.5MgO \cdot 0.5MgF_2 \cdot GeO_2:Mn^{4+}$	655	15	0.75	19	深红
$LiAlO_2:Fe^{3+}$	735	62	—	—	红外

5.5.3　白光 LED 用发光材料

白光 LED 用发光材料，依然需要满足荧光灯用发光材料的一般要求，但针对特殊应用、特殊条件及特殊器件，对发光材料性能势必也要提出新的特殊要求。

首个商业化的白光 LED 实现于 1995 年，采用的是 1-pc-LED 方式，即蓝光 LED 芯片与黄色荧光体$(Y_{1-a}Gd_a)_3(Al_{1-b}Ga_b)O_{12}:Ce^{3+}$(YAG:Ce)，但能吸收紫外－蓝光光谱的无机黄色荧光体并不多。目前的白光 LED 以蓝光 LED 和 YAG:Ce 组合为主，YAG:Ce^{3+} 是一种石榴石结构的复合氧化物，单一波长转换，能量损耗较小发光效率较高。YAG:Ce 的量子效率已经接近 100%，发光效率几乎没有提高的余地。由于 YAG:Ce^{3+}缺少红光发射成分，绿光色也显不足，显色指数和发光效率难以同时获得理想指标。稀土掺杂的硅/铝氮化物和氮氧化合物，如 $M_2Si_5N_8:Eu^{2+}$（M=Ca、Sr、Ba）、$CaAlSiN_3:Eu^{2+}$、Eu^{2+}或 Ce^{3+}掺杂α-SiAlON，常规的荧光体的激发波长位于紫外区，氮原子使共价性明显增强，从而使其具有一些特殊的光学性质，如激发带红移到了可见光区域，已经显示出优异的光致发光性质，已发展为很有前景的荧光体，特别是它们在近紫外到蓝光区域内的强吸收，正好与近紫外和蓝光二极管的发射波长相匹配，所以，它们是制备白光 LED 合适的基质材料，吸引了越来越多人的关注。但由于氮化物属于刚性结构，原子移动能力弱，故通常须在高压条件下高温烧结制备，工艺苛刻。有关氮化物荧光体体系常压合成方法的报道颇为引人关注。但是还没有进入实际的规模化阶段。实际产品化的过程中，成本依然很高，产率也比较低。

硅酸盐基质荧光体具有良好的化学稳定性和热稳定性，原料价廉易得，而且烧结合成温度比较低，因此长期以来硅酸盐荧光体的研究和开发一直受到科技工作者的重视，关于硅酸盐荧光体系，文献报道相对较多，它们具有一些突出的特性，如物理、化学性能稳定，不与封装材料、半导体芯片等发生作用；耐紫外光子长期轰击，性能稳定；光转化效率高，结晶体透光性好。Eu^{2+}激活的硅酸盐荧光体，激发带宽，与蓝光或紫外芯片均可匹配，发光波长可调范围宽，具有比 YAG 更宽的激发带，具有与蓝光 LED 和近紫外 LED 发射相匹配的激发光谱，能实现 460～470nm 波段激发的由蓝色到橙色的全系列光谱。量子效率目前可以达到 70%，但是通过增加荧光体用量和 460～470nm 的 InGaN 蓝光芯片封装的二极管，显色性能有显著提高，光转化效率可以达到同样芯片封装 YAG:Ce 相当水平。

硅酸盐系列也是实际应用较多的 LED 光转换荧光体。目前，商业白光 LED 的显色指数已经可达 80 以上，作为一般照明已经足够，但是医学与建筑照明工程光源，需要"暖"白光。实际的使用中一般人们用蓝光 LED 和一种黄橙色的荧光体产生，或用两黄色荧光体（如：YAG:Ce 与黄橙色荧光体），或通过额外添加红光荧光体来达到"暖白光"的效果。由于硅酸盐体系晶体结构中 Si^{4+} 与 O^{2-} 键合方式多样化，SiO_4^{4+}中的 O^{2-} 既可在硅氧骨架内与硅相连，也能以 OH$^-$形式存在于骨架之外，故阴离子基团变体增多，硅酸盐种类也变得繁多，因此硅酸盐具有多种结构形式，发射波长丰富。但是文献报道的硅酸盐荧光体激发波长红光在 585nm，绿光为 520nm，实际需要的红光 585nm 还不够长需要进一步研究。

1. 铈掺杂钇铝石榴石

（1）发展历史

1957 年由 Gilleo 与 Geller 合成 $Y_3Fe_5O_{12}$(YIG)，并发现其具有铁磁性。1964 年 Geusic

等将铝和镓元素取代铁的晶格位置，发现了 $Y_3Al_5O_{12}$(YAG)具有特殊的镭射光学性质，自此揭开 YAG 研究序幕。荷兰 Blasse 等首先研究了 YAG:Ce 荧光体的发光性质，后来 Weber 等指出，在立方的 YAG 晶场中，Ce^{3+} 的 5d 激发（吸收）态应劈裂为 5 个，其中两个能量最低的激发态分别位于蓝光光谱区和长波 UV 区。至此人们开始大量研究这一体系。20 世纪 70 年代开始进行把稀土元素作为激活剂引入荧光体的相关研究工作，发现稀土元素的引入可使荧光体的发光性能有明显的改善。在 70 年代 Ce 激活的 YAG 荧光体被成功研制出来作为超短余辉飞点扫描荧光体。90 年代，日本 Nichia 公司研制成功高效蓝色 LED，并与黄色 YAG:Ce 荧光体搭配形成白色光源。YAG:Ce^{3+} 目前的研究主要侧重于显色性的改进或发光效率的提高，国内外均有大量文献报道，至今依然方兴未艾。Ce^{3+} 掺杂石榴石结构荧光体新体系的探研也有报道，Ce^{3+} 的发射强峰被移到了光谱的橙红区。

（2）组成和结构

钇铝石榴石结构的空间群为 Ia3d，晶体结构见图 5-47，从图中可以看出 Al 占据八面体的六个中心位，同时也占据四面体的四个中心位置。Y 离子则占据十二面体中心的八个角位，而掺杂的 Ce^{3+} 替代 Y^{3+} 的位置。

纯钇铝石榴石晶体的价带与导带之间能隙相当于紫外光的能量，其本身无法被可见光所激发，即不吸收可见光，因此粉体外观呈白色。若向其中添加不同的稀土元素离子，可放射不同颜色的荧光，如添加 Ce^{3+} 离子到晶格中取代钇的位置，荧光体化学表达式为 YAG:Ce^{3+}，可被 470nm 的蓝光激发产生黄色的荧光，另外掺杂三价铽（Tb^{3+}）可发绿光、三价铕（Eu^{3+}）可发红光，而添加三价铋（Bi^{3+}）可发蓝光。

此外，某种温度下 YAG 也可以是四方晶系的结构存在，研究结果表明四方晶系的杂项混到荧光体中，会降低荧光体的发光亮度。因此合成中减少或抑制四方晶系的 YAG 是制备中考虑的重要环节。

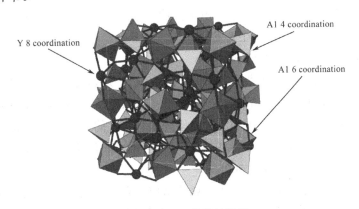

图 5-47　YAG 晶体结构图

（3）发光性质

YAG:Ce^{3+} 材料的发光是因发光中心原子能级间跃迁的结果。Ce^{3+} 离子激活的稀土石榴石荧光体的发光起源于受激电子从能量最低的 5d 激发态辐射跃迁至 4f 组态的 $^2F_{7/2}$ 和 $^2F_{5/2}$ 基态，两能级的能量其分隔间距大约为 $2300\ cm^{-1}$。在 Ce^{3+} 离子激活的稀土石榴石

$(Y_{1-x}Gd_x)_3(Al_{1-y}Ga)_5O_{12}:Ce$ 体系中，在蓝光激发下，发射强的绿光和黄光，其发射光谱从470nm 延展至 700nm 附近，覆盖很宽的可见光谱范围。发射光谱的结构，不仅与 Ce^{3+}浓度密切相关，而且与 Gd^{3+} 和 Ga^{3+}的含量有关。由图 5-48 可以看出，随 Gd^{3+}取代 Y^{3+}量增加，发射光谱和发射峰有规律向长波移动，而随着 Ga^{3+}取代 Al^{3+}量增加，则向短波移动。在石榴石中，Ce^{3+}离子的最低能量的激发光谱覆盖整个蓝光谱区，激发带宽，能被（455±15）nm 蓝光高效激发，发射白光所需要的黄光。在蓝区的激发光谱中，也是随 Gd^{3+}取代 Y^{3+}量增加，发射谱峰有规律向长波移动，而随着 Ga^{3+}取代 Al^{3+}量增加，则向短波移动。利用这些规律，可以设计和调整石榴石的组成，以适合应用器件的一定要求。

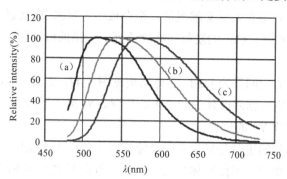

图 5-48　YAG: Ce 荧光体的发射光谱（λ_{ex}=460nm）：
（a）$Y_3(Al,Ga)_5O_{12}:Ce$；　（b）$Y_3Al_5O_{12}:Ce$；　（c）$(Y,Gd)_3Al_5O_{12}:Ce$

2. 氮化物基质荧光体

在最近几年的关于氮化物荧光体的报道中，用于 LED 光转换的都是由稀土离子掺杂的系列化合物，主要有如下四个系列（Me：碱土金属元素，Re：稀土离子），其中 Eu^{2+}激活的氮化物，由于基质化合物共价性强，电子云扩大效应加剧，Eu^{2+}的 5d 能带重心下降，谱峰红移，与蓝光芯片匹配可获得红光发射。

（1）碱土钇硅氮化合物 MeYSi4N7:Re

Krevel 等是较早对稀土离子在氮化物中发光开展研究的，他们首先研究了 $Y_5(SiO_4)_3N:Ce$、$Y_4Si_2O_7N_2:Ce$、$YSiO_2N:Ce$ 和 $Y_2Si_3O_3N_4:Ce$ 系列硅氧氮化物材料的发光。不同的 Y-Si-O-N:Ce 化合物的发射和激发光谱峰值有很大的不同，但都是典型的 Ce^{3+} 离子特征谱（见图 5-49）。$YSiO_2N:Ce$ 中观察到的发射峰值大约在 400～450nm，而在 $Y_2Si_3O_3N_4:Ce^{3+}$中发射峰值接近于 500nm。

$MeYSi_4N_7:Re$ 中由于既有二价碱土金属的格位又有三价钇的格位，这样就为 Eu^{2+}和 Ce^{3+}提供了各自的位置。Li 等[35]研究了 Eu^{2+}和 Ce^{3+}激活的 $BaYSi_4N_7$ 荧光体的晶体结构及发光性能。$BaYSi_4N_7$ 的晶体结构为六方晶系，空间群 $P6_3mc$，a=6.0550(2)Å，c=9.8567(1)Å，V=312.96(2)Å^3，且 Z=2，与 $BaYbSi_4N_7$同型。Eu^{2+}掺杂 $BaYSi_4N_7$ 呈现宽的绿色发射带，峰值波长在 503～527nm 之间。一些含有 Y^{3+}和 Yb^{3+}、Sr^{2+} 和 Eu^{2+}的氮氧化物和氮化物，如 $LnSi_3O_3N_4$（Ln=Y,Yb）、$MeYbSi_4N_7$（M=Sr,Eu）和 $MeSi_2N_5$（M=Sr,Eu）具有相似的晶体结构。

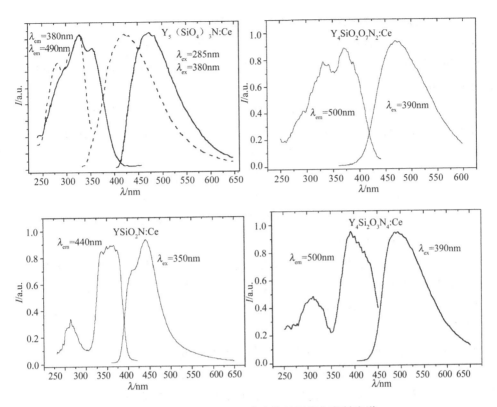

图 5-49　Y-Si-O-N：Ce 荧光体的激发和发射光谱

Li 等利用氮混合氢气氛下高温固相法在 1400～1600℃合成 SrYSi$_4$N$_7$，Eu^{2+}离子或 Ce^{3+}离子掺杂的 SrYSi$_4$N$_7$。SrYbSi$_4$N$_7$ 和 EuYbSi$_4$N$_7$ 的晶型为六方对称。研究了 Sr$_{1-x}$Eu$_x$YSi$_4$N$_7$（$x=0～1$）和 SrY$_{1-x}$Ce$_x$Si$_4$N$_7$（$x=0～0.03$）的发光特性。其中 Eu^{2+}掺杂 SrYSi$_4$N$_7$ 的发射峰值位于 548～570nm 范围内，而 Ce^{3+}掺杂 SrYSi$_4$N$_7$ 的发射峰值在 450nm 附近（见图 5-50）。

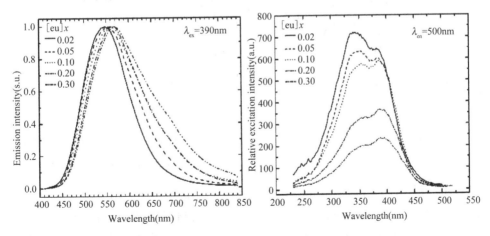

图 5-50　Sr$_{1-x}$Eu$_x$YSi$_4$N$_7$（$0<x \leqslant 1$）的激发和发射光谱

（2）硅铝氧氮化合物 SiAlON:Re 和 MeSiAlON:Re

自 1978 年 α-SiAlON 被报道后，一直是人们研究的材料热点。Krevel 等制备了掺杂 Ce、Tb、Eu 掺杂的 α-sialon（Me$_{(m/val+)}$$^{val+}Si_{12-(m+n)}Al_{(m+n)}O_nN_{(16-n)}$，其中 val 是金属离子的价态，Me=Ca,Y）荧光体，并研究其发光特性。

Tb 掺杂的 Y-α-sialon 可被 254nm、260nm 的紫光激发，不适合应用于白光 LED。Ce 掺杂的 Y-α-sialon 的激发和发射光谱与氧化物基质相似。(Ca$_{0.3125}$Ce$_{0.207}$)-α-sialon 在紫外光激发下有明亮的黄绿发射（见图 5-51），被建议用为白光 LED 转换用绿色荧光体。

掺 Eu^{2+} 的 α-SiAlON 在 280～470nm 有较强吸收，且在 550～600nm 范围内有一个宽的黄光发射。Eu^{2+} 在 Ca-α-sialon 中的发射波长为 560～580nm，比在常规材料中的 350～500nm 要长得多，Tb^{3+} 和 Ce^{3+} 也有相似的结果。Ca$_{0.625}$Si$_{10.75}$Al$_{1.25}$N$_{16}$ 作为基质材料可以增加 Eu^{2+} 在 α-SiAlON 中的溶解度。

Xie 等通过气压烧结法制备了化学式为 Ca$_{0.625}$Eu$_x$Si$_{0.75-3x}$Al$_{1.25+3x}$O$_x$N$_{16-x}$（x=0～0.25）的 Ca-α-SiAlON 的黄色氮氧化物荧光体。通过一步法合成的 Ca-α-SiAlON 也展示了较好的颗粒度和发光性能。能有效吸收紫外到可见光谱区域的光，并在 583～603nm 呈现出强的单一宽带发射。

Xie 等还报道了 Yb^{2+} 在 α-SiAlON 中的发光特性，观察到一个峰值位于 549nm 强的单一宽发射带。通过溶胶凝胶法合成前驱体，在 NH$_3$-1.0vol.% CH$_4$ 气氛中于 1400～1500℃ 温度下合成 Ca-α-SiAlON:Eu，得到的产物可被近紫外或者蓝光激发（见图 5-52）。

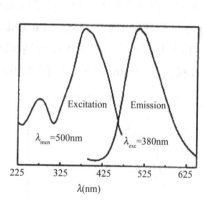 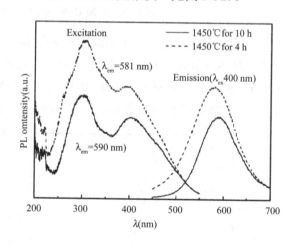

图 5-51　Ca$_{0.3125}$Ce$_{0.209}$Si$_{9.6}$Al$_{2.4}$O$_{1.15}$N$_{14.85}$ 的　　图 5-52　不同合成温度下 Ca-α-SiAlON:Eu 的激发和
　　　　　激发和发射光谱　　　　　　　　　　　　　　　　发射光谱（在 NH$_3$-1.0vol.% CH$_4$ 气氛）

选取 Li-α-SiAlON:Eu^{2+}(Li$_{1.74}$Si$_9$Al$_3$ON$_{15}$:Eu$_{0.13}$)与 460nm InGaN 基蓝光 LED 芯片制备 pc-LED（见图 5-53）。通过控制荧光体的浓度，可以得到色温在 4000～8000K 范围内的白光，CRI 从 63 变化到 74，CRI 值低于 YAG:Ce^{3+} 基白光 LED，原因可能是由于 α-SiAlON:Eu^{2+} 的发射带缺少绿光和红光发射，光谱范围窄，发光效率只有 44lm/W。2012 年研究发现用蓝光芯片和 Eu^{2+} 激活的 β-SiAlON 以及 Ca-α-SiAlON 荧光体的白光 LED 显

色指数可达 72。

Liu 等报道了一种能被蓝光芯片激发用于白光 LED 的 s-SiAlON，并研究了发光性能。$(Sr_{1-y}Eu_y)_2Al_2Si_{10}N_{14}O_4$ 黄绿色荧光体，发射波峰位于 530nm 附近。

Eu^{2+} 激活的 $MeAlSi_5O_2N_7$（Me=Sr,Ba）的发光性质也在 2008 年被报道，通过组分调整发射光谱范围可达 400～650nm。

Xie 还报道了一种发射峰位于 520nm 的 Mn^{2+}-Mg^{2+} 共激活的 γ-AlON 绿色荧光体，该荧光体热稳定性好，蓝光激发后的内量子效率达到 62%（图见 5-54）。

2011 年 Kousuke 报道了一种能被 UV 芯片激发化学组成为 $Sr_{14}Si_{68-s}Al_{6+s}O_sN_{106-s}:Eu^{2+}$ 的荧光体，发射波长为 508nm，被建议用为蓝绿色荧光体。

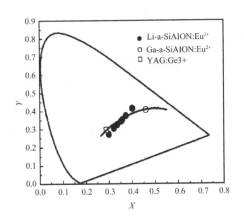

图 5-53　Li-α-SiAlON:Eu^{2+}制备

白光 LED 的 CIE 色点坐标

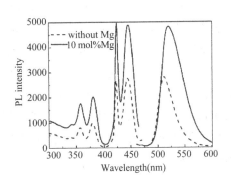

图 5-54　Mn^{2+}-和 Mn^{2+}-Mg^{2+}共激活的

γ-AlLONs 的激发和发射光谱

（3）硅氮氧化合物

碱土硅氮氧化合物 $MeSi_2O_2N_2$:Re（Me=Ca,Sr,Ba）是最早报道的氮化物荧光体之一。CaO-Si_3N_4-AlN 和 Sr-Si-O-N 体系中的氮氧化硅化合物 $CaSi_2O_2N_2$ 和 $SrSi_2O_2N_2$ 的发光性能一直有报道出现，但是到 2004 年化合物 $MeSi_2O_2N_2$:Re（Me=Ca,Sr,Ba）的结构才被确定。

$MeSi_2O_2N_2$:Re（Me=Ca,Sr,Ba）化合物属于单斜晶系，具有不同的空间群和晶胞参数。2009 年 Kechele 等进一步研究了 $BaSi_2O_2N_2$:Re 的结构，空间群为 Cmcm（no.63），a=14.3902(3)Å，b=5.3433 (1)Å，c=4.83256(7)Å，V=317.58(2)Å^3，且 Z=4。结构中有高度密集的 $SiON_3$ 四面体层，Ba^{2+}离子位于立方体的 O 原子和两个 N 原子层中，结构如图 5-55 和图 5-56 所示。

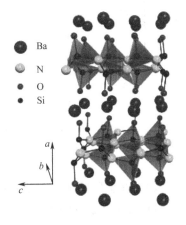

图 5-55　$BaSi_2O_2N_2$ 晶体结构

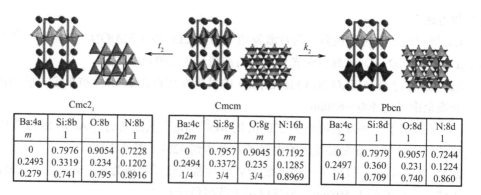

Ba:4a	Si:8b	O:8b	N:8b
m	1	1	1
0	0.7976	0.9054	0.7228
0.2493	0.3319	0.234	0.1202
0.279	0.741	0.795	0.8916

Ba:4c	Si:8g	O:8g	N:16h
m2m	m	m	m
0	0.7957	0.9045	0.7192
0.2494	0.3372	0.235	0.1285
1/4	3/4	3/4	0.8969

Ba:4c	Si:8d	O:8d	N:8d
2	1	1	1
0	0.7979	0.9057	0.7244
0.2497	0.360	0.231	0.1224
1/4	0.709	0.740	0.860

图 5-56　不同结构模型的 $BaSi_2O_2N_2$ 晶体结构关系

Li 等研究了 Eu^{2+} 激活的碱土氮氧硅化合物的发光特性，确定在化合物中存在富氮相，Eu^{2+} 掺杂 $MeSi_2O_{2-\delta}N_{2+2/3\delta}$（Me＝Ca，Sr，Ba）的发射光谱为典型的由 Eu^{2+} 离子的 5d→4f 跃迁引起的宽带发射。被 370～460nm 范围的紫外到蓝光激发后，$MeSi_2O_{2-\delta}N_{2+2/3\delta}$（Me＝Ca，Sr，Ba）可以产生绿光到橙黄光的发射。$CaSi_2O_{2-\delta}N_{2+2/3\delta}$:$Eu^{2+}$ 为淡黄色发射，峰值位于 560nm；$SrSi_2O_{2-\delta}N_{2+2/3\delta}$:$Eu^{2+}$ 发绿色光，峰值位于 570nm；而 $BaSi_2O_2N_2$:Eu 的发射峰在大约 500nm，为蓝绿光发射，其发射带半峰宽为 35nm，因 $BaSi_2O_{2-\delta}N_{2+2/3\delta}$:$Eu^{2+}$Stokes 位移小，因而发光效率高。Song 等还报道了 $BaSi_2O_2N_2$:Ce^{3+}，Eu^{2+} 荧光体的发光特性，如图 5-57 和图 5-58 所示。

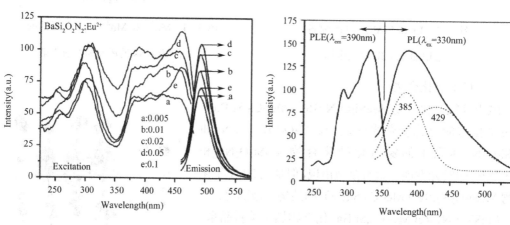

图 5-57　$Ba_{1-x}Eu_xSi_2O_2N_2$（x＝0.005～0.1）的激发和发射光谱

图 5-58　$Ba_{0.98}Ce_{0.01}Li_{0.01}Si_2O_2N_2$ 的激发和发射光谱

（4）碱土硅氮化合物 Me2Si5N8:Re

目前，掺 Ce^{3+} 的纯氮化物荧光体报道不多，掺 Eu^{2+} 的氮化物基质材料 $Me_2Si_5N_8$（Me＝Ca，Sr，Ba）较多在实际中应用。碱土硅氮氧化合物 $Me_2Si_5N_8$:Eu^{2+}（Me＝Ca，Sr，Ba）荧光体发射橙色或红色的光，由于 $Me_2Si_5N_8$ 比 $MeSi_2O_2N_2$ 和 MeSiAlON 具有更高含量的 N，使其共价性更强，当稀土离子掺杂到 $Me_2Si_5N_8$ 时，稀土离子的配位环境就更强，因此光谱很容易产生红移。

2000 年 Höppe 等研究了 $Ba_{2-x}Eu_xSi_5N_8$ 系列化合物的荧光发射。图 5-59 为 $Ba_{1.89}Eu_{0.11}Si_5N_8$ 激发和发射光谱。

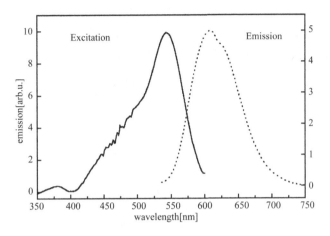

图 5-59　$Ba_{1.89}Eu_{0.11}Si_5N_8$ 的激发和发射光谱

2000 年，Uheda 等采用 LaN、Eu_2O_3 和 Si_3N_4 为原料，通过固相反应合成 $LaSi_3N_5$、$La_{0.9}Eu_{0.1}Si_3N_{5-x}O_x$、$LaEuSi_2N_3O_2$，研究了这类化合物的发光性能和结构特点，发现 $La_{0.9}Eu_{0.1}Si_3N_{5-x}O_x$ 的发射光谱为一个峰值波长位于 549nm 处的宽发射带。而 $LaEuSi_2N_3O_2$ 中的 Eu^{2+} 离子在 650nm 处有一个深红色发射带，且 $La_{0.9}Eu_{0.1}Si_3N_{5-x}O_x$ 与 $LaSi_3N_5$ 结构相同。

Li 等研究了 Ce^{3+}、Li^+ 或 Na^+ 共掺的 $Me_2Si_5N_8$（Me=Ca，Sr，Ba）荧光体的发光特性。由于 Ce^{3+} 的 $5d \rightarrow 4f$ 跃迁，Me=Ca，Si，Ba 时，Ce^{3+} 激活 $M_2Si_5N_8$ 的荧光体分别在 470nm，553nm 与 451nm 呈现出宽发射峰。其中，$Me_2Si_5N_8:Ce^{3+}$，Li^+（Me=Sr，Ba）呈现 Ce^{3+} 双发光中心，这是由于 Ce^{3+} 占据两个 Me 格位。随 Ce^{3+} 浓度的增加，吸收与发射强度增加而且发射带的位置产生了小于 10nm 的轻微红移。$Me_2Si_5N_8:Ce$，Li（Na）（Me=Ca，Sr）在蓝光范围 370～450nm 有强的吸收与激发带。$Ba_2Si_5N_8:Ce$，Li 的激发光谱有两个特殊的宽峰，峰值分别位于 250nm 和 405～415nm（见图 5-60）。发射光谱为位于 425～700nm 之间的三个的宽峰，峰值分别位于 451，497 与 560nm。

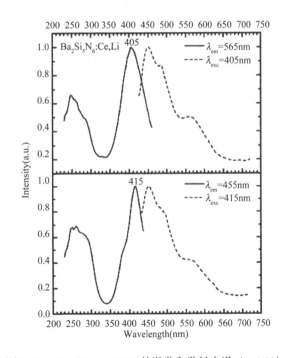

图 5-60　$Ba_{2-2x}Ce_xLi_xSi_5N_8$ 的激发和发射光谱（x=0.02）

Li 等研究了碱土金属离子和 Eu^{2+} 离子浓度对 $Me_2Si_5N_8:Eu^{2+}$（Me＝Ca，Sr，Ba）的发光性能影响以及晶体结构（见图 5-61）。$Me_2Si_5N_8:Eu^{2+}$（Me＝Ca，Sr）存在 600～680nm 的宽带发射。Ca 取代部分 Sr 后发射峰位从 620nm 红移到 643nm。随着 Eu 离子浓度增加，$Ba_2Si_5N_8:Eu^{2+}$ 发射光谱峰值从 580nm 增加到 680nm，发光颜色从黄光变化到红光。在 $Me_2Si_5N_8:Eu^{2+}$（Me＝Ca，Sr，Ba）激发带的峰值分别位于 250nm、300nm、340nm、395nm 和 460nm，$Me_2Si_5N_8:Eu^{2+}$ 发射带谱峰分别位于 605nm、610nm 和 574nm（见图 5-61）。

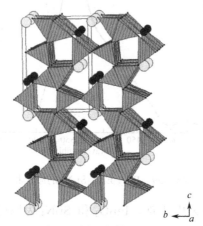

（a）Crystal structure, view long[100], the large and small speres represent Sr and Ca dominantsites, respecitively

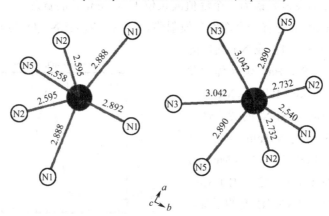

（b）coordination of the Sr(Ca,Eu) atoms (black sphere) and the Sr(Ca,Eu)-N distances (Å) in $Sr_{1.3}Ca_{0.6}Eu_{0.1}Si_5N_8$

图 5-61　$Sr_{1.3}Ca_{0.6}Eu_{0.1}Si_5N_8$ 的晶体结构图

在 400～470nm 波段范围内 $Me_2Si_5N_8:Eu^{2+}$ 有高效的吸收和激发，与 InGaN 基 LED 的蓝光芯片匹配很好，在 465nm 激发下，量子效率按 Ca 到 Sr 和 Ba 的顺序增加，其中 $Sr_2Si_5N_8:Eu^{2+}$ 荧光体的量子效率达到 75～80%，是白光 LED 中较为合适的红光荧光体。

硅氮化合物除了 $Me_2Si_5N_8:Re$ 以外，还有 $LaSi_3N_5:Ce$ 以及 Eu^{2+}、Ce^{3+} 和 Tb^{3+} 激活的 $LiSi_2N_3$ 化合物、发射黄光的 $CaAlSiN_3:Ce^{3+}$ 荧光体也相继被报道。其中化学组成为

$Ca_{1-2x}Ce_xLi_xAlSiN_3$（$x=0.02$）荧光体能被 450～480nm 的蓝光激发，发射出 570～630nm 的宽带黄色光谱。用 InGaN 芯片（450nm）封装后可得到色温 3722K 的暖白光 LED，是有潜力的 pc-LED 转换荧光体。

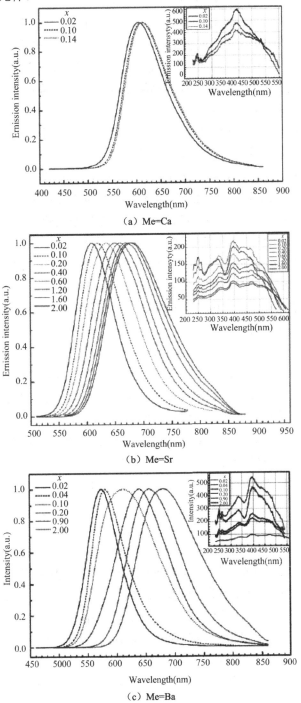

（a）Me=Ca

（b）Me=Sr

（c）Me=Ba

图 5-62　$Me_{2-x}Eu_xSi_5N_8$ 的激发（插图）和发射光谱

3. Eu^{2+}掺杂碱土硅酸盐体系

（1）发展历史

硅酸盐基质荧光体具有良好的化学和热稳定性，原料价廉易得，一直都是研究的热点。Zn_2SiO_4:Mn 早在 1938 年在荧光灯中取得应用，作为光色校正荧光体，至今仍被采纳。McKeag 和 Ranby 早在 1940 年，就将 Eu^{2+} 作为激活剂添加到碱土硅酸盐体系中。1953 年 Dieke 等开始研究稀土元素化合物的吸收光谱和发射光谱。第二次世界大战后于 1960 年左右发展了离子交换法分离镧系元素，此时高纯度价格合理，稀土的化合物容易得到，将稀土在荧光体中应用研究带入了高潮。

Barry 和 Blasse 研究了多种硅酸盐化合物的荧光性质。碱土金属离子与 Eu^{2+} 的离子半径相似，使 Eu^{2+} 离子在碱土硅酸盐基质中取代容易，因而能形成稳定的化合物。最早有关 Eu^{2+} 离子在碱土金属正硅酸盐发光的报道出现在 20 世纪 40 年代。当时由于光谱仪也不够先进，稀土 Eu^{2+} 离子也比较贵，因此研究并不充分。1967 年以来，发表了许多 Eu^{2+} 作激活剂的报道，其中硅酸盐体系化合物数量很多。二价铕掺杂的焦硅酸盐、含镁正硅酸盐等荧光体，早在 20 世纪 60 至 70 年代就已进行了研究开发和应用。

随后，Barry 和 Blasse 对 Eu^{2+} 离子在碱土金属硅酸盐的发光进行了系统的研究。Eu^{2+} 离子的发光有很大的温度依赖特性：发射峰红移，发光带宽化，在某一温度发生光猝灭，其原因是电子—声子相互作用。Eu^{2+} 离子的发光寿命约为 0.2～2μs。Dorenbos 也对硅酸盐基质中的 Eu^{2+} 离子发光进行了研究。

Poort 等研究了 Eu^{2+} 离子在$(Ca,Sr)_2MgSi_2O_7$，$MeSiO_3$（Me=Ba,Sr,Ca），$BaSi_2O_5$，$BaMgSiO_4$，$CaMgSiO_4$，$SrLiSiO_4F$ 中的发光。Eu^{2+}离子发射光谱峰值的移动取决于基质材料的共价性及晶场强度。SiO_2 含量的增加使共价性增强，从而使电子间的相互作用减弱，因此能够扩散到更宽的轨道。共价性增强会使 Eu^{2+} 离子的基态（$4f^7$）和激发态（$4f^65d^1$）之间的能量差值减小，从而使 t_{2g} 和 e_g 能级劈裂更严重，即 CFS 更大，发射光谱峰值红移。Park 等采取组合化学法对硅酸盐基质 LED 荧光体进行了研究，发现了多种在 450～470nm 蓝光激发下有较高发光效率的材料，可应用于白光 LED 照明。自此掀起了硅酸盐荧光体用于白光 LED 的热潮。

（2）Sr_2SiO_4:Eu^{2+}荧光体

早在 1968 年，Barry 和 Blasse 研究 Eu^{2+} 激活绿色发光的正硅酸盐，1972 年 Fields 等又对正硅酸盐的结构进行了详细的研究。Ba_2SiO_4 的结构与β-K_2SO_4 相同，属斜方晶系。Sr_2SiO_4 有两种晶体结构，在低于 85℃时为 β-Sr_2SiO_4 型，属于单斜晶系，与β-Ca_2SiO_4 结构相同；高于 85℃时，α'-Sr_2SiO_4 是稳定相，属于斜方晶系，与β-K_2SO_4 及 Ba_2SiO_4 结构相同。用部分 Ba 取代 Sr 时，在室温下可得到α'-Sr_2SiO_4，如 Ba 含量在低至 2.5%时，只存在α'-Sr_2SiO_4 相。Ba_2SiO_4:Eu^{2+}的发光光谱为宽带（见图 5-63），室温下发光峰位于 500nm。而 $Sr_{1.95}Ba_{0.05}SiO_4$:Eu^{2+}发光光谱有两个发射带，其谱峰一个位于 490nm，另一个位于 580nm（见图 5-64）。

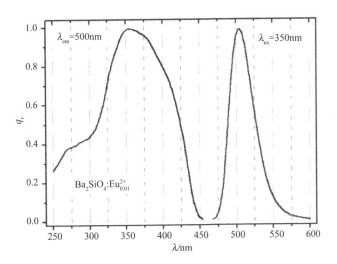

图 5-63　$Ba_2SiO_4:0.01Eu^{2+}$ 的激发和发射光谱

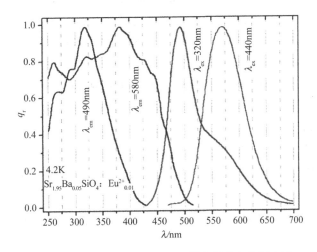

图 5-64　$Sr_{1.95}Ba_{0.05}SiO_4:0.01Eu^{2+}$ 的激发和发射光谱

Park 等采用的柠檬酸和乙二醇的聚合法得到了单相产物 α'-Sr_2SiO_4，并研究了 $Sr_2SiO_4:Eu^{2+}$ 荧光体的光谱特性。研究发现：$Sr_2SiO_4:Eu^{2+}$ 与 400nm 的 GaN 芯片封装后呈现白色发光。这是目前比较早的发现硅酸盐荧光体用于 LED 白光的报道，但是荧光体的激发和发射波长还不够长。

Yoo 等研究了硅酸盐荧光体中碱土金属离子的变化对激发和发射光谱的影响，发现在 380～465nm 波长范围内，$Sr_2SiO_4:Eu^{2+}$-$Ba_2SiO_4:Eu^{2+}$ 是良好的白光 LED 用荧光体。特别是 (Sr，Ba)$_2SiO_4:Eu^{2+}$ 用 465nm 波长激发，其黄色发光效率可与 YAG:Ce 相媲美，通过改变基质中 Sr/Ba 比例，调整激发光谱峰值波长。

Park 等采取高温固相反应法合成了 Ba、Mg 共掺杂的 $Sr_2SiO_4:Eu^{2+}$。随着 Eu^{2+} 离子含量的增加，$Sr_2SiO_4:Eu^{2+}$ 的发射波长峰值由 520nm 移向长波。添加适量的 Ba、Mg，可以增加 $Sr_2SiO_4:Eu^{2+}$ 在 450～470nm 波长范围内的激发效率，从而增加发光效率。Ba、Mg 共掺杂

的 $Sr_2SiO_4:Eu^{2+}$，$x=0.33$，$y=0.37$，色温 5700K。同等条件下，商业 YAG:Ce 封装后的白光 LED，$x=0.32$，$y=0.32$，色温 6200K。封装过程中增加 Ba、Mg 掺杂的 $Sr_2SiO_4:Eu^{2+}$ 含量，发光颜色从蓝色变化到白色。

Kim 等研究了正硅酸盐荧光体 $Me_2SiO_4:0.01Eu^{2+}$（Me=Ca，Sr，Ba）发射光谱的温度依赖特性。随温度升高，$Sr_2SiO_4:Eu^{2+}$ 的两个发射带表现出正常的发射峰红移、发射光谱宽化及发光强度下降；而 $Ca_2SiO_4:Eu^{2+}$ 和 $Ba_2SiO_4:Eu^{2+}$ 则表现出反常的发射峰蓝移。$Ca_2SiO_4:Eu^{2+}$、$Sr_2SiO_4:Eu^{2+}$ 和 $Ba_2SiO_4:Eu^{2+}$ 的结构相同，晶格常数按 Ca→Sr→Ba 的顺序增大，在晶格中存在两种阳离子格位。在 $Me_2SiO_4:Eu^{2+}$ 中，Eu^{2+} 离子也存在两种格位，因而，有两个发光带:Eu_I 和 Eu_{II}。在 $Sr_2SiO_4:Eu^{2+}$ 中，Eu_I 发光带位于短波区，一般在 470nm 附近，和激发光谱重叠。Eu_{II} 发光带位于长波区；而对 $Ca_2SiO_4:Eu^{2+}$ 和 $Ba_2SiO_4:Eu^{2+}$ 来说，这两个发光峰在 500nm 左右重叠。因此 $M_2SiO_4:Eu^{2+}$ 荧光体的光谱看起来仍是显著的单一发射特征。

Kang 等采用喷雾热解法合成（Ba，Sr）$_2SiO_4:Eu$ 荧光体，添加 5% 的 NH_4Cl，会使 $Ba_{1.488}Sr_{0.5}SiO_4:Eu_{0.012}$ 在 410nm 激发下的发光亮度提高 50% 以上。NH_4Cl 的加入，降低了热处理温度，使 $Ba_{1.488}Sr_{0.5}SiO_4:Eu_{0.012}$ 的粒径增大，平均粒径不大于 5μm，同时促进了 $Ba_{1.488}Sr_{0.5}SiO_4:Eu_{0.012}$ 的晶化。

Hong 等研究了在 UV 紫外光激发下，$Sr_2SiO_4:Eu^{2+}$ 和 $Mg_{0.1}Sr_{1.9}SiO_4:Eu^{2+}$ 的发光特性，发现 $Sr_2SiO_4:Eu^{2+}$ 发射峰有两个分别位于 473nm 和 535nm；而 $Mg_{0.1}Sr_{1.9}SiO_4:Eu^{2+}$ 的发射峰位于 459nm 和 564nm。

余泉茂等报道了 $Ca_2SiO_4:Eu^{3+}$ 能实现红光发射。Lu[154] 报道了 Sr_2SiO_4 高温固相反应机理。Hsu 通过溶胶凝胶法合成了 $Sr_2SiO_4:Eu^{2+}$。Park 还报道了 $Ca_{2-x}Sr_xSiO_4:Eu^{2+}$ 可以用于近紫外光激发的白光 LED。

新近文献报道，Lee 等合成了纳米结构的 $Sr_{2-x}Ba_xSiO_4:Eu^{2+}$ 荧光体也体现了良好的发光性能，发射峰位于 473nm 和 543nm。

Haferkorn 最先采用 sol-gel 法合成了 Li_2SrSiO_4。Saradhi 等采用固相反应法和燃烧法合成了 $Li_2SrSiO_4:Eu^{2+}$，在 400~470nm 激发下呈现橙黄色发光，发射光谱峰值 562nm。其红色发光部分比 YAG:Ce 要强，具有更好的显色性能。Liu 等[159] 采用高温固相反应法合成了 $Li_2CaSiO_4:Eu^{2+}$，激发光谱是 220~470nm 的宽带。

（3）$Sr_3SiO_5:Eu^{2+}$ 荧光体

2004 年，Park 等合成了能被 450~470nm 波长范围内被激发的 $Sr_3SiO_5:Eu^{2+}$ 黄色荧光体，与 InGaN（460nm）芯片封装后发白光。比传统的 YAG:Ce＋460nm 的 InGaN 白光 LED 的发光效率高。产物为单一的 $Sr_3SiO_5:Eu^{2+}$ 物相，四方相结构。

Park 等采取在 Sr_3SiO_5 中添加 Ba^{2+} 离子的方法，使 $Sr_3SiO_5:Eu^{2+}$ 在 450~470nm 蓝光激发下的发射光谱红移，发光颜色为橙黄色。图 5-65 为不同 Ba^{2+} 离子含量的 $Sr_3SiO_5:Eu^{2+}$ 的发光光谱，其发射光谱为宽带，随 Ba^{2+} 离子含量的增加，发射光谱峰值由 570nm 红移到 585nm。

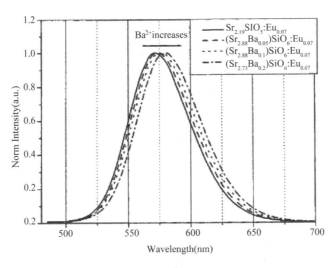

图 5-65　不同 Ba^{2+} 离子含量的 $Sr_3SiO_5:Eu^{2+}$ 的发光光谱

　　Jang 等报道了 $(Sr_{1-x}Me_x)_3SiO_5:Eu^{2+}$（Me=Ca,Ba）发射光谱的变化情况，发射峰位的变化是因为不同的晶体结构带来的晶场作用与电子云重排效应而导致的。Ca_3SiO_5 为单斜晶系，Sr_3SiO_5 为四方相结构。化学组成 $Sr_{2.97}SiO_5:Eu_{0.03}^{2+}$ 荧光体呈现出橙黄色发光，能被 405～450nm 的蓝光激发，发射峰位于 580nm。随着 Eu^{2+} 离子浓度的增加，发射波长红移，一定量的 Sr^{2+} 被 Ba^{2+} 取代后，发射峰也红移变长。

　　采用双组分荧光体：黄色荧光体和橙黄色发光材料，使光谱中的红色成分增强，得到了显色指数大于 85 的白光 LED，发光颜色为暖白色，色温 2500～5000K。460nm 的 InGaN 芯片与单一 $Sr_3SiO_5:Eu$ 荧光体封装的 LED 的显色指数较低是由于光谱中缺乏绿色和红色成分。在 6000 色温下，采用双波段荧光体或使 $Sr_3SiO_5:Eu$ 荧光体的发射光谱更宽可使显色指数提高到 83～97（见图 5-66）。

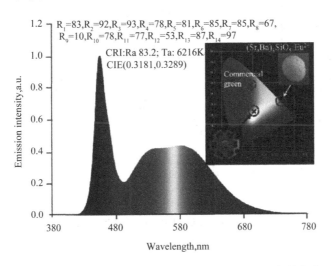

图 5-66　蓝光激发两种不同的荧光体的白光 LED 发射光谱

4．其他硅酸盐荧光体

2011 年 Chen 等报道了 $1\%Ce^{3+}$, $0.5\%Tb^{3+}$ 掺杂的 $Ca_3Sc_2Si_3O_{12}$ 适用于白光 LED 用绿色荧光体。同样适合白光 LED 的 $Ca_3Sc_2Si_3O_{12}$:Ce 荧光体在 450nm 激发下，发射 505nm 的绿光。Rao Yang 报道了 Pr^{3+} 激活的 Li_2SrSiO_4 在 452nm 蓝光激发下，发射 610nm 的红光（见图 5-67）。此外，$La_4Ca(SiO_4)_3O$:Ce^{3+} 也是有潜力的适合白光 LED 的黄色荧光体，化学组成 $La_{1.97}CaSi_3O_{13}$:$0.03Ce^{3+}$ 激发和发射光谱如图 5-68 所示。

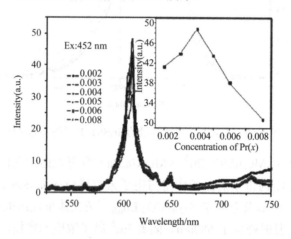

图 5-67 452nm 激发下 $Li_2Sr_{1-5x}SiO_4$:xPr^{3+} 的发射光谱（其中插图是 610nm 的发射波长下，Pr^{3+} 离子浓度函数关系，x=0.002,0.003,0.004,0.005,0.006,0.007,0.008）

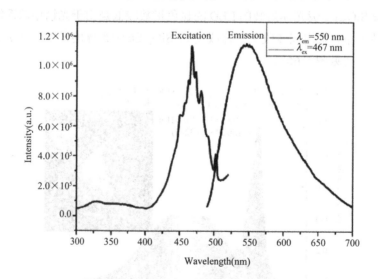

图 5-68 $La_{1.97}CaSi_3O_{13}$:$0.03Ce^{3+}$ 的激发和发射光谱

5.6　LED 封装材料与技术

　　所谓"封装技术"是一种将集成电路用绝缘的塑料或陶瓷材料打包的技术。封装也可以说是指安装半导体集成电路芯片用的外壳，它不仅起着安放、固定、密封、保护芯片和增强导热性能的作用，而且还是沟通芯片内部世界与外部电路的桥梁——芯片上的接点用导线连接到封装外壳的引脚上，这些引脚又通过印刷电路板上的导线与其他器件建立连接。因此，对于很多集成电路产品而言，封装技术是非常关键的一环。LED 封装技术是从半导体分立器件封装技术的基础上发展并演变而来，却又有很大的不同。分立器件的管芯被密封在封装体内，一般情况下的作用是保护管芯和完成电气互连。而 LED 封装的作用不仅是保护管芯正常工作，还要完成输出信号，以及输出可见光的功能，其中，即有电参数又有光参数的设计及技术要求。LED 封装要求 LED 芯片产生的光线可以高效率取至外部，因此封装必须具高绝缘性、高反射性、高传导性和高强度。由于空气折射率与芯片折射率相差较大，使得芯片内部存在很小的全反射临界角，只取出小部分有源层产生的光，而芯片内大部分的光经过多次反射最终被吸收，这样就容易发生全反射致使损失过多的光。要提高光出射效率，可以选用相应折射率的环氧树脂作为过渡。LED 封装除了保护内部 LED 芯片之外，还兼具 LED 芯片与外部的电气连接、散射等功能，降低芯片结温，提高 LED 性能。其主要作用如下：

　　（1）物理保护。因为芯片必须与外界隔离，以防止空气中的杂质对芯片电路的腐蚀而造成电气性能下降，保护芯片表面以及连接引线等，使相当柔弱的芯片在电气或热物理等方面免受外力损害及外部环境的影响；同时通过封装使芯片的热膨胀系数与框架或基板的热膨胀系数相匹配，这样就能缓解由于热等外部环境的变化而产生的应力以及由于芯片发热而产生的应力，从而可防止芯片损坏失效。基于散热的要求，封装越薄越好，当芯片功耗大于 2W 时，在封装上需要增加散热片或热沉片，以增强其散热冷却功能；5～10W 时必须采取强制冷却手段。另一方面，封装后的芯片也更便于安装和运输。

　　（2）电气连接。封装的尺寸调整（间距变换）功能可由芯片的极细引线间距，调整到实装基板的尺寸间距，从而便于实装操作。例如从以亚微米（目前已达到 0.13μm 以下）为特征尺寸的芯片，到以 10μm 为单位的芯片焊点，再到以 100μm 为单位的外部引脚，最后以毫米为单位的印刷电路板，都是通过封装实现的。可使操作费用及材料费用降低，而且能提高工作效率和可靠性，特别是通过实现布线长度和阻抗配比尽可能地降低连接电阻，寄生电容和电感来保证正确的信号波形和传输速度。

　　（3）标准规格化。规格通用功能是指封装的尺寸、形状、引脚数量、间距、长度等有标准规格，既便于加工，又便于与印刷电路板相配合，相关的生产线及生产设备都具有通用性。这对于封装用户、电路板厂家、半导体厂家都很方便，而且便于标准化。相比之下，裸芯片实装及倒装目前尚不具备这方面的优势。由于组装技术的好坏还直接影响到芯片自身性能的发挥和与之连接的印刷电路板（PCB）的设计和制造，对于很多集成电路产品而言，组装技术都是非常关键的一环。

5.6.1 封装材料

LED 芯片是被密封的，主要是实现机械保护和化学保护，同时密封材料还起到光学作用。有时"透镜"和"密封材料"是分开的，在原理上，"透镜"主要用于改变光束的空间方向，而"密封材料"用于保护 LED 芯片并增强光提取。从光学角度讲，透镜材料需要高透明度和高折射率。而密封材料一般位于芯片的正上方，有时要包含金丝，为了平衡和减轻焊线的应力，要求密封材料必须是软的。密封材料可以是各种黏度的凝胶、软膏或液体。透镜通常用特定的喷射模塑工艺制作，并根据设计的空间辐射方向制成任意外形。为了方便透镜的制作，可将透镜安装于金属环上。密封的一般实现方法是将密封材料直接沉积在事先置于载体上的 LED 芯片或者荧光粉上，根据不用的载体表面，可使用黏性甚至液体材料。实现透镜和密封的工艺方法很多，一般依据材料的黏度，用绢印或其他厚层沉积技术在芯片上获得厚度最优的保形密封。常规封装中，透镜位于载体之上，然后注入密封材料填充载体和透镜之间的空腔。当透镜和密封为同一种材料时，将聚合物材料直接注塑于载体。

全密封器件要在 200～250℃的条件下焊接在线路板上，焊接中为了保证材料的光学特性不受影响，要求密封材料必须能够承受 100～150℃的条件下热老化和可能发生的环境连续紫外光辐射老化。热老化和光学老化可导致透镜的不透明度逐渐增加，满足上述条件常用的聚合物主要有环氧树脂、硅酮、丙烯酸树脂、玻璃、有机硅材料等高透明材料。其中玻璃是用作外层透镜材料；环氧树脂，有机硅材料，改性环氧树脂等，主要作为"密封材料"，也可作为透镜材料。

提高 LED 封装材料折射率可以有效减少因为折射率物理屏障而带来的光子损失，以提高光量子效率。折射率是封装材料的一个重要指标，越高越好。硅树脂中苯基含量越大，就会越硬，折射率越高。但因为苯基热塑性太大，无实际使用价值，因此含量一般在 20%～50%之间。

1. 玻璃封装

大功率 LED 灯具的封装透镜，在光学玻璃透镜层内表面附有反射面排列。在晶片工作时间时，晶片所发出的光线可以通过该反射面均匀地射向前方。有效提高了大功率 LED 灯具的透光率，与传统的采用模组灌注硅胶及盖 PC 透镜灌注硅胶封装相比，大功率 LED 灯具的单位流明数值被提升了不少，同时兼备老化、可靠、牢固、使用寿命长等优点，满足节能减排的要求。

石英玻璃在紫外光和可见光范围的透过率都接近 95%，在所有材料里面是紫外光透过率最高的。但是石英玻璃热加工温度高，并不适用于 LED 芯片的密封，因此石英玻璃在LED 封装工艺中一般仅作为透镜材料使用。

2. 树脂

在高分子化合物的分子结构中含有环氧基团的称为环氧树脂。环氧树脂在固化后具有良好的化学性能和物理性能，它对非金属和金属材料的表面都具有良好的黏接强度。因其柔韧性较好，变型收缩率小，介电性能良好，对碱及大部分溶剂稳定，因而被作为层压料、黏合剂、浇注、浸渍、涂料等，广泛应用于各类行业。在封装塑粉中使用的环氧树脂种类有 NOVOLAC EPOXY、双酚 A 系（BISPHENOL-A）、环氧化的丁二烯、环状脂肪族环氧树脂等。一般在封装胶粉中除了环氧树脂之外，还需要添加促进剂、硬化剂、耦合剂、抗燃剂、脱模剂、颜料、填充料、润滑剂等。在封装塑粉中所选用的环氧树脂离子含量要低，才能防止腐蚀半导体芯片表面的铝条，同时要具有良好的耐化学性及耐热性，较高的热变形温度，以及对硬化剂具有良好的反应性。

环氧树脂在可见光范围内的透过率很高，某些波长的透光率甚至会超过 95%，但在紫外光范围环氧树脂的吸收损耗较大，在波长小于 380nm 时，透过率就会迅速下降。在可见光范围硅树脂透过率接近 92%，在紫外光范围内的透过率要低一些，但是在波长为 320nm 时仍然高于 88%，表现出了很好的紫外光透射性质。广泛用于 LED 封装中，是成本相对较低的聚合物。

丙烯酸树脂和丙烯酸酯的机械性能与环氧树脂接近（硬度 D 为 75），也是低成本的聚合物，可以在室温或紫外辐射条件下固化，固化时间通常很短一般为几分钟。但与环氧树脂相似，它们的温度和紫外暴露的稳定性不强。

硅酮相对成本高，折射率中等（约 1.6），机械性能不同于环氧树脂，但是硅酮通常在很宽的温度范围（–40～260℃）内是非常软的聚合物，并且具有非常好的温度稳定性，目前在封装中也越来越多被采用。硅酮分为凝胶和树脂，凝胶为非常软的材料，用作荧光材料的载体和密封材料。树脂为硬一些的材料，通常用于制造透镜。

LED 封装对材料的耐热性有更高的要求。环氧树脂和硅树脂具有较好的承受紫外光辐照的能力。而环氧树脂的耐热性就比较差，比如在经过连续 6 天的高温老化后，环氧树脂的样品颜色会从最初的清澈透明变成黄褐色。硅树脂也有优异的耐热性能，在经过 14 天的高温老化后，颜色仍然保持着最开始的清澈透明。由于有机硅材料和环氧树脂配粉的封装工艺不一样，有机硅材料在烘烤时的温度较低且时间较短，对芯片的损伤比较小。此外，有机硅材料比环氧树脂更具有弹性，因此更能保护芯片。

3. 有机硅化合物

在高端 LED 封装材料封装领域，高性能有机硅材料将成为重要的发展方向之一。有机硅化合物是有机硅封装材料主要成分。有机硅化合物是指含有 Si-O 键、并且至少有一个有机基是直接与硅原子相连的化合物。在有机硅化合物中研究最深、为数最多、应用最广的一类是以硅氧键（-Si-O-Si-）为骨架组成的聚硅氧烷，其含量约占总用量的 90% 以上。聚硅氧烷的结构是以重复的 Si-O 键为主链，硅原子上直接连接有机基团的聚合物，其通式为 $R'\text{-}(SiRR'\text{-}O)n\text{-}R''$，其中，R、R′、R″ 代表基团，如苯基、羟基、甲基、乙烯基等；n 为重复的 Si-O 键个数（n 不小于 2）。有机硅材料的特性如下：

    ① Si 原子上充足的基团能够将高能量的聚硅氧烷主链屏蔽起来；

    ② Si-O 的键长较长，Si-O-Si 键的键角大；

    ③ 由于 C-H 无极性，所以分子间相互作用力十分微弱；

    ④ Si-O 键中离子键特征的共价键占 50%（离子键无方向性，共价键具有方向性）。

有机硅材料有很多种类，大体可以分为以下几种，见表 5.5。

表 5.5　LED 有机硅封装材料的分类

序号	折射率	低弹性模量	中弹性模量	高弹性模量
1	1.40～1.45	低折射率凝胶体	低折射率弹性体	低折射率树脂体
2	1.50～1.55	高折射率凝胶体	高折射率弹性体	高折射率树脂体

有机硅封装材料一般是由双组分无色透明的液体状物质组成，使用时必须按照 A:B=1:1 的比例精确称量，并且要搅拌使之混合均匀，脱除气泡后用于点胶封装，然后将封装后的器件按照工艺要求加热固化。有机硅封装材料的一般固化原理是用铂的配合物作催化剂配成封装料，以含 SiH 基硅烷低聚物作交联剂，含乙烯基的硅树脂作基础聚合物，利用有机硅聚合物的 Si-H 与 Si-CH═CH$_2$ 在催化剂的作用下，发生硅氢化加成反应而交联固化。

瓦克、道康宁、信越、东芝等公司已开发出大功率 LED 专用有机硅封装胶，如道康宁的 JCR6175、JCR6122、OE26336、EG26301、SR27010、JCR6101 等。其中 EG26301 折光指数为 1153，性质坚硬，用于组件的透明 LED 透镜材料。对于高折光指数的硅树脂和硅胶材料来说，其已成为目前国外几家生产有机硅产品公司的研究热点和产品销售热点。华南师范大学对大功率 LED 器件的封装也开始着手研究。他们主要是通过三官能的烷氧基硅烷单体混合、单官能烷氧基硅烷单体、二官能的烷氧基硅烷单体在酸性阳离子交换树脂作用下，发生共水解缩合反应，制备出一种折光指数可达到 1.53 的甲基苯基乙烯基硅树脂，其特点折光率高、澄清透明。

5.6.2　封装工艺

LED 封装技术的发展与其他电子器件相同，首先器件可互相连接，接着是利用引脚连接到公共母版，最后出现可贴装于母版表面的"有引脚"器件（表面安装技术简称 SMT），从而使母版能容纳更多的器件。其演变如图 5-69 所示。

芯片是从直径大约 100mm、200mm 的晶片上生产的。电接触结构和发光方向制约着 LED 的封装。PN 结管芯是 LED 的核心发光部分，由 P 型和 N 型半导体组成。当 PN 结的多数载流子与注入的少数载流子复合时，就能够发射出光子。但 PN 结发射出的光子是非定向的，即各个方向都有相同概率发射出光。因此芯片产生的光并不是都可以全部发射出来。能发射出多少光子取决于半导体器件材料的质量、芯片的结构、几何形状、封装内部材料与包装材料。因此对于 LED 封装，我们要根据芯片大小和功率的大小来选择合适的封装结构类型。

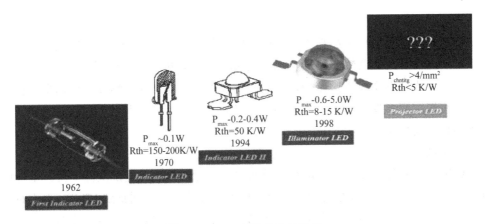

图 5-69 LED 封装结构的发展

LED 产品封装结构类型根据芯片材料、尺寸大小、发光亮度、发光颜色等特征来分类的。一般单个芯片构成点光源，通过组装多个芯片可构成线光源和面光源，作为电子设备的信息状态显示和指示使用。发光显示器可采用多个芯片适当的光学结构组合和适当连接（并联和串联）构成发光显示器的发光点和发光段。主要有以下工艺环节：

（1）芯片检验

镜检：材料表面是否有机械损伤及麻点麻坑（lockhill），芯片尺寸及电极大小是否符合工艺要求，电极图案是否完整。

（2）扩片

由于 LED 芯片在划片后依然排列紧密间距很小（约 0.1mm），不利于后工序的操作。我们采用扩片机对黏结芯片的膜进行扩张，使 LED 芯片的间距拉伸到约 0.6mm。也可以采用手工扩张，但很容易造成芯片掉落浪费等不良问题。

（3）点胶

在 LED 支架的相应位置点上银胶或绝缘胶。（对于 GaAs、SiC 导电衬底，具有背面电极的红光、黄光、黄绿芯片，采用银胶。对于蓝宝石绝缘衬底的蓝光、绿光 LED 芯片，采用绝缘胶来固定芯片。）工艺难点在于点胶量的控制，在胶体高度、点胶位置。由于银胶和绝缘胶在贮存和使用均有严格的要求，银胶的饲料、搅拌、使用时间是工艺上必须注意的事项。

（4）备胶

和点胶相反，备胶是用备胶机先把银胶涂在 LED 背面电极上，然后把背部带银胶的 LED 安装在 LED 支架上。备胶的效率远高于点胶，但不是所有产品均适用备胶工艺。

（5）手工刺片

将扩张后 LED 芯片（备胶或未备胶）安置在刺片台的夹具上，LED 支架放在夹具底下，在显微镜下用针将 LED 芯片一个一个刺到相应的位置上。手工刺片和自动装架相比有一个好处，便于随时更换不同的芯片，适用于需要安装多种芯片的产品。

（6）自动装架

自动装架其实是结合了沾胶（点胶）和安装芯片两大步骤，先在 LED 支架上点上银胶（绝缘胶），然后用真空吸嘴将 LED 芯片吸起移动位置，再安置在相应的支架位置上。自动装架在工艺上需要熟悉设备操作编程，同时对设备的沾胶及安装精度进行调整。在吸嘴的选用上尽量选用胶木吸嘴，防止对 LED 芯片表面的损伤，特别是蓝、绿色芯片必须用胶木的。因为钢嘴会划伤芯片表面的电流扩散层。

（7）烧结

烧结的目的是使银胶固化，烧结要求对温度进行监控，防止批次性不良。银胶烧结的温度一般控制在 150℃，烧结时间 2 小时。根据实际情况可以调整到 170℃，1 小时。绝缘胶一般 150℃，1 小时。银胶烧结烘箱的必须按工艺要求隔 2 小时（或 1 小时）打开更换烧结的产品，中间不得随意打开。烧结烘箱不得用于其他用途，防止污染。

（8）压焊

压焊的目的是将电极引到 LED 芯片上，完成产品内外引线的连接工作。LED 的压焊工艺有金丝球焊和铝丝压焊两种。先在 LED 芯片电极上压上第一点，再将铝丝拉到相应的支架上方，压上第二点后扯断铝丝。金丝球焊过程则在压第一点前先烧个球，其余过程类似。压焊是 LED 封装技术中的关键环节，工艺上主要需要监控的是压焊金丝（铝丝）拱丝形状，焊点形状，拉力。对压焊工艺的深入研究涉及多方面的问题，如金（铝）丝材料、超声功率、压焊压力、劈刀（钢嘴）选用、劈刀（钢嘴）运动轨迹等。

LED 的封装主要有点胶、灌封、模压三种。

基本上工艺控制的难点是气泡、多缺料、黑点。设计上主要是对材料的选型，选用结合良好的环氧和支架。手动点胶封装对操作水平要求很高（特别是白光 LED），主要难点是对点胶量的控制，因为环氧在使用过程中会变稠。白光 LED 的点胶还存在荧光粉沉淀导致出光色差的问题。

（9）灌胶封装

Lamp-LED 的封装采用灌封的形式，是制造发光二极管的重要工序，首先是在 LED 成型模腔内将发光二极管封在部分透明或全透明的液态环氧树脂中，然后插入压焊好的 LED 支架，放入烘箱让环氧固化后，将 LED 从模腔中脱出即成型。此过程有三个主要作用：①保护键合的引线和提供引线架仅有的支持物；②降低芯片和空气之间折射率失配以增加光输出；③决定光的辐射分布。

（10）模压封装

将压焊好的 LED 支架放入模具中，将上、下模具用液压机合模并抽真空，将固态环氧放入注胶道的入口加热用液压顶杆压入模具胶道中，环氧顺着胶道进入各个 LED 成型槽中并固化。

（11）固化与后固化

固化是指封装环氧的固化，一般环氧固化条件在 135℃，1 小时。模压封装一般在 150℃，4 分钟。后固化是为了让环氧充分固化，同时对 LED 进行热老化。后固化对于提高环氧与支架（PCB）的黏接强度非常重要。一般条件为 120℃，4 小时。

（12）切筋和划片

由于 LED 在生产中是连在一起的（不是单个），Lamp 封装 LED 采用切筋切断 LED 支架的连筋。SMD-LED 则是在一片 PCB 板上，需要划片机来完成分离工作。

（13）测试和包装

测试 LED 的光电参数、检验外形尺寸，同时根据客户要求对 LED 产品进行分选。将成品进行计数包装。超高亮 LED 需要防静电包装。

5.6.3　典型封装结构

LED 产品封装形式可以说是五花八门，主要根据不同的应用场合采用相应的外形尺寸，散热对策和出光效果。LED 产品按封装形式分类有 Lamp-LED 产品、TOP-LED 产品、Side-LED 产品、SMD-LED 产品、High-Power-LED 产品等。封装技术的发展从常规的 LED 开始，向大功率或高亮度 LED 器件发展，不仅受尺寸的影响，还要考虑散热和光提取，主要有以下几种 LED 封装类型。

1．引脚式封装

LED 引脚式封装是最先研发成功并投放市场的封装结构类型。其封装外形的引脚采用引线架，具有品种繁多和较高技术等一系列优点，被大部分客户认为是最方便和最经济的封装形式，如图 5-70 和图 5-71 所示。传统 LED 的负极引脚散发至 PCB 板的热量有 90%，所以我们必须考虑如何降低 pn 结的温度。包装封装材料大多数采用高温固化环氧树脂，不仅光性能良好，而且产品的可靠性高。

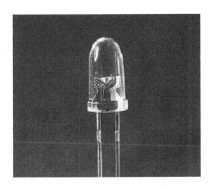

图 5-70　发光二极管外形

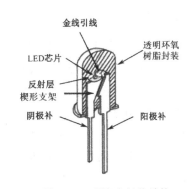

图 5-71　引脚式封装结构

引脚式封装具有以下特点：

（1）引脚体积小，可弯曲成所需要的形状，陶瓷底座环氧树脂封装的工作温度性能良好。

（2）金属底座塑料反射罩式封装可作电源指示，是一种节能指示灯。

（3）闪烁式将 LED 芯片与 CMOS 振荡电路结合封装，产生的闪烁光具有较强视觉。

（4）两种不同发光颜色的芯片封装在环氧树脂透镜内可以组成双色显示器件，被广泛应用于大屏幕显示系统中。

（5）将 LED 芯片与恒流源芯片组合封装，可作电压指示灯。

（6）在 PCB 板的规定位置黏结多个 LED 芯片，采用塑料反射框罩并灌封环氧树脂形成面光源，由 PCB 板的不同设计确定外引线的连接盒排列方式，有单列直插和双列直插等结构形式。

2. 表贴式封装

表面贴片二极管（SMD）是另一种封装形式的半导体发光器件，为了节省制造成本，利用自动化组装技术的表贴式封装，自 20 世纪 80 年代开始逐渐被推广和强化。SMD LED 一般有两种结构：一种为金属支架片式 LED，另一种为 PCB 片式 LED。现在很多厂家都利用自动化机器进行固晶和焊线，所做出来的产品质量好、一致性好，非常适合大规模生产。

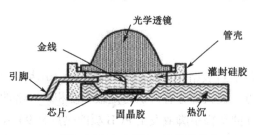

图 5-72　SMD LED 的封装结构

SMD LED 在最初时期主要用于移动电话键盘和指示设备的照明上，之后逐渐被用在汽车、交通照明等重点的大型领域。表贴式 LED 是把封装好的器件贴直接焊到指定的 PCB 面板上。它具有一系列优点，如体积小、散射角小、发光均匀性好，可靠性高等。其发光颜色可以是白光在内的任何颜色的光，可以满足表面贴装结构的各种电子产品的需要，特别是手机和笔记本电脑等，如图 5-72 所示。

3. 食人鱼封装

所谓食人鱼封装，是指其封装产品很像亚马孙河流中的食人鱼 Piranha，因此把这类封装产品结构叫做食人鱼封装。食人鱼 LED 产品有很多优点，由于食人鱼 LED 的支架是铜制支架，面积比传统的 LED 封装产品要大，PN 结在 LED 点亮后产生的热量很快就可以通过支架的 4 个引脚导出到 PCB 的铜带上。因此传热和散热的速度较快，可承受 70～80mA 的电流。在行驶的汽车上，往往蓄电瓶的电压高低波动较大，特别是使用刹车灯的时候，电流会突然增大，但是这种情况对食人鱼 LED 没有太大的影响，因此被广泛用于汽车照明中。因其视角大、光衰小、寿命长，食人鱼 LED 非常适合制成线条灯、背光源的灯箱和大字体槽中的光源，也可用于汽车的刹车灯、转向灯、倒车灯。

食人鱼 LED 的封装有很多特殊的方面。首先要根据选定的食人鱼支架确定每个食人鱼管的芯片数量和支架上碗杯的大小。在使用时在支架碗中固定 LED 芯片，烘干后焊接 LED 芯片的正负极。然后根据光性能需要选择相宜的模粒，把固定好的 LED 芯片的支架插入灌满胶的模粒中。烘干后即可脱模，最后切筋再进行分选测试，结构如图 5-73 和图 5-74 所示。

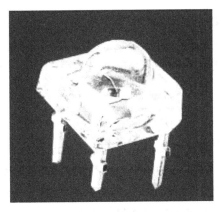

图 5-73　食人鱼封装的外形图

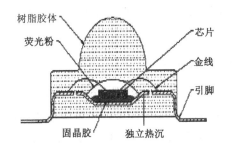

图 5-74　食人鱼封装结构

4．功率型 LED 封装

功率型封装 LED 是未来半导体照明的核心。功率型 LED 最早始于 20 世纪 90 年代初 HP 公司推出的"食人鱼"封装结构的 LED。相比原支架式封装的 LED，功率型 LED 的输入功率提高了几倍，并且热阻只有原来的几分之一。功率型 LED 的封装工艺直接影响到芯片的发光效率、发光波长、工作温度和使用寿命等，因此功率型 LED 芯片的制造技术和封装设计就显得尤其重要。

目前功率型 LED 主要有 6 种封装形式，分别为沿袭了引脚式 LED 封装思路的大尺寸环氧树脂封装、仿食人鱼式环氧树脂封装、铝基板（MCPCB）封装、借鉴大功率三极管思路的 TO 封装、功率型的 SMD 封装、Lumileds 公司的硅衬底倒装芯片封装。全新的功率型封装的设计理念主要归为两类，一类是单芯片功率型封装，另一类是多芯片功率型封装。

功率型 LED 的单芯片封装：这种功率型单芯片 LED 封装与常规的 LED 封装结构完全不同，它是将背面出光的 LED 芯片先倒装在具有焊料凸点的硅载体上，然后再把它焊接在热沉上，或是把正面出光的 LED 直接焊到热沉上。这种封装形式对于散热性能、取光效率和电流密度的设计都是最佳的。

功率型 LED 的多芯片组合：用铝板作为热沉，并通过在基板上做成的两个接触点，使芯片的键合引线与负极和正极相连。根据所需输出光功率的大小来确定基板上排列芯片的数目。

功率型 LED 的实用化，使得 LED 应用从室内走向室外。因此功率型 LED 的研发和产业化也将成为今后发展的另一个重要方向，其关键技术是提高每一个器件的发光通量和发光效率。功率型 LED 已扩展了 LED 的应用领域，功率型 LED 性能的改进和结构的进步，功率型 LED 技术将更适应普通照明的应用。

很明显目前的多数封装方式不能满足大功率 LED 的应用需求。从实用角度上考虑，在大部分照明应用中，体积相对较小、安装使用简单的大功率 LED 器件必将取代传统的小功率 LED 器件。但是对于大功率 LED 封装方法，并不能简单的套用传统的小功率 LED 器件的封装方法与封装材料。大的发热量、大的耗散功率和高的出光效率给 LED 封装设备、封装工艺和封装材料提出了新的要求。大功率 LED 应用领域的不断扩大，由于 LED 芯片的输入功率不断提高，对这些大功率 LED 器件的封装技术提出了更高的要求。归纳起来，大功率 LED 封装技术主要满足下列两点要求：①封装结构要有高的取光效率；②热阻要尽可能低，这样才能保证大功率 LED 的光学性能和可靠性。

5. COB 封装

COB 是英文 Chip On Board 的缩写，即板上芯片直装。其封装的工艺过程是首先用导热环氧树脂在基底表面覆盖硅片安放点，直接将 LED 芯片用焊料或粘胶剂粘贴到 PCB 上，通过引线键合来实现 PCB 与芯片之间的电气互连技术，其典型结构如图 5-75 所示。COB 技术主要用于大功率多芯片阵列的 LED 封装，且与 SMD-LED 封装相比，它不仅大幅度地提高了封装功率密度，而且降低了封装热阻。PCB 板可以采用低成本的 FR-4 材料，也可以采用陶瓷基或金属基复合材料，如图 5-76 所示。

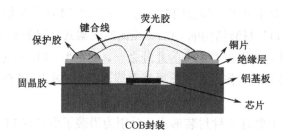

图 5-75　COB 封装结构示意图

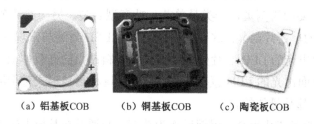

（a）铝基板COB　　　（b）铜基板COB　　　（c）陶瓷板COB

图 5-76　COB 封装实物图

近些年，高功率 LED 的需求逐渐走向薄型化与成本化，COB 封装以其低成本与应用便利性和设计多样性被市场所看好。COB 封装主要用来解决小功率芯片制造大功率 LED 的问题，可以分散芯片的散热，提高光效，同时对改善 LED 灯的眩光效应有很好的作用。在 LED 灯泡有 40%的市场是 COB 封装的球泡灯，许多国家像日本已经开始走 COB 封装道路模式。根据 LED 产业研究所调研报告显示，2010 年日本的 LED 灯泡市场全面扩张成为全球 LED 照明的典型范例。目前日本的 LED 球泡灯市场主要转为以 COB 多晶片封装为主。国内的 LED 灯泡市场，自 2010 年来也拉开了 COB 市场的推广。

COB 封装与传统 SMD 封装的对比如表 5.6 所示。

表 5.6　COB 封装与传统 SMD 封装的对比

比较项目	传统 SMD 封装	COB 封装
生产效率	生产效率比 COB 封装低	固晶、焊线效率和传统 SMD 封装相当，点胶、包装效率比传统 SMD 要高
系统热阻	芯片-固晶胶-焊点-锡膏-铜箔-绝缘层-铝材（热阻较 COB 封装高）	芯片-固晶胶-铝材（低热阻）
光品质	分立器件组合存在点光、眩光	视角大且易调整，减小光折射损失
成本	增加支架、锡膏成本，增加贴片和回流焊工艺成本	成本较低
应用	LED 器件需下贴片，再通过回流焊方式固定在 PCB 板	无需贴装和回流焊工艺，COB 光源可直接用在灯具上

　　根据表 5.6，传统 SMD 封装的人工及其制造费用大概占物料的 15%，COB 封装的人工及制造费用大概占物料的 10%，所以采用 COB 封装，生产效率大概能提高 5%；COB 封装的系统热阻要远低于 SMD 封装的热阻，大幅度地提高了 LED 的寿命；COB 由于是集成式封装，是面光源，视角大且易于调整，减少了光折射损失；COB 封装比传统的 SMD 封装成本可较低大约 19～32%，由此可以大幅度的降低 LED 成品的成本，有利于 LED 照明器具的尽快普及。

　　COB 不是单个 LED 芯片简单的组合，它是多个芯片通过串并联的方式来实现的，其结构与外形如图 5-77 所示。如果一个芯片受损，会影响整串灯不亮。同时也给其他芯片增加了负担，那么可能会造成了超负荷的问题而使整个产品崩溃。为了解决集成 COB 的信赖性问题，开始研发出倒装芯片。即把倒装芯片通过共晶模式固定在陶瓷板或者铝基板上，那么产品的信赖性会得到很大的提高。

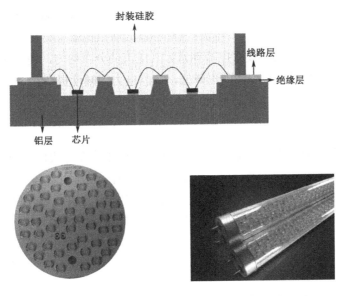

图 5-77　COB 多颗芯片封装结构及实物图

随着芯片发光率的大幅度提高，现在的 SMD 单个发光效率能达到 130lm/W，而对于 COB 来说，现在也只能达到 100lm/W 的水平，这主要是由于 COB 是以平面的为主，在水平方向由于部分光发生了全反射，而最后被内部吸收了，其出光率较差。为了解决这一问题，需要将 COB 进行加装透镜，从而抑制光的全反射，使发光率得到提升。

MCOB 是 Muilti Chips On Board 的英文缩写，即多集成式 COB 封装。其出光率要高于 COB 光源，可能成为新的市场主流。COB 技术是把 N 个芯片集成在基板上进行封装，铜箔在基板下，不能进行很好的光学处理，而 MCOB 技术是在多个光学杯里直接进行芯片封装，不仅可以增加光通量，还可以很大限度避免眩光。

6．其他封装技术

（1）低热阻封装技术

对于 LED 现有的光效水平来说，由于输入电能转变为热量有 80%左右，因此 LED 封装必须解决的关键问题就是晶片散热。LED 的封装热阻由界面热阻和内部热阻组成，散热

基板主要起吸收并传导晶片产生的热量，实现外界与器件内部的热交换。如 Lamina Ceramics 公司研发了低温共烧陶瓷金属基板，以及相应的 LED 封装技术，如图 5-78 所示。此项技术首先制备了适合于共晶焊的 LED 芯片，并且制备了相应的陶瓷基板，然后直接将基板与 LED 晶片焊接在一起。该基板上由于集成了电路、共晶焊层，不仅结构简单，而且很大的提高了散热效能。

（2）衬底减薄技术

图 5-78　Lamina Ceramics 公司研发了低温共烧陶瓷金属基板

由于垂直结构的 GaN 基 LED 的两个电极在不同的两侧，电流几乎能全部流过 GaN 基的外延层，而没有电流的横向流动。所以把蓝宝石衬底磨薄后倒置在 GaN 基 LED，不仅电阻降低，而且没有电流拥塞。其电流的分布均匀，使发光层的材料得以充分利用，电流产生的热量也减少，电压降低，抗静电力大幅度提高。

5.6.4　热管理

对于一般照明，所需照度需要将大量的 LED 元件集成在一块模组中，但 LED 灯的光电转换效率不高，大约只有 15%～20%的电能能够转化为光输出，其余均转化为热量。热量是 LED 的最大威胁之一，不仅影响 LED 的电气性能，最终导致 LED 失效。因此目前 LED 器件封装的关键技术之一就是如何为降低散热对 LED 的影响。

1．热量来源

（1）热阻

热阻是物体对热量传导的阻碍程度，以℃/W 为单位。热阻越大则热量越不容易传递，

器件因此产生的温度相对就较高，热阻越小，器件中产生的热量向外传导得就越快。热阻被用来评估 LED 封装的散热效能，在热传设计中是一个相当重要的参数，能够正确了解热阻的物理意义以及使用方式对于 LED 的热设计有很大帮助。

（2）LED 热量来源

对于由 PN 结组成的发光二极管，当正向电流从 PN 结流过时，PN 结有发热损耗使得 PN 结温度上升，所以把 PN 结的温度定义为 LED 结温。LED 发热的原因是所加入的电能并没有全部转化为光能，而是一部分转化成为了热能，如图 5-79 和图 5-80 所示。这些热量经由黏结胶、封胶材料等辐射到空气中，在这个过程中每一部分材料都有阻止热流的热阻抗，也就是热阻。热阻由器件的尺寸、结构及材料性质所决定。

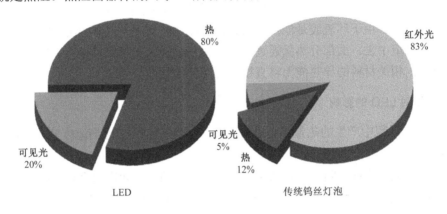

图 5-79　各类灯源热量的输出

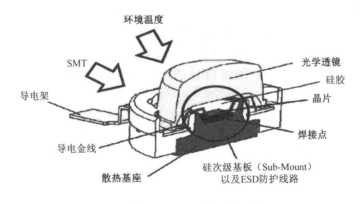

图 5-80　LED 封装的热量

（3）LED 结温的产生原因

由于 PN 结不可能极端完美，元件的注入效率不会达到 100%，也即是说，在 LED 工作时除 P 区向 N 区注入电荷（空穴）外，N 区也会向 P 区注入电荷（电子），一般情况下，后一类的电荷注入不会产生光电效应，而以发热的形式消耗掉了。即使有用的那部分注入电荷，也不会全部变成光，有一部分与结区的杂质或缺陷相结合，最终也会变成热。也就是说内部光子无法全部射出到芯片外部而最后转化为热量，大部分都转化成热量，这部分是热量产生的主要原因。

实践证明，出光效率的限制也是是导致 LED 结温升高的主要原因。目前，先进的材料生长与元件制造工艺已能使 LED 绝大多数输入电能转换成光辐射能，然而由于 LED 芯片材料与周围介质相比，具有大得多的折射系数，致使芯片内部产生的极大部分光子（>90%）无法顺利地溢出介面，而在芯片与介质介面产生全反射，返回芯片内部并通过多次内部反射最终被芯片材料或衬底吸收，并以晶格振动的形式变成热，促使结温升高。

另外，由于元件不良的电极结构，视窗层衬底或结区的材料以及导电银胶等均存在一定的电阻值，这些电阻相互叠加，构成 LED 元件的串联电阻。当电流流过 PN 结时，同时也会流过这些电阻，从而产生焦耳热，引致芯片温度或结温的升高。显然，LED 元件的热散失能力是决定结温高低的又一个关键条件。散热能力强时，结温下降，反之，散热能力差时结温将上升。由于环氧胶是低热导材料，因此 PN 结处产生的热量很难通过透明环氧向上散发到环境中去，大部分热量通过衬底、银浆、管壳、环氧粘接层、PCB 与热沉向下发散。显然，相关材料的导热能力将直接影响元件的热散失效率。

2. 热量对 LED 的影响

LED 发光过程中产生的热量将会造成 LED 模组的温度上升，当温度升高时会产生如下不良情况：

（1）发光强度降低。随着芯片结温的增加，芯片的发光效率也会随之减少。LED 亮度下降，同时与热损耗引起的温升增高，发光二极管亮度将不再继续随着电流成比例的提高，即显示出热饱和现象。

（2）发光主波长偏移。随着结温上升，发光的峰值波长也将向长波方向漂移，这对于通过由蓝光芯片涂覆 YAG 荧光粉混合而得来的 LED 来说，蓝光波长的偏移，会引起与荧光粉激发波长的失配，从而降低白光 LED 的发光效率，并导致白光色温的改变。

（3）严重降低 LED 的寿命，加速 LED 的光衰。LED 的寿命跟散热有很大的关系，如下图 5-81 所示。

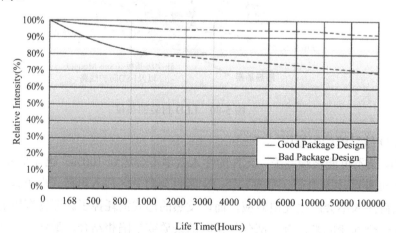

图 5-81 LED 的寿命曲线

3．如何降低散热影响

对于封装应用来说，如何降低产品的热阻，使 PN 结产生的热量能够尽快散发出去，不仅可以提高产品的饱和电流，提高产品的发光效率，同时也能提高产品的可靠性和寿命。

首先封装材料的选择尤为重要，包括支架、基板和填充材料等，各种材料的热阻要低，即要求的导热性能要良好。

芯片到基板连接材料的选取：银胶普遍被用来连接芯片和基板，但是银胶本身有很高的热阻，而且银胶固化后的内部结构是环氧树脂骨架以及银粉相互填充的导热导电结构，因此要选择的黏结物是锡膏。

基板的选择：如表 5.7 所示，银的导热系数最高，但因其价格昂贵，综合性价比考虑，宜采用铜或铝质地的基板。

表 5.7　各种材料基板的导热系数

材　料	铂	银	锡	铝	纯铜	黄金	纯铝	铝合金
导 热 系 数	71.4	427	67	121	398	3.5	230	22.2

基板外部冷却装置的选取：大功率 LED 器件在工作时候很大一部分的损耗转变成热量。若芯片的温度达到或超过允许的结温，器件就会遭受到损坏。常用的散热装置是在散热器上直接安装功率器件，这样就利用散热器把热量扩散到器件的周围空间。

基板与外部冷却设备连接材料选取主要是减少界面热阻，方法有：增加材料表面的平整度，减少空气的容量和施加接触压力，因此选择硅胶作为散热器和基板之间的填充物质，这样可以有效地减少热阻，利于半导体器件的散热。

4．大功率 LED 整体散热方案

LED 芯片至封装体的热传导。利用胶体来把热量传导出去，对于蓝宝石衬底的绿光、蓝光 LED 芯片，利用绝缘胶来固定芯片。对于碳化硅、GaAs 衬底，具有背面电极黄光、红光、黄绿芯片，可以采用高热导导电银胶。

封装体至外部的热传导。采用金属或者陶瓷高散热基板材料把热量传导至外部。Uninwell 导热层采用金属 LED 封装基板（铜或者铝等高导热材料）。

高热导可挠曲基板。Uninwell 采取的工艺是在绝缘层粘贴金属箔，在基本结构上与传统挠曲基板相同，但在绝缘层方面，采用的是公司独有的软质可挠树脂填充高热传导性填充物。主要是以总体散热和热阻的理念为基础的，热阻要低不仅仅是要用导热胶，还要改善导热胶所接合的各种介质的界面热阻。

思考题

1. 用于可见光发光二极管发光区的主要材料及主要特点是什么？
2. 半导体发光现象的三个过程是什么？
3. 简述 LED 芯片生产的工艺流程。

4. 简述同质外延、异质外延的原理与特点。

5. 请详细阐述 3 种典型的外延技术（气相外延、分子束外延技术、金属有机化学气相沉积）的外延层生长过程。

6. 常用的 LED 芯片种类及特点是什么？

7. 荧光材料发光的机理是什么？如何提高发光效率？

8. 简述用于白光 LED 的常用荧光材料及特点。

9. 简述 LED 封装的目的及工艺过程。

10. 请说明 3 种以上封装形式（如引脚式封装、表贴式封装、食人鱼封装、功率型 LED 封装、COB 封装）的主要结构特征与技术特点。

参考资料

[1] 徐叙瑢，苏勉曾. 发光学与发光材料. 北京: 化学工业出版社，2004.

[2] WILLIAM M. Y., SHIONOYA S., YAMAMOTO H. Phosphor handbook (Second Edition). CRC Press. 2006: 533-542.

[3] GSCHNEIDNER K. A. J., EYING L. Handbook on the Physics and chemistry of Rare Earths. New York: North-holland Publishing Company, 1979.

[4] FELDMANN C., JUSTEL T., CEES R. R., et al. Schmidt Inorganic luminescenct materials: 100 years of research and application. Advance Function Materials. 2003, 13(7): 513-516.

[5] 刘如熹，纪亮胜. 紫外光发光二极管用发光材料介绍. 台北: 全华科技图书股份有限公司，1992.

[6] 刘如熹，王健源. 白光发光二极体制作技术. 台北: 全华科技图书股份有限公司，1992.

[7] 肖志国，石春山，罗昔贤，等. 半导体照明发光材料以及应用. 北京: 化学工业出版社，2008.

[8] BLASSE G., BRIL A. Investigation of some Ce^{3+}-activated phosphors. Journal of Chemstry Physics. 1967, 47: 5139-5135.

[9] JACOBS R. R., KRUPKE W. F., WEDER M. J. Measurement of excited-state-absorption loss for Ce^{3+} in $Y_3Al_5O_{12}$ and implications for 5d→4f rare-earth lasers. Applied physics letter. 1978, 33(5): 410-413.

[10] SETLUR A. A., HEWARD W. J., GAO Y. Crystal chemistry and luminescence of Ce^{3+}-Doped $Lu_2CaMg_2(Si, Ge)_3O_{12}$ and its use in LED based lighting. Chemistry of Materials. 2006, 18: 3314-3322.

[11] PERERA P. F. S., MATOS M. G., AVILA L. R., et al. Red, green and blue (RGB) emission doped $Y_3Al_5O_{12}$(YAG) phosphors prepared by non-hydrolytic sol-gel route. Journal of Luminescence. 2010, 130: 488-493.

[12] WOM C. W., NERSISYAN H. H., WON H. I., et al. Integrated chemical process for exothermic wave synthesis of high luminescence YAG: Ce phosphors. Journal of Luminescence. 2011, 131: 2174-2180.

[13] MU Z. F., HU Y. H., CHEN L., et al. Enhanced luminescence of Dy^{3+} in $Y_3Al_5O_{12}$ by Bi^{3+} co-doping. Journal of Luminescence. 2011, 131: 1687-1691.

[14] SHAO Q. Y., DONG Y., JIANG J. Q., et al. Temperature-dependent photoluminescence properties of (Y, Lu)$_3$Al$_5$O$_{12}$: Ce^{3+} phosphors for white LEDs applications [J], Journal of Luminescence. 2011, 131: 1013-1015.

[15] ZHOU X. J., ZHOU K. N., LI Y. M., et al. Luminescence properties and energy transfer of $Y_3Al_5O_{12}$: Ce^{3+},

Ln^{3+} (Ln=Tb, Pr) prepared by polymer-assisted sol-gel method. Journal of Luminescence. 2012, 132: 3004-3009.

[16] ZHAO C., ZHU D. C., MA M. X., et al. Brownish red emitting YAG: Ce^{3+}, Cu$^+$ phosphors for enhancing the color rendering index of white LEDs. Journal of Alloys Compounds. 2012, 523: 151-154.

[17] LATYNINA A., WATANABE M., INOMATA D., et al. Properties of Czochralski grown Ce, Gd: Y$_3$Al$_5$O$_{12}$ single crystal for white light-emitting diode. Journal of Alloys Compounds. 2013, 553: 89-92.

[18] ZORENKO Y., GORBENKO V., VOZNYAK T., et al. Bi^{3+}-Ce^{3+} energy transfer and luminescence properties of LuAG: Bi, Ce and YAG: Bi, Ce single crystalline film. Journal of Luminescence. 2013, 134: 539-543.

[19] 洪广言. 稀土发光材料基础与应用. 北京: 科学出版社，2011.

[20] YANG J. J., CHEN G. D., DU F. F., et al. The crystal structure and luminescent properties of nitrogen-rich Ca-α-sialon: Eu with saturated calcium solubility fabricated by the alloy-nitridation method. Chinese Physics B-CHIN PHYS B , 2012, 21(7): 077802.

[21] HAMPHIRE S., PARK H. K., THOMPSON D. P., et al. α-SiAlON ceramics. Nature. 1978, 274(31): 880-882.

[22] TAKASE A., UMEBAYASHI S., KISHI K. Infrared spectroscopic study of β-SiAlON in the system Si$_3$N$_4$-SiO$_2$-AlN. Journal of Materials Science Letters. 1982, 1: 529-532.

[23] IZHEVSKIY V. A., GENOVA L. A., BRESSIANI J. C., et al. Progress in SiAlON ceramics. Journal of The European Ceramic Society. 2000, 20: 2275-2295.

[24] XIE R. J., MITOMO M., XU F. F., et al. Preparation of Ca- α-SiAlON Ceramics With Compositions Along the Si$_3$N$_4$-1/2Ca$_3$N$_2$: 3AlN Line. Zeitschrift Fur Metallkunde. 2001, 92(8): 931-936.

[25] SAKUMA K., HIROSAKI N., XIE R. J. Redshift of emission wavelength caused by reabsorption mechanism of europium activated Ca α-SiAlON ceramic phosphors. Journal of Luminescence. 2007, 126(2): 843-852.

[26] SUEHIRO T., HIROSAKI N., XIE R. J., et al. One-step preparation of Ca-α-SialON: Eu^{2+} fine powder phosphors for white light-emitting diodes. Applied Physics Letters. 2008, 92: 191904.

[27] XIE R. J., HIROSAKI N. Strong green emission from alpha-SiAlON activated by divalent ytterbimn under blue light irradiation. Journal of Physical Chemistry B. 2005, 109(19): 9490-9494.

[28] Li H. L., HIROSAKI N., XIE R. J., et al. Fine yellow α-SiAlON: Eu phosphors for white LEDs prepared by the gas-reduction-nitridation method. Science and Technology of Advanced Materials. 2007, 8: 601-606.

[29] XIE R. J., HIROSAKI N., MITOMO M., et al. Highly efficient white-light-emitting diodes fabricated with short-wavelength yellow oxynitride phosphors. Apply Physics Letter. 2006, 88: 101104.

[30] YAMADA S., EMOTO H., IBUKIYAMA M. Properties of SiALON powder phosphors for white LEDs . Journal of the European Ceramic Society. 2012, 32(7): 1355-1358.

[31] LIU Y. H., LIU R. S. New Rare-Earth Containing (Sr$_{1-y}$Eu$_y$)$_2$Al$_2$Si$_{10}$N$_{14}$O$_4$ Phosphor for Light-Emitting Diodes . Journal of Rare Earths. 2007, 25: 392-395.

[32] DUAN C. J., OTTEN W. M., DELSING A. C. A., et al. Photoluminescence properties of Eu^{2+}-activated sialon S-phase BaAlSi$_5$O$_2$N$_7$. Journal of Alloys and Compounds, 2008, 461: 454-458.

[33] XIE R. J., HIROSAKI N., LIU X. J., et al. Crystal structure and photoluminescence of Mn^{2+}-Mg^{2+} codoped gamma aluminum oxynitride (γ-AlON): A promising green phosphor for white light-emitting

diodes. Applied Physics Letters. 2008, 92: 201905-201908.

[34] SHIOI K., MICHIUE Y., HIROSAKI N., et al. Synthesis and photoluminescence of a novel Sr-SiAlON: Eu^{2+} blue-green phosphor ($Sr_{14}Si_{68-s}Al_{6+s}O_sN_{106-s}$: $Eu^{2+}(s\approx7)$). Journal of Alloys and Compounds. 2011, 509: 332-337.

[35] HUANG Z. K., SUN W. Y., YAN D. S. Preparation of superconducting molybdenum nitride fine powder by the plasma spraying method. Journal Material Science Letter. 1985, 4: 255-256.

[36] CAO G., HUANG Z., FU X., et al. Phase equilibrium studies in Si_2N_2O-containing systems: II. Phase relations in the Si_2N_2O $Al_2O_3La_2O_3$ and $Si_2N_2OAl_2O_3CaO$ systems. International Journal of High Technology Ceramics. 1986, 2(2): 115-121.

[37] ZHU W. H., WANG P. L., SUN W. Y., et al. Phase relationships in the Sr-Si-O-N system. Journal Material Science Letter. 1994, 13: 560-562.

[38] HÖPPE H. A, STADLER F., OECKLER O., et al. $Ca(Si_2O_2N_2)$ - A Novel Layer Silicate. Angewandte Chemie International Edition. 2004, 43: 5540-5542.

[39] KECHELE J. A., OECKLER O., STADLER F., et al. Structure elucidation of $BaSi_2O_2N_2$-A host lattice for rare-earth doped luminescent materials in phosphor-converted (pc)-LEDs. Solid State Sciences. 2009, 11: 537-543.

[40] LI Y. Q., DELSING A. C. A., WITH G., et al. Luminescence Properties of Eu^{2+}-Activated Alkaline-Earth Silicon-Oxynitride $MSi_2O_{2-\delta}N_{2+2/3\delta}$ (M=Ca, Sr, Ba): A Promising Class of Novel LED Conversion Phosphors. Chemistry Materials. 2005, 17: 3242-3248.

[41] SONG X. F., FU R. L., AGATHOPOULOS S., et al. Synthesis of $BaSi_2O_2N_2$: Ce^{3+}, Eu^{2+} phosphors and determination of their luminescence properties. Journal of the American Ceramic Society. 2011, 94(2): 501-507.

[42] SONG Y. H., CHOI T. Y., SENTHIL K., et al. Photoluminescence properties of green-emitting Eu^{2+}-activated $Ba_3Si_6O_{12}N_2$ oxynitride phosphor for white LED applications. Materials Letters. 2011, 12518: 1-3.

[43] KURAMOTO D., KIM H. S., HORIKAWA T., et al. Luminescence properties of $M_2Si_5N_8$: Ce^{3+} (M = Ca, Sr, Ba) mixed nitrides prepared by metal hydrides as starting materials. Journal of Physics: Conference Series. 2012, 379(1): 012015.

[44] SCHLIEPER T., MILIUS W., SCHNICK W. High temperature syntheses and crystal structures of $Sr_2Si_5N_8$ and $Ba_2Si_5N_8$. Zeitschrift Fur Anorganische und Allgemeine Ahemie. 1995, 621: 1380-1384.

[45] HUPPERTZ H., SCHNICK W. $Eu_2Si_5N_8$ and $EuYbSi_4N_7$. The first nitridosilicates with a divalent rare earth metal. Acta Crystallographica Section C. 1997, 53: 1751-1753.

[46] LI Y. Q., HINTZEN H. Luminescence properties of Ce^{3+}-activated alkaline earth silicon nitride $M_2Si_5N_8$ (M = Ca, Sr, Ba) materials. Journal of Luminescence. 2006, 116(1): 107-116.

[47] CAI L. Y., WEI X. D., Li H., et al. Synthesis, structure and luminescence of $LaSi_3N_5$: Ce^{3+} phosphor. Journal of Luminescence. 2009, 129: 165-168.

[48] LI Y. Q., HIROSAKI N., XIE R. J., et al. Crystal, electronic structures and photoluminescence properties of rare-earth doped $LiSi_2N_3$. Journal of solid State Chemistry. 2009, 182: 301-311.

[49] WILLEMITE. Mineral. USP 457. 126. 1938.

[50] MCKEAG A. H., RANBY P. W. British Pat. 544160, Aug. 27, 1940.

[51] DIEKE G. H. Spectra and Energy Level of Rare Earth Ions in Crystals. New York: Wiley- Interscience.1968.

[52]　BLASSE G., WANMAKER W. L., VRUGT J. W. Some new classes of efficient Eu^{2+}-actived phosphors. Journal of the Electrochemirsty Society. 1968, 115(6): 673.

[53]　BARRY T. L., Stubican V. S., ROY R. Phase equilibria in the system Cao--Ybâo. Journal of The American Ceramic Society. 1966, 49(12): 667-670.

[54]　BARRY T. L. Fluorescence of Eu^{2+} Activated Phase in Binary Alkaline Earth Orthosilicate Systems. Journal of the Electrochemistry Society. 1968, 115(11): 1181-1183.

[55]　BARRY T. L. Equilibria and Eu^{2+} Luminescence of Subsolidus Phase Bounded by $Ba_3MgSi_2O_8$, $Sr_3MgSi_2O_8$, $Ca_3MgSi_2O_8$. Journal of the Electrochemirsty Society. 1968, 115(7): 733-738.

[56]　BARRY T. L. Luminescent Properties of Eu^{2+} and $Eu^{2+}+Mn^{2+}$ Activated $BaMg_2Si_2O_7$. Journal of the Electrochemistry Society. 1968, 117(3): 381-385.

[57]　POORT S. H. M., MEYERINK A., BLASSE G. Lifetime Measurements in Eu^{2+} Doped Host Lattices. Journal of Physics Chemirsty Solids. 1997, 58(9): 1451-1456.

[58]　CATTI M., GAZZONI G. The β α' phase transition of Sr_2SiO_4. II. X-ray and optical study, and ferroelasticity of the β form. Acta Crystallographica Section B-structural Science. 1983, 39(6): 679-684.

[59]　JENKINS H. G., MCKEAG A. H. Some Rare Earth Activated Phosphors. Journal of the Electrochemistry Society. 1950, 97: 415-418.

[60]　BURRUS H. L., NICHOLSON K. P., ROOKSBY H. P. Fluorescence of Eu^{2+}-activated alkaline earth halosilicates. Journal of Luminescence. 1971, 3(6): 467-476.

[61]　ADACHI G. Y., MACHIDA K. I., SHIOKAWA J. Luminescence of high pressure phases of Eu^{2+}-activated alkaline earth borates and silicates. Journal of the Less Common Metals, 1983, 93(2): 389-398.

[62]　HENDERSON B., IMBUSCH G. F. Optical Spectroscopy of Inorganic Solids. Clarendon Press, Oxford 1989.

[63]　POORT S. H. M., MERERINK A., BLASSE G. lifetime measurements in Eu^{2+}-doped host lattices. Journal of Physics Chemistry. Solids. 1997, 58(9): 1451-1456.

[64]　DORENBOS P. Energy of the first $4f^7 \rightarrow 4f^6 5d$ transition of Eu^{2+} in inorganic compounds. Journal of Luminescence. 2003, 104: 239-260.

[65]　PARK W. J., SONG Y. H., YOON D. H. Synthesis and luminescent characteristics of $Ca_{2-x}Sr_xSiO_4$: Eu^{2+} as a potential green-emitting phosphor for near UV-white LED applications. Materials Science and Engineering B. 2010, 173: 76-79.

[66]　PARK J. K., HAN C. H., KIM C. H., et al. Luminescence Properties of YOBr: Eu Phosphors. Electrochemistry Solid-State Letter. 2002, 5: H11-H13.

[67]　FIELDS J. M., DEAR P. S., BROWN J. J. Phase equilibria in the system $BaO-SrO-SiO_2$ [J]. Journal of the American Ceramic Society. 1972, 55(12): 585-588.

[68]　PIEPER G., EYSEL W., HAHN T. H. Solid solubility and polymorphism in the system $Sr_2SiO_4-Sr_2GeO_4-Ba_2GeO_4-Ba_2SiO_4$. Journal of the American Ceramic Society. 1972, 55(12): 619-622.

[69]　POORT S. H. M., JANSSEN W., BLASSE G. Optical properties of Eu^{2+}-Activated orthosilicates and orthophosphates. Journal of Alloys and Compounds. 1997, 260: 93-97.

[70]　PARK J. K., CHOI K. J., KIM C. H., et al. Optical Properties of Eu^{2+}-Activated Sr_2SiO_4 Phosphor for Light-Emitting Diodes. Electrochemical and Solid-State Letters. 2004, 7(5): H15-H17.

[71] KIM J. S., PARK Y. H., KIM S. M. Temperature-dependent emission spectra of M_2SiO_4: Eu^{2+} (M=Ca, Sr, Ba) phosphors for green and greenish white LEDs. Solid State Communications. 2005, 133: 445-448.

[72] RAUT S. K., DHOBLE N. S., DHOBLE S. J. Optical properties of Eu, Dy, Mn activated M_2SiO_4, (M_2=Ca, Sr, Zn) orthosilicate phosphors. Journal of Luminescence. 2013, 134: 325-332.

[73] CATTI M., GAZZONI G., IVALDI G. Structures of twinned β-Sr_2SiO_4 and of $\alpha`$-$Sr_{1.9}Ba_{0.1}SiO_4$. Acta Crystallographica Section C. 1983, 39: 29-34.

[74] HYDE B. G., SELLAR J. R., STENBERG L. The $\beta \rightleftarrows \alpha'$ transition in Sr_2SiO_4 (and Ca_2SiO_4, K_2SeO_4 etc.), involving a modulated structure . Acta Crystallographica Section B. 1986, 42: 423-429.

[75] HE H., FU R. L., SONG X. F., et al. White light-emitting $Mg_{0.1}Sr_{1.9}SiO_4$: Eu^{2+} phosphors. Journal of Luminescence. 2008, 128: 489-493.

[76] YU Q. M., LIU Y. F, WU S., et al. Luminescent properties of Ca_2SiO_4: Eu^{3+} red phosphor for trichromatic white light emitting diodes. Journal of Rare Earths. 2008, 26(6): 783-786.

[77] LU C. H., WU P. C. Reaction mechanism and kinetic analysis of the formation of Sr_2SiO_4 via solid-state reaction. Journal of Alloys and Compounds. 2008, 466: 457-462.

[78] HSU W. H., SHENG M. H., TSAI M. S. Preparation of Eu-activaed strontium orthosilicate ($Sr_{1.95}SiO_4$: $Eu_{0.05}$) phosphor by a sol-gel method and its luminescent properties. Journal of Alloys and Compounds. 2009, 467: 491-495.

[79] 钱元科，胡斐. 白光 LED 封装设计与研究进展. 半导体光电，2006(9): 35-40.

[80] 毛新武，周志敏. 新一代绿色 LED 及其应用技术. 北京：人民邮电出版社，2008.

[81] 苏永道，吉爱华. 赵超. LED 封装技术. 上海：上海交通大学出版社，2010.

[82] 宋国华，纪宪明. 基于板上封装技术的大功率 LED 热分析. 电子元件与材料，2011(3): 56-74.

[83] Michia.Thermal management design of LEDs.Application note.2010: 2-9.

[84] Robert F, Karlicek Jr.High power LED packing .2004, Conference on Lasers & Electro- optics.2011: 327-331.

[85] 沈洁. LED 封装技术与应用. 北京：化工工业出版社. 2012.

[86] 谭巧. LED 封装与检测技术. 北京：电子工业出版社. 2012.

[87] 李世全. COB 封装在照明上的应用. 深圳蓝电子有限公司. 31008.

[88] 赵清泉. 半导体发光二极管及其照明应用. 光源与照明，2012: 17-20.

[89] 陈元灯，陈宇. LED 制造技术与应用. 北京: 电子工业出版社，2009.

[90] 周继海，纪爱华，周志敏. LED 驱动电路设计与应用. 北京：北京人民邮电出版社，2006.

[91] 刘宝林，朱丽红. 半导体光电.半导体学报，2009 (18): 25-28.

[92] 周伟，周太明. 半导体照明的曙光. 照明工程学报，2005(13): 1-7.

[93] 许星辉，胡海洋. 光电子-激光. 电声技术，2008(7): 64-67.

[94] 方欣敏. LED 的发展状况. 今日时报，2013. 8: 27-39.

[95] 彭爱华. 中国半导体照明产业发展报告. 2006.

[96] 赵勋，刘希从. 电子元件与材料. 电子学报，2003(23): 16-20.

[97] 刘克福，陈古远. 中国照明. 工程照明报，2010(6): 56-62.

[98] 方志烈. 半导体照明技术. 北京：电子工业出版，2009.

[99] Patrick Mottier. LED 照明应用技术. 王晓刚，译. 北京：机械工业出版社，2011.

第**6**章

半导体照明灯具、评价与设计技术

6.1　半导体照明灯具

6.1.1　基本构成

　　半导体照明灯具具有保护、固定、连接电源，提供配光需求、点缀空间、美化环境等功能，它包括除光源外所有用于固定和保护光源所需的全部零部件，以及与电源连接所需要的线路配件。市面上的半导体照明灯具种类繁多，如图 6-1、图 6-2 所示为常见的 LED 球泡灯和 LED 射灯，但基本结构大致相同。下面以 LED 球泡灯为例简要阐述半导体照明灯具的组成结构，主要包括散热器、驱动电源、PCB 灯板、LED 光源和光学系统，如图 6-3 所示。

图 6-1　LED 球泡灯

图 6-2　LED 射灯

　　（1）散热器：影响半导体照明灯具寿命的一个最主要因素就是散热，特别是大功率灯具，有的灯具灯壳兼顾散热器功能，体积相对较小，有的灯具有很大一部分体积为散热器。

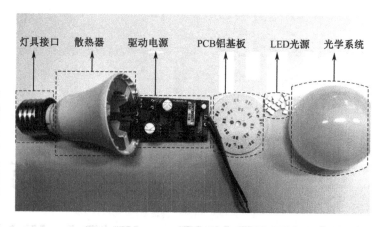

灯具接口　散热器　驱动电源　　PCB铝基板　　LED光源　光学系统

图 6-3　LED 球泡灯基本结构

（2）驱动电源：目前绝大多数半导体照明灯具为直流驱动，一部分灯具驱动电源内置于灯具中，另外一部分与照明灯具相分离。

（3）PCB 灯板：目前在半导体照明灯具中较常用的为铝基板，起到固定光源、实现电气连接、散热传导等作用。

（4）LED 光源：有贴片 LED，大功率 LED，COB 封装 LED 等。

（5）光学系统：透镜、反射器、灯罩等，通过光学设计实现半导体照明灯具不同的出光效果，从而用于不同照明领域。

6.1.2　典型灯具及应用

传统电光源体积较大，在光学设计时对光源辐射模型有一定的处理难度，而 LED 光源的芯片较传统光源而言尺寸较小，这给灯具设计带来了诸多便利。传统的照明光源几乎向空间的各个方向发光，在完成灯具设计时，常需要通过反射器来收集光线，提高光源的能量利用率，使之向所需要的方向照射，而且光源与反射器之间有一定的距离，再加上反射器需要一定的曲率，这些势必要增加整体灯具的厚度。而 LED 发出光的方向性很强，发光平面多为半平面发光，在多数情况下，只需要透镜就可以完成对光源发出光线的准直、偏折，而不需要反射器。这样设计的灯具厚度较小，可以依据人们的需求做成薄型、漂亮美观的灯具，这为 LED 应用在不同照明领域提供了极大的优势。LED 器件早期最先进入的是指示照明领域，主要应用于指示、显示功能，如交通灯、信号灯、户外显示屏等，并得到了快速的发展，目前 LED 正逐渐步入一般照明领域。随着半导体材料、半导体工艺技术及其设备的不断发展，LED 的光效正不断提高，并且不断在刷新纪录，高质量的 LED 产品不断涌现。LED 独特的照明特点与优势，为其在不同照明领域的应用奠定了坚实的基础。

（1）景观照明

景观照明典型应用灯具有：LED 洗墙灯、LED 投光灯、LED 灯带和 LED 射灯。天津海河景观照明效果如图 6-4 所示。

景观照明属于亮化工程，能起到美化城市夜景的作用。就目前而言，城市景观照明是目前接触LED 应用最多、普及最广的地方，如街道、广场、公园、桥梁等标志性建筑和文化古迹。特别是我国成功举办的 2008 年北京奥运会和 2010 年上海世博会，极大地推动了半导体照明在城市景观照明中的应用，促进了 LED 照明产业在城市照明领域的发展。LED 光源体积小、色彩丰富、组合变化形式灵活多样、启动迅速、易于实现智能控制，只要充分合理地应用 LED，通过调光技术，在景观照明中就能实现光与建筑完美的结合，赋予人们美的享受。

图 6-4　天津海河景观照明

（2）道路照明

道路照明典型应用灯具包括：LED 路灯和LED 庭院灯。天津工业大学 LED 路灯照明实景图如图 6-5 所示。

图 6-5　天津工业大学 LED 路灯照明实景图

城市道路是城市的动脉，提供城市内的交通运输以及行人使用，方便于人们生活、工作学习以及参加各种文化娱乐活动等，而道路照明不仅可以美化市容，为人们提供舒适宜人的夜晚照明环境，更可以改善交通条件，减轻驾驶员的视疲劳，有利于交通的安全和畅通。道路照明也属于城市照明，但又不同于夜晚景观照明，区别主要体现于功能性上，道路照明是为夜晚行驶的车辆提供安全可靠的人工照明环境，避免出现交通事故、提高道路运输效率；其次，才是路灯的美化作用，艺术性的体现。较以往光源不同的是 LED 光源发光空间为 2π，光源指向性好、较少眩光，出光效率高，无频闪，照明立体感强，低压供电、节能效果明显，与现有道路普通高压钠灯系统相比节能高达 25%左右。

（3）室内照明

室内照明的典型使用灯具包括：LED 球泡灯、LED 灯管、LED 面板灯、LED 筒灯、LED 射灯、LED 吸墙灯、LED 烛泡灯和 LED 灯带。室内照明效果图如图 6-6 所示。

图 6-6　室内照明效果图

室内商业照明和家用照明已经成为行业内众多企业的未来发展目标，目前 LED 在室内商业照明上的应用较多，像酒店照明、商场店铺照明、写字楼办公照明等。商业照明往往在考虑满足照明质量的同时更加注重经济成本，而 LED 光源低压供电节能效果明显、光效高、寿命长，常常是商业照明应用及节电改造的首选。在室内照明方面，LED 灯具的性能指标已经能达到家庭照明需求，且照明质量可以与传统光源相媲美，唯一不足的是价格，它是限制高质量 LED 照明产品进入寻常百姓家庭的主要因素。

（4）博物馆照明

博物馆照明的典型使用灯具，如 LED 轨道射灯和 LED 灯带。河北博物馆文物照明效果图如图 6-7 所示。

近年来，博物馆新馆中使用或旧馆中改造使用 LED 照明的展馆数量有所增加。博物馆照明对 LED 产品的要求更为严格，特别是文物博物馆照明，无论是哪种灯具产品，首先必须考虑文物的保护，其次才是产品的应用。由于 LED 光源几乎不含有红外和紫外成分，这将大大降低对展品造成的损害，而且光源光线指向性较强、光束易于控制，低压供电节能环保、发热少可以减轻展馆内空气调节系统的负担，这使得 LED 在博物馆照明中具有潜在的应用优势。

（5）工厂照明

工厂照明的典型使用灯具是 LED 工矿灯。厂房照明效果图如图 6-8 所示。

图 6-7　河北博物馆文物照明效果图

图 6-8　厂房照明效果图（图片来源 http://detail.1688.com/offer/44445851985.html）

在工厂的能耗中，照明能耗占有很大的比重，在工厂照明灯具的选用中，如何充分实现节能、环保是每一个设计者都要考虑的重要问题。LED 灯具产品的出现为许多照明设计师解决了这一难题，它寿命长、响应快、光线集中，与传统的高压钠灯和金卤灯相比优势明显，备受青睐。

6.2　半导体照明灯具评价

半导体照明灯具种类繁多，在灯具选型过程中，要充分考虑灯具的应用场合，是室内照明，还是户外照明，用于室内照明时是用于商业照明还是民用住宅照明，商业照明是写字楼还是商场等；考虑灯具的照明性质，是功能性照明还是装饰性照明，是基础照明还是重点照明；考虑灯具的照明目标，是实现洗墙效果还是照射墙面的挂画等。

那么，对于照明灯具就应依据灯具的应用场合、照明性质和照明目标等来进行评价，而不能将照明灯具孤立起来进行评价。例如，要实现室内商业照明中酒店客房的照明，选择了一款射灯，根据客房的用途，需要营造安静、柔和、温馨的感觉，塑造一个吸引人的、像家一样的环境，那么就可以对灯具的显色性、遮光角、色温、光通量等做出合理的评价，较高的显色性能使人的感觉更加舒适，合理的遮光角度可以避免眩光的出现，暖色调的灯具可以让人们倍感温馨，低照度的灯具不会让人觉得客房那么刺眼、明亮；而当这款射灯应用于卫生间时，则会着重考虑灯具光束角、配光曲线、发光效率、防水等级和利用系数等指标，窄光束的射灯可以实现局部或重点照明，高发光效率的灯具更加节能，高防水等级的灯具提供了安全保证，较高利用系数的灯具可充分利用光能减少灯具使用数量。灯具能分配和改变光源的光分布，灯具的评价指标主要包括光度学和色度学参数，如光强分布、光束角、光通量、色温，以及灯具遮光角、灯具效率、维护系数等评价指标，本节将就这几方面加以说明。

6.2.1 灯具配光曲线

灯具配光曲线（Distribution/Intensity curve）是指灯具发出光线的光强在空间的分布情况所组成的曲线，即发光强度分布曲线，又称配光曲线，用以表征灯具发出的光在空间上的分布情况。极坐标配光曲线如图6-9所示。

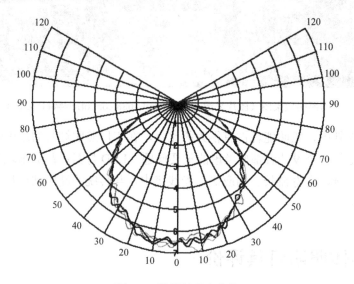

图 6-9 极坐标配光曲线

为了便于对各种照明灯具的光分布特性进行比较分析，统一规定以光通量为1000流明（lm）的假想光源来提供光强分布数据。因此，灯具实际光强应是测光资料提供的光强值（单位为 cd/K·lm）乘以光源实际光通量与1000之比。配光曲线的表示形式包括极坐标、直角坐标和等光强曲线三种表现形式。

配光曲线按照对称性质分为三类：旋转对称（即轴向对称）、对称（C0-180 与 C90-270 两轴面分别对称）、非对称配光。因为实际市场上提供的大部分 LED 照明灯具形状是轴对称的旋转体，所以其发光强度在空间的分布也是轴对称的，通过灯具轴线取任一平面，以该平面内的光强分布曲线来表明照明灯具在整个空间的分布就可以了。如果照明灯具发光强度在空间的分布是不对称的，例如室内照明 LED T5/T8 灯管、室外道路照明 LED 路灯，则需要用若干测光平面的光强度分布曲线来说明空间光分布。常取同灯具长轴相垂直的通过灯具中心下垂线的平面为 C0 平面、与 C0 平面垂直且通过灯具中心的下垂线的平面为 C90 平面。至少要用 C0、C90 两个平面的光强分布说明非对称灯具的空间配光。

6.2.2 光束角

光束角（Beam angle）指在灯具（或光源）发光强度分布图（即配光曲线）中，发光强度为最大发光强度一半的两条光线之间夹角的二倍（欧标），即为灯具（或光源）的光束角，俗称视角。美标中规定最大光强 1/10 之间的夹角为光束角。

6.2.3　光通量

一般情况下，同种灯具中光源的功率越高，光通量也越大，但是用灯具的功率瓦数来判断照明灯具的亮度是不科学的，正确的方式是通过照明灯具的流明（lumen）值来判断。半导体照明灯具中，常用辐射能量度量和光度学度量两种计量单位，主要的一些计量单位对照如表 6.1 所示。

表 6.1　辐射和光度计量单位对照表

辐射计量单位		光度学计量单位	
名称	单位	名称	单位
通量	瓦	光通量	（lm）流明
辐（射）照度	（W/m^2）瓦每平方米	光照度	Lux（lx）勒克斯
辐射强度	（W/sr）瓦每球面度	光强度	Cd（lm/sr）坎德拉

6.2.4　色温

色温是光源颜色的一种表示方法，是衡量一种光源有多么热或有多么冷的一种指标，能表示出一种光源"白的程度"、"红的程度"、"蓝的程度"。通常情况下，"黑体"温度越高，说明光谱中蓝色的成分越多，红色的成分则越少。一般把光源的色温分成三部分：

① 暖色<3300K；

② 中间色为 3300～5000K；

③ 冷色>5000K。

白炽灯的光色是暖白色，其色温表示为 2700K；日光色荧光灯的色温则是 6000K；蜡烛光的色温为 2200K；日光的色温为 5500K（变化无具体定值）。

6.2.5　显色指数

显色性是指光源照射到物体上所产生的客观效果和对物体真实色彩的显现程度，常用符号 Ra 表示。

颜色的显现离不开照明，只有在光照射下的物体才会显示出颜色，显色性是衡量电光源视觉质量的指标，显色性高的光源对颜色的表现较好，所看到物体的颜色就接近自然原色；显色性低的光源对颜色的表现较差，所看到的颜色偏差就较大。Ra 的取值范围为 0～100，一般认为 Ra 在 80～100 之间，光源的显色性优良；Ra 在 50～80 之间，光源显色性一般；Ra 在 50 以下，光源显色性较差。

6.2.6　灯具遮光角

灯具遮光角指光源发光体最边缘的一点与灯具出光口的连线与水平线之间的夹角。灯具的遮光角越大，则对应灯具的配光曲线越窄，灯具的出光效率也越低；若灯具遮光角越小，则配光曲线越宽，效率越高，但灯具防眩光的效果会削弱。实际工程应用中，灯具宽配光和避免灯具直接眩光这两个要求若需要同时满足时，则常在灯具开口处使用灯罩或各种形状的格栅来罩住光源，眩光作用的强弱可确定出灯具遮光角的大小，照明灯具的遮光角范围一般为 10～30°，灯具遮光角会把光源在强眩光视线角度区内隐藏起来，从而避免直接眩光的产生。

6.2.7　灯具发光效率

灯具的发光效率是指在一定条件下，测得的灯具所发出的光通量占灯具内所有光源发出的总光通量的百分比：

$$\eta = \frac{\phi_1}{\phi_2} \times 100\% \tag{6.1}$$

式中，η 是半导体照明灯具的发光效率；ϕ_1 是灯具发出的光通量，流明（lm）；ϕ_2 是灯具内所有光源发出的总光通量，流明（lm）。

灯具的发光效率反应了灯具对光源的利用程度，一般满足使用条件的情况下，灯具的发光效率越高越好。灯具的效率越高，入射到被照射面的光通量就越多，被照面的照度值就越大，则越节约能源。光源的光通量在出射时，会因灯具的形状、反射材质或透镜材料、光学设计不同以及折射和反射等影响，使得实际光通量下降，所以灯具的出光效率永远小于 1 的数值。

6.2.8　灯具利用系数

灯具的利用系数是指投射到参考平面上的光通量与灯具内所有光源发出的额定光通量之比。灯具的利用系数反映了光源光通量最终在工作面上的利用程度，一般情况下，灯具固有利用系数与灯具发光效率的乘积，称为灯具的利用系数，利用系数是反映灯具性能的重要参数。

6.3　半导体照明灯具设计

6.3.1　光学设计

6.3.1.1　LED 的光学设计

LED 芯片只是一块很小的固体，它的两个电极也非常小，加入电流后它才会发光。在制作工艺上，除了要对 LED 芯片的两个电极进行焊接，从而引出正、负电极之外，还要对 LED 芯片和两个电极进行保护。此外，还需要将 LED 芯片发出的光尽可能多地引出，并达到一定的照明设计要求（发光强度、均匀性等要求）。因此，这就需要对 LED 芯片进行封装。在封装过程中，为了能够最高效率地输出可见光的功能，需要进行光学设计，合适选择封装材料的形状、结构和材料。

此外，不同的照明环境往往具有不同的照明要求，有时甚至是互相矛盾的。LED 一次光学系统并不能满足所有的实际需要。那么如何提高它的效率即如何高效地利用 LED，并达到一定的照度分布要求又成为了一个关键的问题。这就要对 LED 进行二次光学系统的设计，形成一个更加完善的照明器具，满足照明要求。

综上所述，LED 应用于照明需要进行光学系统的设计，以便达到更高效地利用光能和像面的照度均匀分布等设计要求，其中设计包括两个方面：一是 LED 的管壳设计即封装设计，二是 LED 的外部光学系统设计，即透镜设计。

1. 一次光学设计

为了使 LED 芯片发出的光能够更好地输出，得到最大程度的利用，并且在照明区域内满足设计要求，需要对 LED 进行光学系统的设计。其中，在封装过程中的设计被称为一次光学设计（一次配光设计）。一次配光设计主要是决定发光器件的出光度、光通量大小、光强大小、光强分布等。而影响封装出光效率的高低、效果的好坏，主要是由芯片、支架和模粒三要素来决定的。

（1）LED 芯片是发光的主体，发光多少直接与芯片的质量有关。

（2）支架承载着芯片，起着固定芯片的作用。支架碗的形状大小及与芯片的匹配，对出光效率起着重要作用。

（3）模粒灌满环氧树脂之后就成为透镜，出光的角度和光斑的质量都与模粒形成的透镜有关。

2. 二次光学设计

在使用 LED 发光器件时，整个系统的出光效果、光强、色温的分布状况也必须进行设计，把器件发出的光线集中到期望的照明区域内，从而让整个 LED 照明系统能够满足设计的需要，这被称为二次光学设计，也叫二次配光设计。

二次配光设计必须在 LED 发光器件一次配光设计的基础上进行。一次配光设计是保证每个 LED 发光器件的出光质量，考虑将 LED 芯片中发出的光能尽量多地取出。而二次配光设计是考虑怎样把 LED 器件发出的光线集中到期望的照明区域上，从而让整个系统发出的光能满足设计需要。从某种意义上来说，只有封装设计（即一次配光设计）合理，才能保证系统的二次配光设计顺利实现，从而提高照明和显示的效果。

基于 LED 的二次配光设计，对最终的照明器件和产品的性能起着至关重要的作用。第一，部分光线未能达到有效的照明范围从而导致能量的损失，需要使用大数值孔径的光学系统对光线进行汇聚，进一步提高光能利用率；第二，封装之后，像面照度分布均匀性达不到设计要求，难以在每一点的照度值都大于要求的最低照度值，这都需要对 LED 进行二次配光设计。

目前，进行 LED 二次配光设计所使用的基本光学元件主要有透镜、反射镜和折光板等。LED 二次配光设计所使用的基本光学元件如图 6-10 所示。

（1）透镜：透镜的作用是使光源发出的光线进行汇聚或发散，起到改变出光角度的大小从而改变照明面积和照度的作用。在实际使用中，通过改变光源到镜头的距离来控制光束发散角。该距离减小，发散角增大，反之则减小。透镜形状采用什么样的面形根据实际情况而定。

（2）反射镜：反射镜与透镜在原理上是不同的，透镜是利用折射原理，而反射镜采用反射或全反射原理，形状通常为旋转二次曲面，包括抛物面、椭球面和双曲面。尽管表面上都能改变光源的光束角，但所包容的孔径角差别很大。由于材料的折射率有限，透镜的孔径角很小，一般在 50° 以下，而反射镜的孔径角可以达到 130° 以上。孔径角的大小表示反射器收集光线的能力，也就是说反射镜的集光能力较透镜强，光能利用率更高。当然，如果光源本身的发散角就比较小，则适合使用透镜。

（3）折光板：折光板的作用是改变光线的方向或在特定的方向上改变光束的角度，通常包括齿形折光板、梯形折光板和柱形或球形折光板。

图 6-10　LED 二次配光设计所使用的基本光学元件

6.3.1.2　LED 光源建模

1. 光源建模

光学建模（Optical Modeling）是目前国际上设计照明光学系统的通用方法，它包括系统的实体建模（Solid Modeling）以及在实体建模的基础上所赋予各个实体表面光学属性的一系列过程。光学建模是照明光学系统设计的一个极其重要环节，它的精确与否对后续的各种系统分析评价指标将产生直接影响。通常，照明光学系统的精确光学建模需要对系统中的光源有一个精确的描述，但是目前没有一个可应用于所有情况的统一的可接受的"精确"定义，因而针对照明光学系统的应用领域采取合适的光学建模方法显得尤为重要，即系统光学模型的建立能在产生一个可接受结果的情况下包含足够的精确度，同时保证建模的效率。照明光学系统中的光源在整个系统的光学建模过程中处于十分重要的地位，但是光源和光学系统之间并无严格的界限，这主要取决于系统的应用。

光源模型（Light Source Models）的三个基本要素是：

① 光源的实体模型（几何造型）；

② 光源的发光特性；

③ 光强的空间分布。

（1）光源的实体模型（几何造型）

光源的实体模型又称为几何造型，它是系统大小、形状、位置、方向、材料的几何表示。光源的实体模型可以是光学系统中纯粹的发光部分，也可以是具有其他光学特性的参考面，如反射、折射、吸收等，即该实体模型可以简单到一个点光源，也可以复杂到实际光源精确结构表示，因此通常光源实体模型可以分为两类：简化模型和精确模型。

光源的简化模型都是实际光源物理构造的几何近似，这种近似可以是极端的，如点光源。无论近似的程度如何，简化模型都缺少实际光源的空间延展，而保留这些光源几何细节的模型就是精确模型。光源的精确模型的建立也可以根据实际光学分析、评价方法的需要去除一些实际光源具有的几何部分。

（2）光源的发光特性

光源的发光特性是指在光源的实体模型上设定的发光性质。实体模型中不同组成部分的发光性质可以不相同，这主要体现在不同组成部分出射光线的出射点、光通量和方向不同，例如可以在实体模型中设定一个发光面，从该面出射的光线可以是均匀出射，即光强恒定；也可以是光线沿不同角度出射的光通量不同，即光强沿角度分布。

另一种设定光源发光特性的方法是直接测量。美国 Radiant Imaging 公司的测量方法在国际上处于领先水平，该方法是将待测光源放置于一个可沿任意方向旋转角度的支架上，在光源所在空间的整个立体角内用 CCD 摄像机拍摄光源的图像，经过计算机的处理后这一系列图像就构成了该光源在不同角度的发光分布，因而就可以根据这些发光特性数据在所要构造的光学系统的光学模型中直接进行导入，继而追迹光线。这种方法的精确度较高，适合大量光源的测定，但是整个测试系统的成本太高，不适合单个光源的建模。

（3）光强的空间分布

光源的光强分布是指从光源发出的光在空间上的分布。非均匀空间光强分布的建模有两种方法，即用系统光学模型中设定的光源特性来计算光强的空间分布或者采用直接测量的光强分布数据。第一种方法遵循在一个给定方向上的光强是发光面在该方向上的直接作用结果这一原则，这种方法的精确度取决于该光学模型准确描述光源真实发光特性的能力；第二种方法用直接测量空间光强分布代替描述光源真实的发光特性而不去考虑系统中的光源。

2. LED 光学模型

通常 LED 芯片内部包括限制层、有源层、基底、电极等部分，在 LED 芯片内的有源层产生的光子以一种随机的方式出射，因而光子从有源层出射后所运行的轨迹也是随机的，即光子在空间各个方向都有可能出射。但是由于 LED 芯片由多层结构组成，每一层的折射率也不尽相同，当光从折射率为 n_1 的材料层传到折射率为 n_2 的材料层时，有一部分的光不能继续传播下去而是被反射回来，这种损失称之为菲涅尔反射损失。以发光点为顶点，以一定发光角度为顶角的圆锥内的光线才得以射出芯片，圆锥外的光线由于发生全反射，将不能射出芯片，最终被芯片所吸收，此圆锥称之为逃逸光锥。

（1）芯片模型

从 LED 芯片发光的理论模型中可知，光子离开 LED 芯片表面时的出射点在芯片表面上随机分布，且在芯片的六个面均有不同程度的出射，但芯片外围的反光碗会改变从 LED 芯片边缘出射的光子路径，因而可以用一个立方体表示 LED 的芯片，设定该立方体的一个面为发光源，发光点在该面上随机分布。也就是说，将芯片六个面的发光特性集中定义在其一个面上，这样既可以加快光线追迹效率又能有足够的准确度。定义该发光面出射的光线的角度分布符合朗伯余弦定律。其光强分布如图 6-11 所示。

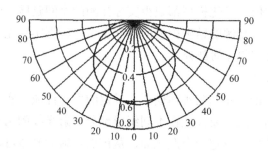

图 6-11　LED 芯片的光强分布

（2）反光碗模型

由于 LED 发光芯片已构成标准的体光源，反光碗的面积相对来说非常小，因此本文采用目前通用的分段直线反光碗模型。反光碗的材料应有较高的反射率，将由其对应的反射和漫射指数，以及它作为高斯散射体的参数 σ 值来定义。LED 封装的一次光学系统设计还必须确定反光碗的大小和位置参数，用底部直径、顶部直径、外径、台基厚度和碗深来表示其形状和大小。

（3）环氧树脂模型

LED 封装后的外形由一个柱面和一个半球面（实际上是二次曲面）组成，较长的环氧树脂柱面是它的一个显著特点。这就是目前流行的炮弹形 LED，这种外形制造方便，得到了广泛使用。炮弹形 LED 模型如图 6-12 所示。

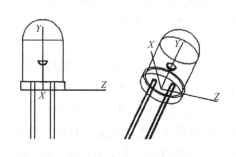

图 6-12　炮弹形 LED 模型

6.3.1.3　LED 二次光学设计

照明的光学设计方法属于非成像光学领域，其设计的光学系统的目标不是追求高的成像品质，而是使出射光形成一定的光强分布，能够完成某一照明任务，追求高的能量利用率。

1．传统的基本光学设计方法

传统的灯具设计一般在抛物面、椭球面等二次圆锥曲面上进行反射加透射结构的光学设计，来达到希望的光强分布。在计算机照明仿真软件被使用以前，这种设计一般是通过加工出光学系统结构，实测结果验证设计的可行性，看能否满足设计要求。如果所得结果不能满足要求，那么就得重新设计，改变结构或调整参数，再进行加工并在之后进行实测。这样做费时费力，延长了设计周期，提高了设计加工成本。而在照明仿真软件出现后，灯具设计变得相对容易些。各种灯具的结构造型及光学系统设计均可在软件中进行，设置好适当光学参数后，就能通过仿真得到设计的结果，只要模型足够接近真实情况，其仿真结果也会与现实情况接近。然而其设计过程也得通过对常规的光学曲面多次尝试，反复修改。设计过程的时间周期长，且不一定成功。下面将介绍自由曲面方法，可以通过计算，直接得到所求曲面。

2．自由曲面设计方法

自由曲面是指非对称、不规则、不适合用统一的方程式来描述。在工业产品中曲面造型应用广泛。在成像光学领域，首先被用于航天和天文，用于清晰成像。自由曲面不仅能控制光线角度，光程差，还能自由分配光能量，在照明光学系统的设计中，如投影显示，汽车近光灯，道路照明灯具中，自由曲面都有诸多的应用。

6.3.1.4　自由曲面透镜设计

实现自由曲面方法的手段主要有两种，第一种是优化法，也就是在已知光源特性和光学元件初始面形后，根据设计目标，自己设置优化函数，编写计算机程序来控制初始面形上数值点的位置，使之在光线仿真时，能根据计算出的优化函数值的大小来调整数值点的位置，使之能朝优化函数值小的方向调整。第二种方法是根据通过数值法求解微分方程的方法来构造自由曲面的面形。本质上就是根据能量守恒定律建立光源对于光学元件的入射光线与设计目标上的出射光线一一匹配的关系，然后应用折射定律求得自由曲面上的法向矢量与入射光线及出射光线之间的关系，从而建立一个微分方程组，通过求解微分方程组来求得自由曲面的数值。

[例 6-1] 矩形光斑的光学系统设计

矩形光斑的光学系统应用于大功率 LED 路灯的配光方案。现在大部分都是通过在单颗大功率 LED 上外置透镜或者反射杯即二次光学设计，使目标面上的光场为照度分布满足照明要求的矩形斑。矩形光斑设计与其他光斑设计对比，可以提高光能利用率，即提高节能率，另外有利于均匀度的提高。

一般采用划分网格法+边缘光线理论来实现透镜和反射杯的自由曲面的求解，它是一种具有直观物理意义的方法，其设计的光学系统实际上是定义一个从光源到给定光分布的映射，并且利用定义的映射来进行光学系统设计。在划分网格时，要求光源网格的端点被映射到给定光分布的端点上时，网格内的能量也进行相应的映射，以保证实现最终的能量传输要求。因此，除了要划分足够的网格以保证精度外，还需要准确地控制光学表面的形状以实现定义的映射。自由曲面透镜形式及光强分布情况如图 6-13 所示。

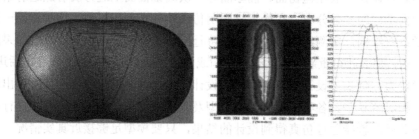

图 6-13　自由曲面透镜形式及光强分布情况

6.3.1.5　计算机辅助照明光学设计

设计和分析光学系统需要计算大量的光线，光线经过表面后的路径可用折射定律和反射定律求出来，然后利用转面公式，转到下一面的量，继续计算。光学计算经历了一个较长的历史过程。追迹光线最早是用查对数表的办法，速度很慢，不但需要一套追迹光线的公式，还要有相应的校对公式，以便核对所追迹的光线是否正确，有时候还需要两个人同时追迹同一条光线，以便进一步核对。这样一来，追迹一条通过一个折射表面的子午光线路需要 3 到 10 分钟。后来出现了台式手摇计算机，追迹光线的速度有所提高，但由于光线的计算量太大，特别是结构比较复杂的光学系统，往往要花费光学设计者大量的时间来进行光学计算。而且那时所追迹的光线基本上仅限于近轴光线和子午光线，因为空间光线计算起来实在太复杂。20 世纪 60 年代末期以来，随着计算机的发展和逐步普及，光学计算的速度加快了。由于最初的计算机需要输入二进制的数据，这样就要用穿孔机在条带上穿出成千上万个孔而不许有任何差错，这是件十分困难的事情。后来由于个人计算机的出现和迅速普及，才真正把光学设计者从繁冗的、单调的光学计算中解脱出来，使光学设计者有足够的精力和时间去考虑光学总体结构和优化设计，从而为提高光学系统的整体质量和性能价格比创造了条件。目前应用较广泛的照明光学设计软件有 ASAP、Tracepro 及 Lighttools 等几种。

1. ASAP

ASAP^{TM} 全称为 Advanced System Analysis Program，即高级系统分析程序。ASAP 是由美国 Breault Research Organization. Inc （BRO）公司开发的高级光学系统分析模拟软件。经过近 30 年的发展，ASAP 光学软件在照明系统、汽车车灯光学系统、生物光学系统、相干光学系统、屏幕展示系统、光学成像系统、光导管系统及医学仪器设计等诸多领域都得到了行业的认可和信赖。

ASAP 是现有最精巧熟练的光学应用软件程序，可以解决最难办的光学设计和分析问题。可模型化每一个从简单的反光镜、镜片到复杂的成像和聚光的仪器系统，并考虑了相干光学效应。可利用灯源影像、点光源、平行光源和扇形光创建高准确的光源模型，或是模型化完整的光源几何模型和其结合的光学特性来仿真白热灯泡、冷阴极荧光灯和高强度的放电弧形灯泡。

　　ASAP 的核心是非续列光线追迹引擎，此非续列光线追迹引擎以它的效率和准确度闻名整个光学软件界。它可以将光线以任何次序或次数投射在表面，而且光分裂会自动发生。ASAP 的每一个功能可以在一般桌上型计算机上快速的最佳化运用。你可以在几分钟内透过简单的系统追踪数百万的光线。可以向前、向后、连续地或阶段性地追踪光线。ASAP 同时可以仿真同调及绕射光学系统，使用相对简单但是有效的光线追迹的扩展方法，一般称为高斯光束分解。任何复杂的光场可以分解为高斯光束，可被上述的光线追迹方法描述。这个方法允许我们可以处理同调、绕射、干涉、耦合效率等与相位有关的问题。

　　ASAP 经过了近 30 年的持续发展，和其他光学设计软件相比，能够仿真更多光学系统中更广泛的真实物理现象。ASAP 是一个结合了几何光学和物理光学的全方位 3D 光学及机械系统建模软件。ASAP 内置的绘图工具功能让所有的几何模型、光线追迹细节和模拟结果分析充分可视化。ASAP 几乎可以处理所有的光学仿真分析，包括散射效应、衍射效应、反射效应、折射效应、光吸收效应、偏极光效应和高斯光束传导的模拟分析。

2. TracePro

　　TracePro 是一套普遍用于照明系统、光学分析、辐射度分析及光度分析的光线模拟软件。它是第一套以 ACIS solid modeling kernel 为基本的光学软件；第一套结合真实固体模型、强大光学分析功能、资料转换能力强及易上手的使用界面的模拟软件。TracePro 可使用在显示器产业上，它能模仿所有类型的显示系统，从背光系统，到前光、光管、光纤、显示面板和 LCD 投影系统。

　　（1）优点：比起传统的原型方法，TracePro 在建立显示系统的原型时，在时间上和成本上要降低 30～50%。

　　（2）常建立的模型：照明系统、灯具及固定照明、汽车照明系统（前头灯、尾灯、内部及仪表照明）、望远镜、照相机系统、红外线成像系统、遥感系统、光谱仪、导光管、积光球、投影系统、背光板。

　　（3）功能：TracePro 作为下一代偏离光线分析软件，需要对光线进行有效和准确的分析。为了达到这些目标，TracePro 具备以下这些功能：处理复杂几何的能力，以定义和跟踪数百万条光线；图形显示、可视化操作以及提供 3D 实体模型的数据库；导入和导出主流 CAD 软件和镜头设计软件的数据格式。

　　（4）使用：在使用上，TracePro 使用十分简单，即使是新手也可以很快学会。

3. Lighttools

　　Lighttools 软件由美国 Optical Research Associates （ORA）公司于 1995 年开发而成的光学系统建模软件。1997 年，ORA 又成功开发出与 Lighttools 主体程序配套使用的 Illumination 模块，圆满地解决了照明系统的计算机辅助设计问题。Lighttools 是一款光学建模工具，它可以通过绘制图形让你创建、观察、修改并且分析光学系统。它的风格近似于精密复杂的 CAD 程序，但是，它有扩展的数值精度和专门进行光学设计的光线追踪工具。

Lighttools 是一个全新的具有光学精度的交互式三维实体建模软件体系，提供现代化的手段直接描述光学系统中的光源、透镜、反射镜、分束器、衍射光学元件、棱镜、扫描转鼓、机械结构以及光路。由于 Lighttools 把光学和机械元件集合在统一的体系下处理，并配有"放置"光源、发射光线的非顺序面光线追踪的强大功能，使它在系统初步设计、复杂系统设计规划、光机一体设计、杂光分析、照明系统设计分析、单位各部门间学术交流和数据交换、课题论证或产品推广等各环节中均可发挥重要的作用，成为人们理想的工具。

Lighttools 能够快速、精确地对原生和导入的几何图形进行光线追踪。此算法与使用先进蒙特卡罗技术的照明分析相结合，有助于随时对所有系统的光效应进行精确模拟。Lighttools 的照明分析非常先进，能告诉你何时追踪到了足以满足设计精度要求的光线。可以控制模拟，修改分区数等接收器属性，以及更改对称性计算以影响模拟误差估计。在对微光刻系统等高精度应用的蒙特卡罗模拟过程中，可以追踪数百万条光线。您可以将误差估计报告中的数据复制、粘贴到其他应用程序进行后处理，或者合并到其他报告中。

Lighttools 支持双向散射分布函数（BSDF），该函数是公认最精确的散射模拟方法，并且是太空望远镜等精密应用使用的标准方法。Lighttools 还带有参数研究实用工具，用来确定制造工艺可接受的公差范围，以使实际制造部件满足产品规格要求。根据系统配置不同，可以控制光线追踪以获得更精确、更有意义的结果。利用 Lighttools，无论是二维纹理（例如点画）还是三维纹理（各种形状的隆起部分），均可以应用于任何平面表面。这一能力不仅有助于快速创建复杂的表面，而且有助于有效地模拟这些表面对光传播的影响。Lighttools 还有许多专门针对照明光学系统设计的独特功能。

6.3.2 驱动电路设计

LED 驱动电源把电源供应转换为特定的电压电流以驱动 LED 发光的电压转换器。通常情况下，LED 驱动电源的输入包括高压工频交流（即市电）、低压直流、高压直流、低压高频交流（如电子变压器的输出）等。而 LED 驱动电源的输出则大多数为可随 LED 正向压降值变化而改变电压的恒定电流源。LED 电源的核心元件包括开关控制器、电感器、开关元器件（MOSFET）、反馈电阻、输入滤波器件、输出滤波器件等。根据不同场合要求，还要有输入过压保护电路、输入欠压保护电路，LED 开路保护、过流保护等电路。

6.3.2.1 LED 驱动电源的特点

LED 驱动电源应具有以下特点：

（1）高可靠性

开关型稳压电源必须稳定可靠，特别是像 LED 路灯的驱动电源，装在高空，维修不方便，维修的花费也大。

（2）高效率

LED 是节能产品，驱动电源的效率要高。电源的效率高，它的耗损功率小，在灯具内发热量就小，也就降低了灯具的温升。对延缓 LED 的光衰有利。

（3）高功率因数

功率因素是电网对负载的要求。一般 70W 以下的用电器，没有强制性指标。虽然功率不大的单个用电器功率因素低一点对电网的影响不大，但晚上使用照明量大，同类负载太集中，会对电网产生较严重的污染。对于 30W 到 40W 的 LED 驱动电源，据说不久的将来，也许会对功率因素方面有一定的指标要求。

（4）浪涌保护

LED 抗浪涌的能力是比较差的，特别是抗反向电压能力。加强这方面的保护也很重要。有些 LED 灯装在户外，如 LED 路灯，由于电网负载的启用和雷击的感应，从电网系统会侵入各种浪涌电压，有些浪涌电压会导致 LED 的损坏。因此 LED 驱动电源要有抑制浪涌的侵入，保护 LED 不被损坏的能力。

（5）保护功能

电源除了常规的保护功能外，最好在恒流输出中增加 LED 温度负反馈控制电路，防止 LED 温度过高[1]。

6.3.2.2　开关电源的技术指标及术语

1．输入特性

（1）输入电压相数

对 AC/DC、AC/AC 型变换器，一般都采用单相二线和三相三线，也有采用单相三线或三相四线式的。除供给电源的相数外，还要标明包括漏电流规格在内的输入线的使用条件，例如单相三线或三相四线中的一线和中线及供电系统的接地条件等。

（2）输入电压范围

中国及欧洲的供电电压是 AC220V，美国是 AC120V，日本有 AC100V 和 AC200V。不同的国家和地区有差异，变动范围一般是 ±10%，考虑配电线路和各国不同的电源情况，其改变范围多为 -15% 到 +10%，但在我国农村及边远地区，供电条件要恶劣得多，要考虑为 ±20%。

（3）输入频率

工业用额定频率有 50Hz 和 60Hz。开关电源对频率变动范围等特性影响不大，多为 47～63Hz。作为特殊标准，船舶及飞机等用的是 400Hz。

（4）输入电流

开关电源输入电流的最大值发生于输入电压的下限和输出电压电流的上限，因此要标明该条件下的有效输入电流。额定输入电流是指输入电压和输出电压、电流在额定条件下的电流。三相输入时各相电流会发生失衡现象，应取其平均值。

（5）输入冲击电流

接通电源时交流回路的最大瞬时电流值。受输入功率限制，100W 以下为 20A～30A；100W～400W 为 30A～50A；400W 以上大于 50A。

（6）功率因数

在交流电路中，电压与电流之间的相位差（Φ）的余弦叫做功率因数，用符号 cosΦ 表示，在数值上，功率因数是有功功率和视在功率的比值，即 cos$\Phi=P/S$。

由于 AC-DC、AC-AC 型开关电源的输入部分大多采用整流加电容滤波的方式，因此输入电流的波形为脉冲状而不是正弦波，因而其功率因数只有 0.6 左右。采用功率因数补偿（无源或有源）后，功率因数可达 0.93～0.99。

（7）效率

效率是指额定的输出功率除以有效功率所得的数值，一般在 70%～90%之间。

2. 输出特性

（1）输出电压

指出现于输出端子间的电压（直流或交流）的标称值。常见直流输出电压有：3.3V、5V、12V、24V、48V 等。

（2）输出电压可调范围

指在保证稳压精度的条件下可从外部调节输出电压的范围，一般为±5%或±10%左右。在多路输出情况下，要标明输出电压可按与控制非稳定输出的输出大致相同的比率发生变化。

（3）过冲电压

接通输入电压后，输出电压有时会超过标称的输出电压值，随后又回到标称的输出电压值，其超过标称值的电压称为过冲电压。过冲电压通常用标称输出电压的百分数表示。

（4）输出电流

指可由输出端子供给负载的电流，取其最大平均值。在多路输出的开关电源中，如有某一路输出电流增加，其他路的输出就会减小，使总的输出不会发生大的变化。

（5）稳压精度

也叫输出电压精度，是在出现改变输出电压的因素时，输出电压的变动量或变动量除以额定输出电压的值。

（6）电压稳定度

在 25℃环境和满载条件下，所有其他影响量保持不变时，使输入电压在最大允许变化范围内，而引起输出电压的相对变化量。

（7）负载稳定度

在 25℃环境和额定负载下，其他影响量保持不变时，由于负载的变化，引起输出电压的相对变化量。

（8）负载调整率

电源负载的变化会引起电源输出的变化，负载增加，输出降低，相反负载减少，输出升高。好的电源负载变化引起的输出变化减到最低，通常指标为 3%～5%。负载调整率是衡量电源好坏的指标。

（9）温度系数

在25℃环境，额定输入电压和额定输出负载下测量输出电压，然后将温度调整至极限，在温度的各个极限值时注意电压的变化。用电压的变化值除以相应温度的变化值，两个百分数中较大的一个即为温度系数。

（10）纹波噪声

纹波是出现在输出端子间的一种与输入频率和开关频率同步的成分，用峰-峰（P-P）值表示。一般在输出电压的1%以下。

噪声是出现在输出端子间的纹波以外的一种高频噪声成分。同纹波一样，用峰-峰（P-P）值表示，通常是所输出电压的2%以下。纹波和噪声有时不能明显区别，大多数电源产品将其统一按纹波噪声处理，约为输出电压的2%以下。实际应用中，当开关电源和电容器及负载连接时，这一数值会大幅度衰减。若电源规定的指标要求太小，就会提高电源产品的成本。

（11）暂态恢复时间

由于输入电压或输出负载的突然变化，引起输出电压偏离额定值。开关电源的控制回路进行调整。经一段时间后，输出又回到额定值。这段时间，即表征开关电源的瞬态响应，通常在30～100ms的数量级。

6.3.2.3　LED恒流驱动电源的基本单元电路

LED光源的广泛应用离不开LED恒流驱动技术的快速发展。早期的LED恒流驱动大都采用限流控制驱动和电流线性调节器驱动，往往导致能量损耗高及效率不高的问题。随着开关电源技术的不断发展，各种LED恒流驱动电路应运而生。尽管交流输入LED恒流驱动电源集成电路种类繁多，但其外围电路中很多单元电路具有共性，是类似的。本节选择代表性较强的单元如交流输入保护电路，输入整流滤波及PFC电路，电磁干扰滤波，高频变压器及二次侧输出电路进行阐述，介绍其设计原理及注意事项。

1. 交流输入LED恒流驱动电源的基本构成

交流输入LED恒流驱动电源属于AC/DC转换器，分为隔离式、非隔离式两种。隔离式通过高频变压器来实现LED负载与电网的电气隔离，电路复杂，成本较高，但安全性好；而非隔离式电路简单，成本低，但其安全性差。交流输入LED恒流驱动电源适配无源功率因数校正器，可大幅提高电源功率因数。

LED恒流驱动电路主要由输入保护电路、EMI滤波电路、输入整流电路、PFC电路、PWM脉冲调制控制器、功率开关管MOSSFET、漏极钳位保护电路、高频变压器、恒流控制及反馈电路、降压式恒流输出电路、LED开路及短路保护电路、调光电路等部分组成，如图6-14所示。

交流输入LED恒流驱动电源基本原理如下：85～265V交流电经过输入整流滤波器获得直流高压，接至高频变压器一次绕组的一端，一次绕组的另一端接功率MOSFET的漏极D。漏极钳位保护电路由瞬态电压抑制器（TVS）、阻塞二极管VD1组成，当MOSFET

关断时可将高频变压器漏感产生的尖峰电压限制在安全范围内，对功率 MOSFET 起到保护作用。二次绕组的输出电压经过 **VD2** 整流，在经过 **C2** 滤波后获得恒流输出 I_0。降压式变换器采用固定关断时间的方法，可以使 LED 灯负载的平均电流保持恒定。反馈及恒流控制电路采用的是一次恒流控制方式，其特点是反馈绕组、一次绕组均与二次绕组隔离，并通过反馈绕组电压来监控输出电压，因此它不需要在二次绕组接入电流取样电阻和二次反馈电路，可以省去光耦合器，二次侧恒流控制环及反馈环路的相位补偿电路，具有电路简单的特点。

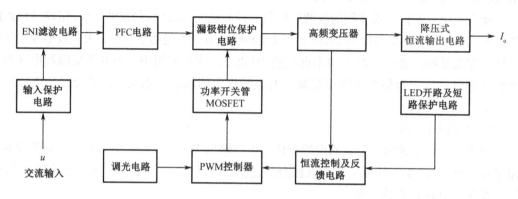

图 6-14　LED 恒流驱动电源的基本构成图

2. EMI 滤波器

LED 驱动电源属于高频开关电源，高频开关电源由于其在体积、重量、功率密度、效率等方面的诸多优点，已经被广泛地应用于工业、国防、家电产品等各个领域。在开关电源应用于交流电网的场合，整流电路往往导致输入电流的断续，这除了大大降低输入功率因数外，还增加了大量高次谐波。同时，开关电源中功率开关管的高速开关动作，形成了 EMI 骚扰源。

电磁干扰滤波器是近年来被推广应用的一种组合器件，它能有效抑制电网噪声，提高电子设备的抗干扰能力及系统的可靠性。EMI 滤波器是由电容器、电感等元件组成的，其优点是结构简单、成本低廉。

（1）EMI 滤波器的基本电路

EMI 滤波器的基本电路如图 6-15 所示。

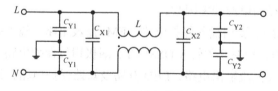

图 6-15　EMI 滤波器的典型结构

从图中可以看出，该结构有五个端口：两个输入端、两个输出端和一个接地端，同时外壳是要与地相连接的。EMI 滤波器是一种由电感和电容组成的低通滤波器，它能让低频的有用信号顺利通过，而对高频干扰有抑制作用。它只对共模干扰有抑制作用，对差模干扰却没有抑制作用。图中的 L 就是共模电感，它是在同一个磁环上绕制两个绕向相反，匝数相同的线圈所形成的。当电网输入共模干扰时，这两种方向相同的纵向噪声电流，由右手螺旋定则可知，两个线圈产生的磁通 Φ_f 顺向串联磁通相加，电感呈现出高阻抗，阻止共模干扰进入开关电源。同时也阻止了开关电源所产生的干扰向电网扩散，以免污染交流电网。差模干扰和工频交流电在形式上是一样的，所以共模电感对差模干扰和工频交流有用信号都没有影响。C_{X1} 和 C_{X2} 采用薄膜电容，容量范围大致是 $0.01 \sim 0.47\mu F$，主要用来消除串模干扰。C_{Y2} 跨接在输出端，并将电容器的中点接通大地，能有效抑制共模干扰。为了减小漏电流，电容量不宜超过 $0.1\mu F$。图中电容耐压值均为 $630V_{DC}$ 或 $250V_{AC}$。

（2）EMI 滤波器的主要参数

EMI 等效原理图如图 6-16 所示。EMI 滤波器的主要技术参数有：额定电压、额定电流、漏电流、测试电压、绝缘电阻、直流电阻、使用温度范围、工作温升、插入损耗、外形尺寸、重量等。其中最为重要的技术参数是插入损耗，它是评价 EMI 滤波器性能优劣的主要指标。它的定义是：没有接入滤波器时从干扰源传输到负载的功率 P_1 和接入滤波器后从干扰源传输到负载的功率 P_2 之比，用分贝（dB）表示。

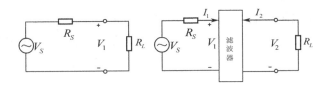

图 6-16　EMI 等效原理图

$$I_L = 10\log \frac{P_1}{P_2} \tag{6.2}$$

其中，$P_1 = \dfrac{V_1^2}{R_L}$，$P_2 = \dfrac{V_2^2}{R_L}$。所以

$$I_L = 10\log \frac{V_1^2}{V_2^2} = 20\log \frac{V_1}{V_2} \tag{6.3}$$

由于插入损耗是频率函数，理论计算繁琐而且误差较大，通常是有生产厂家进行实际测量，根据噪声频谱逐点测试出所对应的插入损耗，然后绘出典型的插入损耗曲线，向客户提供。

（3）EMI 滤波器的元件选择

① 滤波电容的选择

与一般的滤波器不同，图 6-15 所示的 EMI 滤波器典型结构中，电容使用了两种下标 C_X 和 C_Y，C_X 接于相线和中线之间，称为差模电容，C_Y 接于相线或中线与地之间，称为共模电容，下标 X 和 Y 不仅表明了它在滤波电路中的作用，还表明了它在滤波电路中的安全等级。

② 差模电容器的选择

C_X指的是应用于这样的场合：当电容失效后，不会导致电击穿现象，不会危及人身安全。C_X除了要承受电源相线与中线的电压之外，还要承受相线与中线之间各种干扰源的峰值电压。根据差模电容应用的最坏情况和电源断开的条件，C_X电容器的安全等级又分为C_{X1}和C_{X2}。两个等级具体规定见表6.2。所以设计滤波器时应根据不同的应用场合来选择不同安全等级的电容器。

表6.2　差模电容的分类

C_X电容等级	用于设备的峰值电压 V_P	应用场合	在电强度试验期间所加的峰值电压 V_P
C_{X1}	$V_P>1.2kV$	出现瞬态浪涌峰值	对 $C<0.33uF$，$V_P=4kV$ 对 $C>0.33\mu F$，$V_P=4e^{(0.33-C)}$ kV
C_{X2}	$V_P<1.2kV$	一般场合	1.4kV

若C_X的安全性能（即耐压性能）欠佳，在上述的峰值电压出现时，它有可能被击穿，它的击穿虽然不危及人身安全，但会使得滤波器的功能下降或丧失。通常EMI滤波器的差模电容必须经过1500～1700V直流电压1分钟耐压测试。

③ 共模电容及其漏电流控制

用于电子设备电源的EMI滤波器共模滤波性能常常受到共模电容C_Y的制约。C_Y电容即跨接在相线或中线与安全地之间的电容。接地的电流主要就是指流过共模电容C_Y的电流，由于流过电容的电流由电源电压，电源频率和电容值共同决定，所以漏电流可以由下式估算：

$$I_g = V_m \times 2\pi f_m \times C_Y \times 10^{-6} \,(\text{mA}) \tag{6.4}$$

其中，V_m为电源电压，f_m为电源频率。

由于漏电流的大小对于人身安全至关重要，不同国家对不同电子设备接地漏电流都做了严格的规定。若对最大漏电流做出了规定，则可由式（6.4）可以求出最大允许接地电容值（即C_Y电容的值）：

$$C_{Y\max} = \frac{I_g}{V_m \times 2\pi f_m} \times 10^{-3} \,(\mu F) \tag{6.5}$$

例如，GJB151A—97中规定，每根导线的线与地之间的电容值，对于50Hz的设备，应小于0.1μF；对于400Hz的设备，应小于0.2μF；对于负载小于0.5kW的设备，滤波电容量不应超过0.3μF。标准中的规定除了要满足式（6.4）外，还要求C_Y电容在电气和机械安全方面有足够的余量，避免在极端恶劣的条件下出现击穿短路的现象。因为这种电容要跟安全地相连，而设备的机壳也要跟安全地相连，所以这种电容的耐压性能对保护人生安全有至关重要的作用，一旦设备或装置的绝缘失效，可能危及到人的生命安全。因此C_Y电容要进行1500～1700V交流耐压测试1分钟。

3．整流桥的选择方法

整流桥就是将整流管封在一个壳内的半导体器件，分全桥和半桥。全桥是将连接好的桥式整流电路的四个二极管封装在一起。半桥是将两个二极管桥式整流的一半封装在一起，用两个半桥可组成一个桥式整流电路，一个半桥也可以组成变压器带中心抽头的全波整流电路，其具有体积小、使用方便、各整流管的参数一致性好等优点，可广泛用于开关电源的整流电路。全桥的正向电流有 0.5A、1A、1.5A、2A、2.5A、3A、5A、10A、20A、35A、50A 等多种规格，耐压值（最高反向电压）有 25V、50V、100V、200V、300V、400V、500V、600V、800V、1000V 等多种规格。小功率的整流桥可以直接焊在印刷电路板上，大、中功率硅整流桥则要用螺钉固定，并且需要安装合适的散热器。几种常见硅整流桥的外形图如图 6-17 所示。

图 6-17　几种常见硅整流桥的外形

整流桥的主要参数有反向峰值电压 U_{RM}（V）、正向降压 U_F（V）、平均整流电流 I_F（A）、正向峰值浪涌电流 I_{FSM}（A）、最大反向漏感电流 I_R（μA）。整流桥的反向击穿电压 U_{BR} 应满足下式要求：

$$U_{BR} \geqslant 1.25 u_{\max} \tag{6.6}$$

当交流输入电压范围是 85～132V 时，$u_{\max}$ =132V，由式（6.6）计算出 U_{BR} =233.3V，可选耐压 400V 的成品整流桥。对于宽范围输入交流电压，$u_{\max}$ =265V，同理求得 U_{BR} =468.4V，应选耐压 600V 的成品整流桥。需要指出，假如用 4 只硅整流管来构成整流桥，整流管的耐压值还应进一步提高。例如可选 1N4007（1A/1000V）、1N5408（3A/1000V）型塑封整流管。这是因为此类管子的价格低廉，而且按照耐压值"宁高勿低"的原则，能提高整流桥的安全性与可靠性。

50Hz 交流电压经过全波整流后变成脉动直流电压 u_1，再通过输入滤波电容得到直流高压 U_1。在理想情况下，整流桥的导通角应为 180°（导通范围是从 0°～180°），但由于滤波电容器 C 的作用，仅在接近交流峰值电压处的很短时间内，才有输入电流流经过整流桥对 C 充电。50Hz 交流电的半周期为 10ms，整流桥的导通时间 $t_c \approx 3ms$，其导通角仅为 54°（导通范围是 36°～90°）。因此，整流桥实际通过的是窄脉冲电流。桥式整流滤波电路及整流电压电流的波形如图 6-18 所示，其中图 6-18（a）为桥式整流滤波电路的原理图，图 6-18（b）和（c）分别为整流滤波电压和整流电流的波形图。

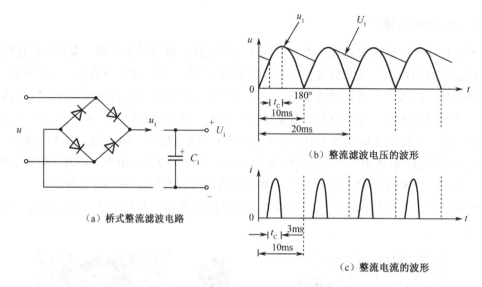

（a）桥式整流滤波电路

（b）整流滤波电压的波形

（c）整流电流的波形

图 6-18　桥式整流滤波电路及整流电压和电流的波形

最后总结两点：

① 整流桥的上述特性可等效成对应于输入电压频率的占空比大约为 30%；

② 整流二极管的一次导通过程，可视为一个"选通脉冲"，其脉冲重复频率就等于交流电网的频率（50Hz）。

4. 漏极钳位保护电路

对于反激式 AC/DC LED 驱动电源而言，每当功率 MOSFET 由导通变成截止时，在一次绕组上会产生尖峰电压和感应电压。其中的尖峰电压是由于高频变压器存在漏感形成的，它与直流高压 U 和感应电压叠加在 MOSFET 的漏极上，很容易损坏 MOSFET。因此，增加漏极钳位保护电路，对尖峰电压进行钳位或吸收十分重要。

（1）MOSFET 漏极上各参数的电位分布

下面分析输入直流电压的最大值 U_{Imax}、一次绕组的感应电压 U_{OR}、钳位电压 U_B 与 U_{BM}、最大漏极电压 U_{Dmax}、漏-源击穿电压 $U_{(BR)DS}$ 这 6 个电压参数的电位分布。

对于 TOPSwitch—XX 系列单片开关电源，其功率开关管的漏-源击穿电压 $U_{(BR)DS} \geqslant$ 700V，现取下限值 700V。感应电压 U_{OR} =135V（典型值）。本来钳位二极管的钳位电压 U_B 只需取 135V，即可将叠加在 U_{OR} 上由漏感造成的尖峰电压吸收掉，实际却不然。手册中给出的 U_B 参数值仅表示工作在常温、小电流情况下的数值。实际上钳位二极管（即瞬态电压抑制器 TVS）还具有正向温度系数，它在高温、大电流条件下的钳位电压 U_{BM} 要远高于 U_B。实验表明，二者存在下述关系：

$$U_{BM} \approx 1.4 U_B \qquad\qquad (6.7)$$

这表明 U_{BM} 大约比 U_B 高 40%。为防止钳位二极管对一次侧感应电压 U_{OR} 也起到钳位作用，所选用的 TVS 钳位电压应按下式计算：

$$1.4U_B = 1.5U_{OR} \qquad (6.8)$$

此外，还须考虑与钳位二极管相串联的阻塞二极管 VD 的影响。VD 一般采用快恢复或超快恢复二极管，其特征是反向恢复时间（t_{rr}）很短。但是 VD_1 在从反向截止到正向导通过程中还存在着正向恢复时间（t_{fr}），还需留出 20V 的电压余量。考虑上述因素之后，计算 TOPSwitch—XX 最大漏-源极电压的经验公式应为：

$$U_{D\max} = U_{I\max} + 1.4 \times 1.5U_{OR} + 20V \qquad (6.9)$$

TOPSwitch—XX 系列单片开关电源在 230V 交流固定输入时，MOSFET 的漏极上各电压参数的电位分布如图 6-19 所示，占空比 $D \approx 26\%$。此时 $u=230V \pm 35V$，即 $u_{\max}=265V$，$U_{I\max}=\sqrt{2}\,u_{\max} \approx 375V$，$U_{OR}=135V$，$U_B=1.5 \times U_{OR} \approx 200V$，$U_{BM}=1.4 \times U_B=280V$，$U_{D\max}=675V$，最后再留出 25V 的电压余量，因此 $U_{(BR)DS}=700V$。实际上 $U_{(BR)DS}$ 也具有正向温度系数，当环境温度升高时 $U_{(BR)DS}$ 也会升高，上述设计就为芯片耐压值提供了额外的余量。

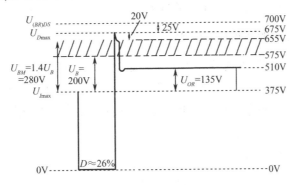

图 6-19　MOSFET 漏极上各个电压参数的电位分布图

（2）漏极钳位保护电路的基本类型

四种漏极钳位保护电路如图 6-20 所示。

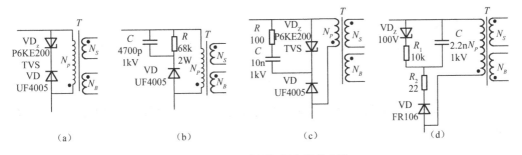

（a）　　　　　（b）　　　　　（c）　　　　　（d）

图 6-20　四种漏极钳位保护电路

① 利用瞬态电压抑制器 TVS（P6KE200）和阻塞二极管（超快速恢复二极管 UF4005）组成的 TVS、VD 型钳位电路，如图 6-20（a）所示。图中的 N_P、N_S 和 N_B 分别代表一次绕组、二次绕组和偏置绕组。但也有的开关电源用反馈绕组 N_F 来代替偏置绕组 N_B。

② 利用阻容吸收元件和阻塞二极管组成的 R、C、VD 型钳位电路，如图 6-20（b）所示。

③ 由阻容吸收元件、TVS 和阻塞二极管构成的 R、C、TVS、VD 型钳位电路，如图 6-20（c）所示。

④ 由稳压管（VDZ）、阻容吸收元件和阻塞二极管（快恢复二极管 FRD）构成的 VDz、R、C、VD 型钳位电路，如图 6-20（d）所示。

上述方案中以④的保护效果最佳，它能充分发挥 TVS 响应速度极快、可承受瞬态高能量脉冲之优点，并且还增加了 RC 吸收回路。鉴于压敏电阻器（VSR）的标称击穿电压值（U_{1mA}）离散性较大，响应速度也比 TVS 慢很多，在开关电源中一般不用它构成漏极钳位保护电路。

需要指出，阻塞二极管一般可采用快恢复或超快恢复二极管。但有时也专门选择反向恢复时间较长的玻璃钝化整流管 1N4005GP，其目的是使漏感能量能够得到恢复，以提高电源效率。玻璃钝化整流管的反向恢复时间介于快恢复二极管与普通硅整流管之间，但不得用普通硅整流管 1N4005 来代替 1N4005GP。

5. 反激式 LED 电源的高频变压器设计

反激式开关电源的高频变压器相当于一个储能电感，其储能大小直接影响开关电源的输出功率。因此，反激式开关电源的高频变压器设计实际上是功率电感器的设计。需要计算一次侧电感量 L_P、选择磁心尺寸、计算气隙宽度 δ、计算一次绕组匝数 N_P 等几个步骤。

（1）计算一次侧电感量 L_P

根据电感储存能量的公式：

$$W = \frac{1}{2}I^2L \qquad (6.10)$$

每个开关周期传输的能量正比于脉动电流 I_R 的平方值。若设开关频率为 f、输出功率为 P_o、电源效率为 η、一次侧电感量为 L_p，则输入功率为：

$$P = \frac{P_o}{\eta} = \frac{1}{2}I_R^2L_pf \qquad (6.11)$$

（2）选择磁心尺寸

反激式开关电源高频变压器的磁心尺寸选择可采用 AP 法。根据经验公式：

$$A_e = 0.15\sqrt{P_M} \qquad (6.12)$$

其中，P_M 为高频变压器的最大承受功率，A_e 为磁心的有效横截面积。根据表 6.3 选取合适的磁心。

表 6.3 常用 EE 型磁心的尺寸规格

型号	A	B	C	D	E	F	Ae (cm²)	Le (cm)	Ve (cm³)	A_L (nH/N²)	M_e
EE10	10.2	8	2.4	4.75	5.5	1.3	0.12	2.61	0.315	1006	1767
EE13	13	10	2.7	6.15	6	1.3	0.171	3.02	0.517	1100	1550

续表

型　号	A	B	C	D	E	F	Ae (cm^2)	Le (cm)	Ve (cm^3)	A_L (nH/N^2)	M_e
EE16	16	12	4	5	7	2	0.19	3.40	0.65	1200	1728
EE19	19	14	4.8	4.9	8	2.6	0.22	3.90	0.86	1350	1880
EE25	25	15.6	6.6	6.5	9.5	3.3	0.40	4.90	1.96	2000	1952
EE30	30	20	11	11	13	5	1.09	5.80	6.32	4750	2000
EE33	33	—	—	13.7	13.8	—	1.15	7.55	8.71	3840	2000
EE35	34.9	26.5	9.3	9.5	14.2	4	1.06	7.00	7.39	3790	1990
EE40	40	28	11	11	16.5	6.5	1.48	7.70	11.40	4250	2040
EE42	42	29.6	12.2	15.2	21	6.2	1.82	9.70	17.60	4700	2510
EE50	50	35	15	15	21	8.5	2.26	9.60	21.7	6250	2125
EE55	56	37.6	17.2	21.0	27.5	9	3.54	12.3	43.5	7100	1977
EE60	60	44.6	16	16	22	8.3	2.47	11.0	27.2	6000	2135
EE70	71	46.6	22.2	20	54	11.1	4.45	23.18	103.0	4820	1990
EE72	72.3	53.5	19	19	20	9.5	3.58	13.4	48.1	6700	1995
EE80	79.3	59.4	20	19.8	37.5	9.5	3.81	18.3	69.8	5200	1980

（3）计算绕组匝数和导线的直径

① 绕组匝数计算

选择好磁心后，可根据磁心参数来计算高频变压器的绕组匝数。由于二次绕组匝数可以通过变压比推算，所以核心问题就是确定一次绕组匝数。对于单端反激式变换器，通常是在输入最小电压时占空比达到最大。所以有：

$$N_P = \frac{U_1 \sqrt{D} \times 10^4}{B_M K_{RP} f} \tag{6.13}$$

选择二次绕组匝数时，需要考虑感应电压 U_{OR} 和功率开关管能承受的最大漏极电流。最大漏极电压等于输入直流电压、感应电压与高频变压器漏极产生的尖峰电压之和。其中，U_{OR} 与一次匝数（N_P）、二次绕组匝数（N_S）和输出电压（U_o）有如下关系：

$$U_{OR} = \frac{N_P}{N_S} \times (U_o + U_{F1}) \tag{6.14}$$

在反激式开关电源中，U_{OR} 是不变的，通常取值在 85～165V 之间，典型值为 135V。上式中，U_{F1} 为输出整流管的正向压降。肖特基二极管通常取值 0.4V，快速恢复二极管的典型值取 0.8V。当 U_o 较高时，可以忽略 U_{F1}。

$$N_s = \frac{N_P}{U_{OR}} \times (U_o + U_{F1}) \tag{6.15}$$

如果变压器有多个二次绕组，可按照不同的输出电压值和相同的 U_{OR} 值分别计算各自的匝数。

② 导线直径的计算

导线直径的选取与流过电流的有效值和允许电流密度有关。根据公式可得：

$$S_d = \frac{\pi}{4}d^2 \tag{6.16}$$

其中 S_d 为导线的横截面积，d 为直径。根据流过导线的电流有效值 I_{RMS} 与横截面积 S 和电流密度 J 的关系：

$$I_{RMS} = SJ \tag{6.17}$$

可以得出线径公式：

$$d = \sqrt{\frac{4I_{RMS}}{\pi J}} \tag{6.18}$$

对于反激式开关电源，变压器绕组的电流有效值与最大占空比和脉动系数有关。一次侧电流有效值公式为：

$$I_{RMS} = I_P \sqrt{D_{\max}\left(\frac{K_{RP}^2}{3} - K_{RP} + 1\right)} \tag{6.19}$$

其中 I_P 为一次侧峰值电流。

二次侧电流有效值的公式为：

$$I_{SRMS} = I_{SP} \sqrt{(1 - D_{\max})(\frac{K_{RP}^2}{3} - K_{RP} + 1)} \tag{6.20}$$

将有效电流值代入到线径公式中就可以计算出一次绕组、二次绕组的导线直径。

6. 正激式变压器设计

由于反激式开关电源中的高频变压器起到储能电感的作用，因此反激式高频变压器类似于电感的设计，但需注意防止磁饱和的问题。反激式在 20～100W 的小功率开关电源方面比较有优势，因其电路简单，控制也比较容易。而正激式开关电源中的高频变压器只起到传输能量的作用，其高频变压器可按正常的变压器设计方法，一般不需要考虑磁饱和问题，但需考虑磁复位、同步整流等问题。正激式适合构成 50～250W 低压、大电流的开关电源。在大功率 LED 电源驱动使用的是正激式变压器，下面将介绍其设计步骤。

（1）设计步骤：计算总输出功率→用面积乘积（AP）法选择磁心→计算一次绕组匝数→计算二次绕组匝数→计算线径等参数。

（2）一次绕组匝数：

$$N_{P(\min)} = \frac{U_{I(\min)}D_{\max}}{\Delta B A_e f} \tag{6.21}$$

其中，$N_{P(\min)}$ 为一次绕组匝数的最小值；$U_{I(\min)}$ 为直流输入电压 U 最小值；$D_{\max}$ 为最大占空比；ΔB 为磁通密度的变化量，单端正激式的 $\Delta B = B_m - B_r$；A_e 为磁心有效截面积（cm^2），f 为开关频率。

（3）计算匝数比 n

$$n = \frac{N_p}{N_s} = \frac{U_{I(\min)}D_{\max}}{U_o + U_{F1}} \qquad (6.22)$$

（4）计算二次绕组匝数

$$N_S = nN_p \qquad (6.23)$$

（5）计算一次平均绕组的线径。

首先，计算出输入电流的平均值：

$$I_{AVG} = \frac{P_o}{\eta U_{\min}} \qquad (6.24)$$

其次，计算出一次侧峰值电流：

$$I_p = \frac{I_{AVG}}{(1 - 0.5K_{RP})D_{\max}} \qquad (6.25)$$

然后，计算出一次侧有效值电流：

$$I_{RMS} = I_p\sqrt{D_{\max}\left(\frac{K_{RP}^2}{3} - K_{RP} + 1\right)} \qquad (6.26)$$

最后选择合适的电流密度，并计算线径。一次绕组导线的电流密度可选 4～6A/mm²。根据 J 值可计算出一次绕组的导线的线径：

$$d_P = \sqrt{\frac{4I_{RMS}}{\pi J}} \qquad (6.27)$$

（6）计算二次绕组导线的线径。

首先，计算出二次侧峰值电流 I_{sp}（A）：

$$I_{SP} = I_p \times \frac{N_p}{N_s} \qquad (6.28)$$

其次，计算出二次侧有效值电流 I_{SRMS}（A）：

$$I_{SRMS} = I_{SP}\sqrt{(1 - D_{\max})\left(\frac{K_{RP}^2}{3} - K_{RP} + 1\right)} \qquad (6.29)$$

然后，计算滤波电容上的纹波电流 I_{R1}（A）：

$$I_{R1} = \sqrt{I_{SRMS}^2 - I_o^2} \qquad (6.30)$$

最后，计算出二次绕组的最小直径 D_{Sm}（mm）：

$$D_{Sm} = 1.13\sqrt{\frac{I_{SRMS}}{J}} \qquad (6.31)$$

注意事项：

① 对于低压、大电流的正激式开关电源，可选择同步整流技术。

② 单端正激式开关电源的磁复位问题。单端正激式 DC/DC 变换器的缺点是在功率管截止期间必须将高频变压器复位，以防止变压器磁心饱和，因此一般需要增加磁复位电路（也称变压器复位电路）。

③ 设计推挽式、半桥/全桥输出式正激变换器时，不需考虑磁复位问题。因其一次绕

组中正负半周励磁电流大小相等，方向相反，变压器磁心的磁通变化是对称的上下移动，磁通密度 B 的最大变化范围为 $\Delta B = 2B_m$，磁心中的直流分量能够抵消。

7．输出整流管选择方法

开关电源的输出整流管一般采用快速恢复二极管、超快速恢复二极管或者肖特基二极管。它们具有开关特性好、反向恢复时间短、正向电流大、体积小、安装简易方便等特点。这里主要介绍快速恢复二极管。

快速恢复整流二极管属于整流二极管中的高频整流二极管，之所以称其为快速恢复二极管，这是因为普通整流二极管一般工作于低频（市电频率为 50Hz），其工作频率低于 3kHz，当工作频率在几十至几百 kHz 时，正反向电压变化的时间慢于恢复时间，普通整流二极管就不能正常实现单向导通了，这时就要用快速恢复整流二极管。快速恢复二极管的特点就是它的恢复时间很短，这一特点使其适合高频整流。快速恢复二极管有一个决定其性能的重要参数——反向恢复时间。反向恢复时间的定义是，二极管从正向导通状态急剧转换到截止状态，从输出脉冲下降到零线开始，到反向电源恢复到最大反向电流的 10% 所需要的时间，常用符号 t_{rr} 表示。普通快速恢复整流二极管的 t_{rr} 为几百纳秒，超快速恢复二极管的 t_{rr} 一般为几十纳秒。t_{rr} 越小的快速恢复二极管的工作频率越高。

6.3.3 可靠性设计

近年来，随着 LED 光效的不断提升，LED 的寿命和可靠性越来越受到业界的重视。寿命是 LED 产品最重要的性能之一，而且寿命还是可靠性的终极表现。虽然 LED 的理论寿命很长，可靠性较好，但其实际工作寿命和可靠性与热学特性、抗静电特性、环境耐候性、电磁兼容抗扰度等因素密切相关。为了提升 LED 的寿命和可靠度，必须采用合适的设计方法，降低上述各种因素对 LED 性能的影响程度。

6.3.3.1 散热设计

1．LED 的产热原理

电子和空穴在半导体内的复合过程一部分是发光复合，也就是说能量以光子的形式释放出来；另外一部分是非发光复合过程，能量以声子的形式释放出来，产生热量，这部分热量加上焦耳热（Joule Heat）、汤姆逊热（Thomson Heat）、光波传输过程中的吸收发热，构成了 LED 芯片的热源。

（1）复合发热

电子和空穴复合时，能量或者传递给光子，或者传递给声子。传递给声子的能量被称为复合发热，包括俄歇（Auger）复合和深能级复合，其示意图如图 6-21 所示。

（2）焦耳热

载流子在半导体内的传输过程伴随着大量的声子散射过程，造成载流子的能量不断地传递给晶格，引起晶格能量的增加，使 LED 有源区的温度升高。一般情况下，半导体有源区在通电工作时，载流子的流动都要克服电阻的作用才能形成有效的电流，由电阻效应产生的热量即为焦耳热，焦耳热的多少由下式计算。

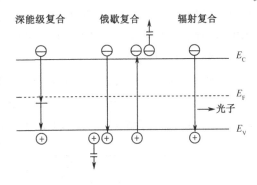

图 6-21　复合过程示意图

$$Q_J = I^2R \qquad (6.32)$$

式中，R 是半导体的电阻，Ω；I 是通过半导体的电流，A。

（3）汤姆逊热

汤姆逊效应是由于载流子在热电势不均匀的介质中流动，从而将能量传递给晶格的过程，这个过程中产生的热量被称为汤姆逊热。单位时间内产生的汤姆逊热的多少与电流和温度梯度的乘积成正比，即：

$$\frac{dQ_T}{dT} = \pm\sigma I \qquad (6.33)$$

式中，σ 为汤姆逊系数，V/℃。汤姆逊热可以为正值，也可以是负数值。

（4）材料吸收光波发热

当光波在材料中传播时，其能量可以被材料部分或者完全吸收。吸收的大小和机制取决于光子的能量。吸收系数随光子能量变化如图 6-22 所示。当光子能量比较低时，光子能量直接被晶格吸收。在稍大些的能量区域，自由载流子吸收占主导地位，而这些自由载流子吸收光子后会迅速将能量传递给晶格。光子的能量接近并且小于禁带宽度 E_g 时，乌尔巴赫带尾（Urbach Tail）态吸收占据主导地位。当光子的能量大于 E_g 时，会产生半导体能带的带间吸收，从而产生一个新的电子-空穴对，因此这种吸收不会直接发热，不作为热源。

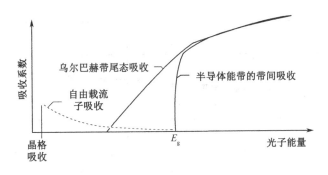

图 6-22　吸收系数随光子能量的变化

2. 热学特性对 LED 性能的影响

之所以称 LED 为冷光源，是因为 LED 与传统的白炽灯不同，其光谱中不含有大量的红外辐射。因此，伴随 LED 发光过程所产生的热量，不能通过辐射散出。传统的 LED 发光功率小，热量也不大，故没有散热问题。但如果 LED 要用在照明中，将需要多颗大功率高亮度 LED 组成光源模块以达到所需的照度，此时必须在极小的 LED 封装中处理极高的热量。

目前，单颗大功率 LED 芯片的电光转换效率约为 15%～30%，剩余的能量均转换成为热量。典型的芯片尺寸一般为 1mm×1mm，功率约为 1W，热流密度可达到 100 W/ mm²，超出目前微处理器（CPU）热流密度的两倍。LED 芯片工作时产生的热量如果不能及时散出，就会导致芯片结温 T_J 上升。

随着结温的上升，LED 的正向压降下降、光色漂移、发光效率降低。图 6-23 所示为 LED 光源光色漂移和结温的关系，图 6-24 所示为 LED 光源输出光通量和结温的关系。此外，结温的上升还会加速出光通道物质（如透明环氧树脂或硅胶）的老化，降低通道物质

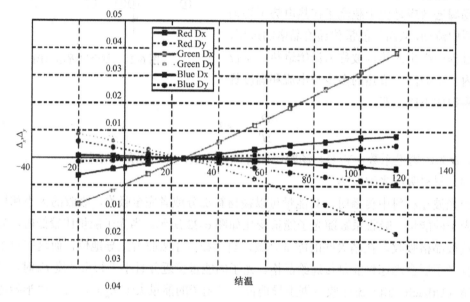

图 6-23　光色漂移和结温的关系

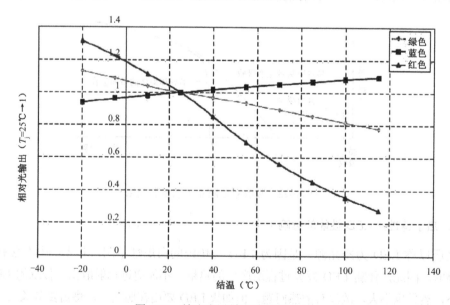

图 6-24　输出光通量和结温的关系

的透光率、改变折射率，最终影响光线的空间分布和输出光通量。过高的结温还可能使封装树脂或硅胶达到玻璃转化温度（T_g），产生热应力，引起封装物质的膨胀或收缩，使欧姆接触和固晶界面的位移增大，进而导致严重的机械失效与电互联失效。这些都会导致 LED 光源的可靠性和寿命的降低。图 6-25 是 LED 光源寿命和引脚温度的关系图，其中引脚温度与结温存在近似线性的正比关系。

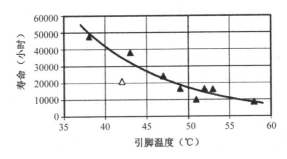

图 6-25　LED 光源寿命和引脚温度的关系图

从图 6-23～图 6-25 中可以看出，LED 结温对于 LED 器件性能影响很大，因此正确的散热设计是大功率 LED 封装中的关键。为了保证 LED 器件的各种优势性能和较长寿命，以及避免可靠性降低，在早期的照明应用中通常要求 LED 的结温必须控制在 120℃以下，目前照明工程上效果较好的普遍要求是将 LED 的结温控制在 85℃以下。

3．LED 光源的热阻

如同电流流过电路会受到电阻的阻碍一样，热流自 LED 芯片流向外部环境也会受到热阻的阻碍。

图 6-26 所示为一个典型的 LED 光源应用实例，从中可以看出 LED 芯片所发出的热量是如何传递的，以及 LED 的热阻结构。

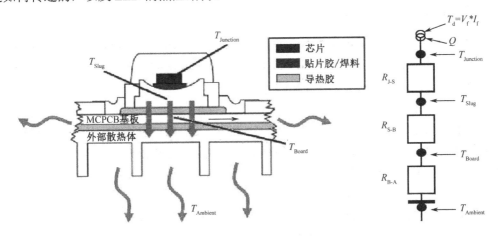

图 6-26　LED 封装结构图及热阻结构示意图

首先，热量由 LED 的 pn 结产生并经由衬底传出到芯片表面，此为第一层，这部分的热阻与上游芯片制作技术有关。而 LED 透光一侧所用的环氧树脂材料几乎不导热，芯片表面的热量主要往下方的底座（Slug）以及金属引脚传递，此为第二层封装。这部分的热阻加上第一层的热阻为 LED 的封装内热阻 R_{J-S}，也就是由半导体结区至底座的热阻。LED 的封装内热阻由早期的直插式的 240 K/W 已经降低到现在的 5～12 K/W，使这部分的热阻占 LED 总热阻的比例已经逐渐降低。

随后，热量由底座和金属引脚依次经过第一层导热介质（通常为导热硅脂）、铝基板（MCPCB 基板）、第二层导热介质，到达散热器的安装表面，这部分的热阻为安装热阻 R_{S-B}，也就是底座至散热器安装面的热阻。安装热阻值与底座和基板、基板和散热器安装面之间的接触面以及基板本身的导热能力有关。现在，由于特殊的基板制作技术，这部分热阻已经降低到比封装热阻还要小，如 LumiLEDs 所制作的 Luxeon 系列所使用的金属电路板加上封装热阻值大约在 15～20 K/W 之间。

最终，热量通过散热器传到空气中，这部分的热阻为散热器热阻 R_{B-A}，也就是散热器安装面至外界环境的热阻。安装热阻与散热器热阻合并称为外热阻或系统热阻。

综上所述，LED 由 pn 结至外界环境的总热阻 R_{J-A} 可分为三部分：

$$R_{J-A} = \frac{T_J - T_A}{Q} = R_{J-S} + R_{S-B} + R_{B-A} \qquad (6.34)$$

LED 芯片的结温 T_J，可由上式计算得到，为：

$$T_J = R_{J-A}Q + T_A \qquad (6.35)$$

因此，LED 光源的总热阻越小，在相同环境温度 T_A 和热功率 Q 下，芯片结温 T_J 越低；或者说，在达到同样结温 T_J 的条件下，总热阻越小，则能够散掉更多的热量，能安装的 LED 器件数目更多，灯具亮度更高。降低 LED 芯片结温的途径主要有四点：①降低 LED 的封装热阻；②设计良好的散热结构与散热路径，降低系统热阻；③控制输入电功率；④降低环境温度。

4. 传热的基本方式及有关定律

根据传热学理论，热量传递的方式主要有三种：传导换热、对流换热和辐射换热。实际的热量传递过程中都是以这三种形式进行，有时只以其中的一种方式传递热量，但是很多情况下，都是其中两种或者三种方式同时进行。

（1）传导换热

传导换热又称作导热，是指在物体各部分之间不发生相对位移时，依靠物质微粒（分子、原子或自由电子）的热运动而产生的热量传递现象。导热依靠两个基本条件：一是导热路径上存在温差；二是参与导热的物体之间必须相互接触，或是在一个物体的内部进行热传导。在固体传热中，传导换热是热量传递的主要方式。

传导换热的原理可通过傅里叶定律进行准确的描述，即在导热现象中，单位时间内通过给定截面的热量与垂直于该截面上的温度变化率和截面面积成正比，其数学表达式为：

$$Q = -\lambda A \frac{dt}{dx} \qquad (6.36)$$

式中，A 为垂直于热流方向的截面面积（m²）；dt/dx 为温度 t 在 x 方向的变化率；λ 为导热系数，是表征材料导热性能优劣的参数，单位 W/（m·K）；负号"–"表示热量传递方向指向温度降低的方向。

对于一个如图 6-27 的单层平壁结构，若两个表面温度分别为恒定的温度 t_1 和 t_2，壁厚 δ，则由傅里叶定律可推得：

$$Q = -\lambda A \frac{dt}{dx} = \lambda A \frac{t_1 - t_2}{\delta} = \frac{t_1 - t_2}{\frac{\delta}{\lambda A}} = \frac{\Delta t}{R} \tag{6.37}$$

式中，R 为平壁导热热阻，单位为 K/W，即：

$$R = \frac{\delta}{\lambda A} \tag{6.38}$$

或写为：

$$R = \frac{\Delta t}{Q} \tag{6.39}$$

（2）对流换热

对流换热是指流动的流体在与其接触的固体表面存在不同温差时，将会产生热量的传递。根据流体发生流动的诱因不同，可分为自然对流与强迫对流。自然对流是因为流体不同部位的冷热温度不同而导致的；强迫对流是因为受到外力（风机、水泵等）作用，从而造成流体相互之间产生流动。

按流体表现出的状态不同来划分，又分为层流（滞流）与湍流（紊流）。层流是指相邻流层之间分子不发生相互扩散，不存在流体质点的掺杂。沿着流动方向呈现一种平滑直线运动。湍流是指流速达到一定大小后，流体的流线出现不规则的摆动。流体有层流过渡到湍流是流动失去无稳定性的结果。通常用雷诺系数（R_e）的大小去评判层流或紊流。

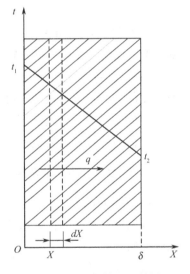

图 6-27　平壁结构的热传导

对流换热通过牛顿冷却公式得到基本计算式，可得到对流换热量大小为：

$$Q = \alpha \cdot A \cdot \Delta t \tag{6.40}$$

式中，A 为换热面积（m²）；Δt 为流体与壁面的温差（℃）；α 为对流换热表面传热系数（W/（m²·K））。上式表明，对流换热量与换热面积和温差成正比，比例常数为对流换热表面传热系数。

式（6.40）可改写为：

$$Q = \frac{\Delta t}{\frac{1}{\alpha A}} = \frac{\Delta t}{R} \tag{6.41}$$

或写为：

$$\Delta t = QR \tag{6.42}$$

式中，R 是对流换热的热阻，单位为 K/W，即：

$$R = \frac{1}{\alpha A} \tag{6.43}$$

影响对流换热的因素有很多，流体流动的起因、流体的相变、流动的状态等都可能影响对流换热的实际性能。因此，在工程应用中对流换热问题的计算，大多依靠实验建立起来的实验关联式来计算。

（3）辐射换热

辐射换热是物体由于具有温度而产生电磁波辐射的现象，是热量传递的三种方式之一。一切温度高于绝对零度的物体，总是不断地产生辐射能，温度越高，辐射的总能量越大。根据 Stefan-Boltzmann 定律，一个物体表面最多能发射的最大辐射能流密度是：

$$Q = \varepsilon \sigma T^4 \tag{6.44}$$

式中，ε 指发射率，取值在 0～1 之间；σ 为 Stefan-Boltzmann 常数，即通常所说的黑体辐射常数，其值为 5.67×10^{-8} W/（$m^2 \cdot K^4$）；T 为绝对温度。

由式（6-44）可以看出，辐射换热强度与物体绝对温度的四次方成正比，随着物体绝对温度的增大，辐射换热强度也随之变大。辐射换热与对流换热、传导换热过程不同，它不需要借助任何媒介就能把热量从一个系统直接传递给另一个系统。辐射换热的强度还取决于物体的种类和表面状态。

5. LED 散热方法的选择

LED 散热的方法一般分为风冷、热管、半导体制冷等技术，每一种散热方式在不同的应用领域拥有不同的优点与缺点，如何选择合理的散热方式是解决 LED 散热问题中首先要面临的问题。

（1）风冷散热

风冷散热具有价格低廉、简便和技术成熟等特点，被大量应用于 LED 灯具和一般功率电子器件的散热设计中。风冷主要依靠散热结构的热传导和散热器表面的空气对流以及辐射形式将热量散发至环境中去，通常可分为自然风冷与强制风冷两种方式。

自然风冷是指依靠传导、自然对流和辐射方式将热量传递至空气中的散热，属于被动散热，其具有成本低，可靠性高等优点，成为 LED 散热的首选方式。散热性能的主要影响因素包括散热材质的导热系数、表面的对流换热系数和散热器结构，针对散热器结构如散热器翅片的尺寸、数目与排列间距和方式进行优化，可以得到最佳的散热效果。

强制风冷是指利用风机加快空气在散热器翅片之间的流速，从而提高空气在翅片表面的对流强度，增强对流散热效率。虽然强制风冷散热效率高，但因为噪声与灰尘等使风扇的可靠性下降，并且设备的维护也较困难。所以，强制风冷一般运用于高功率的计算机、通信机柜和电力电子设备中。

（2）热管散热

热管散热是当前大功率 LED 灯具散热中应用较为广泛的散热技术，它是根据全封闭真空管内工质的气、液相变来传递能量。工作原理是：在热管冷热两端有温度差别时，位于蒸发段的液体迅速汽化吸收热量，并在较小压力差下流向冷凝段，在冷凝段液化并释放出热量，然后再沿多孔材料靠毛细作用流回至蒸发段，如此循环不止，进而将热量不断传递出去，如图 6-28 所示。热管具有极高的导热性和极好的等温性，并具有易操控和结构灵活多样等优点。但热管的成本较高，机械强度较差，且热管由蒸发段传至冷凝段的热量仍然需要通过散热器散发至环境中去，因此在散热应用中需要综合考虑价格、结构稳定性等因素，并需要做好热管与散热器之间的合理搭配，才能充分利用热管的优势性能。

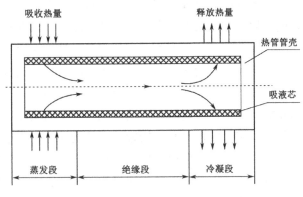

图 6-28　热管工作原理示意图

（3）热电制冷散热

热电制冷散热又叫温差电制冷，具有制冷迅速、温控可调、无机械部件、寿命长等优点，同时方便与 LED 集成应用。热电制冷散热是利用帕尔贴效应为理论基础的制冷效应，即直流电源连通两不同材料导体组成的热电偶，当电荷在导体中运动形成电流，由于电荷载体在不同材料中处于不同的能级，当它从高能级向低能级运动时，

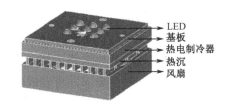

图 6-29　集成热电制冷的 LED 阵列散热模块

就会释放出多余的热量，反之，就要从外界吸收热量（即表现为制冷）。应用热电制冷的 LED 散热的模块如图 6-29 所示。

6．LED 散热性能分析的主要方法

针对大功率 LED 灯具，目前能得到散热结构中温度分布的数据而进行散热性能分析的方法主要有：等效热路计算法、实验测量法和软件数值模拟法，三者构成了散热设计与分析研究的完整体系。

（1）等效热路计算法

等效热路法是根据如前所述的热电模拟关系，将热量传递类比成电能流动，热学的温度差、热阻与热功率可分别等效成电位差、电阻和电流，而且电学中的串、并联规律同样适用于此。此外，基于热路的计算公式均为之前所述的理论推导式，对于相类似的模型具有普遍的适用性，且公式形式均为可手工计算或编程计算而能快速得到结果的线性方程，对需要优化的目标函数具有贡献的影响因素清晰可见。但该方法往往要求对计算对象进行抽象和简化，才能得出关键结构面和芯片的平均温度值，因此其建立模型的正确性还须通过精度较高的实验测量法来加以验证。

（2）实验测量法

常用测量方法主要有热电偶法、电学参数法、红外热成像法三类。热电偶法是用单个热电偶逐点或用多路热电偶同时采集单点或多点温度的方法。虽然热电偶的测温结点尺寸较小，便于将其固定在需要测温的位置，但由于测温点数量有限，仅能获得散热体表面的局部点位的温度，表现出的温度分布的状态信息不够全面。电学参数法是一种应用较为广泛的测量 LED 芯片结温的方法，该方法测得的温度值是由结电压对应推算出芯片处的平均温度，一般用来判断不同排布位置的芯片结温，但无法测量其他结构的温度分布特性。红外热成像法是利用红外探测器和光学成像物镜接收被测目标的红外辐射能量分布图形，并反映到红外探测器的光敏元件上，从而获得不同颜色代表不同温度的红外热成像图。热像图与物体表面的温度分布场相对应，具有非接触、无结构损伤、测量精度和自动化程度较高等特点，日益受到人们的重视，其应用领域也越来越广泛。但红外热成像法需要昂贵的测试仪器，且对于不同材质的结构表面以及相同材质的不同表面，发射率均会表现出较大的数值差距，因此要获得准确的温度分布值，还需要同时采用热电偶测量出同种表面上的局部温度，用来校准红外热成像测量仪器的发射率。

（3）软件数值模拟法

目前通用的温度场软件模拟法主要有：有限差分法、有限单元法和有限体积法。

有限差分法（FDM）是应用最早，而且应用最广泛的方法。这种方法把求解温度场偏微分方程的问题转换成求解代数方程的问题，物理概念清楚，推导较为方便，在求解过程中能达到较高的精度要求，有较成熟的误差分析。但有限差分法在复杂形状和复杂边界条件处理的过程中较困难，因为实际边界在网格划分中以阶梯形状来模拟代替连续的求解区域，这一方法将会给计算结果带来一定的误差。

有限单元法（FEM）是一种有效解决温度场数学问题的方法。有限单元法的基础是变分原理，在发展过程中容纳了有限差分法的精华部分——求解过程中的离散思想，最早应用于结构力学，后来随着计算机的发展慢慢用于流体力学数值模拟。有限单元法与有限差分法相比，其优点在于在计算处理能力上可方便地解决复杂模型和复杂环境的边界条件问题，也可实现较高精度的求解。有限单元法的实现途径可分为两种：一种是泛函变分法原理，另一种是从微分方程出发的变分法原理。由于泛函变分法原理的实现，是建立在确定待解决问题泛函的基础之上的，所以微分方程的变分法也被称为加权余量法，在实际计算模拟中得到了更加广泛的应用。但 FEM 在求解过程中也有不足之处，如求解过程数据准备复杂和有待完善的结果误差分析等问题。

有限体积法（FVM）又称为有限容积法、控制体积法，是能很好地解决流体（如空气）参与散热情况下温度场的数值模拟方法，因此对于存在明显对流散热的 LED 灯具，无需强加估算的对流边界条件，且能保证较高的计算精度。FVM 的原理是，将待求解区域用网格划分为许多互不相交的独立子区域（控制容积），每个控制容积之中包含一个网格节点，通过对所研究对象的求解区域的积分离散来达到构造可求解的离散方程的目的。在导出有限体积法的发展过程中有两种方式最为成熟，其中一种方法是控制容积积分法，另一种是常见的控制容积平衡法。不管离散方程的途径采用哪种方式导出，都意味着在任何一组独立的控制体积内变量都能满足守恒定律，如质量守恒定律、动量守恒定律、能量守恒定律等。有限体积法具有适用性强，便于分析模拟具有复杂边界形状区域的优点。有限体积法充分表现了自然界的守恒定律，只要所划分单元与相邻单元的相应通量及变化是一致的，就能保证区域内部及边界的质量守恒。

目前，采用有限体积法并用于散热分析的专业软件有 Icepak、FloTHERM、FloEFD 等。这些散热分析软件的使用可以使用户减少设计成本、提高产品的一次成功率，改善产品性能、提高寿命和可靠性、缩短上市时间。

7．LED 散热性能分析的实例

（1）物理模型的描述

如图 6-30 所示，一款阵列型大功率 LED 投光灯的完整结构主要包括：多孔化灯壳、支架、透光罩、反光杯、电源、14 个大功率 LED 器件、铝基电路板（MCPCB）和翅片式铝型材散热器（Heatsink）等。列举结构中的最后三项是构成散热系统的关键构件，其物理参数列于表 6.4 中。

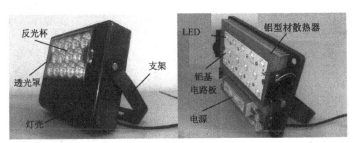

（a）外部结构　　　　　　（b）内部结构

图 6-30　阵列型 LED 投光灯的外部结构和内部结构的实物图

表 6.4　关键散热构件的物理参数

散热构件	物理参数	符　号	单　位	物理量值
OSRAM LUW_W5AM 型 LED 器件	器件个数	N_{LED}	个	14
	封装热阻	R_{LED}	K／W	11
	驱动电流	I_F	mA	480

续表

散热构件	物理参数	符　号	单　位	物理量值
铝基电路板	总长度	L_{MCPCB}	m	0.18
	总高度	H_{MCPCB}	m	0.092
	覆铜厚度	δ_{Cu}	m	7×10^{-5}
	覆铜导热系数	λ_{Cu}	W／（m·K）	387.6
	覆铜面积系数	f	—	0.8
	介电层厚度	$\delta_{Insulate}$	m	8×10^{-5}
	介电层导热系数	$\lambda_{Insulate}$	W／（m·K）	0.7
	铝基厚度	δ_{Al}	m	1.5×10^{-3}
	铝基导热系数	λ_{Al}	W／（m·K）	205
铝型材散热器	底座长度	L_{Base}	m	0.23
	底座高度	H_{Base}	m	138
	底座厚度	δ_{Base}	m	8×10^{-3}
	肋片间距	S	m	6×10^{-3}
	肋片高度	W	m	0.018
	肋片厚度	t'	m	2×10^{-3}
	肋片数目	N_{Fin}	m	29
	导热系数	$\lambda_{Heatsink}$	W／（m·K）	205

（2）实验测量法

如前所述，能够实现 LED 灯具温度分布测量的方法主要有：多路热电偶法和红外热成像法。将上述两种方法结合起来，即使用红外热成像法测量 LED 灯具的整体温度分布，同时通过热电偶法测量特征点的温度值，并对红外热像仪进行发射率的校准。搭建的实验测量系统及热电偶特征点位置如图 6-31 所示。

（a）实验装置图　　　　　　　　　（b）热电偶测温点位置图

图 6-31　实验测量系统的装置图及测温点位置的选定

采用红外热像仪，在环境温度 T_{Ambient} 为 14.6 ℃的房间内，对稳定工作 3 h 后的 LED 灯具进行温度测量。由于红外热像仪的准确测温值仅限于物体裸露表面的温度，因此提取铝基电路板上表面的温度 $T_{\text{MCPCB-up}}$，如图 6-32 所示。将除 Max 数据之外的 S1～S15 温度点的数据取算术平均值得 37.89℃，

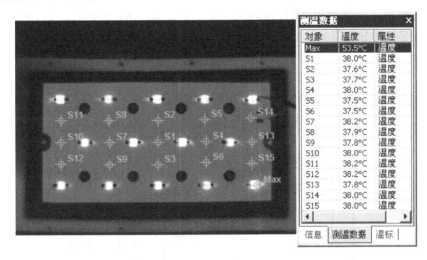

图 6-32　铝基电路板上表面的红外热像图及其测温数据

（3）等效热路计算法

① 模型的简化处理

由于上述物理模型属于三维构造体，对于等效热路法而言太过复杂且不易计算出结果，因此需要在保持实际问题基本特点的前提下，对物理问题进行适当的简化处理，以便应用线性数学模型进行描述。针对本研究对象所作的简化假设为：（a）单颗 LED 器件的输入电功率 P 恒定为 1.5 W，以电光转换率 15 % 计算，14 颗 LED 的散热总量 Q_{Total} 恒等于 17.85 W，且封装内热阻 R_{LED} 维持不变；（b）各结构体材质均匀，导热系数 λ 为常数；（c）自然对流环境为标准大气压下的干燥空气，且温度 T_{Ambient} 恒定为 14.6℃；（d）自然对流换热系数 a 与肋片温度 T_{fin} 相关；（e）肋片厚度 t' 远小于肋片高度 W，可忽略肋片末端和侧面的对流散热；（f）安装界面上填充回流焊锡或高导热性硅脂，可忽略界面热阻。

② 等效热阻网络

经上述简化处理后，所研究的物理问题即可转变为求解一维稳态传热问题。在进行计算前，需先将传热路径转化为等效热路形式，形成热阻网络（见图 6-33），从而方便通过计算各散热构件的分热阻以及分热阻间的串、并联关系，求得各关键结构面和芯片上的平均温度值。

③ 数学方程及计算流程

应用已建立的等效热阻网络，结合各分热阻的串、并联形式，可将芯片到环境的总热阻 $R_{\text{J-A}}$ 定义为：

$$R_{\text{J-A}} = \frac{R_{\text{LED}}}{N_{\text{LED}}} + R_{\text{Cu}} + R_{\text{Dielectric}} + R_{\text{Al}} + R_{\text{Heatsink-base}} + R_{\text{Fin}}$$

$$= \frac{T_{\text{Junction}} - T_{\text{MCPCB-up}}}{Q_{\text{Total}}} + \frac{T_{\text{MCPCB-up}} - T_{\text{Heatsink-base}}}{Q_{\text{Total}}} + \frac{T_{\text{Heatsink-base}} - T_{\text{Fin}}}{Q_{\text{Total}}} + \frac{T_{\text{Fin}} - T_{\text{Ambient}}}{Q_{\text{Total}}} \quad (6.45)$$

式中，R_{LED} 和 N_{LED} 为物理模型的已知变量。R_{Cu}、$R_{\text{Dielectric}}$、R_{Al} 和 $R_{\text{Heatsink-base}}$ 的计算相类似，均符合一维平板传导热阻的计算规律，可将所有已知变量数据直接代入下式进行计算。

$$R_X = \frac{\delta_X}{\lambda_X A_X} = \frac{\delta_X}{\lambda_X (fL_X H_X)} \quad (6.46)$$

式中，下标 X 分别代表 Cu、Dielectric、Al 和 Heatsink-base）；A_X 为各结构体垂直与热流方向的导热面积；除了覆铜层的面积系数 $f = 0.8$ 以外，其他情况 $f = 1$。

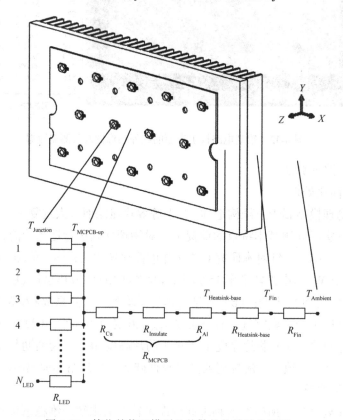

图 6-33　简化的物理模型及其散热的等效热路图

R_{Fin} 的计算属于传导与自然对流协同散热的情况，其热阻的总体表达式为

$$R_{\text{Fin}} = \frac{1}{\alpha A \eta_{\text{Fin}}} = \frac{1}{\alpha \eta_{\text{Fin}} (2N_{\text{Fin}} W H_{\text{Base}})} \quad (6.47)$$

式中，A 为所有肋片上未忽略散热面积的总和。肋片效率 η_{Fin} 是传导主要影响的参数，可由下式计算得到：

$$\eta_{\mathrm{Fin}} = \frac{\tanh(mW)}{mW} = \frac{\tanh\left(\sqrt{2\alpha/(\lambda_{\mathrm{heatsink}}t')}W\right)}{\sqrt{2\alpha/(\lambda_{\mathrm{heatsink}}t')}W} \tag{6.48}$$

但式（6.47）和式（6.48）中均含有对流换热系数 α 这一未知数，因此在计算肋片效率 η_{Fin} 及热阻 R_{Fin} 前，必须得到这一参数的准确数值。

对于矩形肋片参与自然对流换热的情况，经 Van de Pol 等人修正后的 Elenbaas 方程能够与实测数据具有很好的吻合，因此本文采用该经验公式进行换热系数 α 的计算。用到的计算式如下：

$$\alpha = \frac{\lambda_{\mathrm{Air}}}{r}Nu = \frac{\lambda_{\mathrm{Air}}}{r} \cdot \frac{Ra}{\Psi}\left[1 - \mathrm{e}^{-\Psi(0.50/Ra)^{3/4}}\right] \tag{6.49}$$

其中，$\Psi = \dfrac{24\left(1 - 0.483\mathrm{e}^{-0.17/a^*}\right)}{\left\{\left(1 + a^*/2\right)\left[1 + \left(1 - \mathrm{e}^{-0.83a^*}\right)\left(9.14\sqrt{a^*}\,\mathrm{e}^{-0.4646S} - 0.61\right)\right]\right\}^3}$,

$$Ra = \frac{g\beta\left(T_{\mathrm{Fin}} - T_{\mathrm{Ambient}}\right)r^3}{\nu a} \cdot \frac{r}{H_{\mathrm{Base}}} , \qquad r = \frac{2WS}{2W+S} , \qquad a^* = \frac{S}{W}$$

在式（6.49）的计算中，可将已知变量数据直接代入，但涉及空气物性中的膨胀系数 β、运动黏度 ν、热扩散系数 a 以及导热系数 λ_{Air}，则通常需要通过定性温度 $t=(t_{\mathrm{Fin}}+t_{\mathrm{Ambient}})/2$ 手工查阅空气物性表来确定。为了便于编程以实现快速自动计算，可以把在常用温度范围（0～100℃）内的空气物性参数与定性温度的关系拟合成二阶多项式方程（见式（6.50）～式（6.53）），且计算的最大误差小于 $\pm1\%$。

$$\beta = 3.66\times10^{-3} - 1.25\times10^{-5}\times t + 2.72\times10^{-8}\times t^2 , \tag{6.50}$$

$$\nu = 1.33\times10^{-5} + 8.92\times10^{-8}\times t + 9.99\times10^{-11}\times t^2 , \tag{6.51}$$

$$a = 1.88\times10^{-5} + 1.27\times10^{-7}\times t + 2.04\times10^{-10}\times t^2 , \tag{6.52}$$

$$\lambda_{\mathrm{Air}} = 2.438\times10^{-2} + 7.75\times10^{-5}\times t - 8.16\times10^{-9}\times t^2 \tag{6.53}$$

将上述所有计算式以及物理参数、边界条件等内容进行编程计算，得到各结构体的分热阻及平均温度分布，其总体的计算结构遵循的流程如图 6-34 所示。

等效热路法对铝基电路板上表面平均温度的计算结果为 38.30℃，与实验测量数据 37.89℃吻合较好，相对误差仅为+1.08 %（假设红外热像仪的测温数据为真实温度）。由此可见，上述建立的等效热路法计算模型可靠有效，满足 LED 阵列散热器散热性能的研究需要。

（4）软件数值模拟法

① 建立实体模型

在 Icepak 软件中建立 LED 器件、铝基电路板和铝型材散热器等 LED 灯具的关键散热结构的完整实体模型，如图 6-35 所示。由于 Icepak 软件的核心算法为有限体积法（FVM），参与计算的流体分布仅仅遵循左右对称，而上下流体分布并非对称，因此若想根据对称特性对模型进行简化而减少计算量时，可选择建立实体模型左半部分或右半部分。

② 设定计算参数

打开重力选项，重力方向为-Y 方向；设置计算域的六个边界面为 Opening，并保证流体计算域足够大；环境温度设置为 14.6℃；单个 LED 设定为面热源，热功率恒等于 1.275 W；铝基电路板的厚度取 1.6 mm，设定为各向同性材质，导热系数取 13.6 W/（M·K）；其他参数的设置与等效热路法相同。

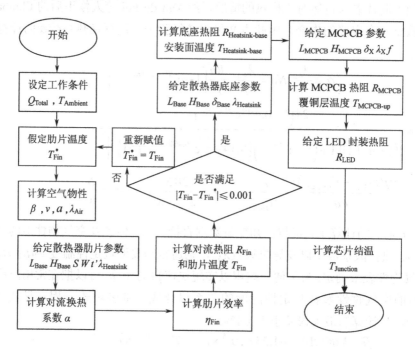

图 6-34　等效热路法计算流程图

③ 划分网格

由于 LED 灯具模型各个实体的三维尺寸相差较大，故为了保证划分网格的质量，需要对尺寸较小的实体部分进行局部加密。Icepak 软件的网格划分效果如图 6-36 所示，其网格划分精度较高，且质量良好。

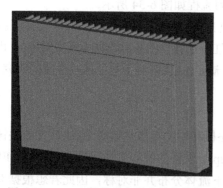

图 6-35　Icepak 软件建立的完整实体模型

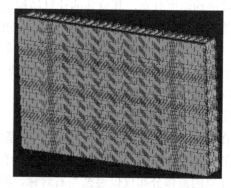

图 6-36　Icepak 软件划分的网格

④ 温度场求解与后处理

由于 LED 灯具模块模型的网格单元和节点较多，故选择相对简单且耗费计算资源较少的迭代法进行求解。最终计算出的温度分布云图如图 6-37 所示。

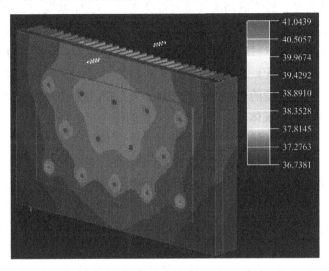

图 6-37 Icepak 软件的仿真结果

（5）三种散热分析方法的结果比较

为了对比验证上述三种散热性能分析方法的准确性，将各种分析方法所获得的结果进行对比后，把特征温度的数据列于表 6.5 中。对比过程中，假设经热电偶数据校准后的红外热像仪对 MCPCB 上表面平均温度的测量数据为真实温度。

表 6.5　三种散热分析方法的温度数据对比

特征温度	实验测量法	等效热路计算法	软件数值模拟法
LED 最高结温	—	—	56.3439℃
LED 平均结温	—	53.60℃	54.1311℃
MCPCB 上表面平均温度	37.89℃	38.30℃	37.8626℃
MCPCB 上表面平均温度的相对误差	0%	+1.08 %	−0.07 %

从上述三种散热分析方法得到的特征温度的对比可以看出，等效热路计算法和软件数值模拟法获得的 MCPCB（铝基电路板）上表面的平均温度与实验测量法的结果相对误差较小，基本可以验证这两种方法的准确性。此外，等效热路计算法也能较准确地计算出关键结构面和芯片的平均温度值，这一点可以从等效热路计算法与软件数值模拟法针对 LED 平均结温计算的对比数据可以看出。值得注意的是，软件数值模拟法不仅能获得灯具结构更加全面且详细的温度分布信息，便于统计出局部的最高温度，还可以直观地展现出空气流动与结构表面温度分布之间的耦合关系，从而为 LED 灯具的散热结构设计与优化提供参考。

6.3.3.2　静电对策

1. LED 的静电损伤机理

由于 GaN 基发光二极管成功地实现商业化生产，GaN 基发光二极管在各个领域得到了广泛的应用。相对先前广泛使用的发光二极管，如基于 GaAsP、AlGa、As、AlGaInP 材料的生长在晶格匹配的导电衬底上的发光二极管，大多数 GaN 基 LED 生长在晶格不匹配的异质绝缘衬底（如蓝宝石）上。因此，GaN 基 LED 由于衬底原因衍生出一系列独有的问题，如晶格不匹配，高密度的位错，侧向电流扩展，热力性质不匹配等。尤其是在低湿度的环境下，由于衬底是绝缘体，处理过程中产生的静电电荷很容易长时间蓄积起来。当这些蓄积的静电电荷释放的时候，产生的静电放电会损坏器件的性能甚至完全毁掉器件。因此，GaN 基 LED 相较于其他类似器件对静电更敏感。在实际生产中，据美国国家标准学会（American National Standards Institute，ANSI）对半导体产业的调查显示，静电放电（ESD）损伤导致的平均产品损失在 8%~33%。实际的生产线上，GaN 基 LED 出片数的 5%存在 ESD 性能不达标而作废，同时发光波长过大和光功率过小的性能异常几乎均伴随有抗静电性能不达标的现象，也就说是 LED 芯片大多数性能异常均伴随 ESD 性能不达标的现象。因此对如何提高 GaN 基 LED 的 ESD 性能的研究非常有必要。不仅能降低 ESD 性能不达标导致的废品率，还能对其他性能缺陷的产生原因的发现提供有用的线索。

静电（static electricity）定义为材料表面的电子不平衡导致的带电电荷。这种不平衡产生的电荷可以产生电场并且可以影响一定距离之外的物体。静电放电（Electro-static Discharge，ESD）定义为两个具有不同电势的物体之间的电荷转移。静电放电可以改变半导体器件的电学特性，降低其性能或者破坏器件。静电放电还有可能阻碍电子系统的正常工作，导致设备故障。带有静电的表面会吸引小的污染物，导致材料维护困难。当在硅晶的表面或电路的表面存在静电时，会吸附空气中的飘浮物，导致随机的晶面缺陷和降低产量。要控制静电放电对器件的损坏，首先要明确静电是如何产生的。静电一般通过两种材料的接触和分离产生。例如，一个人走过地毯会产生静电电荷，因为他的鞋底接触了地毯表面然后分离。电子器件在装进或拿出包里时，也会产生静电电荷，因为器件的外壳或引脚与容器的表面发生了接触和分离。尽管带静电的强度难以计算，但一定是产生了静电。这种通过接触和分离产生静电的方式称为摩擦起电。摩擦过程中两物体得电荷还是失电荷取决于物体本身的材料电学特性。但是我们一般在表示静电带电量时，一般用静电势表示，也就是电压。材料接触分离带电的实际过程比上述描述要更复杂。摩擦带电的静电电荷量与接触的面积、分离的速度、空气相对湿度和材料的化学性质等很多因素有关。静电电荷可能会从原表面转移，形成 ESD。其他的因素，如放电电路的阻抗，接触表面的接触电阻都会影响到放电的电荷量大小。

静电电荷也可以以其他非摩擦的方式产生，比如感应带电，离子轰击，接触另一个带静电的物体。然而，摩擦带电是最普遍的。GaN 基 LED 在生产过程中，从原材料的转移，加工处理，切割封装到包装，要经过大量工序和很多工人，接触到带电环境次数很多且复杂多样，接触到的静电带电和静电放电的机会很多。

图 6-38 和图 6-39 显示了 GaN 材料在蓝宝石衬底上生长时产生位错的机制。

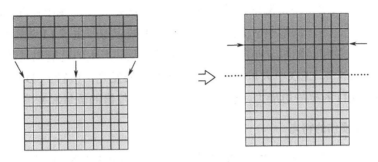

图 6-38　GaN 材料与蓝宝石衬底材料的晶格不匹配产生了应力

图 6-38 表示的是由于 GaN 材料与蓝宝石衬底晶格不匹配，结果在生长过程中产生很大的应力；当应力通路晶格常数的改变得到释放时，就会产生位错（dislocation），这种由晶格不匹配产生的位错可以在 GaN 晶体中延伸很长，甚至延伸到表面，形成 V 形位错，如图 6-39 所示。图中未表示出来的就是在生长过程中，某些外延层，如多量子阱（MQW）生长温度过低，原子迁移率过低，也会在局部外延层产生大量的位错。这些位错都容易成为静电放电中的漏电通道。由于静电放电击穿 GaN 基 LED 的放电过程很短，很难去监测击穿过程的发生，更难以捕捉击穿的细节和机制，因此只能通过不同击穿电压和击穿电流的击穿效果来对击穿过程做出推断。

静电击穿对 LED 中 GaN 材料的影响主要是通过对 GaN 材料中分布的线位错的电学特性的改变体现出来。由于 GaN 材料异质生长在蓝宝石衬底上，材料内的线位错密度很高。线位错延伸到界面，形成 V 形缺陷（V-shape Defect）。当较高的反向电压施加在 LED 两极时，漏电流会突增 3～5 倍，而且伏安特性会改变，不再是标准的二极管模型，而是发生了扭曲，伏安特性表现出电阻的特性。说明发光二极管已经被静电击穿了，但是二极管仍然可以发光，但发光寿命缩短比较明显。这是因为在反向电压下，线位错的导电性增大，但没有完全融毁材料，形成较大的电流通路。当电压持续增大到 2000V，LED 不再发光，伏安特性表现出完全的电阻性，说明发光二极管被完全击穿，线位错形成的漏电通路完全形成，观察LED 表面，可发现击穿形成的孔洞。从微观角度上说，反向电压较低时，产生由 GaN 材料内线位错形成的漏电通路，此时电流部分正常流动，部分通过线位错形成的漏电通路，产生的热量是分散在整个材料中的，此时发光二极管可以继续发光，但伏安特性已经改变。这种状态是一种暂时状态，静电击穿的危害潜伏起来了，随着使用

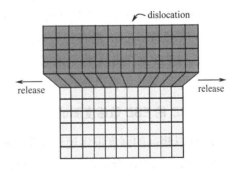

图 6-39　应力释放过程中出现线位错
（Thread Dislocation）

寿命的延长，漏电通路持续的较大电流会减小漏电通路的电阻，最终形成完全的漏电通路。当反向电压持续增大，部分漏电通路完全贯穿器件，此时的发光二极管伏安特性已经完全是一个电阻，电流基本完全从漏电通路上流过，产生的热量全部集中在漏电通路上。由此导致材料局部温度过高，局部热应力过大，产生的机械应力产生了 LED 表面的击穿孔洞。由于材料内部的线位错是随机分布的，所以击穿通路及其产生的孔洞也是随机分布的。

综上所述，GaN 基 LED 中大量存在的线位错是降低发光二极管 ESD 性能的主要原因。要提高 GaN 基 LED 的抗静电能力，就要想方设法降低位错的数量和密度。

2. LED 静电损伤的特点

静电放电引起发光二极管 PN 结的击穿，是 LED 器件封装和应用组装工业中静电危害的主要方式。静电放电对 LED 的危害非常大，造成 8%～33%的良率损失，而且其损伤不是直接表现出来，使得对 ESD 损伤很难防护。静电损伤具有如下特点。

（1）隐蔽性：人体不能直接感知静电，即使发生静电放电，人体也不一定能有电击的感觉，这是因为人体感知的静电放电电压为 2～3kV。大多数情况都是通过测试或者实际应用，才能发现 LED 器件已受静电损伤。

（2）潜伏性：静电放电可能造成 LED 突发性失效或潜在性失效。突发性失效造成 LED 的永久性失效：短路。潜在性失效则可使 LED 的性能参数劣化，例如漏电流加大，一般 GaN 基 LED 受到静电损伤后所形成的隐患并无任何方法可治愈。

（3）随机性：从 LED 芯片生产后一直到它损坏以前所有的过程都受到静电的威胁，而这些静电的产生也具有随机性。但是由于芯片的尺寸极小，约 0.2mm×0.2mm，电极之间的距离就更小，如果处在静电场中，两极之间的电势差别接近于零；电极的微小面积，局限了接触静电放电的状态。因此，芯片受到静电损伤的概率比器件要小得多。

（4）复杂性：在静电放电的情况下，起放电电源是空间电荷，因而它所储存的能量是有限的，不像外加电源那样具有持续放电的能力，故它仅能提供短暂发生的局部击穿能量。虽然静电放电的能量较小，但其放电波形很复杂，控制起来也比较麻烦。另外，LED 极为精细，失效分析难度大，使人容易误把静电损伤失效当作其他失效，在对静电放电损害未充分认识之前，常常归咎于早期失效或情况不明的失效，从而不自觉地掩盖了失效的真正原因。

（5）严重性：ESD 潜在性失效只引起部分参数劣变，如果不超过合格范围，就意味着被损伤的 LED 可能毫无察觉地通过最后测试，导致出现过早期失效，这对各层次的制造商来说，其结果是最损声誉的。

3. LED 的 ESD 敏感度测试

ESD 以极高的强度很迅速地发生，放电电流流经 LED 的 PN 结时，产生的焦耳热使芯片 PN 两极之间局部介质熔融，造成 PN 结短路或漏电，对失效器件解剖分析，一般在高倍金相显微镜下，可以观察到引起即时的和不可逆转的损坏击穿点，但是受到解剖手段和器件封装材料的限制，经常因为芯片污染或机械损伤等原因，而不能确定击穿点。反向放电时，电流较正向放电集中，功率密度大，因此 LED 反向放电 ESD 失效阈值较正向低得多。

器件在 ESD 性能测试和检验时，主要测量反向放电所承受的电压。为防止抗静电放电能力不强的或已经静电放电损伤的器件流入市场，对后序设备和产品的进一步损害，所有的发光二极管成品在出厂前都要经过静电放电测试，以确保其 ESD 性能正常。由于器件品种，功能，生产厂家都存在很大差异，为确保 ESD 性能的良好和一致，统一的静电放电测试标准就格外重要。

目前，我国尚无统一的 LED 静电放电敏感度（Electro-static Discharge Sensitivity）的国家标准，但出台了两个关于电子器件的军用标准 GJB1649—1993《电子产品防静电放电控制大纲》和 GJB/Z 105—1998《电子产品防静电放电控制手册》，电子行业内标准则有 SJ/T10147—91，SJ/T10533—94，SJ/T10630—95，SJ/T10694—1996 等。国际上，ESD 管理体系标准及其相应的认证工作已成为一项新兴的管理体系标准，以美国为主国际上已经形成了 ANSI/ESD S20.20、IEC61340-5-1、JESD625-B 等三大主流 ESD 管理体系标准，并开展了一系列认证工作。其中 ANSI/ESD S20.20 在我国 LED 行业内应用较广泛。ESD20.20 标准是由美国 ESDA（静电放电防护协会）全力推动的厂商认可标准，在北美、欧洲、亚洲都通行，是针对静电放电（ESD）防护的控制方案。ESD 标准不只是一个关于如何测试器件并根据抗静电性能对器件抗静电放电性能进行分级的一种方法，虽然这是 ESD 标准中的基础部分，它更是一种针对静电放电防护的一种解决方案。ESD 标准包括企业要提出的静电放电控制方案，对行政的要求和人员的培训计划，对静电放电控制方案的技术要求。以普遍使用的 ANSI/ESD S20.20 标准为例，它包括培训计划，认证验证，接地及等电位相连系统，人员接地，静电放电保护区的要求，包装系统，标记若干领域的非常细致的要求。

测试类标准是 ESD 领域的重要组成部分，而测试模型标准是测试类标准的技术基础。国际电工委员会（International Electrotechnical Commission，IEC）、美国固态技术协会（JEDEC Solid State Technology Association，JEDEC）、静电放电协会（Electrostatic Discharge Association，ESDA）、汽车电子工业协会（Automotive Electronics Council，AEC）等均研制或应用了人体模型（HBM）、机器模型（MM）、带电设备模型（CDM）等测试模型标准，ESDA 更进一步研制了套接设备模型（SDM）、瞬时闭锁设备模型（TLU）、传输线脉冲设备模型（TLP）、人体金属设备模型（HMM）等测试模型标准。但我国尚未在测试模型方面开展标准化研究。

静电放电敏感度测试就是利用规范的测试模型对静电敏感器件做静电测试，以了解其抗静电放电的能力。通过将一个器件置于模拟的静电放电过程中，可确定一个器件和物体的敏感度。由模拟的静电放电过程所测试的敏感度等级，并不一定与实际情况下的敏感度等级相同。但是，它们还是被用来建立一个敏感度数据的底线，以比较不同制造商提供的同类产品。用于描述电子元器件特性的三个不同的模型是：人体放电模型，机器模型，和带电器件模型。

（1）人体放电模型（Human Body Model，HBM）

依照由人体模型标准所作的模型，静电放电损坏来源于带电的人体。这个测试模型表示，放电从人体的指尖传到器件上的导电引脚。该模型通过一个开关组件，将充了电的 100 pF

电容器，在待测器件和与之相串联的一个 1500 欧姆电阻器上放电。放电本身具有 2～10 纳秒上升时间，和大约 150 纳秒脉冲宽度的双重指数信号波形。使用 1500 欧姆串联电阻器，意味着这个模型接近一个电流源。所有器件都应该被视为 HBM 敏感。器件的人体模型静电放电敏感度，通过选用一个参考的测试方法去测试确定。人体模型是模拟人身上带静电，遵循的标准有 MIL-STD-833C METHOD 3015.7，EIA/JESD22-A1149JEDEC，1997）。

（2）机器模型敏感度（MM）

机器模型的损害主要来源是能量迅速地从一个带电的导电体传输到器件的导电引脚。这个静电放电模型是 200 pF 的电容直接对 500 nH 的电感器放电，没有串联电阻。由于缺乏限制电流的串联电阻器，这个模型接近一个电压源。在现实中，这个模型代表了物体之间的迅速放电，譬如带电的电路板装置，带电的电线或一个自动测试的传导手臂。放电本身具有 5～8 纳秒上升时间和大约 80 纳秒周期的正弦衰减波形。机器模型是模拟实际的工业生产中，机械手上带电对芯片造成的影响，遵循的标准有 EIAJ-IC-121 METHOD20，EIA/JESD22-A115-A（JEDEC,1997），ESD STM5.2（EOS/ESD,1999）。

（3）带电器件模型敏感度（CDM）

带电器件模型的损害主要来源是能量从一个带电器件迅速地释放。静电放电完全与器件相关，但器件与地电位面的相对距离，却能影响实际的失效水平。该模型假定，当带电器件的导电管脚与具有较低的电位的导体表面接触时，会发生迅速放电。带电器件模型测试标准的准备过程中的一个主要问题，是如何找到适当仪器测量放电过程。信号波形的上升时间经常是少于 200 微微秒。整个过程可能发生在少于 2.0 纳秒的时间里。虽然时间非常短，放电时电流却能达到几十安培的水平。与前面两个模型不同，CDM 模型是设备带电，然后放电。遵循的标准有 ESD DS5.3.1。

在我国 LED 行业中，目前大部分用人体放电模型作为对 LED 的抗静电放电性能的测试标准，一般只做 500V，1000V，2000V 的反向放电测试。这主要是因为当前生产流程和包装过程中，工人与器件的接触是静电放电的主要来源。

4．LED 的静电损伤防护措施

（1）加强生产过程中的静电防护

LED 芯片耐压较低，结构脆弱，容易被静电脉冲击穿失效，而且静电引起的 LED 失效具有隐蔽性，很难通过快速简便的筛选方法进行剔除，因此在 LED 相关产品的生产过程中必须要做好静电防护。主要的措施包括工艺和测试流程控制、设备与用具控制、生产环境控制等。

其静电放电控制的基本原则主要有三个方面：

环境中所有导体，包括人员，应该与一个已知接地或人造接地（如在船或飞机上）结合在一起，或电气连接和相连。如此的连接在所有物体和人员之间建立了一个等电位平衡。只要系统中所有的物体都处在同一个电位上，静电保护就可维持在高出地电位"零伏特"电压的电位水平上。

环境中必要的非导体，不能通过与地连接，失去它们的静电荷。空气电离化为这些必不可少的非导体提供了电荷中和的方式（电路板材料和一些器件的封装就是必不可少的非导体的例子）。为保证配合静电放电敏感物体的合理的措施的实施，要求对工作场合中必要的非导体上的静电荷所产生的静电放电危害，做出评估。

静电放电敏感物体在静电放电保护区（文中以"静电保护区"）外运送时，要求用静电防护材料密封起来，虽然材料的种类依赖于具体的情况和目的。在静电保护区内，低带电和静电耗散材料能提供合适的防护。静电保护区外，推荐使用低带电和静电放电屏蔽材料。

（2）改善 LED 芯片的工艺与结构

采取有针对性的措施改变 LED 的器件结构和生产工艺可以很大程度上提高其抗静电能力。主要从两个方面进行考虑：①减小缺陷密度；②减小扩散电流。以 GaN 基 LED 为例，在芯片中添加不同厚度的 p 型 AlGaN 电子阻挡层（即 EBL），这样增加了电子阻挡层的厚度，从而提高芯片的抗 ESD 能力。由于低温生长工艺，以及应力都会引起位错缺陷，如果这种缺陷不能得到有效控制，穿过 InGaN-GN 多量子阱（MQW）的线位错会导致大量表面缺陷，从而影响芯片承受 ESD 的能力。而更后的 p-AlGaN EBL 层能对 InGaN-GN 多量子阱表面缺陷起到一定程度的填充作用，所以添加阻挡层能提高 LED 的抗静电能力。研究表明，在正向压降和 LED 光输出功率保持基本不变的情况下，如果将 GaN 基 LED 中 p-AlGaN 阻挡层厚度从 32.5 nm 提高到 130 nm，芯片的承受能力将从 1500 V 提升到 6000 V。另外，有研究表明，在 1040℃条件下，生长 p-GaN 层会比 900℃条件下生长的 p-GaN 具有更好地抑制多量子阱中缺陷的能力，从而提高 LED 芯片的抗静电的能力。通过改善工艺来控制缺陷密度，能有效提升 LED 芯片的抗 ESD 能力。

如果在 GaN 基 LED 芯片中掺入调制掺杂的 AlGaN/GaN 超晶格，当 LED 芯片遭受静电冲击时，这种结构能够有效地引导冲击电流，使这个脉冲电流在 AlGaN/GaN 结构的二维电子气中沿横向方向上传导，使得脉冲电流的密度分布更加均匀，从而使 LED 的 PN 结被击穿的可能性得到很大的降低。虽然这样的 AlGaN/GaN 超晶格结构产生的横向电流引导能够有效地改善芯片 ESD 保护能力，但是，这种结构也会导致 LED 的发光量略有降低，因此使得 LED 的发光效率降低。

（3）增加防静电电路

最简单的 LED ESD 保护电路由并联一个反向二极管构成，这个二极管使反向的静电电能释放掉，使过量电流通过二极管流向大地。但在 LED 芯片的内部集成这种保护二极管，会影响 LED 的发光效率，导致这种影响的主要原因是二极管的电极会阻挡光的输出。如果采用倒装式的 LED 封装技术，或者 ITO 透明电极技术，这种阻挡影响就会减小，从而使发光效率得到改善。当然，用于集成 LED 内的这种保护二极管需要满足一定的参数条件，否则就会对 LED 的正常工作造成影响。虽然理论分析发现，提高掺杂浓度会影响到 LED 的抗静电能力，但是也会影响 LED 的频率响应速度，需要在提高抗静电能力和减小频率影响之间做适当的选择。

同时，还可以采用在 LED 外并联一个外置的齐纳二极管来保护 LED，以增强 LED 的抗静电能力。要在保护 LED 的同时，不对 LED 的正反 I-V 特性造成太大的影响，对齐纳二极管进行选取时就必须满足一定的条件，即齐纳二极管的反向电压要高于 LED 的正向工作电压。如果正向工作电压高于 LED 的反向击穿电压，这个齐纳二极管就会影响 LED 的正常工作。

6.4　照明中的控制技术

照明控制是近几十年由国外提出并发展的自动控制概念。早期的照明控制系统类似于舞台灯光控制系统。舞台灯光是由许多组灯光合成的一幕幕的场景，用于烘托演出的气氛和环境。人们将这一概念应用到其他场所，形成照明控制技术。例如，灯光设计师通常将宴会厅的灯光设计为会议、中餐、西餐、自助和清扫等数种场景，然后存储起来，使用时通过灯光控制系统像回放照片一样把上述场景现场调用，从而达到所需效果。但是，由于传统光源（如白炽灯和荧光灯）无法实现数字化控制，照明控制的质量和效率十分有限。

智能照明发展主要经历了 3 个阶段：①节能阶段，此阶段主要完成白炽灯向 LED 灯的过渡；②自动控制阶段，根据预先设定参数（例如时间、亮度和颜色）自动实现"在合适的时间给出符合要求的合适亮度和颜色"；③智能控制阶段，在自动控制基础上加入人工智能、云计算、大数据和物联网概念，实现照明的远程智能调控。

所谓智能照明是指照明控制系统通过某种（或某几种）网络把智能灯具（具有感知、计算和通信能力的智能硬件）、管理者、使用者以及环境因素（如亮度和运动等）紧密结合起来，自动地营造出良好的室内外光环境，满足使用者的心理和生理需求，渲染气氛，节约能源，延长光源寿命，从而提高照明管理的科学性和有效性。

6.4.1　智能灯具的应用现状

作为智能家居的一个重要组成部分，智能照明自 20 世纪 90 年代进入中国市场。由于最初定位于高端智能产品，造成曲高和寡的局面。但是，高速发展的国内经济、日趋成熟的照明技术以及部分国际品牌，如 Dynalite（邦奇）、lutron（路创）、Wielang（威琅）等，进军中国市场迅速推动了这个行业的发展。进入 21 世纪，国内智能照明厂家和商家如雨后春笋般迅速成长，智能照明全面进入应用时代。

目前，市场上的智能照明产品已经形成系列，品种齐全。技术完善程度较高的当属荷兰飞利浦。飞利浦 Hue 系列产品应用 Zigbee 无线通信技术，在提供基础 LED 照明之上，让灯光在更多方面为人们的生活创造便利。用户可以通过移动终端或联网 PC 远程控制 Hue 灯的工作状态。例如，用户可以根据习惯调节灯光的开关时间、颜色、亮度、氛围变换、闪烁频率等。Hue 还具备感知环境和自我学习的能力，它能够让多彩的灯光伴随你的音乐跳舞，能够在你进家门时给你一束温暖的光欢迎你回家，能够用变换的色彩和呼吸提醒你该睡觉了。

飞利浦在中国首先推出的是初始套装，包括 3 个智能 LED 灯泡、1 个桥接器和安装在手机或者平板电脑上的免费 App。一个桥接器可以同时支持 50 个灯泡；App 可以运行在 iOS 和 Android 两大平台上。

国内厂商比较具有代表性的是上海朗美。上海朗美与京东技术团队开展了合作，所研发的朗美科系列智能吸顶灯通过 "JD+智能云" App（京东微联）配合本地 WIFI 和 2.4GHz 的无线通信技术实现了智能照明管理。

目前市场上的智能灯具主要涉及以下三个方面技术。

（1）调光技术：调节 LED 芯片发光强度的主要方法是改变其平均工作电流。改变平均工作电流一般采用 PWM（脉冲宽度调制）方法，即通过调节供电脉冲高电平所占时间比例实现亮度调制。而颜色控制通常采用 RGB（红绿蓝）混光方法，即通过改变红（R）、绿（G）和蓝（B）色 LED 芯片发光强度混合出不同颜色。目前主流灯具能调出 1600 万种颜色。

（2）控制和网络通信技术：智能控制器是智能灯具的核心。智能控制器通常以微处理器为核心，并带有不同的网络通信接口（如 WIFI、Zigbee、RS485 等）。智能控制器通过网络通信接口接收用户指令，并根据指令做出一系列动作从而实现灯光控制。比如，改变红色、绿色和蓝色 LED 芯片工作电流控制信号的 PWM 值，从而得到一个新的照明颜色。智能照明所使用的网络通常意义上指的是物联网。

（3）云计算和大数据技术。为了实现更复杂和更安全的控制，智能灯具与用户通常不是一对一连接的，而是通过云服务器实现。用户通过手机 App、微信平台等形式把控制指令发送云服务器，云服务器根据指令进行相应处理，然后把控制指令下达给智能灯具。除了实现远程控制，云服务器还可以随时记录灯具的工作状态，包括开关灯时间，使用时长，亮度和颜色等信息，甚至运用大数据思想，实现自学习功能，更好地为用户服务。

6.4.2　智能照明中的传感器技术

传感器的主要功能是采集自然的物理量（如温度、照度和频率等），并将该物理量转换成电压或者电流不同的电信号，供处理器使用。传感器是智能照明的核心组件。如果把灯具比喻为人，那么传感器就是人的五官，它们能够准确感知外界环境，并将环境信息传递给人的大脑（处理器）。

结合 LED 照明的优势，各种类型的传感器被广泛使用在 LED 智能照明中。目前智能照明用到的传感器主要有光敏传感器、声音传感器、红外传感器、温度传感器、振动传感器和微波传感器等。它们能感受光照的明暗、声音的响度、环境的振动、物体的存在、运动速度、距离和角度信息等。这些非电量信号被相应传感器变换成电量信号，经处理后，就能对照明进行自动控制。例如，控制各种灯具的开关时间、照度、色度、变幻方式等，从而达到节能降耗、亮化夜景的目标。

（1）智能照明中的光敏传感器

光敏传感器是智能照明系统的"眼睛"，它检测附近环境的照度，并根据环境照度自动调节灯具发光强度，甚至关闭灯具，从而降低功耗，延长灯具寿命。一般情况下，光敏传感器能够检测的环境亮度范围是 0.1 lx～100 000 lx（勒克斯，照度单位，一支 40W 的三基色日光灯在 10 平方米房间内产生的照度是 300～400 lx）。传感器自身也应该消耗尽量少的电能，一般光敏传感器消耗电流在 1μA 以下。同时，照明中使用的光敏传感器必须能够滤除 IR（红外光）和 UV（紫外光）的影响，因为人眼不能感觉到 IR 和 UV 光。

（2）智能照明中的红外传感器

红外传感器能够探测到人体辐射的红外线。其工作原理是：人体发射的 10μm 左右的红外线通过菲涅尔滤光透镜增强后作用到热释电元件上，当红外辐射源位置变化（人体运动）时，热释电元件就会失去电荷平衡并向外释放电荷，生成电信号。当被探测区域内无人体移动时，红外传感器感应到的只是背景温度。当人体进入探测区，红外传感器感应到人体温度与背景温度的差异，输出电信号。利用红外传感器，可以检测人体运动，自动控制灯具工作状态。

（3）智能照明中的温度传感器

温度传感器可以用作大功率 LED 灯具的过温保护。散热问题是大功率 LED 照明的瓶颈。过温会导致 LED 光源光衰，也会降低供电电源的寿命。在大功率 LED 灯具设计中，通常在铝散热器靠近 LED 光源处紧贴一个温度传感器，实时采集灯具温度信息。当散热器温度升高时，可自动降低恒流源输出电流，使灯具降温。当铝散热器温度升高到上限设定值时，自动关断 LED 电源，实现灯具过温保护。当温度降低后，再自动开启灯具。

（4）智能照明中的微波传感器

微波探测器利用微波的多普勒效应探测运动物体。它是一种主动探测技术，利用反射波的频率变化与发射物体的运动速度有关的多普勒效应来探测物体的运动。该技术在军用雷达和医用超声波上已有广泛的应用。微波传感器比红外传感器在耐候性（不受温度、气流、灰尘等影响）和距离方面更胜一筹。微波传感器在仓库、楼道等公共场所和别墅等高档社区以及家庭酒店中将逐渐取代红外传感器。

相比传统灯具，LED 灯具是一个完整的电子产品。随着 LED 照明产品的多样化和应用的智能化，随着 LED 照明产品设计上更多的创意和创新，将会有更多种类的传感器被应用。

传感器作为智能照明中信息采集和转换的器件，其技术已相当成熟。近几年 MEMS（微机电系统）技术又使传感器向小型化、智能化、多功能化、低成本化大踏步迈进。目前的集成电路制造技术已经可以将 ADC（模数转换器）、DAC（数模转换器）和 MCU（微处理器）与传感器一起集成到一个非常小的芯片内，极大地促进了智能照明的发展。

6.4.3　智能照明中的 MCU

采用微控制器（MCU）的照明控制方案可为系统设计带来更大的灵活性并具有智能特征，主要优点如下。

（1）灯光亮度调节和颜色调节可以通过 MCU 软件轻松完成，而无须向系统中增装其他元器件。

（2）不同功率或不同品牌的 LED 具有不同的特征，MCU 可以通过软件编程以满足不同的驱动要求。

（3）许多单片机具有 EEPROM 功能，可以用于数据的存储。例如，在实施灯光亮度控制时，EEPROM 可以保存亮度级别，每次打开灯光都能自动恢复上一次的亮度级别。

（4）MCU 带有通信接口，可以与 Zigbee、WiFi 等诸多网络模块进行数据通信，实现照明的网络化控制。

通用单片机可以应用于照明控制领域，但是照明专用单片机具有低成本、高性能、高精度调光、集成通信网络接口等优点。

瑞萨电子为满足 LED 照明控制的市场需求，开发了 78K0/Ix2 系列单片机，系列产品如图 6-40 所示。

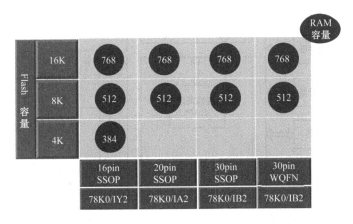

图 6-40　瑞萨电子的 LED 照明控制系列产品

1．78K0/Ix2 的结构

78K0/Ix2 系列 8 位单片微控制器的结构框图如图 6-41 所示。

（1）78K0 CPU 内核

① 低功耗：内部高速振荡工作模式：350μA（工作在 f_{CPU}=1MHz）；STOP 模式：0.58μA（工作在 f_{IL}=30kHz）；

② 高速系统时钟：陶瓷/晶体振荡器（1MHz～10MHz），外部时钟（1MHz～10MHz），内部高速振荡器（4MHz±2%），16 位定时器 X0 和 X1 的时钟；

③ 内部低速振荡器：30kHz±10%。

（2）定时器

① 16 位定时器 X：PWM 输出（最大 40MHz），与外部信号联动操作，多达 4 个通道的同步输出，触发 A/D 转换；

② 16 位定时器/事件计数器：PPG 输出，捕获输入，外部事件计数器输入；

③ 8 位定时器 H1：PWM 输出，可工作于内部低速振荡时钟；

④ 8 位定时器/事件计数器 51：外部事件计数器输入；

⑤ 看门狗定时器：可在内部低速振荡器时钟下工作。

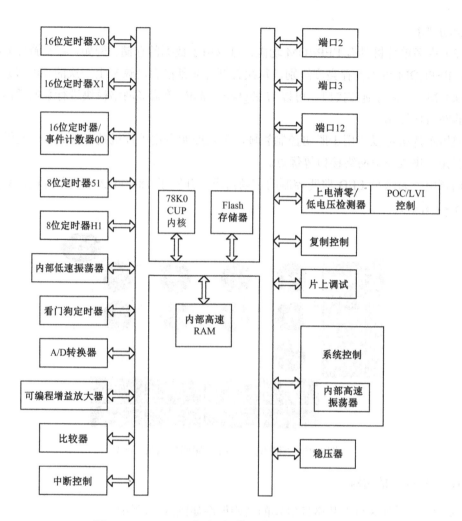

图 6-41　78K0/Ix2 系列 8 位单片微控制器的结构框图

（3）串行接口

① UART6：异步 2 线串行接口；

② DALI：用于照明控制（从模式）的 2 线串行接口；

③ IICA：时钟同步 2 线串行接口，支持多主机通信；

④ CSI11：时钟同步 3 线串行接口，从模式可作为 SPI 操作。

（4）Flash

① 允许 Flash 编程；

② 软件保护功能：防止外部复制（没有 Flash 读取命令）。

（5）保护电路

① POC：上电清零电路；

② LVI：低电压检测电路，检测电压范围 2.84～4.22V；

③ 片上调试：支持全功能仿真器（IECUBE）和简易仿真器（MINICUBE2）。

78K0/Ix2 系列单片机的优势在于：可独立控制最多 4 路 LED，内置 A/D 和运算放大器，用于检测来自传感器的微小信号以控制 LED 灯具亮度；可实现高精度的调光控制，利用定时器产生控制信号（LED 恒流控制的开关信号或调光控制信号）；支持高温操作，可适应 LED 照明灯具大量发热的使用环境；集成 DALI 网络接口，支持 DMX512、Zigbee 网络扩展。

78K0 智能 DALI-DMX512 LED 照明控制器的框图如图 6-42 所示，通过比较器内部参考电压/PWM 占空比，可进行 3 通道独立 LED 调光（28 级），通过 8 位 PWM TMH1 的同步控制，可进一步提高调光精度。

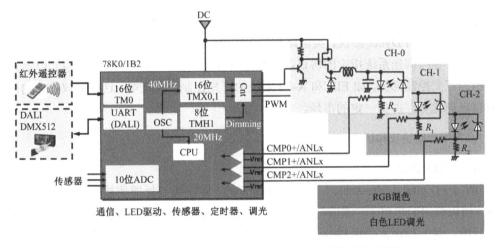

图 6-42 78K0 智能 DALI-DMX512 LED 照明控制器的框图

2. 78K0/Ix2 LED 照明控制系统的主要特性

（1）利用 16 位定时器 X0、X1 和 00 以及 8 位定时器 H1 的定时器，输出功能为 6 条通道（最大值），实现了 LED 恒流/调光控制。这样就消除了对 LED 恒流控制 IC 的需求，从而降低了成本。

（2）利用定时器重启功能和 16 位定时器 X0 的比较器实现了功率因数校正（PFC）控制。这样就消除了对 PFC 控制 IC 的需求，从而降低了成本。

（3）在 LED 或 PFC 控制元件内检测到过流或过压情况时，通过使用高阻抗输出功能和 16 位定时器 X0 与 X1 的比较器，立即实现能够让 PWM 输出紧急停止（无 CPU）的保护功能。这样就消除了对采用外部比较器的专用保护电路的需求，从而降低了成本。并且可以通过软件控制紧急停止后的操作，实现符合系统需求的灵活保护功能。

（4）通过使用串行接口 UART6/DALI 的 DALI 通信功能、利用内置式硬件传送和接收符合 DALI 通信标准要求的曼彻斯特码（传送：11 位，接收：19 位），降低了数据传送与接收期间的 CPU 负载。串行接口 UART6/DALI 的接收引脚 RxD6 可连至外部中断引脚 INTP0，以及微控制器内 16 位定时器 00 的输入引脚 T1000。能够在 DMX512 通信的断开周期接收（低电平，88μs～1s）期间取消待机模式和在断开周期内测量脉冲宽度。

（5）在红外遥控信号接收期间，通过使用 16 位定时器 00 的脉冲宽度测量功能、利用硬件测量脉冲宽度，降低了数据接收期间的 CPU 负载。

（6）在传感器检测期间，利用微控制器的软件处理功能灵活地实现时间管理与控制。

6.4.4　智能照明中的通信网络

现代意义上的照明控制网络是从舞台灯光控制系统发展起来的，随着楼宇自动化和办公自动化的兴起，照明控制系统的应用从舞台灯光控制逐渐拓展到各种建筑物的照明，照明控制的网络协议也纷纷出现。根据协议的开发背景和功能特点，这些协议大致可以分为以下几类：①著名的灯光设备制造厂商单独开发的，例如，澳大利亚 Clipsal 的 C-Bus 协议和 Dynalite 公司的 Dynet 协议，美国路创的 LUTRON 灯光控制技术等；②某一领域的厂商联合，针对专门调光系统指定的协议，如数字可寻址照明接口（DALI）协议；③智能家居协议中的灯光控制部分，如 EIB 和 X-10 系统的灯光控制子系统等。这些协议在各自的领域均有自己的优势，占据一定的市场。

1．常用照明协议和标准

（1）DALI 协议

DALI（Digital Addressable Lighting Interface），数字可寻址照明接口是照明控制的一个标准，协议编码简单明了，通信结构可靠。DALI 协议是用于满足智能化照明控制需要的非专有标准，是一种定义了实现电子镇流器与控制模块之间进行数字化通信的接口标准。

DALI 协议被编入欧洲电子镇流器标准"EN60929 附录 E 中"，利用数字化控制方式调节荧光灯的输出光通量。该协议支持"开放系统"的概念，不同制造厂商的产品只要都遵守 DALI 协议就可以相互连接，保证不同制造厂商生产的 DALI 设备能全部兼容。

DALI 系统包含分布式智能模块，各个智能化 DALI 模块都具有数字控制和数字通信能力，地址和灯光场景信息等都存储在各个 DALI 模块的存储器内。DALI 模块通过 DALI 总线进行数字通信、传递指令和状态信息，实现开/关灯、调光控制和系统设置等功能。因此，当 DALI 控制器的位置改变时，不需要改动灯的电源线。

DALI 协议是基于主从式控制模型建立起来的，主从设备通过 DALI 接口连接到 2 芯的控制总线上。控制人员通过主控制器（荧光灯调光控制器）操作整个系统，可对每个从控制器（电子镇流器）分别寻址，能够实现对连在同一条控制线上的每个荧光灯的亮度分别进行调光。每个 DALI 控制系统可通过双绞线连接最多 64 个电子镇流器，而这个 DALI 控制系统又可以和另一个 DALI 控制系统级联构成更大范围的照明控制系统。

该技术的最大特点是可对单个灯具独立寻址并进行精确控制，即所谓的单灯控制，这一理念为控制带来极大的灵活性，用户可根据需要，随心所欲地设计满足其要求的照明方案，甚至在安装结束后的运行过程中仍可任意修改控制参数；同时，可保留传统的布线方式，结构简单、中间模块少、安装方便，调试也十分便捷。

（2）DMX512 协议

DMX512 协议（Digital Multiplex 512）是一种多路复用协议，由美国剧场技术协会于20 世纪 80 年代初制定。1990 年，美国剧场技术协会将 DMX512 协议更加规范，形成了DMX512—1990，该协议成为数字灯光控制的国际标准，几乎所有的灯光及舞台设备生产厂商都支持此控制协议。DMX512 协议的统一使得各厂家的设备可相互连接，兼容性大大提高。

DMX512 协议采用总线型结构，适用于一点对多点的主从控制网络系统，采用串行方式传送数字信号。根据 DMX512 数据传输速率的要求以及控制网络分散的特点，其物理层的设计采用 RS485 总线收发器，控制器和调光器之间用一对双绞线连接即可。RS485 总线采用平衡发送和差分接收，接收灵敏度高，而且抗干扰的能力强，信号传输距离可达 1000m。DMX512 协议的数据是从控制器到调光器的单向发送，因此不存在各个调光器之间争夺总线使用权而导致信息堵塞的现象。

现在北美地区呼声较高的 ACN 协议和欧洲地区的 Art-net 协议均在此基础上发展而来。ACN 是旨在提供下一代灯光控制网络数据传输的先进控制网络标准。ACN 要完成包括DMX 协议的更多工作。ACN 将统一灯光控制网络，允许单一网络传输很多不同种类与灯光有关的数据，并且可以连接来自不同厂家的调光设备；它可以应用于任何支持 TCP/IP 的网络中。Art-net 是一个用 10 BaseT 技术、基于 TCP/IP 的以太网协议，其目的是用标准网络技术远程传输大量的 DMX512 数据。

（3）C-Bus

C-Bus 照明管理系统是澳大利亚 Gerard Industries Dty Ltd 于 20 世纪 90 年代初研发的智能型、可编程的照明管理系统。系统中各元器件均内置微处理器，以数据信号方式来传送、辨识及记忆信息，并通过一对非屏蔽双绞线作为总线制架构，使系统的各单元可互相联系工作。

C-Bus 系统总线的协议为 CSMA/CD，每个网段可以接 100 个单元，各网段之间可以灵活连接，如采用网络桥、集线器、交换机等，网段数量不受限制。系统采用自由拓扑结构，可设计成线型、树型、星型等拓扑结构，组网非常方便。

（4）EIB 协议

EIB（European Installation Bus，欧洲安装总线），是一种专门用于智能建筑领域的现场总线标准，可以满足现代化建筑对于越来越复杂的配套设施以及多功能的要求，是电气布线领域使用范围最广的行业规范和产品标准。现已成为国际标准 ISO/IEC 14543-3，并于2007 年正式成为中国国标 GB/Z 20965—2007。

EIB 网络是一个完全对等的分布式网络，网络上的每个设备都具有相等的地位。EIB中每个 Domain 最多可以有 15 个域，每个域最多可以有 15 条线，而每条线最多可容纳 255个设备。

EIB 系统既是一个面向使用者、体现个性的系统，又是一个面向管理者的系统，使用者可根据个人的喜好任意修改系统的功能，达到自己所需要的效果，并可通过操作探测器（如按钮开关等）来控制系统的动作；另一方面，EIB 系统还提供基于 Windows 的软件平台，管理者（如小区物业中心、大楼管理中心、车库管理处等）将安装此套软件的计算机连接至 EIB 系统，即可对 EIB 系统进行集中控制和管理。

（5）TCP/IP 协议

TCP/IP（Transmission Control Protocol/Internet Protocol）是传输控制协议/因特网互联协议，是一组协议中两种最重要的代表，是 Internet 最基本的协议。简单地说，就是由网络层的 IP 协议和传输层的 TCP 协议组成的。TCP/IP 定义了电子设备（比如计算机）如何联入因特网，以及数据如何在它们之间传输的标准。

TCP 和 IP 在一起协同工作，有上下层次的关系。TCP 负责应用软件和网络软件之间的通信，IP 负责计算机之间的通信；TCP 负责将数据分割并装入 IP 包，IP 负责将包发送至接收者，传输过程要经过 IP 路由器，路由器负责根据通信量、网络中的错误或者其他参数来进行正确寻址，然后在它们到达的时候重新组合它们。

TCP/IP 协议通常被认为是一个 4 层协议系统，与 OSI 的 7 层对应关系如表 6.6 所示。高层为传输控制协议，它负责聚集信息或把文件拆分成更小的包。低层是网际协议，它处理每个包的地址部分，使这些包正确地到达目的地。

表 6.6　TCP/IP 结构对应 OSI 结构

OSI 7 层结构	TCP/IP 协议
应用层	应用层
表示层	
会话层	
传输层	传输层
网络层	网络层
数据链路层	网络接口层
物理层	

传统的 DMX 控制系统中，灯光控制设备的主要作用是安全和可靠地发出、接收或传输 DMX 信号控制信号，是一种单向控制设备。进入 21 世纪以来，由于网络技术的普及和成熟，灯光控制系统中应用 TCP/IP 网络技术已成了一种明显的趋势，演变为网络化灯光控制系统。传统的 DXM 控制系统也就很自然地成为网络化灯光控制系统的子系统。TCP/IP 网络接口可以使灯光设备与网络上的其他设备进行双向的数据传送。

TCP/IP 网络控制系统能够实现所有网络灯光设备的远程控制与调用，远程监测系统的运行状态等功能，全光纤网络布线使得系统的传输距离更长、通信速度更快、抗干扰性更好，广泛应用于舞台、演播室和主题公园等大型灯光控制场所。

在有线通信领域，信道的硬件成本在整个通信系统中占有较大的比重，而无线通信系统以其免布线、安装方便、灵活性强、性价比高等特点，已经广泛应用于监控和远程管理等领域。照明控制中的无线控制技术包括红外线、蓝牙、无线广播、Zigbee、GSM/GPRS 和 WiFi 等几种技术。

2. 照明中的无线网络技术

（1）红外线技术

1993 年，由 HP、Compaq、Intel 等多家公司发起成立红外数据协会（Infraed Data Association，IrDA），建立了统一的红外数据通信标准。

IrDA 标准包括三个基本的规范和协议：红外物理层连接规范（IrPHY）、红外连接访问协议（IrLAP）和红外连接管理协议（IrLMP）。IrPHY 规范制订了红外通信硬件设计上的目标和要求；IrLAP 和 IrLMP 为两个软件层，负责对连接进行设置、管理和维护。在 IrLAP 和 IrLMP 的基础上，IrDA 还公布了更高级别的协议，如 IrLAN、IrCOMM 和 IrBUS 等。

红外线通信是一种廉价、近距离、低功耗、保密性强的通信方案，主要应用于近距离的无线数据传输，也用于近距离无线网络接入。红外线通信的特点主要有以下几个方面。

① 通过数据电脉冲和红外光脉冲之间的相互转换实现无线的数据收发；

② 小角度（30°锥角以内），点对点数据传输，主要是用来取代点对点的线缆连接；

③ 使用空间的限定性，在传输过程中，遇到不透光材料（如墙面）会发生反射，确定了每套设备的使用空间；

④ 不占用频道资源、无辐射、安全性高；

⑤ 优秀的互换性、通用性，红外线发射、接收设备在同一频率的条件下，可以相互使用。

当然，红外数据通信技术也存在一些缺点，包括通信距离短，要求通信设备的位置固定，无法灵活地组成网络等。

（2）蓝牙技术

蓝牙（Bluetooth）是一种支持设备短距离通信的无线电技术，能在包括移动电话、PDA、无线耳机、笔记本电脑、相关外设等众多设备之间进行无线信息交换。蓝牙技术是爱立信、IBM 等 5 家公司在 1998 年联合推出的一项无线网络技术。蓝牙的产生主要是为了满足人们在个人操作空间的无线互联网而设计的，使用跳频技术使处于个人操作空间的设备形成了无线个人区域网络，真正实现设备之间可移动地、自动地互联。

蓝牙技术特殊兴趣组织（SIG）负责该技术的开发和技术协议的制定，目前发展到蓝牙4.0 版本。通信距离分为 Class A 和 Class B 两种，Class A 是用在大功率/远距离（80m～100m）的蓝牙产品上，但成本高、耗电量大，应用于部分商业的特殊用途；Class B 通信距离在 8m～30m 之间，多用于手机内、蓝牙耳机等产品，耗电量小、方便携带。蓝牙的标准是 IEEE 802.15，工作在 2.4GHz 频段。采用时分双工传输方案实现全双工传输。

蓝牙技术的优势在于：工作在全球开放的 2.4GHz ISM（即工业、科学、医学）频段；支持语音和数据传输；采用无线电技术，传输范围大，可穿透不同物质以及在物质间扩散；采用跳频展频技术，且抗干扰能力强。因此在照明控制的短距离信息传送中，蓝牙技术有很大的使用空间。蓝牙技术的劣势在于：通信距离短、传输速度慢。

（3）Zigbee 通信

Zigbee 是一种提供固定、便携或移动设备使用的低复杂度、低成本、低功耗、低速率的无线连接技术。这个名字来源于蜂群使用的赖以生存和发展的通信方式，蜜蜂通过跳 ZigZag 形状的舞蹈来分享新发现的食物源的位置、距离和方向等信息。

Zigbee 技术的基础是 IEEE 802.15.4，在标准化方面，IEEE 802.15.4 工作组主要负责制定物理（PHY）层和媒体控制（MAC）层的协议，其余协议主要参照和采用现有的标准，高层应用、测试和市场推广等方面的工作将由 Zigbee 联盟（Zigbee Allicance）负责。Zigbee 联盟成立于 2002 年 8 月，由英国 Invensys 公司、日本三菱电气公司、美国摩托罗拉（现为 Freescale）公司以及荷兰飞利浦半导体公司组成，如今已经吸引了上百家芯片公司、无线设备公司和开发商的加入。

Zigbee 主要适合于自动控制和远程控制领域，可以嵌入在各种设备中，同时支持地理定位功能，非常适合于无线传感器网络的通信协议。Zigbee 技术的主要特点如下。

① 近距离：传输范围一般为 10m～100m，在增加 RF 发射功率后，距离可以增加至 1000m～3000m。如果通过路由和节点通信的接力，传输距离可以更远。

② 低功耗：在待机模式下，2 节 5 号电池可以支持 1 个节点工作半年到两年。

③ 成本低：模块的初始成本估计在 6 美元左右，很快就能降到 1.5 美元到 2.5 美元之间，且 Zigbee 协议是免专利费的。

④ 网络容量大：一个 Zigbee 网络可以容纳最多 254 个从设备和一个主设备，一个区域内可以同时存在最多 100 个 Zigbee 网络。

⑤ 高可靠：Zigbee 提供了数据完整性检查和鉴权功能，加密算法采用 AES-128，同时各个应用可以灵活确定其安全属性。

Zigbee 的自组织成网功能给智能照明网络的布建和维护工作带来极大的便利，将 Zigbee 芯片嵌入到照明的控制终端中，构成数字化、网络化的照明控制系统。

（4）射频识别技术

射频识别技术（Radio Frequency Identification，RFID）是一项利用射频信号通过交变磁场或电磁场的空间耦合实现无接触信息传递并通过所传递的信息达到自动识别目的的新技术，是一种标识和对个体的识别。

RFID 技术是由 Auto-id 中心开发的，其应用形式为标记（Tag）、卡和标签（Label）设备。标记设备由 RFID 芯片和天线组成，标记类型分自动式、被动式和半被动式 3 种。目前市场上开发的基本都是被动式 RFID 标记，这类设备造价较低，且易于配置。

（5）GSM/GPRS 通信

GSM（Global System for Mobile Communications，全球移动通信系统），俗称"全球通"，是一种起源于欧洲的移动通信技术标准，是第二代移动通信技术。GSM 的空中接口采用时分多址技术，于 20 世纪 90 年代中期被投入商用，被全球诸多个国家采用。

GPRS（General Packet Radio Service，通用无线分组业务），是一种基于 GSM 系统的无线分组交换技术，提供端对端的、广域的无线 IP 连接。每个用户可以按需同时使用多个信道，同一信道也可以同时被多个用户共享。GPRS 特点如下。

① 采用分组交换技术，具有其他分组数据系统一样的高效特性，由于第三代移动通信采用的也是分组技术，所以 GPRS 网络具备第三代移动通信的能力。

② 高效地利用现有的 GSM 网络资源，保护 GSM 系统的投资，采用与 GSM 相同的物

理信道，一方面可利用现有的 GSM 无线覆盖，另一方面也可以提高无线资源的利用率。

③ GPRS 可以实现基于数据流量、业务类型及服务质量等级（QoS）的计费功能，计费方式更加合理，用户使用更加方便。

④ GPRS 核心网络层采用 IP 技术，底层可使用多种传输技术，方便与 IP 网络实现无缝连接。

（6）WiFi 通信

WiFi 是一种可以将个人电脑、手持设备（如 PDA、手机）等终端以无线方式互相联接的技术。简单来说，就是 IEEE 802.11b 的别称，是由一个名为"无线以太网相容联盟"（Wireless Ethernet CompatibilityAlliance，WECA）的组织所发布的业界术语，它是一种短程无线传输技术，能够在数百英尺范围内支持互联网接入的无线电信号。随着技术的发展，以及 IEEE 802.11a 及 IEEE 802.11g 等标准的出现，现在 IEEE 802.11 这个标准已被统称作 WiFi。它可以帮助用户访问电子邮件、Web 和流式媒体。它为用户提供了无线的宽带互联网访问。同时，它也是在家里、办公室或在旅途中上网的快速、便捷的途径。WiFi 无线网络是由 AP（Access Point）和无线网卡组成的无线网络，方便与现有的有线以太网络整合，组网的成本更低。

WiFi 技术的特点如下。

① 无线电波的覆盖范围广：在开放性区域，通信距离可达 305m；在封闭性区域，通信距离为 76m～122m，适合办公室及单位楼层内部使用。

② 速度快，可靠性高：802.11b 无线网络规范是 IEEE 802.11 网络规范的变种，最高速度为 11Mbps，在信号较弱或有干扰的情况下，速度可调整为 5.5Mbps、2Mbps 和 1Mbps，带宽的自动调整，有效地保障了网络的稳定性和可靠性。

③ 无需布线：WiFi 最主要的优势在于不需要布线，可以不受布线条件的限制，因此非常适合移动办公用户的需要，具有广阔市场前景。目前它已经从传统的医疗保健、库存控制和管理服务等特殊行业向更多行业拓展，并已进入家庭以及教育机构等领域。

④ 健康安全：IEEE 802.11 规定的发射功率不可超过 100mW，实际发射功率约 60mW～70mW，手机的发射功率约 200mW～1W，手持式对讲机高达 5W，而且无线网络使用方式并非像手机直接接触人体，是绝对安全的。

⑤ 不足之处：目前使用的 IP 无线网络，存在一些不足之处，如带宽不高、覆盖半径小、切换时间长等，使得其不能很好地支持移动 VoIP 等实时性要求高的应用；并且无线网络系统对上层业务开发不开放，使得适合 IP 移动环境的业务难以开发。此前定位于家庭用户的 WLAN 产品在很多地方不能满足运营商在网络运营、维护上的要求。

物联网是互联网技术的革命性发展，其意义在于扩大了互联网的外延，将所有物品通过射频识别、红外传感器、全球定位系统、激光扫描器等信息传感设备与互联网连接起来而形成的一个巨大网络，实现智能化识别和管理。物联网的架构及支撑技术来看，从上到下主要有感知层（包括传感、驱动等）、网络层、平台层（包括云计算、数据分析管理等）、应用层（包括智能照明、公共安全、交通、健康等）。

LED 照明与物联网的结合，使得智能照明成为可能。如果每盏 LED 灯在物联网内都拥有一个地址（IP），那么在全球任何地点、任何时间，使用者都可以方便地对某盏 LED 灯进行精确的控制和监测。

云计算改变了传统通信网络的概念。"云"取代了通信网络，除了完成基本的通信功能，更重要的是"云"具有数据存储、数据分析和数据管理的功能，从而又带来"大数据"的概念。通过"智能云"和"大数据"技术，照明信息（环境、身份、亮度、色温和故障等）实时上传至云端服务器，云端服务器通过对照明数据及管理策略的综合分析和处理，再形成控制策略下传，实现对照明系统的问询、控制、维护和监测等功能。

6.5 半导体照明标准

6.5.1 我国半导体照明产品的标准体系

近年来，半导体照明产业快速发展。加快半导体照明领域标准体系建设，同步开展半导体照明产业链上下游标准制定，有利于整合调动资源，形成工作合力，有效支撑半导体照明技术开发和产业发展。2012 年 11 月，工业和信息化部正式发布了我国的"半导体照明综合标准化技术体系"。该体系对有效指导半导体照明领域标准研制、规范市场行为、促进产业进步具有现实意义。随着产业的不断发展，该标准化技术体系将不断充实和完善。

半导体照明综合标准化总体思路：以服务和支撑半导体照明产业发展为目标，坚持"系统管理、重点突破、整体提升"的原则，创新标准制定的方式、方法，整合资源，协作分工，加强标准化体系顶层设计，完善半导体照明标准框架体系，以器件、模块、光源和灯具标准的制订为重点，协同制定外延生长、芯片制造、器件封装、原材料、零部件、灯具、配套制品、技术手段、生产准备、检验方法等成套、成体系标准，加强标准的宣贯，以半导体照明标准的制定规范行业发展，推动我国半导体照明产业健康可持续发展。

半导体照明综合标准化技术体系分为"通用标准"和"材料和设备"、"芯片和器件"、"照明设备和系统" 3 个子体系，共四部分，具体半导体照明综合标准化技术体系框架图如图 6-43 所示。通用标准主要包括半导体照明术语，对半导体照明技术领域产品生产、流通和标准的制定起到统一协调的作用。3 个子体系按照产业链环节划分，每个子体系下按照产品类型再进行细分。

目前，半导体照明综合标准化技术体系涉及的标准项目共 193 项。包括已经发布实施的标准 54 项（国标 41 项、行标 13 项），其中通用标准 2 项，材料和设备标准 13 项，芯片和器件标准 16 项，照明设备和系统标准 23 项；其中现行有效标准 50 项，需要修订标准 4 项；正在研究制定的标准 73 项（国标 52 项、行标 21 项），包括材料和设备标准 40 项，芯片和器件标准 12 项，照明设备和系统标准 21 项；待研究制定的标准 66 项，其中急待制定 32 项（国标 28 项、行标 4 项）。

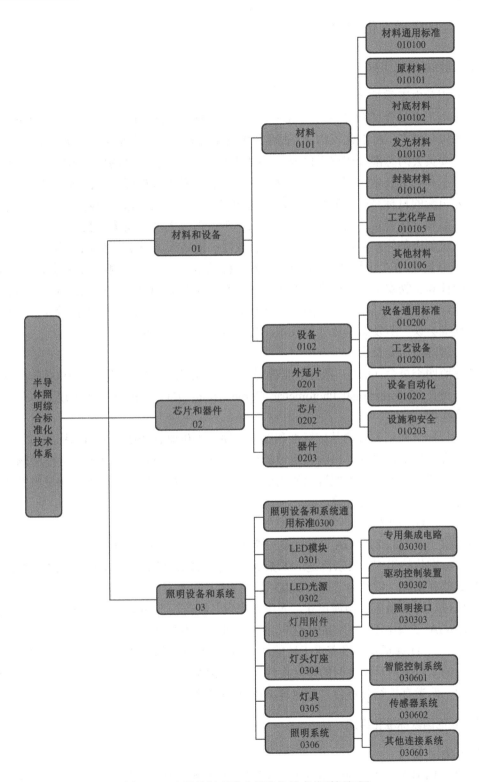

图 6-43　半导体照明综合标准化技术体系框架图

6.5.2 国内外标准化组织

1. 国际标准化组织

（1）国际电工委员会

国际电工委员会（IEC）成立于 1906 年，至 2015 年已有 109 年的历史。它是世界上成立最早的国际性电工标准化机构，负责有关电气工程和电子工程领域中的国际标准化工作。国际电工委员会的总部最初位于伦敦，1948 年搬到了位于日内瓦的现总部处。宗旨是促进电工、电子和相关技术领域有关电工标准化等所有问题上（如标准的合格评定）的国际合作。该委员会的目标是：有效满足全球市场的需求；保证在全球范围内优先并最大限度地使用其标准和合格评定计划；评定并提高其标准所涉及的产品质量和服务质量；为共同使用复杂系统创造条件；提高工业化进程的有效性；提高人类健康和安全；保护环境。

在照明领域，IEC 下设 TC34 和 TC76 两个标准组，分别从事一般安全要求和性能要求、激光安全性和生物安全性的标准化工作，其中 TC34 又分为 TC34A、TC34B、TC34C、TC34D，分别设计灯、灯头和灯座、灯用附件、灯具标准的制定工作。IEC 每年在世界各地召开多次国际标准会议，所发布专业针对或涵盖 LED 照明的相关标准 13 种。

（2）国际照明委员会

国际照明委员会（CIE）是一个非营利性国际标准化组织，其前身是 1900 年成立的国际光度委员会（International Photometric Commission；IPC），1913 年改为现名。总部设在奥地利维也纳。

CIE 以制订照明领域的基础标准和度量程序、提供制订照明领域国际标准与国家标准的原则与程序指南、制订并出版照明领域科技标准、技术报告以及其他相关出版物、提供国家间进行照明领域有关论题讨论的论坛、与其他国际标准化组织就照明领域有关问题保持联系与技术上的合作为宗旨。

（3）ZHAGA 联盟

总部位于欧洲的 ZHAGA 联盟，是一个规范 LED 光引擎产品标准，发展 LED 光引擎产品接口标准化的组织。其宗旨是：实现使用基于 ZHAGA 标准产品的不同 LED 灯具生产厂家灯具的互换性，以及为了配合 LED 技术持续且高速发展的态势。

ZHAGA 标准涵盖了物理尺寸，光学，电气，配光，散热等主要环节的标准，最终实现在 ZHAGA 联盟中不同的制造商之间的产品可以实现相互兼容，互换，替换等。因此如果说各国的 LED 规章及标准着重于性能质量（如寿命，能效，色温一致性等），那么 ZHAGA 联盟解决的是各生产厂家之间的可互换性问题。ZHAGA 联盟与各国家的 LED 规章及标准是互补的，两者有机结合将会有效地解决目前 LED 照明产品质量及应用的混乱局面。

2. 其他国家标准化组织

（1）美国

美国在 LED 标准与规范制定方面一直居于世界领先地位，其标准体系工作主要包括附属于美国能源部能源效率与可再生能源办公室（EERE）固态照明计划标准的制定工作

（IESNA 和 ANSI 标准）、能源之星（Energy Star）技术要求和 ASSIST 推荐标准。

（2）日本

日本照明学会（JIES）、日本照明委员会（JCIE）、日本照明器具工业会（JIL）和日本电球工业会（JEL）是日本四大照明标准组织，在 LED 标准领域发布了一系列标准等文件。为了整合日本国内 LED 企业及研究单位，加速推动固态照明的普及化，日本在 2007 年成立非营利活动法人 LED 照明推进协议会（JLEDS），除整合照明学会、照明器具工业会、电球工业会及照明委员会等团体的 LED 标准制定工作外，同时也对 LED 芯片制造技术、寿命评估方式、可靠度、散热、光学特性与特殊照明应用等领域进行更深入研究，期望能提升日本的 LED 生产水平。

（3）韩国

韩国于 2009 年 3 月制定并实施 LED 照明标准，分为测试方法研制、产品规范的研制（包括炫光和寿命的要求等）、认证体系三个部分的工作。制定 LED 标准的相关组织有：韩国技术和标准机构、韩国光电技术研究院、韩国标准和科学研究院、韩国照明技术研究院、韩国能源研究所、韩国光电工业发展协会等。LED 标准化联盟由 100 多家与 LED 照明有关的公司、大学、研究院和政府机构组成。

（4）欧盟

欧盟半导体照明产品 EN 标准大多由相应的 IEC 标准转换而来。2011 年 2 月 10 日，《欧盟 LED 质量宪章（European LED Quality Charter）》正式发布，该项工作由欧盟联合研究中心（European Commission Joint Research Center）发起，并联合丹麦能源署（Danish Energy Agency）、丹麦节能信托基金会（The Danish Energy Saving Trust）、荷兰经济部机构（NL Agency）等共同完成。该质量宪章针对住宅区室内照明灯，进行了安全要求、性能要求、质保等项目规定，其目标在于支持住宅区高效照明产品推广项目。

3. 国内准化组织

国内开展 LED 标准化工作的机构主要有：TC 244 全国照明电气标准化技术委员会、TC 229 全国稀土标准化技术委员会、工业和信息化部半导体照明技术标准工作组、国家半导体照明工程研发及产业联盟标准化委员会、半导体照明技术评价联盟等机构。

（1）TC 244 全国照明电气标准化技术委员会

全国照明电气标准化技术委员会成立于 1977 年，前身是全国电光源标准化中心，秘书处设在北京电光源研究所。标委会的业务工作直接受国家质量技术监督局和国家轻工业局的领导和管理。作为国际电工委员会 IEC（TC 34）的国内技术归口单位，标委会的主要任务是：制定照明电器行业的国家标准、行业标准；制定、修订标准的计划并负责组织落实及管理工作；研究和提出本行业的 IEC 标准草案、修改意见和参加表决；承担本专业国家、行业标准的宣讲、解释及技术咨询。委员会下设两个分委会，分别负责电光源及其附件和灯具方面的标准工作。

（2）TC 229 全国稀土标准化技术委员会

TC 229 负责全国稀土矿、稀土冶炼产品、加工产品和应用产品等专业领域的标准化工作，秘书处设在中国有色金属工业标准计量质量研究所。TC 229 目前已制定了 8 项 LED 用荧光粉标准，包括产品性能规范、试验方法等。

（3）工业和信息化部半导体照明技术标准工作组

原信息产业部于 2005 年组织成立了半导体照明技术标准工作组，专门负责相关标准的制定。工作组联合国内芯片制作、器件封装、荧光粉制备和应用产品制造等单位，组织开展半导体照明产业链中材料、芯片、二极管及模块的测试方法、名词术语和符号、可靠性试验等方面的标准和相关产品规范的研究制定，以及技术标准体系的编制工作。

（4）国家半导体照明工程研发及产业联盟标准化委员会

国家半导体照明工程研发及产业联盟标准化委员会，简称为"CSA 标委会"，英文名称为"China Solid State Lighting Alliance-Standardization Committee（CSAS），是国家半导体照明工程研发及产业联盟的标准化机构。CSAS 主要工作任务包括：根据半导体照明科技和产业的发展现状及趋势提出 CSA 标委会的标准化工作方针、策略和技术措施，面向半导体照明产业开展标准化相关工作，包括标准制修订、培训和咨询等服务工作；围绕科技创新、标准研制与产业发展协同机制，探索以科技研发提升技术标准水平、以技术标准促进科技成果转化应用新模式，发挥联盟优势，促进创新成果转化为现实生产力，引领产业发展；积极组织收集和分析国际标准或国外先进标准的发展动态，提出 CSA 标委会的国际化战略，推动联盟企业和研究机构参与国际标准化活动。

（5）半导体照明技术评价联盟

2013 年 7 月 31 日，半导体照明技术评价联盟在京成立。半导体照明技术评价联盟是由中国照明电器协会、中国照明学会、中国质量认证中心、北京电光源研究所发起，由海峡两岸从事半导体照明研发、生产及应用的企（事）业单位、大专院校、科研院所、行业协会、学会、标准化组织、检测、认证机构等单位按照"自愿、平等、合作"的原则发起成立的。联盟的宗旨是协调相关国内外技术组织、机构，开展半导体照明技术评价领域的基础研究，制定半导体照明相关产品的规格、接口等联盟技术规范。联盟秘书处设在北京电光源研究所。

6.5.3 主要标准概述

1. LED 灯具产品安全标准

目前已有的灯具安全国际标准系列：IEC 60598 系列，适用于 LED 灯具。IEC 60598 系列标准目前已经发布共有 22 个标准，分为 IEC 60598-1：灯具第 1 部分 一般要求与试验，和 IEC 60598-2 系列：具体灯具产品标准系列，详见表 6.7 灯具安全标准汇总表。

由于 LED 亮度高，光束角窄，LED 的光辐射对人体造成危害，LED 对人体的危害主要是对人的眼睛和皮肤的危害；特别近年的高功率 LED 推出后，LED 的光辐射对人体危害的防护越来越引起人们的重视。LED 灯具的光生物安全要求和评价，适用 IEC62471，灯和灯系统的光生物安全性标准，以及 LED 灯具的激光安全要求，适用 IEC 60825-1，激光安全性标准。在之前的 CTL 决议（Sheet NO.: 005/05，Sheet NO.: 005/06.m，Sheet NO.: 005/07）中，评价 LED 灯具的光生物安全要求时，引用 IEC 60825-1，在最新的 CTL 决议（Sheet NO.: DSH 0744，Sheet NO.: DSH 0748）中，评价 LED 灯具的光生物安全要求时，引用 IEC 62471。具体标准详见表 6.8 光生物安全标准汇总表。

表 6.7　灯具安全标准汇总表

序号	标准名称	国际标准	欧盟标准	我国标准	日本标准
1	灯具 第 1 部分：一般要求与试验	IEC 60598-1	EN 60598-1	GB 7000.1	J 60598-1 JIS C 8105-1
2	灯具 第 2-1 部分：特殊要求 固定式通用灯具	IEC 60598-2-1	EN 60598-2-1	GB 7000.201	J 60598-2-1 JIS C 8105-2-1
3	灯具 第 2-2 部分：特殊要求 嵌入式灯具	IEC 60598-2-2	EN 60598-2-2	GB 7000.202	J 60598-2-2 JIS C 8105-2-2
4	灯具 第 2-3 部分：道路与街路照明灯具	IEC 60598-2-3	EN 60598-2-3	GB 7000.5	J 60598-2-3 JIS C 8105-2-3
5	灯具 第 2-4 部分：特殊要求 可移式通用灯具	IEC 60598-2-4	EN 60598-2-4	GB 7000.204	J 60598-2-4 JIS C 8105-2-4
6	灯具 第 2-5 部分：特殊要求 投光灯具	IEC 60598-2-5	EN 60598-2-5	GB 7000.7	J 60598-2-5 JIS C 8105-2-5
7	灯具 第 2-6 部分：特殊要求 带内装式钨丝灯变压器或转换器的灯具	IEC 60598-2-6	EN 60598-2-6	GB 7000.6	J 60598-2-6 JIS C 8105-2-6
8	灯具 第 2-7 部分：特殊要求 庭园用可移式灯具	IEC 60598-2-7	EN 60598-2-7	GB 7000.207	J 60598-2-7 JIS C 8105-2-7
9	灯具 第 2-8 部分：特殊要求 手提灯	IEC 60598-2-8	EN 60598-2-8	GB 7000.208	J 60598-2-8 JIS C 8105-2-8
10	灯具 第 2-9 部分：特殊要求 照相和电影用灯具（非专业用）	IEC 60598-2-9	EN 60598-2-9	GB 7000.19	J 60598-2-9 JIS C 8105-2-9
11	灯具 第 2-10 部分：特殊要求 儿童用可移式灯具	IEC 60598-2-10	EN 60598-2-10	GB 7000.4	—
12	灯具 第 2-11 部分：特殊要求 水族箱灯具	IEC 60598-2-11	EN 60598-2-11	GB 7000.211	—
13	灯具 第 2-12 部分：特殊要求 电源插座安装的夜灯	IEC 60598-2-12	EN 60598-2-12	GB 7000.212	—
14	灯具 第 2-13 部分：特殊要求 地面嵌入式灯具	IEC 60598-2-13	EN 60598-2-13	GB 7000.213	—
15	灯具 第 2-17 部分：特殊要求 舞台灯光、电视、电影及摄影场所（室内外）用灯具	IEC 60598-2-17	EN 60598-2-17	GB 7000.217	J 60598-2-17 JIS C 8105-2-17
16	灯具 第 2-18 部分：特殊要求 游泳池和类似场所用灯具	IEC 60598-2-18	EN 60598-2-18	GB 7000.218	—

续表

序号	标准名称	国际标准	欧盟标准	我国标准	日本标准
17	灯具 第 2-19 部分：特殊要求 通风式灯具	IEC 60598-2-19	EN 60598-2-19	GB 7000.219	J 60598-2-19 JIS C 8105-2-19
18	灯具 第 2-20 部分：特殊要求 灯串	IEC 60598-2-20	EN 60598-2-20	GB 7000.9	J 60598-2-20 JIS C 8105-2-20
19	灯具 第 2-22 部分：特殊要求 应急照明灯具	IEC 60598-2-22	EN 60598-2-22	GB 7000.2	J 60598-2-22 JIS C 8105-2-22
20	灯具 第 2-23 部分：特殊要求 钨丝灯用特低电压照明系统安全要求	IEC 60598-2-23	EN 60598-2-23	GB 7000.18	JIS C 8105-2-23
21	灯具 第 2-24 部分：特殊要求 限制表面温度灯具	IEC 60598-2-24	EN 60598-2-24	GB 7000.17	—
22	灯具 第 2-25 部分：特殊要求 医院和康复大楼诊所用灯具	IEC 60598-2-25	EN 60598-2-25	GB 7000.225	—
23	洁净室用灯具技术要求	—	—	GB 24461	

表 6.8　光生物安全标准汇总表

序号	标准名称	国际标准	欧盟标准	我国标准	日本标准
1	灯和灯系统的光生物安全性	IEC 62471 CIE S 009/E	EN 62471	GB 20145	—
2	灯和灯系统的光生物安全性-第 2 部分：非激光光学辐射安全的制造导则	IEC/TR 62471-2	—	—	—
3	激光产品的安全 第 1 部分：设备分类、要求	IEC 60825-1	EN 60825-1	GB 7247.1	J 60825-1 JIS C 6802

2. LED 灯具产品性能标准

IEC TC34/SC 34D 制定了灯具性能系列标准，其中 IEC/PAS 62722-1 为一般要求，IEC/PAS 62722-2-1 为 LED 灯具特殊要求，标准如下：IEC/PAS 62722-1《灯具性能 第 1 部分：一般要求》、IEC/PAS 62722-2-1《灯具性能 第 2-1 部分：LED 灯具特殊要求》。欧盟暂时没有制订 IEC 的 IEC/PAS 62722 灯具性能系列标准。

由于 IEC 早期一直没有灯具的性能系列标准，我国在部分类型的灯具制订了性能标准，它们同样适用于使用 LED 作为光源的 LED 灯具。我国已经发布的灯具性能标准如下：《GB/T 24827—2009 道路照明灯具性能要求》、《GB 9473—2008 读写作业台灯性能要求》、《GB/T 24907—2010 道路照明用 LED 灯性能要求》、《GBT 24909—2010 装饰照明用 LED 灯》、《GB/T 9468—2008 灯具分布光度测量的一般要求》、《GB/T 7002—2008 投光照明灯具光度测试》。

美国 ANSI 和 IESNA 已经发布的 LED 灯具相关性能标准：《ANSI C78.377-2008 SSL 固态照明产品的色度规定》、《IESNA TM-16-05 LED 光源和系统的技术备忘录》《IES LM 79-08

固态照明产品电气和光学测试方法》、《IES LM 80-08 LED 光源光通维持率测试方法》。

3. LED 灯具产品能效标准

欧盟在 2009/245/EC 法规中对带荧光灯作为光源的灯具，和对带高强度气体放电灯为光源的灯具进行了能效要求；对使用 LED 作为光源的 LED 灯具，国际上和欧盟暂时还没有关于能效限定值及能效等级的法规或标准。

在我国，已经发布了部分光源和镇流器能效限定值及能效等级的标准，暂时还没有关于 LED 灯具能效限定值及能效等级的标准。在国标 GB/T 24827—2009《道路照明灯具性能要求》的 6.5 条款"照明照明灯具能效"中，提出了道路照明灯具的能效要求，它同样适用于使用 LED 作为光源的 LED 道路照明灯具。我国部分行业和地方近几年发布的 LED 路灯或隧道灯标准或技术规范，包含 LED 灯具的安全要求、性能要求、电磁兼容要求、能效要求。所以 LED 灯具产品能效的我国地方或行业标准，具体详见相关 LED 路灯或隧道灯标准或技术规范，以及 CQC3128—2010 LED 筒灯节能认证技术规范。

美国能源部发布了对固态照明灯具进行能源之星认证合格判据的第 1.3 版：《SSL 固态照明灯具的能源之星要求 1.3 版》。在 2011 年 2 月，美国能源部最新发布了灯具进行能源之星认证合格判据的第 1.0 版：《灯具的能源之星要求 1.0 版》，已于 2011 年 10 月 1 日正式实施，它将替换 SSL 固态照明灯具的能源之星要求 1.3 版和 RLF 家用照明装置的能源之星要求 4.2 版。

4. LED 灯具产品电磁兼容标准

CISPR 和 IEC 发布的照明产品电磁兼容标准，同样适用于使用 LED 作为光源的 LED 灯具产品。具体标准详见表 6-9 照明产品电磁兼容标准汇总表。LED 灯具产品电磁兼容的欧盟标准与我国标准对应于 IEC 标准，具体标准详见表 6.9。

日本与美国也分别发布了适用于 LED 灯具的电磁兼容标准，日本标准详见：表 6.9。美国 ANSI 和 FCC 发布的照明产品电磁兼容标准有《ANSI C 82.77-2002 谐波发射限制—照明电源的质量要求》、《FCC part 15》以及《FCC part 18》。

表 6.9　照明产品电磁兼容标准汇总表

序号	标准名称	国际标准	欧盟标准	我国标准	日本标准
1	电气照明和类似设备的无线电骚扰特性的限值和测量方法	CISPR 15	EN 55015	GB 17743	J 55015
2	电磁兼容　限值　谐波电流发射限值（设备每相输入电流≤16A）	IEC 61000-3-2	EN 61000-3-2	GB 17625.1	—
3	电磁兼容　限值　对每相额定电流≤16A 且无条件接入的设备　在公用低压供电系统中产生的电压变化、电压波动和闪烁的限制	IEC 61000-3-3	EN 61000-3-3	GB 17625.2	—
4	一般照明用设备电磁兼容抗扰度要求	IEC 61547	EN 61547	GB/T 18595	—

思考题

1. 半导体照明灯具的基本组成结构包括什么？

2. 什么是配光曲线？

3. 半导体照明灯具的发光效率是如何计算的？

4. 灯具的遮光角一般是多少？

5. 什么是光学设计？

6. 光学设计的基本步骤有哪些？

7. LED 照明光学系统特性有哪些？

8. LED 光源的基本模型是什么？

9. 光线追迹的定义及分类是什么？

10. LED 驱动电源有哪些特点？

11. 开关电源的输入特性和输出特性有哪些？

12. LED 驱动电源有哪些特点？

13. 开关电源的输入特性和输出特性有哪些？

14. 结温升高对 LED 的影响有哪些？

15. 能进行 LED 散热性能分析的方法有哪些？并总结出各种方法的应用特点。

16. 减少 LED 的静电损伤主要有哪些措施？

17. 照明控制中常用的传感器有哪些？

18. 照明控制中的有线通信协议是什么？

19. 照明控制中的无线网络技术有哪几种？

习题

1. 光学设计简单来说就是对_____ 的设计。

2. 成像光学以_____为目标和研究对象，以_____为目的。

3. 非成像光学的基本定律是 _____和 _____ 。

4. 发光强度余弦定律的表达式为_____。

5. 常用的自由曲面设计方法主要有_____，_____和_____。

6. LED驱动电源核心元件包括开关控制器、电感器、_____、_____、输入滤波器件、_____等。

7. LED驱动电源的保护电路包括输入欠压保护电路、_____，_____和_____等电路。

8. 简述四种漏极钳位保护电路的特点。

9. 热传递的基本方式为：_____、_____和_____三种。

10. 目前大功率 LED 的输入电功率约有70～90%将转化成热量，这些转化的热量主要包括：＿＿＿＿＿＿＿＿＿＿、焦耳热、＿＿＿＿＿＿＿＿＿＿＿＿和＿＿＿＿＿＿＿＿＿＿＿。

11. 从LED芯片到环境的总热阻可以划分为三个分热阻：芯片发光层到封装底座间的＿＿＿＿＿＿＿＿＿＿＿＿＿＿，MPCB基板上下表面间的＿＿＿＿＿＿＿＿＿，以及散热器至环境的＿＿＿＿＿＿＿＿＿＿＿。

12. 图 6-44 所示的一块10mm×10mm的芯片，芯片本身的热阻为零，其通过0.02mm的环氧树脂层（热阻取 $0.9 \times 10^{-4} m^2 \cdot K \cdot W^{-1}$）与厚10mm的铝散热板（导热系数 $260W \cdot m^{-1} \cdot K^{-1}$）相连接，四周绝热，上下表面以 $\alpha=150\ W \cdot m^{-2} \cdot K^{-1}$ 的对流换热系数向空气散热，请画出这一传热过程的等效热路图，并分别计算各热阻的数值大小。

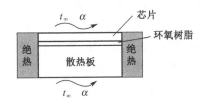

图 6-44　题 12 图

13. 简述 LED 静电损伤的特点。

14. 用于描述电子元器件静电放电敏感特性的三个模型是：＿＿＿＿＿＿＿＿、＿＿＿＿＿＿＿＿＿＿、和＿＿＿＿＿＿＿＿＿。

15. LED 智能照明涉及的关键技术包括：＿＿＿＿＿＿＿＿＿＿，＿＿＿＿＿＿＿＿＿＿、＿＿＿＿＿＿＿＿＿、＿＿＿＿＿＿＿＿＿。

16. DALI指令信息包含＿＿＿＿＿＿＿＿＿＿和＿＿＿＿＿＿＿＿＿。

17. TCP/IP协议分为＿＿＿＿＿＿＿、＿＿＿＿＿＿＿＿＿、＿＿＿＿＿＿＿和＿＿＿＿＿＿＿4层结构。

18. 照明专用CPU的技术优势体现为＿＿＿＿＿＿＿＿＿＿、＿＿＿＿＿＿＿＿＿、＿＿＿＿＿＿＿＿＿＿和＿＿＿＿＿＿＿＿＿＿四种。

参考资料

[1] 福多佳子. 国际环境精品教程照明设计[M]. 朱波，金旭东，等译. 北京：中国青年出版社，2015.4.

[2] 中华人民共和国国家质量监督检验检疫总局，中国国家标准化管理委员会. GB-T 24827—2009. 道路与街、路照明灯具性能要求. 北京：中国标准出版社，2010-2-1.

[3] 中国建筑科学研究院. CJJ45-2006 城市道路照明设计标准[S]. 北京：中国建筑工业出版社，2007.

[4] 北京照明学会照明设计专业委员会. 照明设计手册[M]. 北京：中国电力出版社，2006.

[5] 郭建林. 建筑电气设计计算手册（电气照明系统）[M]. 北京：中国电力出版社，2010.

[6] 邹吉平. 灯具配光曲线及其标准格式[J]. 照明工程学报，2007，18(2)：76-80.

[7] 梁程远. LED的二次配光设计[D]. 杭州：浙江大学，2008.

[8] 杨毅，钱可元，罗毅. 一种新型的基于非成像光学的LED均匀照明系统[J]. 光学技术，2007，33(1)：110-112.

[9] 丁毅. 自由曲面光学器件的设计及其在照明系统中的应[D]. 浙江大学，2009.

[10] 罗晓霞. LED 照明系统的优化设计[D]. 中国科学院长春光学精密机械与物理研究所，2011.

[11] 安连生. 工程光学设计[M]. 北京：电子工业出版社, 2003.

[12] 袁旭沧. 现代光学设计[M]. 北京：北京理工大学出版社, 1995.

[13] LED照明设计与应用[M]. 李农，杨燕，译. 北京：科学出版社，2009.

[14] 陈元灯. LED 制造技术与应用[M]. 北京：电子工业出版社，2009.

[15] 丁毅，顾培夫. 实现均匀照明的自由曲面反射器[J]. 光学学报，2007，27 (3)：540-544.

[16] 张奇辉. 大功率 LED 照明系统光学设计方法研究[D]. 华南理工大学，2011.

[17] 李晓彤. 几何光学和光学设计[M]. 杭州：浙江大学出版社，1997.

[18] 章卓力. 照明行业用软件介绍. 光源与照明，2003.1.

[19] 王丽. EMI电源滤波器的设计和研究[D]. 北京交通大学，2007.

[20] 李鹏，何文忠. 开关电源电磁干扰滤波器设计[J]. 激光与红外，2007，37(1)：80-81.

[21] 沙占友. EMI 滤波器的设计原理[J]. 电子技术应用，2001，27(5)：46-47.

[22] 张占松，汪仁煌，谢丽萍，晓刚，等. 开关电源手册（第三版），北京：人民邮电出版社，2012.

[23] 刘凤君. 现代高频开关电源技术及应用[M]. 北京：电子工业出版社，2008.

[24] 沙占友，王彦鹏，马洪涛，王晓君，等. 开关电源优化设计（第二版）. 北京：中国电力出版社，2012.

[25] 张占松，蔡宣三. 开关电源原理与设计（修订版）. 北京：电子工业出版社，2004.

[26] 郑艳丽，秦会斌. 无源 PFC 电路在 LED 驱动电路中的应用研究[J]. 机电工程，2011，28(6)：753-756.

[27] IW3623 Datasheet, Reference Design EBC962, IWATT.

[28] 杨恒. LED照明驱动设计. 北京：中国电力出版社，2010.

[29] 于新刚. GaN基功率型LED器件及汽车前照灯散热研究[D]. 清华大学，2008.

[30] Schubert E F. Light-Emitting Diodes[M]. UK: Cambridge university Press, 2003.

[31] 周波. 大功率白光LED封装技术研究[D]. 华中科技大学，2007.

[32] Arik M., Pet roski J., Weaver S. Thermal Challenges in The Future Generation Solid State Lighting Applications: Light Emitting Diodes[C].   ASME/IEEE International Packaging Technical Conference. Hawaii, 2001: 113-120.

[33] Narendran Nadarajah, Gu Yimin. Life of LED-Based White Light Sources[J]. IEEE/OSA Journal of Display Technology, 2005, 1(1): 167-171.

[34] 余建祖，高红霞，谢永奇. 电子设备热设计及分析技术（第2版）[M]. 北京：北京航空航天大学出版社，2008.

[35] Lumileds Application brief 05. Thermal design considerations for Luxeon PowerLight Sources. http://www.lumileds.com.

[36] Zhang Jianxin, Niu Pingjuan, Gao Dayong, Sun Liangen. Research progress on packaging thermal management techniques of high power LED[J]. Advanced Materials Research, 2012, 347-353: 3989-3994.

[37] 王景祥. LED镁合金散热器热性能分析与结构优化[D]. 天津工业大学，2015.

[38] 孙连根. LED稳态温度场的数值模拟及参数优化[D]. 天津工业大学，2012.

[39]　张建新，牛萍娟，李红月，孙连根. 基于等效热路法的LED阵列散热性能研究[J]. 发光学报, 2013, 34(4): 516-522.

[40]　刘伟. 氮化镓基发光二极管抗静电性能改进的研究[D]. 西安电子科技大学，2013.

[41]　W. D. van Driel，X. J. Fan. Solid State Lighting Reliability: Components to Systems[M]. Berlin: Springer, 2013.

[42]　李宏，牛静霞. LED静电防护[J]. 照明工程学报，2014，25(6)：100-104.

[43]　李伟国，崔碧峰，郭伟玲，崔德胜，等. 静电放电对GaN基LED老化特性的影响[J]. 光学学报，2012，32(8)：0823006.

[44]　张萍. Si衬底GaN基蓝光LED静电特性研究[D]. 南昌大学，2007.

[45]　张丽超. LED结构抗静电性能的研究[D]. 长春理工大学，2013.

[46]　王立彬，刘志强，陈宇，伊晓燕，等. 功率型GaN基LED静电保护方法研究[J]. 半导体光电，2007，28(4)：474-477.

[47]　刘木清，周小丽. 照明自动控制技术[M]. 北京：机械工业出版社，2008.

[48]　马小军. 智能照明控制系统[M]. 南京：东南大学出版社，2009.

[49]　彭妙颜. 智能照明与艺术照明系统工程[M]. 北京：中国电力出版社，2011.

[50]　吴育林. 情调照明系列丛书[M]. 江苏：江苏科学技术出版社，2011.

[51]　段旺等. 奥林匹克公园基于IPv6的数字化照明网络控制系统[M]. 北京：中国水利水电出版社，2012.

[52]　王巍，王宁. 绿色照明——半导体照明智能控制原理与实现[M]. 北京：电子工业出版社，2014.

第7章

有机发光二极管

1963 年，Pope 等人在 10～20mm 厚的有机材料蒽晶体两端通电，观察到发光现象，但其驱动电压必须高达 100V 以上才能发出微弱的蓝光。1979 年，在美国柯达公司工作的华人科学家邓青云发现了具有发光特性的有机材料，他们制作出的第一个电致发光有机发光二极管包含两层升华并列布置的薄层。其层堆叠为 ITO/二胺/AlQ$_3$/MgAg，与目前采用的层堆叠几乎相同，这就是 OLED（Organic Light Emitting Diode，有机发光二极管）的诞生，他们于 1987 年获得了 OLED 的第一个专利。1990 年，英国剑桥大学卡文迪许实验室首次在 Nature 杂志上报道了聚苯乙烯撑（PPV）的电致发光。聚合物发光器件的出现及其发展标志着有机发光器件的研究进入了一个新的阶段。有机发光领域中另一个开创性的工作是 1998 年 M.A.Baldo 等人研制出有机磷光发光器件，磷光器件的出现使有机发光器件的效率达到 100%，有了理论上的依据，开创了 OLED 的新时代。近几年，此平面显示新技术更是吸引了产业及学术界的关注，进而从事开发与研究。与其他平板显示器相比，OLED 具有成本低、全固态、主动发光、亮度高、对比度高、视角宽、响应速度快、厚度薄、低电压直流驱动、功耗低、工作温度范围宽、可实现软屏显示等特点，被称为"梦幻显示器"，被认为是下一代的平面显示器新兴应用技术。

7.1 有机半导体发光机理

OLED 是指有机半导体材料和发光材料在电场驱动下，通过载流子注入和复合导致发光的现象。有机发光二极管最简单的形式是由一个发光材料层组成，嵌在铟锡氧化物（ITO）透明电极和金属电极之间，在一定电压驱动下，电子和空穴分别从阴极和阳极注入到电子和空穴传输层，电子和空穴分别经过电子和空穴传输层迁移到发光层，并在发光层中相遇，形成激子并使发光分子激发，后者经过辐射弛豫而发出可见光。辐射光可从 ITO 一侧观察到，金属电极膜同时也起了反射层的作用，其发光机理如图 7-1 所示。

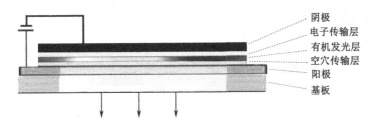

图 7-1　有机发光二极管的工作原理

在外加电压的驱动下，空穴和电子分别从正极和负极注入到有机材料中，空穴与电子在有机层中相遇、复合，释放出能量，将能量传递给有机发光物质的分子，使其从基态跃迁到激发态。激发态很不稳定，受激分子从激发态回到基态，辐射跃迁而产生发光现象，这种现象一般有以下 5 个阶段。

（1）载流子的注入：在直流低压高电场驱动下，空穴和电子分别从阳极和阴极注入到夹在两电极间的有机层中。

（2）载流子的迁移：注入的空穴和电子分别由空穴传输层和电子传输层迁移到发光层中。

（3）载流子的复合：空穴和电子在发光层中相遇，并产生激子。

（4）激子的迁移：激子在电场作用下将能量传递给有机发光分子，并激发有机分子中的电子从基态跃迁到激发态。

（5）电致发光：激发态能量通过跃迁，将能量以光子的形式释放出来，产生电致发光。

在这 5 个阶段中，要求正负载流子的注入量尽量平衡，否则不但会降低载流子的复合概率，而且还会在有机层之间产生直通电流，引起器件发热而缩短器件寿命。一般来说，空穴注入相对容易，而电子注入却较困难；载流子传输性能的好坏取决于有机材料的载流子迁移率，相对于无机半导体材料来说，有机材料的载流子迁移率较低，一般在 $10^{-4}\sim$
$10^{-8}\text{cm}^2/\text{VS}$ 量级，但有机膜在低电压下便可在发光层内产生 $104\sim106\text{V/cm}$ 的高电场，因此载流子在有机层中的传输基本不成问题；载流子迁移率一般采取飞行时间法（time of flight）和表面电荷衰减法进行测量，但两种测量结果有差别；有机分子可以通过多种形式吸收能量而处于激发态，处于激发态的有机分子又可以通过多种形式释放出能量回到基态，其中激子跃迁是激发态分子释放能量返回基态的主要过程，激子又分为单线态和三线态两种，单线态激子可以跃迁，而三线态激子不能跃迁；能跃迁的激子可以辐射衰减而发光，无法跃迁的激子则不能。

OLED 中电子流和载流子通常是不等量的。这意味着，占主导地位的载流子穿过整个结构层时，不会遇到从相反方向来的电子，能耗投入大，效率低。如果一个有机层用两个不同的有机层来代替，就可以取得更好的效果：当正极的边界层供应载流子时，负极一侧非常适合输送电子，载流子在两个有机层中间通过时，会受到阻隔，直至会出现反方向运动的载流子，这样，效率就明显提高了。很薄的边界层重新结合后，产生细小的亮点，就能发光。如果有三个有机层，分别用于输送电子、输送载流子和发光，效率就会更高。

7.2 OLED 的电气性质

7.2.1 载荷子注入模型

20 世纪 90 年代初，人们对 OLED 效率的因素进行了研究，发现了两点限制效率的因素：朝向有机分层的极间电荷注入受限输运（Injection Limited Transport）以及因材料性质形成的整体受限输运（Bluk Limited Transport）。

经典半导体理论用电荷注入机理，并用隧道效应模型和肖特基金属半导体接触的热离子发射对其进行了解释。提出整体受限输运机理为：欧姆传导和空间电荷限制电流（SCLC）。

7.2.2 载荷子输运模型

有机半导体内的电荷迁移率很低，当载荷子从金属注入电场作用下的有机固体时，电荷在界面附近的固体中积累，形成大量的空间电荷。单极电荷输运的数学公式已经被提出，多层 OLED，即双极输运的理论更为复杂，目前还未出现考虑双极电流、输入受限输运和整体受限输运的统一模型。

Mark 和 Helfrich 提出了有机晶体的空间电荷限制电流理论，该理论用了价带和导带的概念来解释能隙和陷阱，与经典的能带理论有一些相似之处，但是该理论未考虑迁移率与电场和温度的关系。

对于无陷阱的有机半导体，其迁移率较低，Child 定律定义了永久区的电流：

$$J_{SCLC} = \frac{9}{8}\varepsilon\mu\frac{V_{appl}^2}{d^3} \tag{7.1}$$

式中，$\varepsilon = \varepsilon_0\varepsilon_r$ 为材料的介电常数；d 为有机薄层的厚度；V_{appl} 为施加的电势；μ 为载流子迁移率。低电压时，本征载流子的密度高于注入载流子密度，欧姆定律决定着导电性：

$$J_{\Omega} = n_0 q\mu\frac{V_{appl}}{d} \tag{7.2}$$

式中，n_0 为自有载流子本征密度。

以上两个公式表明，这类材料的电流取决于材料的厚度。实际上，在高电压时，一般注入的电荷载流子密度大于 n_0，则该电流定律就变得适用，它与欧姆定律之间存在偏差。相反，pn 结的常规导电性是由本征和非本征载流子（来自于掺杂）形成的。

空穴输运在低能级上完成，所以空穴对因氧气等环境因素而产生的陷阱不敏感。例如，PPV 中空穴的输运不受陷阱的限制。相反，电子对距离较近的这类陷阱敏感总是变现为弥散输运行为。最切实可行的陷阱分布描述方式是紧邻电子导带处的数学指数描述。此时，陷阱的态密度 $n_t(E)$ 具有玻尔兹曼分布的特征（$E<E_c$）：

$$n_t(E) = \left(\frac{N_t}{kT_t}\right)\exp\left(\frac{E - E_c}{kT_t}\right) \tag{7.3}$$

式中，T_t、E_c 和 N_t 分别为陷阱温度、导带能级和总陷阱密度。

包含陷阱指数分布的电流受限空间，Mark 和 Helfrich 提出了下面的公式：

$$J_{TFL} = N_c \mu q^{(1-m)}\left(\frac{m\varepsilon}{N_t(m+1)}\right)^m\left(\frac{2m+1}{m+1}\right)^{m+1}\left(\frac{V^{m+1}}{d^{2m+1}}\right) \tag{7.4}$$

式中，N_c 表示导带态密度，指数 m 由 $m = T_t/T$ 定义且必须大于 1。m 越大，则分布指数的增加越慢，陷阱的数量就越多。

Ioannidis 等人指出式（7.4）可丰富永久欧姆电流的描述，而不用考虑空间电荷电流。他们证明在电子为主要载流子的 Al/AlQ3/Al AlQ3 基 OLED 中，电流/张力剖面图可由下式描述：

$$J = n_i e \mu_0 \exp(s\sqrt{E})E \tag{7.5}$$

此情况下，由于能隙很高，材料自身的本征载流子与注入的载流子相比可以忽略（$n_0 \ll n_i$）；与无序理论相同的是，还假设陷阱较浅。μ_0 表示电场为 0 时的迁移率。

该模拟结果没有对空间电荷积分，无需相关的假设，很好地解释了 $J \propto V^{l+1}$ 的电流分布，完美地反应了器件与厚度的关系，尤其是电流恒定和高指数时 V/d^2 比值的稳定性。

其他的研究小组在保留了 SCLC 理论的有效性，并且将迁移率与电场的关系也包含在内，Campbell 等人提出了下面的模型：

$$J = \frac{9}{8}\varepsilon\mu_0\exp(S\sqrt{E})\frac{E^2}{d} \tag{7.6}$$

OLED 理论研究的突破之处在于正确描述器件表现出的电光特性，但是目前仍然不精确。最初人们猜想注入式 OLED 效率的限制因素，但是研究发现热离子注入被认为是效率的限制因素，原因是交界面处的势垒较低，所以电流受空间电荷而不是注入的限制。

7.3 OLED 材料

光的颜色与材料有关。一种方法是用小分子层工作，例如铝氧化物；另一种方法是将激活的色素嵌入聚合物长链，这种聚合物非常容易溶化，可以制成涂层。制备 OLED 的材料种类很多，主要分为阳极材料、阴极材料、缓冲层材料、载流子传输材料和发光材料等几大类。

1. 阴极材料

OLED 的阴极材料主要做器件的阴极之用，为提高电子的注入效率，应该选用功函数尽可能低的金属材料，因为电子的注入比空穴的注入难度要大些。金属功函数的大小严重影响着 OLED 器件的发光效率和使用寿命，金属功函数越低，电子注入就越容易，发光效率就越高；此外，功函数越低，有机/金属界面势垒越低，工作中产生的焦耳热就会越少，器件寿命就会有较大的提高。

（1）单层金属阴极，如 Ag、Al、Li、Mg、Ca、In 等。它们在空气中很容易被氧化，致使器件不稳定、使用寿命缩短，因此选择合金做阴极或增加缓冲层来避免这一问题。

（2）合金阴极：为了既能提高器件的发光效率，又能得到稳定的器件，通常采用金属合金作为阴极。在蒸发单一金属阴极薄膜时，会形成大量的缺陷，造成耐氧化性变差；而蒸镀合金阴极时，少量的金属会优先扩散到缺陷中，使整个有机层变得很稳定。将性质活泼的低功函数金属和化学性能较稳定的高功函数金属一起蒸发形成金属阴极、如 Mg∶Ag(10∶1)，Li∶Al (0.6%Li) 合金电极，功函数分别为 3.7eV 和 3.2eV。合金电极的优点是能提高器件量子效率和稳定性，能在有机膜上形成稳定坚固的金属薄膜。

（3）层状阴极：这种阴极是在发光层与金属电极之间加入一层阻挡层，如 LiF、CsF、RbF 等，它们与 Al 形成双电极。阻挡层可大幅度提高器件的性能。由一层极薄的绝缘材料如 LiF、Li_2O、MgO、Al_2O_3 等和外面一层较厚的 Al 组成，其电子注入性能较纯 Al 电极高，可得到更高的发光效率和更好的 I-V 特性曲线。

（4）掺杂复合型电极：将掺杂有低功函数金属的有机层夹在阴极和有机发光层之间，可大大改善器件性能，其典型器件是 ITO/NPD/AlQ/AlQ（Li）/Al，最大亮度可达 $30000Cd/m^2$。

2．阳极材料

OLED 的阳极材料主要做器件的阳极之用，要求其功函数尽可能地高，以便提高空穴的注入效率。作为显示器件还要求阳极透明，一般采用的有 Au、透明导电聚合物（如聚苯胺）和 ITO 导电玻璃，OLED 器件要求电极必须有一侧是透明的，因此通常选用功函数高的透明材料 ITO 导电玻璃作阳极。ITO（氧化铟锡）玻璃在 400nm～1000nm 的波长范围内透过率达 80%以上，而且在近紫外区也有很高的透过率。

3．载流子输送材料

OLED 器件要求从阳极注入的空穴与从阴极注入的电子能相对平衡地注入到发光层中，也即要求空穴和电子的注入速率应该基本相同。在器件的工作过程中，由于发热可能会引起传输材料结晶，导致 OLED 器件性能衰减，因此要选择合适的空穴与电子传输材料。常用的材料有以下两类：

（1）空穴输送材料（HTM）

要求 HTM 有高的热稳定性，与阳极形成小的势垒，能真空蒸镀形成无针孔薄膜。最常用的 HTM 均为芳香多胺类化合物，主要是三芳胺衍生物：

TPD：N，N′-双（3-甲基苯基)-N，N′-二苯基-1，1′-二苯基-4，4′-二胺

NPD：N，N′-双（1-奈基)-N，N′-二苯基-1，1′-二苯基-4，4′-二胺

（2）电子输运材料（ETM）

要求 ETM 有适当的电子输运能力，有好的成膜性和稳定性。ETM 一般采用具有大的共扼平面的芳香族化合物如 8-羟基喹啉铝（AlQ），1，2，4- 三唑衍生物（1，2，4-Triazoles，

TAZ），PBD，Beq2，DPVBi 等，它们同时又是好的发光材料。

4．缓冲层材料

在 OLED 中空穴的传输速率约为电子传输速率的两倍，为了防止空穴传输到有机/金属阴极界面引起光的猝灭，在制备器件时需引入缓冲层 CuPc。CuPc 作为缓冲层，不仅可以降低 ITO/有机层之间的界面势垒，而且还可以增加 ITO/有机界面的粘合程度，增大空穴注入接触，抑制空穴向 HTL 层的注入，使电子和空穴的注入得以平衡。

5．发光层材料

发光材料是 OLED 器件中最重要的材料。一般发光材料应该具备发光效率高、最好具有电子或空穴传输性能或者两者兼有、真空蒸镀后可以制成稳定而均匀的薄膜、它们的最高被占用分子轨道（HOMO）和最低未占用分子轨道（LUMO） 能量应该与相应的电极相匹配等特性。发光材料应满足下列条件：①高量子效率的荧光特性，荧光光谱主要分布400～700nm 可见光区域；②良好的半导体特性，即具有高的导电率，能传导电子或空穴或两者兼有；③好的成膜性，在几十纳米的薄层中不产生针孔；④良好的热稳定性。

按化合物的分子结构，有机发光材料一般分以下为两大类：

（1）高分子聚合物，聚合物的分子链较长一般分子量为 10000～100000，聚合物有几种类型：均聚物、共聚物和树枝状聚合物。均聚物由单体链构成，而两种或多种不同的单体链重复若干次的缔合就形成共聚物。因此聚合物的电气和光学性质取决于单体和配位体的类型。采用旋涂或其他湿沉积工艺的变种对导电共轭聚合物或半导体共轭聚合物进行湿法处理。该方法制作简单，成本低，但其纯度不易提高，在耐久性、亮度和颜色方面比小分子有机化合物差。

（2）小分子有机化合物，小分子的特征是分子量小，为 500～2000，能用真空蒸镀方法成膜，按分子结构又分为两类：有机小分子化合物和配合物。在小分子发光材料中，Alq_3 是直接单独使用作为发光层的材料。还有的是本身不能单独作为发光层，掺杂在另一种基质材料中才能发光，Alq_3 是一种既可以作为发光层材料，又可以作为电子传输层材料的一种有机材料。

① 有机小分子发光材料：主要为有机染料，具有化学修饰性强，选择范围广，易于提纯，量子效率高，可产生红、绿、蓝、黄等各种颜色发射峰等优点，但大多数有机染料在固态时存在浓度猝灭等问题，导致发射峰变宽或红移，所以一般将它们以低浓度方式掺杂在具有某种载流子性质的主体中，主体材料通常与 ETM 和 HTM 层采用相同的材料。掺杂的有机染料，应满足以下条件：具有高的荧光量子效率；染料的吸收光谱与主体的发射光谱有好的重叠，即主体与染料能量适配，从主体到染料能有效地能量传递；红绿兰色的发射峰尽可能窄，以获得好的色纯；稳定性好，能蒸发。

红光材料主要有：罗丹明类染料，DCM，DCT，DCJT，DCJTB，DCJTI 和 TPBD 等。

绿光材料主要有：香豆素染料 Coumarin6（Kodak 公司第一个采用），奎丫啶酮（quinacridone，QA）（先锋公司专利），六苯并苯（Coronene），苯胺类（naphthalimide）。

蓝光材料主要有：N-芳香基苯并咪唑类；1，2，4-三唑衍生物（TAZ）（也是 ETM 材料）；1，3-4-噁二唑的衍生物 OXD-（P-NMe2）（高亮度；$1000cd/m^2$）；双芪类（Distyrylarylene）；BPVBi（亮度可达 $6000Cd/m^2$）。

② 配合物发光材料：金属配合物介于有机与无机物之间，既有有机物的高荧光量子效率，又有无机物的高稳定性，被视为最有应用前景的一类发光材料。常用金属离子有：Be^{2+}、Zn^{2+}、Al^{3+}、Ca^{3+}、In^{3+}、Tb^{3+}、Eu^{3+}、Gd^{3+}等。主要配合物发光材料有：8-羟基喹啉类，10-羟基苯并喹啉类，Schiff 碱类，-羟基苯并噻唑（噁唑）类和羟基黄酮类等。

7.4 OLED 的器件结构

7.4.1 OLED 的一般结构

OLED 一般由阳极、空穴注入层、有机发光层、电子传输层和阴极组成，如图 7-2 所示，有些器件还包括空穴阻挡层和电子阻挡层，形成材料的整体受限输运（Bluk Limited Transport），以限定载流子的传导区域，提高载流子的复合效率。OLED 屏的基本结构可分为单层器件结构、双层器件结构、三层器件结构和多层器件结构等多种。

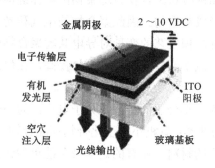

图 7-2 OLED 的一般结构

单层结构器件的正负两极之间只含有一层有机发光层，这种结构常用在掺杂型 OLED 中。这种结构的器件性能较差，由于两种载流子注入不平衡，所以复合概率小，发光效率低；由于器件中有机膜厚度大，因此驱动电压高。

在双层结构的器件中，由于大多数有机材料不是具有传输空穴的性质就是具有传输电子的性质，但同时具有均等的空穴和电子传输性质的有机材料极少。为了有效地解决电子和空穴的复合区远离电极和平衡载流子注入效率的问题，提高 OLED 的发光效率，采用双层结构。双层结构的器件有效地平衡了空穴和电子的注入量，提高载流子的注入速率和器件发光效率与量子效率。

三层结构的器件由空穴传输层（HTL）、电子传输层（ETL）和发光层（EML）组成。在此结构中，三个功能层各行其职，有利于器件的性能优化，这也是一种标准的器件结构。

为了降低驱动电压，提高对比度，增加量子效率，提高发光亮度而采用多层结构。多层结构不但保证了 OLED 功能层与玻璃间的良好附着性，而且还使得来自阳极和阴极的载流子更容易注入到有机功能薄膜中。但多层结构在改善器件性能的同时，也会给各层之间带来复杂的界面效应。

7.4.2　OLED 照明专用结构

照明的目标是模拟产生与太阳光相对应的可见光谱，一般要求好的显色指数（>75）和好的色坐标位置（接近 CIE 色品图的白点-0.33，0.33）。OLED 中产生白光可以有如下几种途径。

1．单发光层结构

单发光层结构需要两种或多种发光材料在同一种有机材料中聚集构成单层。然而，两种以上材料的共蒸（Co-evaporation）是一种难以控制和复制的工艺，尤其是掺杂浓度较低的时候，因此很少采用。

当同一层中有两种发光材料时，两种发光材料的发射光谱的色坐标必须在 CIE 色度图的同一直线上，且比例要严格控制，但是能隙不同的发光体之间存在竞争，在同一分子上只能承受一个空穴-电子对。仅几种发光体的共存就会首先使最低能隙的材料能级被填满，因此二极管的色度坐标会随着注入载流子的数量而变化。这种简单的结构通常会获得最高的效率，但是显色指数却很低。

2．多发光层结构

采用双发光层简化了二极管的制造，并为使用更多数量的发光材料开辟了道路。这一技术明显地限制了这种多发光层结构中因厚度的增加而产生的欧姆损耗。采用多发光层结构的主要缺点是驱动电压的增加和总效率的降低，但是这种结构可对载流子复合区和色度坐标进行更好的控制。其示意图如图 7-3 所示。

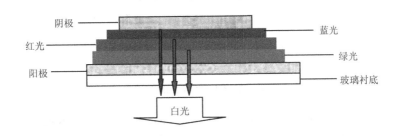

图 7-3　多层白光 OLED 结构示意图

另一种从多层 OLED 器件中获得白光发射的途径是采用多层量子阱结构（见图 7-4）。这种结构中包含两个或者更多的被阻挡层分开的发光层。电子和空穴隧穿过阻挡层的势垒，均匀地分布到不同的量子阱中发光。这个体系中对不同的有机材料的能级匹配要求不是很严格。激子在不同的阱中形成、衰减，在它们自己的阱中发出不同颜色的光。量子阱对载流子的限制提高了激子形成的可能性，使激子不能移动到其他区域或把它的能量转移到其他区域，但是这种方法非常复杂，需要优化各种发光层和阻挡层的厚度，需要相对高的工作电压。

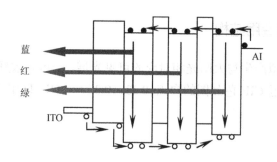

图 7-4　多层量子阱结构的白光 OLED

3. 堆叠式和叠层结构

这是一种顶发射器件发出白光的方法，在结构上，红光、绿光、蓝光 OLED 按顺序堆叠在衬底上（底发射器件的顺序与此相反），如图 7-5 所示。利用这种结构通过调节施加于每个二极管的电流，可对每种光成分的发射进行有效的和有源的控制。

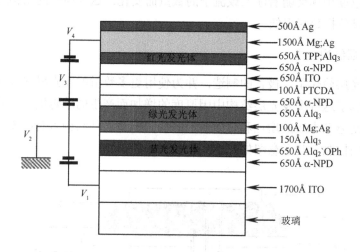

图 7-5　OLED 堆叠的例子

还有一种类似的结构称为叠层 OLED（结构示意图见 7-6）。它由两种或多种相同结构的二极管构成，并且用电荷产生的材料隔离，无论有多少个二极管堆积在一起，这种结构只有两个电极，因此这种 OLED 的电流效率很高。这种结构的难点在于顶端 OLED 的阳极和底端 OLED 的阴极同时使用透明电极（反向结构同理）。

（a）白光OLED结构　　　（b）两层白光叠层　　　（c）三层白光叠层

图 7-6　简单白光 OLED 结构和两种叠层结构

4．转换器（下转换）

为了限制发光材料的数量，在某些结构中使用了颜色转换器，它是一层能够将高能量光子转换为低能量光子的材料。也就是利用从 OLED 中发出的蓝光或紫光等短波长激发几种磷光材料，每种材料发出不同颜色的光混合到一起，就可以得到含有各种波长的白光。器件中的蓝光有一部分没有经过波长转换，直接穿过磷光层，剩下的部分被用来激发磷光材料，激发不同材料得到不同颜色的光。这些不同颜色的光与未经波长转换的蓝光混合，得到波长丰富的光谱。该器件中蓝光发光层是唯一的直接被激发的活性层。一旦激子产生，它们激发其他的磷光材料，得到白光所需的补色光。因此在转换器技术中，发光颜色可以通过改变磷光层的掺杂浓度和厚度来调整。

该技术中白光发射也可以通过紫外光激发红、绿、蓝磷光材料组合来得到。这种方法的优点是颜色稳定性好，缺点是波长下转换过程的效率较低。

7.5　OLED 的制备工艺

OLED 显示器件的制备不管是实验室、中试，还是量产，其制备过程基本一致，主要区别在于器件的真空蒸镀设备上。实验室多选用手动的真空蒸镀设备进行单片样品蒸镀，以便于制作种类不同的实验样品；为了便于小批量产品的切换，中试线一般采用半自动的真空蒸镀设备进行连续的多片样品蒸镀；量产线一般采用全自动的真空蒸镀设备进行流水样品蒸镀（或采用线蒸镀技术与工艺），以提高良品率、降低产品成本。在量产线上用旋涂技术工艺进行生产 OLED 产品也在研究尝试中。

OLED 显示器件的制备工艺包括：ITO 玻璃清洗→光刻→再清洗→前处理→真空蒸镀有机层→真空蒸镀背电极→真空蒸镀保护层→封装→切割→测试→模块组装→产品检验及

老化实验等十几道工序，其几个关键工序的工艺如下。

1. ITO 玻璃的洗净及表面处理

ITO 作为阳极其表面状态直接影响空穴的注入和与有机薄膜层间的界面电子状态及有机材料的成膜性。如果 ITO 表面不清洁，其表面自由能变小，从而导致蒸镀在上面的空穴传输材料发生凝聚、成膜不均匀。

ITO 表面的处理过程为：洗洁精清洗→乙醇清洗→丙酮清洗→纯水清洗，均用超声波清洗机进行清洗，每次洗涤采用清洗 5 分钟，停止 5 分钟，分别重复 3 次的方法。然后再用红外烘箱烘干待用。对洗净后的 ITO 玻璃还需进行表面活化处理，以增加 ITO 表面层的含氧量，提高 ITO 表面的功函数。也可以用比例为水：双氧水：氨水=5：1：1 混合的过氧化氢溶液处理。

清理 ITO 表面，使 ITO 表面过剩的锡含量减少而氧的比例增加，以提高 ITO 表面的功函数来增加空穴注入的概率，可使 OLED 器件亮度提高一个数量级。ITO 玻璃在使用前还应经过"紫外线－臭氧"或"等离子"表面处理，主要目的是去除 ITO 表面残留的有机物、促使 ITO 表面氧化、增加 ITO 表面的功函数、提高 ITO 表面的平整度。未经处理的 ITO 表面功函数约为 4.6 eV，经过紫外线－臭氧或等离子表面处理后的 ITO 表面的功函数为 5.0eV 以上，发光效率及工作寿命都会得到提高。对 ITO 玻璃表面进行处理一定要在干燥的真空环境中进行，处理过的 ITO 玻璃不能在空气中放置太久，否则 ITO 表面就会失去活性。

2. ITO 的光刻处理工艺

光刻工序从基板投片开始，经过清洗、涂胶、烘干、曝光、显影、蚀刻、脱膜等工艺手段，在基板上形成 Cr 等金属辅助电极图案、ITO 图案、绝缘层（Insulator）图案、阴极隔离柱（Seperator）图案等四部分图案成形组成，具体如下：

（1）第一次光刻：Cr 图案的成型

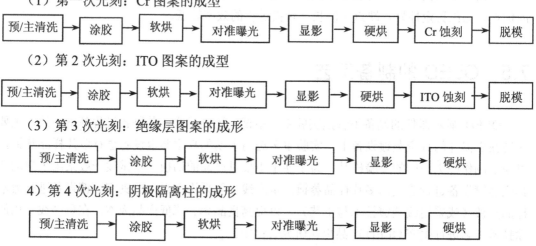

预/主清洗 → 涂胶 → 软烘 → 对准曝光 → 显影 → 硬烘 → Cr 蚀刻 → 脱模

（2）第 2 次光刻：ITO 图案的成型

预/主清洗 → 涂胶 → 软烘 → 对准曝光 → 显影 → 硬烘 → ITO 蚀刻 → 脱模

（3）第 3 次光刻：绝缘层图案的成形

预/主清洗 → 涂胶 → 软烘 → 对准曝光 → 显影 → 硬烘

4）第 4 次光刻：阴极隔离柱的成形

预/主清洗 → 涂胶 → 软烘 → 对准曝光 → 显影 → 硬烘

以上工序中的涂胶、软烘、对准曝光、显影、硬烘一般需要在净房洁净度 100 级，温度 23±3℃，湿度 50±10%RH 的黄光区中进行；预/主清洗、Cr/ITO 蚀刻在净房洁净度 1000

级，温度 23±3℃，湿度 50±10%RH 的白光区进行。上述是 OLED 显示基板工序，用于 OLED 照明的基板工序可以简化些，主要是对 ITO 层进行处理形成电极图案。

3. 有机薄膜的真空蒸镀工艺

OLED 器件需要在高真空腔室中蒸镀多层有机薄膜，薄膜的质量关系到器件质量和寿命。在高真空腔室中设有多个放置有机材料的蒸发舟，加热蒸发舟蒸镀有机材料，并利用石英晶体振荡器来控制膜厚。ITO 玻璃基板放置在可加热的旋转样品托架上，其下面放置的金属掩膜板控制蒸镀图案。

一般有机材料的蒸发温度一般在 170℃～400℃ 之间、ITO 样品基底温度在 100℃～150℃、蒸发速度约 0.1nm～1nm/s、蒸发腔的真空度在 $5×10^{-4}Pa～3×10^{-4}Pa$ 时蒸镀的效果较佳。单色膜厚通过晶振频率点数和蒸发舟挡板联合控制，而三色则通过掩膜板来控制。但是，有机材料的蒸镀目前还存在材料有效使用率低（<10%）、掺杂物的浓度难以精确控制、蒸镀速率不稳定、真空腔容易污染等不足之处，从而导致样片基板的镀膜均匀度达不到器件要求。流程如下：

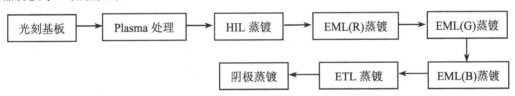

4. 金属电极的真空蒸镀工艺

金属电极仍要在真空腔中进行蒸镀。金属电极通常使用低功函数的活泼金属，因此在有机材料薄膜蒸镀完成后进行蒸镀。常用的金属电极有 Mg/Ag、Mg:Ag/Ag、Li/Al、LiF/Al 等。用于金属电极蒸镀的舟通常采用钼、钽和钨等材料制作，以便用于不同的金属电极蒸镀（主要是防止舟金属与蒸镀金属起化学反应）。金属电极材料的蒸发一般用加热电流来表示，在我们的真空蒸镀设备上进行蒸镀实验，实验结果表明，金属电极材料的蒸发加热电流一般在 70A～100A 之间（个别金属要超过 100A）、ITO 样品基底温度在 80℃ 左右、蒸发速度在约 0.5nm～5nm/S、蒸发腔的真空度在 $7×10^{-4}Pa～5×10^{-4}Pa$ 时蒸镀的效果较佳。

5. 器件封装工艺

OLED 器件的有机薄膜及金属薄膜遇水和空气后会立即氧化，使器件性能迅速下降，因此在封装前绝不能与空气和水接触。因此，OLED 的封装工艺一定要在无水无氧的、通有惰性气体（如氩气）的手套箱中进行。封装材料包括黏合剂和覆盖材料。黏合剂使用紫外固化的环氧固化剂，覆盖材料则采用玻璃封盖，在封盖内加装干燥剂来吸附残留的水分。

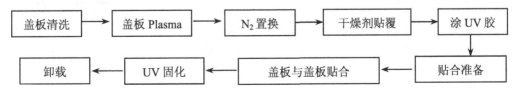

7.6 OLED 的封装

1. 传统 OLED 封装技术

传统的 OLED 封装技术是对刚性基板（玻璃、金属）上制作电极和各有机功能层进行的封装，这种封装方式一般是给器件加一个盖板，并在盖板内侧贴覆干燥剂，再通过环氧树脂等密封胶将基板和盖板相结合，封装方式见图 7-7 所示。这样的封装可在基板和盖板

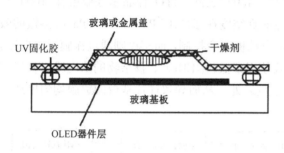

图 7-7　传统 OLED 器件的封装

之间形成一个罩子，从而把器件和空气隔开，因而可有效地防止 OLED 各功能层以及阴极与空气中的水、氧等成分发生反应。整个封装过程应在充有氮气、氩气等惰性气体及水汽含量小于 3×10^{-6} 的环境中完成。封装盖板主要分为金属盖板和玻璃盖板两大类，金属盖板既可以阻挡水、氧等成分对器件封装的渗透，又可以使器件坚固，但其不透光，重量及成本问题也限制了这种封装方法在有机电致发光器件上的应用。而玻璃盖板具有优良的化学稳定性、电绝缘性和致密性，但其机械强度差，容易产生微裂纹。传统 OLED 封装需要密封胶，但由于密封胶的多孔性，空气中的水分容易渗透而进入器件内部，产生黑点，因此，在这种封装方式中，一般都会在器件内部加入氧化钙或氧化钡作为干燥剂来吸收水分。传统的 OLED 封装技术虽然有效，但很笨拙，而且成本高，因此，OLED 采用这些机械部件来封装，很难在价位上与 LCD 进行竞争。

2. 单层薄膜封装技术

由于密封胶对水蒸气和氧气的阻隔性能较差，当前采用的薄膜封装技术克服了这个缺点，较好地改善了封装效果。单层薄膜封装方法是用薄膜作为阻挡层封装 OLED 器件，采用柔性衬底后，运用薄膜封装技术可实现柔性显示。单层薄膜中，对水蒸气和氧气阻隔性能较好的有 SiO_2 和 SiN_x 薄膜，可以使水蒸气和氧气的渗透率降低 2～3 个数量级，并且能够提高衬底表面的光洁度。薄膜封装的基本结构如图 7-8 所示。

3. 多层薄膜封装技术

单层薄膜封装技术可以在一定程度上阻挡水蒸气和氧气渗透进入器件内部，但是它的阻隔性能还是不够理想，单层薄膜封装的器件寿命也只能维持在数百小时，

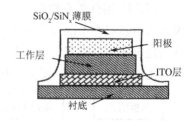

图 7-8　薄膜封装的基本机构

所以人们把目标转向了具有更好阻隔性能的多层薄膜封装技术上。多层薄膜封装器件的基本结构与单层薄膜基本相同。依靠薄膜技术进行器件的封装易于实现柔性显示，虽然多层薄膜对水蒸气和氧气的阻隔性能远远高于单层薄膜，但是薄膜封装的器件寿命仍然不能满足商业化的需求。

4. 以有机物和无机物交替的 Barix 薄膜封装技术

Barix 薄膜封装技术就是在基板和 OLED 器件上采用多层薄膜包覆密封，将有机高密度介电层与无机聚合物在真空中交替叠加，总厚度仅为 3μm 左右，Barix 封装基本结构示意图如图 7-9 所示。盖封装层直接加在 OLED 工作层上，无需使用其他的封装材料和机械封装原件，减少器件的体积和质量，并且能很好地减少水蒸气和氧气的渗透。Barix 封装技术的封装性能良好，可以用于柔性显示。

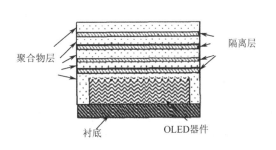

图 7-9　Barix 封装结构示意图

上述 4 种常见的 OLED 封装技术虽然在一定程度上能满足器件的封装要求，但是这些封装方法制备的 OLED 器件对水蒸气和氧气的阻隔性能远远不及刚性显示器件，在耐受温度、热稳定性和机械强度方面都存在多种缺陷，影响 OLED 器件的使用寿命。

5. 新型柔性封装技术

此方法是以柔性和透明的云母单晶薄片为基板，以低熔点的铟或者铟合金对盖板和基板进行封接。云母是一种晶体结构的天然矿物，容易剥离成为很薄的薄片，并且剥离面较光滑。选择云母做衬底的原因是，云母具有较高的透光率，耐受温度高，有较高的抗电性能，化学稳定性好，机械强度高，收缩率小。云母对水蒸气和氧气的阻隔性能可以与玻璃相媲美，表面平整度可以达到分子级，并且云母的柔韧性较强，可以用于实现柔性显示。

云母的最小厚度能达到 2×10^{-4}cm，云母箔的厚度可以达到 8×10^{-5}cm，并且能够保持较好的柔韧性，满足柔性显示器件制作要求。铟及铟合金对水蒸气和氧气的渗透率很低，熔点低，可塑性好，并且铟封接技术长期用于高真空器件的低温封接过程中，在膨胀系数相差很大的两种材料之间能够实现非匹配封接，封接后铟层产生的应力小，比传统的黏合剂所产生的应力至少小 1 个数量级，可以忽略不计，并且铟封接不污染和损坏器件。铟及铟合金有一定的柔韧性，也可作为柔性封装材料。新型 OLED 器件的基本结构示意图如图 7-10 所示。新型 OLED 器件封装过程中，基板和盖板的材料都采用对可见光透明的天然白云母或者人造云母，厚度在 0.5～50μm，并且是没有缺陷的单晶云母薄片。ITO 透明电极层兼有有机发光功能层的阴极层，为了避免透明电极引线发生短路，在封接层与电极之间设置一个绝缘层。为了保证铟封接的可靠性，在封接层与盖板、基板和绝缘层之间设置一个过渡层，过渡层所选用的材料是易于与铟或者铟合金封接层产生浸润的金属，包括 Au、

Ag 或者 Pt。在盖板和基板的外侧分别黏接上一层透明的聚合物作为盖板和基板的增强层或者保护层，使器件具有更好的柔韧性和机械强度，从而提高器件的可靠性。结合云母、铟、铟合金各自的优点以及制作柔性有机电致发光器件的要求，实现云母衬底铟封接技术制作 OLED 是非常有前景的。

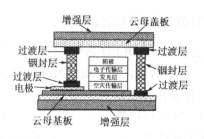

图 7-10　新型封装方法的基本结构

6. 有机发光器件混合封装

混合封装方法，即结合传统玻璃后盖式封装和薄膜封装两种方法，在蒸镀完各功能层后，在组件上层至少沉积生成一层阻水薄膜，然后与玻璃后盖或高分子材料后盖密闭成一个腔体，四周涂上 UV 胶，以起到对水汽和氧的阻隔。该方法结合了两种方法的优点，即具有良好的热传导性、良好的电屏蔽性、较强的水分子阻隔能力、化学稳定、抗氧化、电绝缘、致密等。即使在封装内部没有加入干燥剂的情况下，水汽透过 UV 胶黏合层，在内部还有几层薄膜层对其进行阻隔，水汽透过的难度增加，透过所耗费的时间更长，从而有效提高封装器件的寿命。

7.7 OLED 的应用

7.7.1 OLED 的显示应用

OLED 由于同时具备全固态结构、自发光、不需背光源、发光效率高、亮度高、对比度高、厚度薄、可视角度广、响应速度快、可用于柔性面板、工作温度范围宽、构造和制程较简单等优异特性，被认为是下一代平面显示器新兴应用技术。依据驱动方式的不同，OLED 可分为主动式（有源矩阵，AMOLED）和被动式（无源矩阵，PMOLED）。无源矩阵 OLED 器件结构简单、价格低廉，适用于字符和数字显示器等小信息量显示应用，例如：医用显示器和小型文字显示等。有源矩阵 OLED 的每个像素配备具有开关功能的低温多晶硅薄膜晶体管和电荷储存电容，外围驱动电路和显示阵列整个系统集成在同一基板上。有源矩阵 OLED 不受扫描电极数的限制，易于实现高亮度和高分辨率，且可以对红色和蓝色像素独立进行灰度调节驱动，这非常有利于 OLED 彩色化实现。有源矩阵 OLED 主要用于高分辨率、大信息量的显示器，如电脑、电视、监视器和 GPS 导航等视频和图像显示领域。

OLED 在显示领域有着非常广泛的应用，已经应用于各种图形和数字、识别标签、彩色平板显示、智能手机、平板电脑、移动通信、壁挂电视及军用领域，还可用于低温环境，高速动态显示等领域。

AMOLED 已经被三星电子等广泛地应用于智能手机的屏幕显示中，与大多数手机使用的传统液晶显示（TFT）相比，具有更宽的视角、更高的刷新率和更薄的尺寸。与传统 LCD 手机显示屏相比（如图 7-11 所示），AMOLED 表现出更广的色域和更高的对比度，显示色彩更加丰富，能够提供更好的户外阅读视角；由单个像素都可以被独立调控亮度，无需恒定背光，因此 AMOLED 显示屏能耗更低。

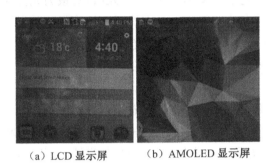

　（a）LCD 显示屏　　　（b）AMOLED 显示屏

图 7-11　智能手机 LCD 显示屏和 AMOLED 显示屏（比较智能手机屏幕）

（1）OLED 电视

OLED 可用于大屏幕显示领域，已经成为等离子体显示器（PDP）的强劲竞争对手。在 2015 年举行的国际消费电子展（CES）中，LG 电子推出分辨率为 4K 的 65 英寸曲面 OLED 电视，其具有卓越的黑色表现力，能够还原真实色彩。与普通的 LCD 和 LED 电视相比，OLED 电视机身纤薄，甚至可达到 4mm 左右的极致厚度；无限对比度，可完美呈现黑色；超快的响应速度，可欣赏无残影的影像。

（2）可穿戴设备

OLED 的可弯曲型和可折叠性使其在可穿戴设备领域有非常巨大的应用前景，如智能手表、智能手环及智能眼镜等。在轻薄与低功耗的要求下，LCD 显示器因为结构复杂而在穿戴设备应用上处于劣势，节能 AMOLED 显示设备的应用能够极大地改善穿戴产品显示元件的功耗问题。例如，Motorola 发布的 Moto 360 智能手表采用圆形外观的 OLED 作为智能手表面板，能够仅以黑白显示传统表面数字和指针画面，显示面板可节约 40% 的功耗损失。

（3）车载显示

由于 OLED 显示器所需的工作电压低，功耗小，可有效地减少汽车驾驶室内热量与噪声。OLED 显示技术也用于汽车、摩托车等各种车辆仪表的显示屏。

（4）OLED 显示技术与 LCD 的比较

在显示领域，OLED 与传统的 LCD 技术相比，具有如下特点：①OLED 超轻薄，不需要背光源，便于产品设计；②还原真实色彩，色饱和度纯正；③低功耗，快响应（通常为

1～5μs）；④超宽视角，全方位 180 度视角；⑤高对比度，高达百万比一。然而，到目前为止，OLED 技术面临的最大问题在于低的产品合格率，这导致 OLED 成本较高，LCD 则具有比较明显的价格优势。随着 OLED 技术的发展，生产线合格率的提高，成本的进一步降低，预计 OLED 将在显示领域有更广泛的应用。

7.7.2 OLED 的照明应用

OLED 照明属于面光源，具有光线柔和、高显色指数、健康无辐射、接近自然光等特点，而且本身就是灯具，适合于室内照明。以 OLED 灯板为光源的灯具，具有较高的能量转换效率，目前用于照明的白光 OLED 产品光效可达 60 lm/W 以上，未来预计可实现 100 lm/W 的光效。OLED 能够实现高品质的白光（显色指数高于 80），作为柔和的面光源，它可以实现瞬时启动，且光源中不含汞，符合环境保护的要求。

（1）室内照明

与灯泡或荧光的局部照明不同，OLED 在室内照明中具有大面积的优势，可以在天花板或墙壁上安装大面积的 OLED 光源，使得室内整面墙都发出柔和的光线，给人感觉更温和、舒服。利用 OLED 光源轻、薄的特性也可创新设计出不同结构（如片状结构，透明、可弯曲结构）的照明灯具，让一般照明呈现出艺术化的照明感觉。OLED 照明能够让照明的设计自由度更高，并呈现出不同的应用情境，如图 7-12 所示。

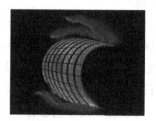

（a）charlotte-vfsn.blogspot.com　　　　（b）www.ecubedventures.com

（c）www.siemens.com

图 7-12　OLED 的室内照明应用
（图片来源于网络）

（2）汽车照明

OLED 产品能够成功地整合到汽车车顶中，这种 OLED 灯在关闭时呈现透明状态，汽车内乘客可透过车顶欣赏车外风景；当灯开启时，又仅将光线投射到车内。OLED 的整个表面以漫射光照明，比点光源更加柔和，高反差阴影更少。汽车内透明 OLED 的照明技术不仅创造了全新的设计空间，更能够与透明的太阳能电池结合使用。

（3）OLED 与 LED 照明对比

OLED 与 LED 同属固态照明，同样具有发热量低、耗电小、反应速度快和体积小等特点。但是 OLED 光源在透明度、可弯曲性、热量消耗和薄型化等方面具有更多的优势。与 LED 的点光源发光相比，OLED 照明最显著的优势是面光源发光，因而具有更好的发光效率。

（4）OLED 照明市场规模预测

OLED 照明市场受到成本高和寿命短等因素的制约，全球 OLED 照明产品还处于发展阶段，产品良品率比较低。从 2011 年至 2015 年，全球 OLED 市场持续增长，美国能源部设定的 OLED 发展目标显示，规划到 2020 年面板光效达到 157 lm/W。

OLED 以其优异的性能和广阔的发展前景成为当前显示器件领域中的研发热点，要使 OLED 走向产业化，人们还需要做出相应的努力。目前，影响 OLED 器件寿命的主要因素包括各功能层相互间的接触面的影响、阴极和阳极功函数的影响、空穴传输层对热效应的耐受力的影响、驱动条件的影响等。随着研究的进一步深入，这些影响将会不复存在。

思考题

1. 什么是有机半导体？简述其发光机理。
2. 良好的有机发光材料一般应具有哪些特性？
3. 研究 OLED 载流子传输过程的意义是什么？
4. 举例简述常用的 OLED 材料与器件结构。
5. 简述 OLED 芯片的制备工艺，对比与 LED 芯片工艺的差异。
6. 简述 OLED 封装工艺过程，比较与 LED 封装工艺的差异及原因。
7. 与 LED 技术相比，OLED 在照明应用中有哪些优势与不足？

第8章
半导体照明展望

8.1　概述

　　与传统电光源相比，LED 的电光转换效率可接近 100%，理论光效可达到 400lm/W 左右，能满足绝大部分的照明需求。目前，商用 LED 的发光效率已达到为 150 m/W，实验室水平已超过 300lm/W，并有进一步提高的空间。因此，半导体照明因其具有其他照明方式不可替代的优势，被国际上公认为最有发展前途的第三代照明光源[1]。

　　目前，全球的照明用电量占总发电量的 12%～22% 左右[2, 3]。全球化石资源的过度消耗，二氧化碳大量排放造成的温室效应日益显现，各种自然灾害频繁发生，生态环境问题日趋严峻，严重地影响了人类的生存安全和发展，节能减排已成为全人类的共识。照明是全球电力消耗的主力，用半导体照明代替传统照明可减少十几亿吨的温室气体排放，其经济效益和社会效益十分巨大。2007 年，根据美国能源部(DOE)的报告，美国 22% 的电能用于照明[4]。预测在今后 20 年中，LED 照明将在美国得到快速的普及，可减少 62% 的照明电能需求，并能减少 CO_2 排放量 2.58 亿吨，少建 133 座新的电厂，节减财政开支 1150 多亿美元[4]。半导体照明将引起照明技术的革命性变革，引起了各国政府的高度关注。

　　半导体照明产业包括处于产业链上游的衬底材料、外延生长材料和半导体发光二极管（LED）制备等技术密集型产业和处于产业链下游的 LED 单灯和模块的封装、应用产品开发生产等劳动力密集产业。照明产业的发展还将带动与其相关的精细化工、材料生长和微细加工等关键设备的研制开发、高精度分析测试仪器的研究开发、IT 和通信产业、家用电器等行业的发展，在促进中国经济的可持续发展、解决劳动力就业和拉动消费方面发挥重要作用[5,6]。无论从发光理论、材料体系、器件结构、封装方式，还是应用范围来说半导体照明都处于发展阶段，并仍有较长的路要走。由于 LED 的应用面很宽，从低端的指示灯、玩具、景观照明、手机背光照明、交通信号灯，到高端的大屏幕全色显示、液晶电视背光照明、汽车照明、路灯、室内照明、智能照明等，它们对材料、器件、封装的要求差异性很大。随着 LED 技术的不断向前发展，其应用范围不断扩大，世界各国都纷纷将半导体照明产业列入战略高技术产业范畴，从政策上给予了大力扶持和支持，各国政府纷纷制订国家级的半导体照明研究发展计划[6]。

为加速推进清洁、节能及高效光源的应用，世界上很多国家颁布了白炽灯的禁、限令。2008 年欧盟委员会就欧盟范围内白炽灯逐步退出市场做出决定[7]：100 瓦以上的白炽灯自 2009 年 9 月起退出市场；40 瓦以上的白炽灯于 2010 年初退出市场；2012 年后所有白炽灯将由节能灯替代，不再销售白炽灯；到 2016 年卤素灯也将禁止销售。根据欧盟控制温室气体排放的目标，到 2020 年需减少 1/5 的温室气体排放。为此，需要提高能源利用效率 20%，采用节能灯替代白炽灯是提高能源效率的一个重要步骤。预计实施"禁限令"等节能措施后，欧盟范围内节约的能源相当于 10 个 500 兆瓦电站的供电量[8]，每年可节约费用 50 亿至 100 亿欧元。根据中国的路线图，从 2012 年 10 月 1 日起，全面禁止 100 瓦以上白炽灯的销售和进口；此后 4 年内，依次淘汰不同功率的白炽灯；直至 2016 年，15 瓦以上的白炽灯完全退出照明市场[9]。

美国、加拿大、欧洲和澳大利亚通常也都以一定期限的"白炽灯禁令"，立法调节，或者废除白炽灯和卤素灯的形式来响应照明变革（见表 8.1）。

表 8.1　各国政府开始禁止使用传统灯泡的年份

国家	美国	加拿大	澳洲	欧盟
年份	2014	2012	2010	2009

作为照明历史上第三次技术革命，半导体照明技术确立了新时期下照明产业变革中的主导地位，但仍有着巨大的创新空间。随着技术进步的推动和市场需求的拉动，特别是限制白炽灯的禁令下，半导体照明产业将进入高速增长期，未来几年是半导体照明技术创新与产业发展的黄金时期[6]。

半导体照明多学科、多领域的技术创新及应用方兴未艾，技术创新已呈现出多功能、小型化、系统化、智能化发展趋势，正朝着高光效、低成本、高光品质、高可靠性和更加广泛的应用领域发展。半导体照明作为第三代半导体材料技术创新和市场应用的突破口之一，还将带动电力电子、新能源汽车、光伏、光通信、光存储等新兴产业的发展，将开启微电子和光电子携手并进的时代，成为未来智慧城市、云计算和物联网重要的应用载体。

8.2　技术发展

随着 LED 应用领域的拓展，全球范围内半导体照明技术创新和产业发展空前活跃，国内外的技术发展进程明显加快，世界各国及行业巨头都在全力抢占这一战略性新兴产业制高点。但是，半导体普通白光照明技术还远不成熟，还有一系列的科学和技术问题有待解决。目前，半导体照明的技术问题诸多，但其关注点更多地集中于提高产业化芯片的内量子效率和出光效率，降低光衰（提高寿命）与降低成本；应用系统技术的开发以及如何降低成本；技术研发模式也将会出现较大的转变。其发展趋势主要有：非蓝宝石衬底外延技术、AlInGaN 四元系材料外延技术；功率型 GaN 基芯片设计、加工工艺、提高散热和取光效率的新工艺、新技术；二次光学设计、灯具散热等；系统向集成化方向发展，结合集成电路工艺的芯片级光源技术、多功能系统集成封装技术、超越封装的 LED 模组技术，如 Chip On Board（COB）、光引擎集成等成为技术研发热点。同时，产品向智能化、模块化方向发展，如开发低成本、高可靠、高效率的应用产品及系统；依据室内外照明环境的不同需求，形成标准化的产品种类与规格，解决用户长期使用的维护与替换问题；充分发挥 LED 可控性强等特点，开发智能照明系统；开展 LED 光源、电子控制装置模块化及灯具内相应的接口标准统一，形成大规模的制造生产，促进成本的快速下降。此外，农业、医疗、通信等超越照明的创新应用技术成为新热点。而且随着半导体照明联合创新国家重点实验室的发展，以及国内企业在研发方面投入能力的增加，企业将逐步成为技术研发和提升的主体，而协同创新模式也将有进一步的探索。

8.2.1 LED 材料、器件与封装

1. 衬底制备、外延材料及装备

（1）蓝宝石衬底制备、LED 材料外延及出光效率技术

① 图形化衬底：开展蓝宝石纳米图形衬底制备技术研究；开展具有不同图形的衬底上外延材料形态演化研究，提高材料生长中表面形态可控性，努力提高 GaN 外延质量；开展图形化衬底 LED 的内量子效率和出光效率研究。

② 非极性衬底：开展非极性与半极性面关键外延技术研究；开展非极性与半极性面堆叠层错等缺陷的抑制研究；开展非极性与半极性面 LED 偏振特性研究。

（2）非蓝宝石衬底外延技术

① GaN 衬底：开展 GaN 同质衬底制备及外延技术研究。

② Si 衬底：开展低成本、低缺陷、高光提取效率及龟裂抑制关键技术研究。

（3）外延装备及源材料

① 金属有机化合物化学气相淀积（MOCVD）、氢化物气相外延（HVPE）等关键材料生长设备及技术开发。

② 金属有机源、高纯氨等高纯源材料的产业化技术开发。

2. 芯片制备技术与装备

（1）功率型 GaN 基芯片的设计、关键加工工艺的研究与开发。

（2）高热导、高光提取效率新工艺、新技术研究开发。

（3）新型氧化物透明电极、光子晶体、微芯片、高静电等技术的研究开发。

（4）芯片测试、分拣等关键工艺设备的研制开发。

3．封装材料、工艺技术与装备

（1）低热阻大功率 LED、UV 白光 LED、RGB 三基色白光 LED 封装技术研究开发。

（2）电路板上直接芯片、多芯片组合、芯片级封装（CSP）封装新技术的研究开发。

（3）高折射率大功率 LED 用硅胶、透镜材料、高效荧光粉等基础材料的研究开发。

（4）LED 寿命评估和性能分析仪器及方法的研究。

4．系统集成与应用

（1）二次光学设计、灯具散热技术、高效驱动电路的研究开发。

（2）LED 灯具模拟技术。

（3）微光学技术及应用研究开发。

5．标准制定、关键检测设备与公共检测平台

（1）LED 标准体系研究与标准制定。

（2）LED 测试方法研究及基准级测试设备开发。

（3）LED 灯具寿命评估及性能分析。

（4）LED 灯具在线检测设备开发。

此外，在 LED 照明产品及应用形式方面，技术发展也有其对应的新模式。当前，LED 照明灯具产品绝大多数以替代现有灯具产品为主，其灯具结构和使用模式尚未完全按照 LED 光源特性和优势进行设计。预计随着 LED 灯具的逐步应用和推广，将逐步出现全新的 LED 灯具形式，如与建筑材料的一体化，见光不见灯；照明产品的结构和功能也会发生较大的变化，将逐步走向智能化、网络化，同时也将集成众多其他功能，如通信、感应等。未来的 LED 产品将是全新的产品，将会彻底改变人们的生活。

8.2.2　可见光通信技术

与传统照明光源相比，半导体 LED 具有高速调制的优势，可以同时实现照明与通信双功能[10]。在人眼毫无察觉的情况下，将 LED 作为信息发射源，实现空间自由通信，具有很强的应用前景。半导体照明的可见光通信技术具有大带宽、无电磁污染、安全性好、功耗低、无需新增专用网络和频率许可证、具有一定的移动性以及与半导体照明相结合所带来的节能和环保等优点。随着半导体照明技术的进一步发展和半导体照明的日渐普及，LED 光通信有可能成为网络终端的主要接入方式[11]，可应用于基于半导体照明的室内高速数据传输、公共场所信息广播、汽车等交通工具间的通信和智能交通管理网络、射频敏感区域（如医院、飞机、保密部门等）的通信、光学标签和仓储管理等应用系统[10]。为此，美国成立了由波士顿大学、Rensselaer 理工学院和新墨西哥大学组成的智能照明中心[12]。由美国

国家科学基金、纽约州、伦斯勒市以及 18 家企业合作伙伴共同投资 2070 万美元，建立了 LED 光通信点对点数据传输系统。波音公司也在从事用于飞机上的多媒体娱乐系统的研究与开发。此外，英国牛津大学、剑桥大学、帝国理工学院、德国西门子公司、法国电信等单位也开展了半导体智能照明的研究与开发。西门子公司利用白光 LED 实现了速率大于 10Mb/s 的点到点数据传输。日本庆应义塾大学发起并于 2003 年 10 月成立了"可见光通信联盟"（VLCC），其目的是建立安全、无处不在的可见光通信网络。VLCC 不仅重视先进技术的研究与开发，也很注重行业标准的研究工作，于 2007 年提出的两项标准被日本电子与工业技术联合会采纳。他们利用 LED 阵列实现了单管传输速率为 5Mb/s 的数据传输，以及用于仓储管理系统的光学标签（数据传输速率为 4.8Kb/s）等。韩国在半导体照明智能信息网的研究方面也非常活跃，韩国三星公司和韩国电子通信研究院合作实现了移动设备之间的点对点通信，以及利用 RGB 三色光的波分复用技术实现了固定设施和移动设备之间的单向通信、固定设施到移动设备的双向通信。

8.2.3 非视觉照明应用技术

随着植物工厂产业的兴起，LED 照明在农业领域的应用逐步成为植物工厂照明的首选[13]。在植物的生长过程中，光作为一种环境因素尤为重要。改变光的波长、强度甚至可以影响植物的生长周期。相对于传统光源，除了其节能特性，LED 还有光谱窄、光质纯、光效高、光谱可调以及低发热、小体积、长寿命等突出优势，便于集中植物所需波长实施均衡近距离照射。LED 在农业照明中的应用主要包括植物生产、养殖业、微藻培养、食用菌生产等。LED 农业照明技术的发展趋势主要集中植物生长的光控标准与基本理论的研究，获取特征作物的特征光的需求特性，寻求深层次的调控机理，建立植物 LED 补光标准和产品设计规范等[14]。

此外，除了用于照明领域，LED 的应用超越了照明的范围。如紫外 LED 还可用于疾病控制、癌症的治疗等生物医学领域[15]。280 nm 深紫外及更短波段的光子有足够能量直接破坏细菌和病毒赖以复制的脱氧核糖核酸（DNA）和核糖核酸（RNA），杀死细菌及病毒。在深紫外光照射下，组成 DNA 的胞嘧啶中的化学键被打断，形成二聚体，使 DNA 双螺旋结构变形，阻止了碱基对的组合复制，病毒和细菌因此无法进行繁殖[16]。与汞灯等其他紫外光源相比，基于氮化铝镓（AlGaN）材料的深紫外 LED 具备坚固、节能、寿命长、无汞环保等优点。同时，深紫外 LED 体积小、环保无污染、便携等独特优势又拓展了其在消费类电子产品应用，如白色家电的消毒模块、便携式水净化系统、手机消毒器等，从而展现出广阔的市场前景，成为继可见光照明之后，LED 技术发展的新方向与热点。

8.3 市场分析

伴随着转变经济发展方式及节能减排的需求，照明领域的产业升级及转型大幕正在徐徐拉开，半导体照明替代传统照明灯具已是大势所趋。半导体照明产品的市场应用前景广阔，各国政府的政策支持也使其获得了良好的发展机遇。对 LED 照明产品市场而言，起决定作用的指标主要有两个：光效及价格。光效的提高将极大地刺激价格的下降，而价格的下降将使 LED 逐步走入各种照明领域（如图 8-1 所示）目前 LED 已在景观照明、显示、背光等领域获得主导地位；在通用照明领域，市场大规模应用已启动，但仍依赖价格的下降与光效的提高；在汽车照明、农业照明以及超越照明领域，虽然技术尚未成熟，但前景广阔并具有巨大的市场潜力。

根据 LEDinside 网站最新发布的统计报告，2014 年全球 LED 产值以及照明产品出货量较 2013 年将增长 68%。[17] 其中，北美地区增长率预计达 72%，中国大陆市场 LED 照明产品用量增长率达 86%。预计 2015—2016 年还将维持较高增长速率。

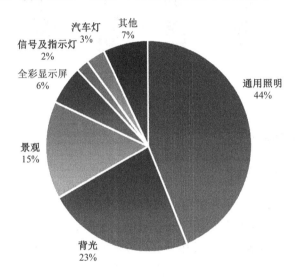

图 8-1　2015 年中国半导体照明应用领域分布

8.3.1　总体市场前景趋势

随着 LED 性能的持续提升和制造成本的不断降低，半导体照明产品的应用领域也不断拓宽。从最初在手机背光、信号、指示领域的应用，到在景观照明、显示屏、LCD-TV（液晶电视）背光、汽车中的应用，目前已全面进入道路、商业、工业照明等功能性照明领域，并渐渐成熟，成为这些应用市场的主流。[18] LED 照明应用市场将在 2015—2016 年大规模启动，实现爆发性增长，并将是最具竞争力的主流照明产品，其市场渗透率将达到 30% 左右[19]。

根据美国市场研究公司（MarketsandMarkets）的研究报告——《固态照明类型（LED、OLED、PLED）、应用（通用照明、背景照明、汽车照明、医疗照明）、范畴（工业、家用、消费性电子产品）、材料及地域——市场分析与预测（2013—2018）》预测[20]，全球半导体照明市场预计将于 2018 年达到 567.9 亿美元，2013 年至 2018 年的复合年增长率将达 18.7%

（见图 8-2）[21]。

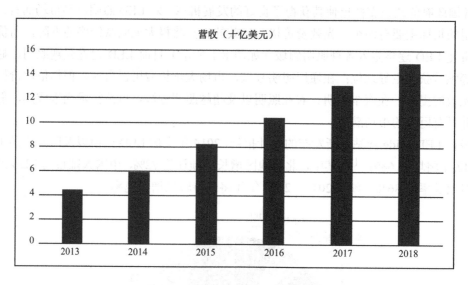

图 8-2   全球固态照明市场趋势预测[21]

8.3.2   分类市场规模分析

1. 通用照明市场趋势分析

通用照明包括室内照明与室外照明，人们日常生活对白光照明的需求造就了巨大的通用照明市场，而 LED 照明将会是通用照明市场的主力军。为了进入通用照明市场，功率型白光 LED 除了要解决发光效率低、散热不好、成本过高等问题外，还要完善光学与电控等系统的整合以及制定 LED 照明产品的通用标准。近年来，随着上游白光 LED 芯片发光效率和技术水平的不断提升、LED 通用照明产品技术的不断成熟以及照明标准的制定，LED 通用照明产业的规模持续壮大，市场需求也持续增长。

据统计，2013 年我国 LED 应用产品产值达到 2068 亿元，同比增长 36%，其中通用照明产值 696 亿元，占应用产值的 34%，显示通用照明已经成长为 LED 最重要的应用领域[22]。红塔证券据此预测，2014 年、2015 年我国 LED 通用照明产值达到 1154 亿元、1800 亿元，同比增长 66%、56%。[23]美国能源部 2014 年发布报告称，到 2020 年，LED 在通用照明市场的占有率将达到 36%，并将在 2030 年进一步增加到 74%。[24]

由于 LED 灯具的生产成本较高，市场价格一直居高不下，而酒店、商务会馆、高档商用写字楼等商用场所对于价格的敏感度低，对于新兴产品抱有更大的兴趣，这些都降低了 LED 照明进入商用市场的门槛。因此，LED 照明将率先进入商用市场，逐步向民用市场扩展。

2. 背光显示市场趋势分析

背光源目前是 LED 应用的主流市场之一，LED 在背光源领域占有较大的比例，已具有一定的规模，并且其相对冷阴极荧光灯管（CCFL）有着明显的节能优势，图 8-3 详细给出了背光市场营收趋势变化及对未来几年的预测[25]。作为液晶产品中重要组件之一，LED 在背光领域的市场份额在过去的几年里逐渐增加。全球背光源市场需求量从 2006 年的 14.03 亿片增长至 2010 年的 24.13 亿片，年复合增长率达到 14.52%。[26] 虽然 LED 在背光中的应用渗透率在较短时间内接近饱和，但每台显示器内的 LED 价值也将开始下滑。在此同时，成长强劲的平板装置应用 LED 市场也将开始减速，原因在于平板装置出货量成长速度开始逐渐减缓。虽然此时 LED 背光源市场份额过了顶峰时期并且开始下降，但其仍然是非常重要的市场。

图 8-3　背光显示市场营收趋势预测[25]

根据 Strategies Unlimited 预测，显示器背光市场产值将会出现快速下滑趋势，在未来 5 年内，估计将从 2013 年的 26 亿美元下降三分之二，主要原因为单一产品中所使用的 LED 数量下降及单个 LED 价格不断下滑[27]。手机领域部分，估计产值将从 2013 年的 26 亿美元降至 23 亿美元，下滑幅度相对较小，其原因在于 Flash LED 的应用可缓解低价手机背光产品所造成的衰退[28]。Strategies Unlimited 预测，2013—2018 年 LED 背光市场的年复合增长率将下降 7.74%，该下降由以下几个因素造成：

首先，背光应用领域已经达到完全饱和状态；

其次，更大的 LED 发光亮度使得所需 LED 数量减少；

再次，LED 价芯片价格下降，且主导背光应用的中、小功率 LED 器件的价格波动更大。

3. 全彩显示屏市场趋势分析

目前，LED 全彩显示屏应用主要集中在以下几个领域：证券交易显示、金融信息显示；机场航班动态信息显示；港口、车站旅客引导信息显示；体育场馆信息显示；道路交通信息显示；商业楼宇招牌信息显示；餐饮、医院、商场等服务领域的信息显示；广告新媒体；文艺演出及展览场馆等。

随着 LED 全彩显示屏应用的不断发展，其在半导体照明产业中的地位也逐步提升。根据中国台湾拓墣产业研究所（TRI）统计，LED 全彩显示屏所用 LED 封装产值在 2009—2011 年分别达到 14.77 亿美元、19.73 亿美元、26.83 亿美元，是增长最为显著的 LED 应用领域之一。

全球的 LED 全彩大屏幕产业目前处于一个高速增长的阶段，特别是近年来在节能减排的政策驱动下，全球范围内 LED 全彩显示屏的市场规模每年将保持 15% 以上的增长速度。LED 显示屏作为平板显示的主导产品之一，有可能成为 21 世纪平板显示的代表性产品。2013 年，全球 LED 显示屏的市场规模约为 137.68 亿美元，预计在此后几年，全彩 LED 显示屏市场仍然会保持较高的增长速度。另外，全彩显示屏市场在中国大陆市场驱动下，市场产值预计将从 2013 年的 18 亿美元成长至 2018 年的 24 亿美元[28]。

随着 LED 全彩显示屏技术的进步，如小间距大屏幕拼接、高清晰度、色彩还原、逐点校正、控制电路技术的突破与发展，将进一步扩大 LED 显示屏的应用领域，因此其需求将保持稳步增长。随着行业进入稳步发展阶段，市场逐步回归理性，在资本市场的带动下企业进行重组与整合，上市企业凭借资本、规模、技术和品牌优势对产业格局进行重新调整。不同 LED 显示屏产品之间的激烈竞争促使 LED 显示屏价格下降。与此同时，LED 芯片价格的下跌也是推动 LED 显示屏产品价格下降的主要因素之一[29]。

4. 汽车照明市场趋势分析

汽车用灯包含车内部的阅读灯、仪表板光源、开关的背光源、音响指示灯，以及外部的尾灯、刹车灯、头灯、侧灯以及侧灯等。普通白炽灯振动撞击性差，易损坏，使用寿命短，在汽车上使用时需要经常更换。由于 LED 灯具相对于传统灯具有稳定性高、能耗低、使用寿命长、响应速度快、抗震性强等优点，在汽车中的应用日渐增多，其在 LED 照明市场中将会占有重要的份额。[30] 如图 8-4 所示，近年来，随着汽车产业规模的不断扩大以及汽车产业升级的不断加快，LED 在汽车照明领域中的发展也呈稳步增长趋势。

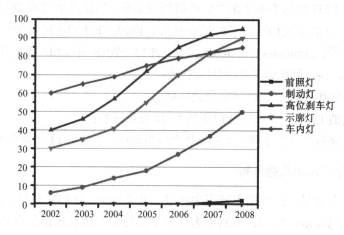

图 8-4　LED 灯具在汽车灯具中所占比例

目前国际上 LED 汽车信号灯具应用技术、市场在逐步走向成熟。美国 LED 研究专业机构 Strategies Unlimited 指出，LED 在车用领域呈现稳定成长态势，各大车厂陆续在产品上采用 LED 车头灯，并且增加车内 LED 照明来打造时尚感，预计车用 LED 灯产值将从 2013 年的 14 亿美元成长至 2018 年的 23 亿美元（如图 8-5 所示）。[31] 在新开发的中高端车中，红光 LED 在制动灯和后组合灯中的应用已经达到 80%以上。[32] 随着个性化的设计风格流行，白光、黄光 LED 在汽车信号照明应用将会越来越广泛。国际上大功率白光 LED 在夜间行车灯上的应用逐渐增多，在高档车的前照灯上应用大功率白光 LED 刚刚起步，预计在未来五年呈缓慢增长态势。

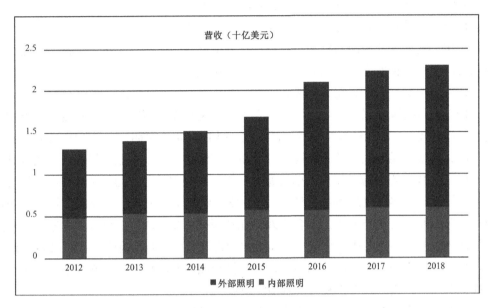

图 8-5 LED 汽车照明营收的增长预测

5. 农业照明市场趋势分析

随着 LED 技术的不断进步，其应用逐渐向农业生产领域拓展，LED 应用在植物生长领域的巨大市场潜力逐步得到重视。植物工厂的原理是以人工光源取代自然光源，将植物从室外移到室内，使植物生长不受环境变化影响[33]。过去 LED 照明制造成本较高，植物工厂因而多采用荧光灯或高压钠灯作为植物照明光源。

但随着 LED 价格下滑与发光效率的提升，植物工厂开始采用 LED 灯替代传统照明光源。LED 植物生长灯因其发光效率高、体积小、重量轻、寿命长、无热辐射、发光波长可调、波段窄等优势，受到多段式栽培植物工厂的青睐。

与传统植物照明灯具相比，LED 植物照明灯有以下优点：①节能，可以直接辐射植物所需要波段的光，供给植物所需求的光量，电量消耗少；②高效，LED 是单色光，可以根据具体植物的需要，辐射相匹配波段的光波；③LED 波长可调，不仅可以根据植物生长的各个阶段的需求调节作物开花与结实，而且还能控制植物的株高和营养成分；④随着 LED 植物照明技术提升，照明系统发热少，占用空间小，可立体组合系统用于多层栽培，实现了低热负荷和生产空间小型化的目标。

随着 LED 在植物照明中渗透率的提升，LED 植物生长灯产值在 2013 年起开始呈现高速成长态势。2013 年其产值虽仅有千万美元规模，但 2014 年超过 3,500 万美元，预计 2017

年更可望挑战 3 亿美元[34]。

6. 医疗照明市场趋势分析

医疗照明作为一种特殊的照明方式，具有一定的特殊要求，与传统医疗照明相比，LED具有定向性好、低光谱伤害等特点，这也是成为其进入医疗照明领域的优势。

医疗照明灯具具有定点照明、定向照明、高强度照明、光色纯正（有极好的显色性，能够使医生清晰地区分不同器官与组织结构，并最好在一定程度上可以根据需要进行调节色温以突出显示某种器官或组织）以及均匀、无影照明、低光谱伤害、结构密封消毒、结构透气、调光控制、高可靠性等特殊需求[35]。

长期以来传统医疗照明都是采用卤素灯以及金卤灯作为照明光源，其定向性及调光、显色性等相对较差。与传统医疗照明产品相比，LED在定点照明、定向照明、高强度照明、调光控制、实现高显色性、低光谱伤害等方面具有优势，可以克服常规医疗照明灯具的不足。比如，LED是点光源及定向照明光源，只需通过合理的芯片与封装设计，并结合二次光学配光，就可以实现理想的定向照明，其光学系统简单、配光效果理想。此外，LED的发射光谱可控制在可见光波段，不含紫外、红外等有害光谱成分，可以避免紫外光对人体组织的伤害以及红外光造成的体液挥发及组织灼伤等负面影响。因此，采用LED光源替代以卤素灯等传统光源，在临床手术照明、医疗检查照明及医疗辅助诊断与治疗照明中，有利于提升医疗机构临床检查诊断与手术治疗质量。

医疗照明主要包含检查照明、手术照明、治疗照明几大类。而其中以手术无影、口腔照明灯为代表的手术照明是技术难度最高、安全性要求最苛刻、价格最高、设计最复杂的典型代表[36]。在医疗领域，除了手术无影灯外，局部检查照明灯具，如口腔灯、内窥镜灯；用于区域照明的手术间照明灯、手术预备照明灯；用于特殊病症治疗的光治疗设备，如光动力治疗仪、新生儿黄疸治疗仪、紫外消毒灯等，都更适合采用LED医疗照明[37]。从市场角度来看，独特的技术要求与特点使得以手术无影灯为代表的医疗照明成为照明产品中的极为特殊的产品，它必需满足医疗器械管理的法规，通过严格的临床试验考核并获得医疗器械产品许可证，因此医疗照明灯具是高技术、高风险、高进入门槛的特种照明产品。因其准入门槛高、市场规模小，因此市场价格昂贵，实际利润值大。医疗照明领域可以说是半导体照明的最佳切入点之一，是能施展其特长、易于被市场接受与推广的领域。

7. 景观照明市场趋势分析

目前，LED已经越来越多地应用到景观照明中。景观照明主要包括街道、广场等公共场所装饰照明，其市场推动力量主要来自于政府。受到2008年北京奥运会和2010年上海世博会、广州亚运会的影响，LED在用电量巨大的景观照明市场中具有很强的市场竞争力及应用潜力[38]。奥运会、亚运会和世博会的主要作用远远不在于其自身带动景观照明市场的成长，更重要的是其榜样作用。其他城市在看到LED在景观照明中的出色表现会减少对于LED景观照明的使用顾虑，加快使用LED在景观照明中的应用。因此，在这种带动作用下LED将会从一级城市快速向二级、三级城市扩展[39]。

据前瞻产业研究院发布的《2015—2020 年中国 LED 行业市场前瞻与投资战略规划分析报告》数据显示[40]，2012 年中国 LED 景观照明市场规模达到 372 亿元，占国内 LED 总体应用市场 23%的市场份额。2013 年中国 LED 景观照明市场规模达到 527.60 亿元，占国内 LED 总体应用市场 20%的市场份额。分析认为，LED 在景观照明方面的优势无可比拟，出光柔和，色彩鲜艳，易于实现动态数码控制，同时也为全社会在能源紧张的大背景下进一步提高城市美化、亮化水平提供了可行性极高的解决方案。不过，随着景观照明市场的逐渐饱和以及背光应用和家居照明应用的兴起，预计景观照明市场比例将逐步减小，未来景观照明可能只会占到 LED 照明应用市场 15%的份额。

8．可见光通信市场趋势分析

LED 在可见光通信领域的应用也不可小视，随着光通信技术的发展，预计几年后将异军突起，成为 LED 应用市场的一匹黑马。大多数可见光通信应用并不是要取代其他无线技术，如蓝牙、Wi-Fi、WiMax 和 LTE，而是弥补其他无线通信技术的不足，其应用范围是当前的射频无线通信无法实施的场合[41]：①医院和飞机等中的应用，这种场合下射频信号可能干扰其他设备中的信号；②机器人中的应用，它们可以使用头灯中的虚拟路标进行导航进而实现信息传送；③标牌中的应用，当手机相机指向它时可以提供额外的信息；④保密系统中的应用，可以有效的避免射频信号为外界捕获而导致信息泄露。

在足够先进的技术支持下，每种 LED 灯具也能以有线方式接入网络，使室内任何设备实现无线通信，并且不增加射频带宽负担。许多工业、标准组织和政府机构正在研发可见光通信。据 Marketandmarkets 对行业数据进行分析后，预言在 2020 年之前光通信行业至少会增长到 90 亿美金[42]，这意味着 LED 在光通信市场具有广阔前景。

参考资料

[1]　方志烈. 半导体照明技术. 北京：电子工业出版社，2009.

[2]　http://www.china.com.cn/chinese/huanjing/265545.htm.

[3]　http://www.yankon.com/news/hydt.asp?id=425.

[4]　http://energy.gov/eere/ssl/solid-state-lighting.

[5]　肖志国. 半导体照明发光材料及应用. 北京：化学工业出版社，2008.

[6]　半导体照明产业发展年鉴. 2010-2011.

[7]　http://www.cqn.com.cn/news/zgzljsjd/265268.html.

[8]　http://www.weather.com.cn/static/html/article/20090224/25185.shtml.

[9]　http://english.analysys.com.cn/article.php?aid=120382.

[10]　http://www.owisys.org/Content/con_res1.html.

[11]　http://www.china-led.net/info/20130705/648.shtml.

[12]　http://www.eet-china.com/ART_8800547924_675277_NT_71e3be1b.HTM.

[13]　http://lights.ofweek.com/2013-04/ART-220001-8420-28675419.html.

[14] http://focus.china-led.net/nongye/index.htm.

[15] http://www.cnedgelight.com/.

[16] http://www.qdjason.com/newsdetial.aspx?id=106.

[17] http://www.feig.com.cn/news/infoview.aspx?id=2b68ea1d-d193-467e-a0b9-4fbd208 1b815.

[18] 方志烈. 半导体照明教程. 北京：电子工业出版社，2014.

[19] http://www.liaoyuanled.com/docc/news_detail.asp?P_ID=248.

[20] http://www.ciol.com/ciol/news/195028/solid-lighting-market-worth-usd5679-billion-2018.

[21] http://www.china-led.net/info/20130912/1926.shtml.

[22] http://finance.sina.com.cn/stock/hyyj/20141030/090320683956.shtml.

[23] http://www.aimailed.com/News/NewsContent.aspx?newsID=e533b27d-ec2c-479d-b151-59d15314ceee.

[24] http://energy.gov/eere/ssl/market-based-programs.

[25] http://www.ledth.com/shichangfenxi/n516964582_2.html.

[26] http://wenku.baidu.com/view/a44b65215901020207409c8e.html.

[27] http://lights.ofweek.com/2014-02/ART-220003-8420-28781228.html.

[28] http://www.china-led.org/article/20140226/5515.shtml.

[29] http://www.szsti.gov.cn/f/services/softscience/55.pdf.

[30] http://www.zwzyzx.com/show-281-94208-1.html.

[31] http://www.cali-light.com/news/guoji/20140226_14783.html.

[32] http://www.rong1.net/userlist/dingcheng/newshow-56386.html.

[33] http://www.cnledw.com/inter/show-14-155014.htm.

[34] http://www.bnext.com.tw/article/view/id/29321.

[35] http://www.ledytgd.com/content/?342.html.

[36] http://www.szciyuan.com/show.asp?showid=59.

[37] http://www.fsfangtian.com/html/cn/news//76.html.

[38] http://www.gosolighting.com/zh-CN/displaynews.php?id=96.

[39] http://www.lanxilighting.com/zh-cn/news_detail.aspx?id=1353.

[40] http://www.qianzhan.com/analyst/detail/220/141015-b4acbb9d.html.

[41] http://www.szledia.org/show.php?contentid=5873.

[42] http://www.tuslighting.com/info.asp?id=531.

附录 A　中外文对照关键词索引

光度学术语

可见光	visible light
可见辐射	visible radiation
流明	lumen
眩光	glare
光轴	optical axis
半强度角	half-intensity angle
立体角	solid angle
峰值发射波长	peak-emission wavelength
中心波长	centre wavelength
重心波长	centroid wavelength
光谱辐射带宽	spectral radiation bandwidth
光谱光视效率	spectral luminous efficiency
半宽度	full width at half maximum
辐射通量密度	radiant flux density
发光效率	luminous efficiency
辐射效率	radiant efficiency
发光效能	luminous efficacy
光视效能	luminous efficacy of radiation
光通量效率	luminous flux efficiency
辐射能	Radiant energy
辐射通量（功率）	Radiant flux（power）
辐射强度	Radiant intensity
辐射强度	Irradiance
面辐射度	Radiant exitance
辐射亮度	Radiant
光能	Luminous energy
光通量	Luminous flux

光量	quantity of light
总光通量	total luminous flux
部分光通量	partial luminous flux
发光强度（光源在给定方向的）	luminous intensity（of a source, in a given direction）
平均发光强度	averaged luminous Intensity
光照度	Illuminance
平均照度	average illuminance
面发光度	Luminous exitance （Luminous emittance）
光亮度	Brightness （Luminance）

色度学术语

颜色	color
光源色	light source color
物体色	object color
表面色	surface color
孔色	aperture color
光谱分布功率	spectral power distribution
CIE 标准照明体	CIE standard illuminants
标准光源	standard light source
色刺激	color stimulus
三刺激值	tristimulus values
光谱三刺激值	spectral tristimulus values
色品坐标	color space
均匀色空间	uniform color space
色差	color difference
色对比	color contrast
色适应	chromatic adaptation
同色异谱刺激	metameric color stimuli
心里明度	psychometric lightness
心里彩度坐标	psychometric chroma coordinate
色调（色相）	hue
明度	lightness
彩度	chroma
饱和度	saturation
色温	color temperature
相关色温	correlated temperature
显色性	color rendering properties

显色指数	color rendering index
特殊显色指数	special color rendering index
镜面反射	specular reflection
规则反射	regular reflection
散射	scattering
漫反射	diffuse reflection
漫透射	diffuse transmission
吸收	absorption
规则透射	regular transmission
光反射比	Luminous reflectance
光谱反射比	spectral reflectance
完全漫反射体	perfect reflecting diffuser
光谱发射因素	spectral reflectance factor
光透射比	Luminous transmittance
光谱透射比	spectral transmittance
光谱内透射比	spectral internal transmittance
透射密度	transmittance density
光谱透射密度	spectral transmittance density
光谱内透射密度	spectral internal transmittance density
光谱吸收比	spectral absorptance
完全漫透射体	perfect transmission diffuser
明视觉	photopia vision
暗视觉	scotopia vision
主波长	dominant wavelength
兴奋纯度	excitation purity
色度纯度	colorimetric purity

半导体照明术语

半导体	semiconductor
半导体器件	semiconductor device
（半导体）二极管	(semiconductor) diode
发光二极管	light-emitting diode
半导体照明	semiconductor lighting
固态照明	solid state lighting
衬底	substrate
外延片	epitaxial wafer
发光二极管芯片	light-emitting diode chip

LED 模块	LED module
LED 组件	LED discreteness
内量子效率	internal quantum efficiency
出光效率	light extraction efficiency
注入效率	injection efficiency
外量子效率	external quantum efficiency
单色光 LED	monochromatic light LED
白光 LED	white light LED
直插式 LED	Dual In-line Package LED
贴片式 LED	Surface Mounted Devices LED
小功率 LED	low power LED
功率 LED	power LED
LED 数码管	LED nixietube
LED 显示器	LED display
LED 背光源	LED backlight
外延	epitaxy
量子阱	quantum well
单量子阱	single quantum well
多量子阱	multi-quantum well
金属有机化学气相沉积（MOCVD）	metal organic chemical vapor deposition
超晶格	superlattice
异质结	heterogeneous structure
单异质结	single heterojunction
双异质结	double heterojunction
图形化衬底	pattern substrate
湿法蚀刻	wet etching
干法蚀刻	dry etching
曝光	exposure
烘胶	baking
蒸镀	evaporation
激光剥离	laser lift-off
欧姆接触	ohmic contact
氧化铟锡电极（ITO）	Indium Tin Oxide electrode
衬底转移	substrate transfer
金属键合	metal bonding

最大正向电流	maximum forward current
最大正向峰值电流	forward peak-current
击穿电压	breakdown voltage
额定功耗	rated power consumption
电压-电流特性	voltage-current characteristic

LED 应用产品

LED 交通信号灯	LED traffic sign lamp
LED 信号灯	LED signal light
LED 标志灯	LED marker light
LED 航标灯	LED pharos light
LED 汽车灯	LED motorcar lamp
LED 转向灯	LED turning light
LED 前照灯	LED head light
LED 刹车灯	LED brake light
LED 景观灯	LED landscape light
LED 像素灯	LED pixel lamp
LED 护栏灯	LED flexible lamp
LED 投光灯	LED projector
LED 灯带	LED lighting cincture
LED 泛光灯	LED flood light
LED 壁灯	LED wall light
LED 异形灯	LED strange lamp
LED 水底灯	LED under-water lamp
LED 地埋灯	LED buried lamp
LED 路灯	LED street lamp
LED 台灯	LED table lamp
LED 手电筒	LED flashlight
LED 投影灯	LED projection lamp
LED 闪光灯	LED photoflash lamp
LED 头灯	LED cap lamp
LED 矿灯	LED mine lamp
LED 防爆灯	LED flameproof lamp
LED 应急灯	LED emergency lamp